新闻出版总署
"盘配书"项目

中文版 UG Nx 8.0 产品设计完全教程

刘宁 编著

随书附赠 **DVD**

高质量教学光盘

超值附赠近**5.5GB**的DVD光盘内容，包括近**300**个书中实例所需的源文件和**47**段**666**分钟的语音视频教学文件，帮助读者掌握所学知识，加强理解，使学习更加高效。

✓ **技术手册**

内容全面、讲解细致：书中不仅详细介绍了UG NX 8.0的各种常用命令和工具的功能，更注重讲解其使用方法与技巧。

✓ **专业实用**

实例丰富、代表性强：书中精心安排的具有典型代表性的实例均来自实际设计项目，充分体现UG在专业领域的切实应用。

 北京希望电子出版社
Beijing Hope Electronic Press
www.bhp.com.cn

内 容 简 介

本书以实例形式全面详细地介绍了 UG NX 8.0 软件的常用命令功能、使用方法及各种行业应用。

本书共分为 18 章，具体内容包括：UG NX 8.0 基础知识，UG NX 8.0 基本操作，曲线的创建和编辑，草图功能，特征建模，特征操作和编辑特征，曲面功能，装配，工程图设计，GC 工具箱，以及 UG 在模具设计、数控加工、钣金设计、机械零件设计、曲面造型设计、刀具设计等各种行业中的具体应用。

本书结构合理，讲解清晰，是 UG 初学者和 UG 爱好者理想的学习用书，同时也是三维设计人员、数控加工编程人员、模具设计师、工程建设人员等技术人员不可多得的参考书，还可作为各类院校和培训机构相关专业的教材。

本书附赠 1 张 DVD 光盘，其中提供了书中实例的部分源文件，以及实例制作的视频教学文件，读者可根据需要调用光盘中的文件，或者跟随视频进行学习。

图书在版编目（CIP）数据

中文版 UG NX 8.0 产品设计完全教程 / 刘宁编著. —北京：北京希望电子出版社，2012.10

ISBN 978-7-83002-051-4

Ⅰ.①中… Ⅱ.①刘… Ⅲ.①工业产品—计算机辅助设计—应用软件—教材 Ⅳ.① TB472-39

中国版本图书馆 CIP 数据核字（2012）第 217302 号

出版：北京希望电子出版社	封面：付 巍
地址：北京市海淀区上地 3 街 9 号	编辑：焦昭君
金隅嘉华大厦 C 座 610	校对：刘 伟
邮编：100085	开本：787mm×1092mm 1/16
网址：www.bhp.com.cn	印张：36.25
电话：010-62978181（总机）转发行部	印数：1-3000
010-82702675（邮购）	字数：845 千字
传真：010-82702698	印刷：北京市密东印刷有限公司
经销：各地新华书店	版次：2012 年 10 月 1 版 1 次印刷

定价：69.80 元（配 1 张 DVD 光盘）

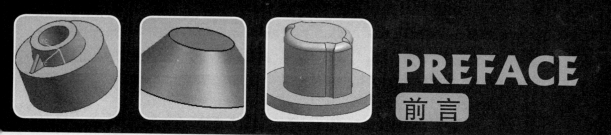

PREFACE
前言

　　Unigraphics NX（简称UG）是Siemens PLM Software公司推出的一个集成的CAD/CAE/CAM系统软件，是当今世界上最先进的计算机辅助设计、分析和制造软件之一，广泛应用于航空航天、汽车制造、通用机械和造船等工业领域。UG NX 8.0是目前最新的版本，比之前的版本功能更加强大，设计效率更高，尤其是新增了GC工具箱的GB功能和文件可保存在中文路径的功能，用于提高计算机辅助设计、制造及仿真分析（CAD/CAM/CAE）的效率，使设计者能够快速、准确地完成各种设计任务。

本书内容

　　本书以实例形式全面详细地介绍了UG NX 8.0软件的常用命令功能、使用方法及各种行业应用，内容涉及UG基础知识，曲线的创建和编辑，草图功能，特征建模，特征操作和编辑特征，曲面功能，装配，工程图设计，GC工具箱，以及UG在模具设计、数控加工、钣金设计、机械零件设计、曲面造型设计、刀具设计等各种行业中的具体应用。

　　全书各章具体内容如下。

- 第1章：主要介绍UG NX 8.0软件的基础知识及界面操作。
- 第2章：主要介绍对象的操作、参数设置、变化操作、基准构造等基础建模知识和技巧。
- 第3章：主要介绍如何在三维环境中绘制各种曲线。
- 第4章：主要介绍如何对绘制完成的曲线进行编辑。
- 第5章：主要介绍草图基本环境的设置、草图曲线的绘制和草图操作方法，以及添加草图约束等实用知识与应用技巧。
- 第6章：主要介绍基本体素特征、扫描特征和设计特征的创建方法。
- 第7章：主要介绍特征操作和特征编辑的知识。
- 第8章：主要介绍曲面的基本知识、由点构造面的方法、由曲线构造曲面的方法和由曲面构造曲面的方法。

- 第9章：主要介绍装配的基本知识以及装配的流程和方法。该功能将多个部件或零件装配成一个完整的组件。
- 第10章：主要介绍UG工程图的建立和编辑方法。
- 第11章：主要介绍UG NX 8.0的GC工具箱。
- 第12~18章：以实例形式分别详细介绍UG NX 8.0在模具设计、数控加工、钣金设计、机械零件设计、曲面造型设计、刀具设计等各种行业中的具体应用。

↴ 本书特色

- 内容全面、讲解细致：书中不仅详细介绍了UG NX 8.0的各种常用命令和工具的功能，更注重讲解其使用方法与技巧。
- 实例丰富、代表性强：书中精心安排多个具有典型代表性的实例来讲解UG命令的具体操作和各种行业应用，这些实例都来自实际设计项目，代表性强，并贴近实际应用。
- 视频教学、易学易懂：配套光盘中提供了书中实例的语音视频教学文件，帮助读者掌握所学知识，加强理解，使学习更加高效。

↴ 关于光盘

在本书配套光盘中包括如下内容。

- 书中实例的工程源文件。
- 根据实例制作的语音视频教学文件。

↴ 关于编者

本书由刘宁编著，参加编写的人员还有李日强、史爽、邓才兵、钟世礼、谭贞军、罗红仙、王东华、王振丽、熊斌、王教明、万春潮、郭慧玲、侯恩静、张玲玲、程娟、王文忠、陈强、何子夜、李天祥、刘静、黄斌、周锐、邢辉、吴艳臣、王永忠、万泉、张静、程明明、李永华、王亚威等。

由于作者的水平有限，书中难免存在缺点、疏漏与不足之处，恳请广大读者不吝指正。

编著者

CONTENTS
目录

第1章　UG NX 8.0基础知识

第2章　UG NX 8.0基本操作

第3章　创建曲线

第4章 编辑曲线

第5章 草图功能

第6章 特征建模

第7章　特征操作和编辑特征

第8章　曲面功能

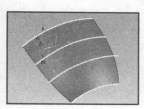
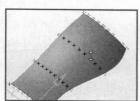

第9章 装配

第10章 工程图设计

第11章 GC工具箱

第12章 模具设计

第13章　数控加工

第14章　钣金设计

第15章　UG在机械零件设计中的应用

第16章 UG在曲面造型设计中的应用

第17章 UG在刀具中的应用

第18章 UG在CAM中的应用

第1章

UG NX 8.0基础知识

Unigraphics NX（简称UG）是Siemens PLM Software公司推出的一个集成的CAD/CAE/CAM系统软件，是当今世界上最先进的计算机辅助设计、分析和制造软件。该软件不仅仅是一套集成的CAX程序，它已远远超越了个人和部门生产力的范畴，完全能够改善整体流程以及该流程中每个步骤的效率，因而广泛应用于航空航天、汽车制造、通用机械和造船等工业领域。特别是最新的中文版UG NX 8.0软件，不仅支持中文名和路径，而且添加和增强了工具箱功能、工程图并支持我国GB标准，提供了更为强大的实体建模技术和高效的曲面建构能力，从而使设计者能够快速、准确地完成各种设计任务，大大提高了技术人员的工作效率。

本章主要介绍UG NX 8.0软件的特点和功能，并详细讲解了工作环境设置和文件管理的基本操作方法。

1.1　UG NX 8.0概述

UG CAD/CAM/CAE系统提供了一个基于过程的产品设计环境，使产品开发从设计到加工真正实现了数据的无缝集成，从而优化了企业的产品设计与制造。

1.1.1　UG NX 8.0简介

Unigraphics Solutions公司（简称UGS，现被西门子公司收购）是全球著名的MCAD供应商，主要为汽车与交通、航空航天、日用消费品、通用机械以及电子工业等领域通过其虚拟产品开发（VPD）的理念提供多极化的、集成的、企业级的包括软件与服务在内的完整MCAD解决方案。

UGS公司的产品主要有为机械制造企业提供包括从设计、分析到制造应用的Unigraphics软件、基于Windows的设计与制图产品Solid Edge、集团级产品数据管理系统iMAN、产品可视化技术ProductVision以及被业界广泛使用的高精度边界表示的实体建模核心Parasolid在内的全线产品。

UGS公司进入我国市场后，很快就以其先进的管理理念、强大的工程背景、完善的技术功能以及专业化的技术服务队伍赢得了广大用户的赞誉，为推动我国CAD/CAM行业的发展做出了卓有成效的贡献。

UG软件提供了强大的实体建模技术和高效的曲面建构能力，能够完成最复杂的造型设计。除此之外，装配功能、2D出图功能、模具加工功能及PDM之间的紧密结合，使得UG在工业界成为一套无可匹敌的高级CAD/CAM系统。

该软件不仅具有强大的实体建模、曲面建模、特征建模、虚拟装配和产生工程图等设计功能，而且在设计过程中可进行有限元分析、机构运动分析、动力学分析和仿真模拟，提高设计的可靠性。另外，可用建立的三维模型直接生成数控代码用于产品的加工，其后处理支持多种类型的数控机床。

- 工业设计和造型（CAID）：UG NX 8.0利用领先的造型和工业设计工具来推动创新，其产品开发解决方案与产品工程全面集成。
- 设计（CAD）：UG NX 8.0不仅为产品提供了功能强大、应用广泛的软件，而且提供了制造商需要的性能和柔性。
- 仿真（CAE）：数字仿真需要处于每个PLM业务过程的核心。有了数字仿真，管理层就能以更快的速度做出更好的决策。
- 加工（CAM）：NX CAM为机床编程提供一整套经过证明的解决方案，允许公司使最先进机床的产出能力最大化。
- 工程过程管理：利用一个受控的开发环境，UG NX 8.0里面的设计、工程和制造工具组成了一个完整的产品开发解决方案，比这几个部分加起来的功能更强大。
- 工装和模具：NX Tooling应用软件把设计生产力和效率扩展到制造。解决方案动态地链接到模型，以设计准确及时地生产刀具、铸模、冲模和工件夹具。
- 编程和自定义：UG NX 8.0提供了编程和自定义工具，帮助公司根据自身需要对NX解决方案的功能进行扩展和自定义。

1.1.2　UG NX 8.0的新功能简介 ⋯⋯⋯⋯⋯⋯⋯⋯⋯⋯⋯⋯⋯⋯□

UG NX 8.0包括对同步建模技术的很多增强功能，这项在UG NX 6.0中推出的突破性技术实现了约束驱动的建模和不依赖历史的建模的结合。新版本中的改善包括：支持的零件和集合体的范围大幅度扩大、改善了很多CAD环境的工作流程并简化了几何体重用方法。

1. UG NX 8.0设计

UG NX 8.0可以进行快速设计，具有新的快速设计工具，增强了重用能力，增加了新的自由造型能力以及新的2D设计和制图工具，CAD的效率可提高40%。

（1）快速设计

UG NX 8.0提供了新的工具用于加速基于草图建模的工作流程，包括直接草图、一选定位、布尔运算推断、区域选择、自动完成、快速创建截面、简化特征创建过程。

（2）一选定位，直接草绘

在UG NX 8.0中建模时，可直接通过草图工具栏选择相关命令建立草图，而不用再进入到草图任务环境中去选择相关命令。当使用此工具栏中的命令建立一个点或曲线时，一个草图就被建立并激活。新草图列在部件导航器的模型历史中，规定的第一点就定义了草图平面、方向和原点。

（3）重用增强

NX重用库将数据重用拓展到了公司范围，现在包含了更多的对象类型，比如管路零件库、用户定义符号、用户定义形状、轮廓、2D截面和规律曲线。

（4）导入几何体的工作流程得到简化

UG NX 8.0提供了新的面优化和倒圆替换功能，可简化使用导入的或经替换的几何体的工作。为了对曲面进行优化，此软件简化了曲面造型，能对面进行合并，提高边缘准确性，并能识别曲面倒圆。

（5）特征创建选项简化后续变更

通过UG NX 8.0设计师可以使用不依赖历史的方法建模，孔、边缘倒圆和倒角时创建参数化特征。通过此选项，特征参数将得以保留，以便以后使用参数更改几何体。

（6）改善不依赖历史装配建模

在不依赖历史模式中移动面的能力在UG NX 8.0中得到了增强，能够同时操作装配体的多个部件面。设计师直接更改选择范围，以后包括整个装配体，就可以将此功能扩展到活动零件之外。

（7）改善阵列建模

不依赖历史模式中的面列阵操作会在零件导航器中创建阵列特征，能够更方便地进行编辑。当设计师移动或拉动任何阵列实例上的面或偏置区域时，所有的实例都将更新。应用到阵列实例的倒圆、倒角和孔等其他特征也会在编辑阵列时自动更新。

（8）改善薄壁零件的处理

很多面编辑命令都添加了一个选项，用于简化彼此偏置的面的选择。此功能可识别薄壁零件的厚度（例如筋板），简化塑料和钣金零件的同步建模。

（9）在同步模式中更好地进行定位，成功体现设计意图

UG NX 8.0添加了尺寸锁定和固定约束，从而防止大小或位置改变。增加一个新命令，用于向所选面添加三维固定约束，从而建立所需要的行为。在不依赖历史的模式中，线性、角度和半径尺寸均包括一个锁定选项。这些工具能够有效地向没有历史记录和参数的模型添加设计规则。设计师可以使用新的显示命令高度显示、审查固定约束和锁定的尺寸。

（10）简化横截面编辑

UG NX 8.0能在不依赖历史的模式中简化基于横截面的三维模型更改。设计师可以通过更改横截面曲线来切割模型和编辑模型或其特征。

（11）改善形状评估

UG NX 8.0在核心建模工具集中包括曲线形状分析。设计师可以通过曲率梳显示分析曲线和边缘，能够完全控制顶部轮廓线、梳针的数量和颜色、比例和比例因子。还显示曲率顶点和拐点。此外，设计师还可以评估曲线和参考对象之间的连续性，以检查偏差，如位置、相切和加速度的误差。新工具的曲面建模方面尤为有用，能够验证用于创建曲面的曲线之间的连续性。

2. UG NX 8.0制图

改善制图的合规性。UG NX 8.0包含一个两个新制图选项，能够自动配置符合我国（GB）和俄罗斯（ESKD）标准的标注和制图视图首选项。设计师可以在制图和三维标准环境中选择二者任意一个选项来配置超过200个符合标准的设置。

3. UG NX 8.0数字化仿真

（1）用于数字化仿真的同步建模技术

UG NX 8.0的同步建模技术工具增强可加速原始或导入的几何体CAE模型准备流程，从而

促进仿真工作。CAE分析人员可以使用同步建模技术进行几何体清理和优化，为独立CAE预处理器有限的几何体功能提供更为高效的替代项，消除依赖于历史的CAD编辑的复杂性。通过UG NX 8.0，CAE专家可以极大地减少修复由于几何体导入不完整而产生的不准确情况（如间隙和长条）所需要的时间，通过消除与分析不相关的特性优化模型。

（2）更快的优化和抽象几何体

UG NX 8.0能够进一步加快模型的准备工作，它提供了改善中间曲面生成功能和更为准确的边缘拆分操作，并能自动为已分解为多个主体的几何体生成网格连接条件。

（3）改善网格

UG NX 8.0引入了对Nastran金字塔体单元和Abaqus垫片单元的支持。四面体网格的内存管理已经得到了增强，能够极大地改善网格性能。添加了用于仅包含四边形网格的分析选项，三角形单元在其中不合适或不能接受。UG NX 8.0推出的一项新功能可以使用节点和底层实体网格的连接在三维实体单元上创建二维单元的面涂层。

（4）面向CAE的增强材料功能

UG NX 8.0中的Advanced Simulation包括对仿真中材料的多项增强功能。对各向同性和流体材料的增强允许输入表达式（公式、函数、引用和常量）作为属性值和指定单位，还支持对表格值进行图示。另外，还为Nastran、Abaques和ANSYS解算器添加了超弹性材料模型。

（5）改善运动仿真

NX Motion Simulation Joint Wizard已经进行了增强，能够自动将装配约束（以及旧式配对条件）转换为相应的链接与联合。在之前的版本中，仅仅支持配对条件。对于装配约束，此向导现在会根据约束中引用的部件的自由度创建相应的联合类型。

（6）有限元模型相关性分析

NX Finite Element(FE)Model Correlation有限元模型相关性分析软件支持用户对仿真和模态测试结果进行定量和定性比较，并能够对两个不同的仿真进行比较，提供了用于以几何方式对模型进行对齐、对两个解决方案中的模型进行配对、并排查看模型形状以及计算和显示关联指标的工具。NX FE Model Correlation 有限元模型相关性分析作为NX Advanced Simulation高级仿真和NX Advanced FEM高级有限元的插件提供，以便利用NX环境的强大功能和易用性。

（7）通过自动化提高效率

在UG NX 8.0中，已经对NX open应用程序编程接口进行了增强，现在包括有限元建模、解算和后处理。通过使用NX open，各个企业可以自动执行重复性任务，并捕获CAE流程，这样可以减少瓶颈，提高设计和分析的效率，以更为及时和准确地进行仿真。

4. UG NX 8.0加工

（1）加工的同步建模技术

UG NX 8.0中新的同步技术建模工具能够从多个方面为制造商带来好处，可以加速对转换不完全或不一致的导入，为制造商带来好处。并可以加速对转换不完全或不一致的导入数据的清理，消除供应商和制造流程之间不稳定的迭代。同步建模还非常适合用于删除或简化特征来帮助优化NC编程（例如，删除由于电极放电加工产生的特征），也适合用于根据加工模型创建铸坯的铸造模型。对于夹具装配体，同步建模可简化和加速修改零件时对夹具的变更。

（2）加速刀具轨迹处理

UG NX 8.0通过并行生成NC刀具轨迹加速NC编程，允许使用交互式多进程计算同时进行NC编程和刀具轨迹处理。NX CAM支持用户在继续NC编程的同时在外部进程中生成刀具轨迹，尽量充分利用多处理器和多核心的优势，这样可将刀具轨迹计算时间减少50%（具体取决于硬件）。

（3）CAM后置处理技术实现更高的机床加工效率

NX CAM的最新版通过内置对Siemens Sinunerik控制的机床支持增强了NC编程及后处理能力。Sinunerik控制器具有很多独特的高效率加工控制功能，包括循环扩展以及用于发挥机床最大性能的专用命令，这项功能受到NX CAM的强力支持，而且集成后处理构建器专门对此类控制器定制的模板。

5. HD3D可视化报告与验证

UG NX 8.0推出了HD3D，这项新功能用于直接在三维环境中显示产品和流程并与之进行交互。HD3D将NX与Teamcenter PLM解决方案的功能集合起来，以可视的方式展示需要的信息，让用户可以在分布于全球各地的产品开发团队中进行协作和决策。

HD3D提供了一种直观、易用的方法来收集、比较和展示信息，它使用三维产品模型以可视化的方式报告产品和流程数据，以便快速理解、进行交互式导航和深入查看以及直接回答关键性问题。

6.UG NX 8.0产品模板工作室

PTS产品模块工作室是用于从现有构建可重用模块的工具，UG NX 8.0能极大地扩展此工具的功能。PTS现在能从有限元和运动分析上下文创建模板，还可以创建图纸。由于支持仿真对象和解决方案，企业还可以轻松地捕获、重用运动和有限元分析中的最佳实践。通过此版本中PTS添加的可视化规则，企业可以使用图形技术来添加基于规则的模板控制和配置逻辑，无需使用编程代码。可视化规则能够极大地降低开发更为先进的产品模板的技术壁垒。

7. 西门子三维规划设计解决方案

UG NX 8.0新增的GC工具包是一组定制和程序，用于设置UG NX 8.0以符合国内公司的标准与要求，其中包括更改客户默认设置以符合国内用户的需求，新的GB制图标准，用于设置属性的定制程序，齿轮建模工具的简化版，嵌入式设计验证以及弹簧等。

1.2　UG NX 8.0的操作界面

UG界面在设计上简单易懂，人机对话方式明显，用户只要了解各个功能部分的位置，就可以充分运用界面的功能，使设计与分析工作方便快捷。

UG NX 8.0的界面与旧版本UG 4.0、5.0有很大的差别，不仅工具按钮更加直观，而且将工具栏中的按钮收藏起来，使界面简洁、清晰。图1-1所示即是UG NX 8.0基础界面。

图1-1　UG NX 8.0界面

1. 菜单栏

菜单栏中包含了UG软件的大部分功能命令，如图1-2所示。菜单栏主要用来调用UG各功能模块和各执行命令，以及对UG系统的参数进行修改。

文件(E) 编辑(E) 视图(V) 插入(S) 格式(R) 工具(T) 装配(A) 信息(I) 分析(L) 首选项(P) ANSYS 13.0 窗口(O) GC Toolkits 帮助(H)

图1-2　菜单栏

- 文件：该菜单栏控制文件的打开、关闭、保存、导入和导出等，程序还会自动保留最近打开的文件目录，如图1-3所示。
- 编辑：当选定一个图元时，可以通过该菜单下的一个命令对其进行编辑和修改，如图1-4所示。
- 视图：该菜单用于控制绘图工作区中图形的视图状态，还可以使用"可视化"子菜单对图形进行渲染，如图1-5所示。

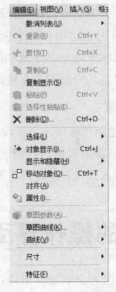

图1-3　"文件"菜单　　　　　图1-4　"编辑"菜单　　　　　图1-5　"视图"菜单

- 插入：该菜单用于插入草图、曲线以及曲面等基本绘图特征，还可以进行直接建模、绘制钣金特征以及零件明细表等，如图1-6所示。

- 格式：该菜单用于设置图层，控制绘图工作区中WCS坐标系的显示状态，转换坐标系矢量轴的指向，如图1-7所示。
- 工具：该菜单主要是控制部件导航器和装配导航器的显示状态，如图1-8所示。

图1-6　"插入"菜单　　　　图1-7　"格式"菜单　　　　图1-8　"工具"菜单

- 装配：该菜单控制导入装配组件，并对其进行关联控制，还可以创建爆炸视图跟踪线和装配报告，如图1-9所示。
- 信息：该菜单用于显示特征、图元以及装配体的信息和部分分析结果，如图1-10所示。
- 分析：使用该菜单中的分析命令，可对图形进行几何分析或对装配体进行间隙分析，如图1-11所示。

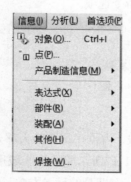

图1-9　"装配"菜单　　　　图1-10　"信息"菜单　　　　图1-11　"分析"菜单

- 首选项：该菜单中的命令用于控制设计过程中模型的显示、图形界面的风格和生成特征的属性等，如图1-12所示。
- 窗口：如果同时打开的文件超过两个，可以通过该菜单在各个文件之间进行切换，同时还可以控制各文件在绘图工作区中的显示布局形式，如图1-13所示。
- 帮助：当遇到不清楚的概念或需要了解UG建模过程及方法时，可以选择该菜单中的相关命令，同时UG还有在线技术支持功能，如图1-14所示。

图1-12 "首选项"菜单

图1-13 "窗口"菜单

图1-14 "帮助"菜单

2. 工具栏

UG NX 8.0环境中使用最普遍的就是工具栏，如图1-15所示即是它按照不同的功能分为若干类。工具栏提供的命令使操作更加快捷，工具栏中的命令都对应菜单栏下不同的命令。UG NX 8.0大部分工具栏中的按钮图标下方有简略的文字说明，便于了解相关功能。命令按钮右侧带有小三角形的表示该按钮还包含有其他命令选项。

图1-15 工具栏

3. 绘图工作区

绘图工作区是UG的主要工作区域，占据了屏幕的大部分空间。当打开或新建文件后，程序就会出现绘图工作区，如图1-16和图1-17所示即是该区域用于显示图元、分析结果、模拟仿真等。用户可以按照自己的需要改变图元和背景的显示方式、显示颜色等，修改方法在后面的章节将进行具体讲解。

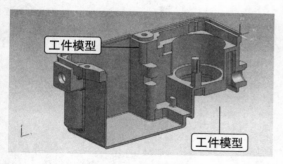

图1-16 工件模型1

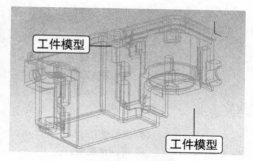

图1-17 工件模型2

绘图工作区的光标用于选取图元以进行相应的操作。可根据模型的复杂程度和个人的操作习惯进行设置，在菜单栏"首选项｜选择｜光标｜选择半径"中，光标可以设置成大、中、小三种类型，并可以选择是否"显示十字准线"，以便于精确定位，小号加十字准线如图1-18所示、中号加十字准线如图1-19所示、大号加十字准线如图1-20所示，这是三种光标的样式。

图1-18 小号

图1-19 中号

图1-20 大号

4. 快捷菜单

快捷菜单平时处于隐藏状态，在绘图工作区中单击右键就可打开，并且在使用任何功能时均可打开它，在不同的选区状态下弹出的快捷菜单是不相同的，绘图区空白处的快捷菜单如图1-21所示，选中模型后的快捷菜单如图1-22所示，选中特征后的快捷菜单如图1-23所示，在模型导航器中的快捷菜单如图1-24所示，在工具栏中的快捷菜单如图1-25所示。通常在快捷菜单中含有常用命令集视图控制等命令，方便绘图操作。

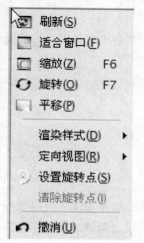

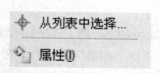

图1-21 绘图区空白处的快捷菜单　　图1-22 选中模型后的快捷菜单　　图1-23 选中特征后的快捷菜单

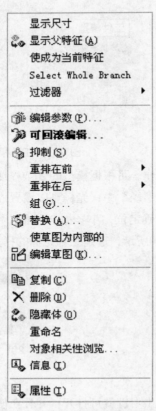

图1-24 模型导航器中的快捷菜单　　　　　图1-25 工具栏中的快捷菜单

5. 提示栏与状态栏

提示栏在绘图工作区的上方，主要用来提示用户如何操作。执行每一个命令时，系统都会在提示栏中显示用户需要执行的操作或下一步操作。状态栏在提示栏的右侧，主要用来显示程序系统、操作的对象及图元的状态。

如图1-26所示，例如在绘图工作区中选择了一个特征，此时提示栏会出现可以执行的操作，状态栏会显示被选中特征的名称。

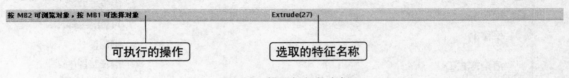

图1-26 提示栏与状态栏

6. 工作坐标系

UG图形界面中的工作坐标系统为WCS，即工作坐标系统。系统在绘图工作区中出现一个坐标，用于显示用户现行的工作坐标系统，如图1-27中（a）和（b）所示。编辑工作坐标系的命令为"格式"｜"WCS"，具体的编辑命令在后面的章节将详细介绍。

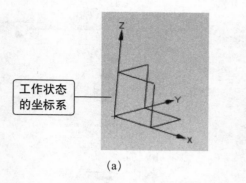
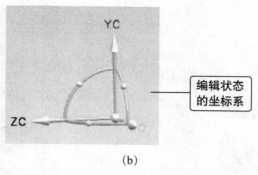

图1-27　工作坐标系

7. 资源条

在UG NX 8.0中，资源条主要用于管理各个模块的导航器以及帮助、材料等。通过单击资源条中的各个按钮，可以快速寻求帮助或编辑模型参数，在基础环境中的资源条如下所示。

- 装配导航器：如图1-28所示，在装配环境下，将显示所有组建的装配情况，并且可以选取组建进行修改，在其他环境下将显示当前的模型。
- 部件导航器：如图1-29所示，该导航器主要用于在建模环境下显示模型的全部特征及其参数，通过选取相应的特征或步骤，对模型进行编辑与修改。
- 材料库：如图1-30所示即是资源条中所显示的材料。

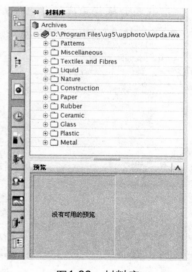

图1-28　装配导航器　　　图1-29　部件导航器　　　图1-30　材料库

- Internet Explorer：如图1-31所示，在该选项中，用户可以浏览与UG NX 8.0软件相关网站中的内容，提高信息的更新速率。
- 历史记录：如图1-32所示，该选项能记录最近五次打开的文件目录，同时还可生成文件的预览图形，便于用户判断选取。
- Process Studio：如图1-33所示，该选项提供的是进入CAE模块进行有限元模拟的各个功能模块的向导，便于进行操作。

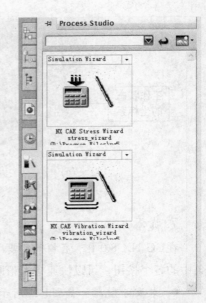

图1-31　Internet Explorer　　　　图1-32　历史记录　　　　图1-33　Process Studio

- Manufacturing Wizards：如图1-34所示，该选项提供的是进入CAM模块中各个功能模块的向导。
- 角色：如图1-35所示，用于快速进入UG的相关界面管理权限，用户单击相应的角色后，程序会根据相应的角色设置而改变用户界面，以相应的窗口设置显示。
- System Visualization Scene：如图1-36所示即是系统所显示的内容。

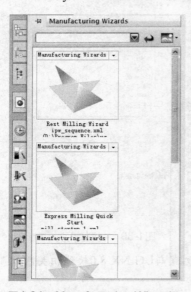

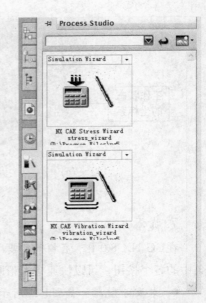

图1-34　Manufacturing Wizards　　　　图1-35　角色　　　　图1-36　系统可视化背景

- 部件中的材料：如图1-37所示即是部件中的材料。
- 系统材料：如图1-38所示，当需要对模型进行渲染或分析时，使用该选项可以快速定义模型的材料。

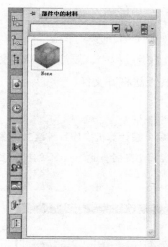

图1-37　部件中的材料

图1-38　系统材料

注意

　　在使用资源条时，UG默认的设置是当不进行操作时程序自动将其隐藏。为便于观察设计步骤和修改特征参数等操作，有时需要将其固定在屏幕上。此时，单击资源条弹出对话框上部的"锁定"按钮 ，此时该按钮将改变形状，表示选项被锁定在屏幕上。如果要取消锁定，再次单击该按钮即可。

1.3　UG NX 8.0基础操作

　　在通常的UG NX 8.0模型设计过程中，几乎每个操作步骤都会涉及一些基本操作。例如，执行打开或者创建部件文件等文件管理操作，以及使用鼠标和键盘辅助管理图形显示方式和方位。因此，学好这些基本的操作方法是将来更进一步学好UG NX 8.0复杂建模的基础。

1. 新建文件

　　在菜单栏中选择"文件"｜"新建"命令或在"标准"工具栏中单击"新建"按钮，均可创建一个新文件，如图1-39和图1-40所示。

图1-39　执行命令

图1-40　单击按钮

无论选择何种新建文件方式，在选择"新建"命令后，程序都会弹出"新建"对话框，在其中选择单位及模板，输入文件名称及文件存储路径后，如图1-41所示。单击"确定"按钮后，程序进入新文件的工作界面，如图1-42所示。在UG文件的编辑过程中，要注意UG的文件名称必须为英文字母，其存储路径中也不能出现中文字符，否则将无法打开文件。

提示·

新建文件时注意文件的路径、文件名及单位。文件的命名可按计算机操作系统建立命名约定，设置环境变量UGII_UTF8_MODE=1，让UG NX 8.0支持中文路径和中文名。此外，UG的扩展名是自动添加的，改名的时候可以连扩展名一起改。

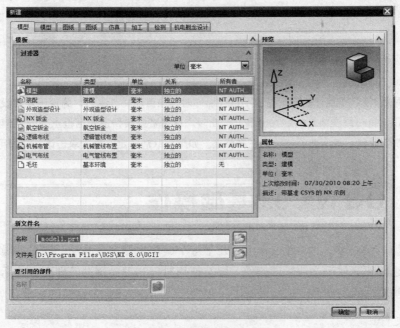

图1-41 "新建"对话框

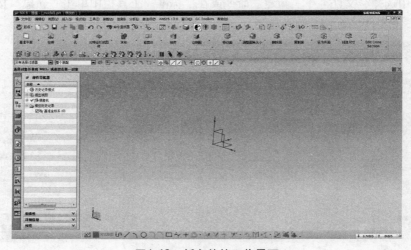

图1-42 新文件的工作界面

2. 打开文件

在菜单栏中选择"文件"｜"打开"命令或在"标准"工具栏中单击"打开"按钮，即可打开一个已经存在的文件，如图1-43和图1-44所示。在UG软件中，允许同时新建或打开多个文件，以便于各部件之间的参考设计，但打开的文件数不可过多，以免占用内存，降低程序运行速度。

图1-43　"打开"命令

图1-44　"打开"按钮

3. 保存文件及副本

（1）保存文件

在菜单栏中选择"文件"｜"保存"命令或在"标准"工具栏中单击"保存"按钮，如图1-45和图1-46所示，即可保存当前文件。UG中保存的文件形式为"*.prt"，表示部件文件，这与许多工程类软件的文件后缀名相同，如Pro/Engineer软件。UG将文件调入内存后，如果在设计过程中多次保存，也不会生成备份文件或新文件，所以用户在使用过程中应及时保存。

图1-45　"保存"命令

图1-46　"保存"按钮

（2）保存副本文件

在菜单栏中选择"文件"｜"另存为"命令（如图1-47所示），弹出"另存为"对话框，如图1-48所示，在其中可以选择保存的文件类型，输入文件名称后单击"OK"按钮，即可完成副本保存。

图1-47 "另存为"命令

图1-48 "另存为"对话框

提示 ·

因为UG不支持中文文件名，所以在文件及文件所在文件夹路径中都不能含有中文字符。如果需要更改保存的方式，可选择"文件"、"选项"和"保存选项"选项，打开"保存选项"对话框，在该对话框中指定新的保存方式。

4. 其他格式文件的导入和导出

（1）使用"打开"和"另存为"命令的方法

在使用"文件"｜"打开"或"文件"｜"另存为"命令时，可以使用UG主程序自带的功能实现其他格式文件的导入与导出。打开文件时，在"打开"对话框中的"文件类型"下拉列表中选择要打开的文件类型后（如图1-49所示），单击"OK"按钮即可。保存文件时，在"另存为"对话框中的"保存类型"下拉列表中选择要保存的文件类型后（如图1-50所示），单击"OK"按钮后将保存为指定的文件类型。

图1-49 打开的文件类型

图1-50 保存类型

（2）使用UG转换工具

UG提供了多种文件相互转换的工具，在选择需要的转换类型后，系统会对转换工具初始化。选择菜单栏中的"文件"｜"导入"和"文件"｜"导出"命令，UG提供了多种文件相互转换的工具，如图1-51和图1-52所示，选择需要转换的文件类型后，系统可以导入或导出不同文件类型的文件。

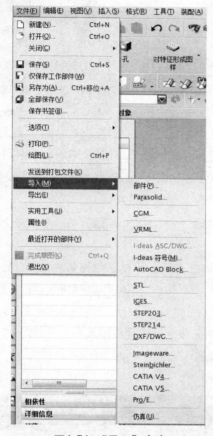

图1-51 "导入"命令

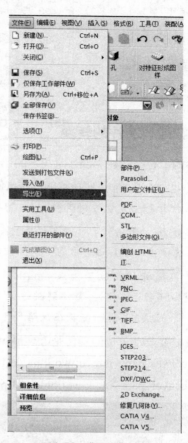

图1-52 "导出"命令

5. 文件的退出和窗口切换

（1）文件的退出

在需要关闭的文件窗口右上角单击"关闭"按钮，即可关闭当前工作部件。如果在菜单栏中选择"文件"｜"关闭"命令，程序会提供较多的关闭选项，如图1-53所示。用户可以根据自己的需要选择合适的关闭文件方式，来关闭相应的文件。

（2）文件的窗口切换

在多个部件同时打开时，如果需要从一个部件切换到另一个部件，则应选择菜单栏中的"窗口"命令，在弹出的菜单中包含了打开的文件列表。单击要编辑的部件，则程序立即将该部件切换为当前工作部件，如图1-54所示。同时在此下拉菜单中，还可以对已打开的文件进行有序排列，排列方式包括层叠、横向平铺和纵向平铺三种。

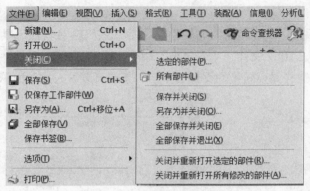
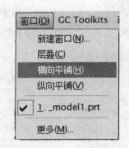

图1-53 "关闭"命令　　　　　　图1-54 文件的窗口切换

 实战：文件的转换

文件的单位是在建立部件时决定的，日后若需要进行单位转换，可使用UG NX 8.0软件安装目录下的"Ug_covert_part"将所选的部件文件由公制转为英制，或由英制转为公制，操作步骤如下。

① 打开随书光盘中的部件文件"1-1.prt"。

② 选择"开始" | "所有程序" | "UGS NX 8▥" | "NX工具▥" | "命令提示符▥"命令，系统弹出如图1-55所示的"命令提示符"。

③ 在光标提示位置输入"path"命令，按回车键查看path设置中是否包含UG的安装路径，如图1-56所示。若包含，则跳过此步；若不包含，则输入"Cd d:\Program Files\UGS\NX 8.0\ugii"（假设NX软件安装在该路径下）。

假设需要改动单位的零件是d:\work\model1.prt，则在命令提示符后输入：

Ug_conver_part -mm d:\work\model1.prt(英制转公制)

Ug_conver_part -in d:\work\model1.prt(英制转公制)

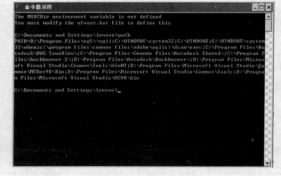

图1-55 命令提示符　　　　　　图1-56 "path"命令

 实战：文件的导入与导出

导入和导出操作方便了UG软件与其他CAD系统进行文件的交流和转换。3D数据转换过程中有时采用的格式是STP或Parasolid，这两种格式针对实体，而IGS是针对曲面。在转换过程中，如果模型很小，存在小圆角、倒角等小特征时，最好将模型放大数倍，在UG中以STP的格式将模型导出。如果存在破面，可以再把精度调到系统的最大值0.01，如果STP格式导出的模型不理想，可以试试CATIA格式，操作步骤如下。

① 打开随书光盘中的部件文件"1-2.prt"，进入建模模块，在菜单栏中选择"文件" |"导出" | "iges"命令，系统弹出如图1-57所示的"导出至IGES选项"对话框。

② 单击"现有部件"单选按钮，并单击"选择部件"按钮，如图1-58所示。此时可打开文件浏览器，选择需要转换成IGES文件的部件文件，并设置IGES文件存放的目录。

③ 单击"确定"按钮后系统开始文件转换过程，最后在图形区中系统弹出如图1-59所示的"导出转换作业"对话框，提示转换作业已经发送。

图1-57 打开对话框

图1-58 选择文件

图1-59 "导出转换作业"对话框

1.4 UG NX 8.0基本环境

绘图环境是设计者与UG NX 8.0系统的交流平台，如何能够简易、快速地定义出具有独特风格的工作界面，以及如何能够熟练使用这些操作来解决应急问题，是很多初级用户所面临的问题，也是急需解决的问题。UG NX 8.0提供了方便的界面定制方式，可以按照个人需要进行界面的定制。

1.4.1 工具栏的定制

在UG软件中，为了方便操作，除了下拉菜单和快捷键外，还提供了大量的工具栏按钮，其主要作用是加速菜单项的选择操作。每个工具栏按钮都对应着菜单中的一个命令。在UG NX 8.0的任意操作模块中，都可以根据自身喜好拖动、定制或改变工具显示方式，从而达到自定义工具的按钮的目的，更快捷、方便地实现设计效果。

1. 工具栏的显示设置

目前大多数工程软件都是通过使用工具栏中的命令来完成操作的，UG软件也一样，所以熟悉工具栏中的命令是十分必要的，用户还可以自定义工作窗口的布局。

为了方便操作，UG提供了大量的工具栏，每个工具栏按钮都对应着菜单中的一个命令。也就是说，每个命令都可以在菜单命令下找到，工具栏只是将相关操作的按钮集成起来，便于用户使用。在实际应用中，经常会根据需要添加不同的工具栏。例如，在绘制自由曲面时，需要添加"曲面"工具栏、"编辑曲面"工具栏等；绘制草图时，则需要添加"草图曲线"工具栏、"草图编辑"工具栏等；添加工具栏的方法是：右键单击工具栏区域的任何位置，从快捷菜单中选择相应的工具栏名称。如果在调出的工具栏中没有出现需要使用的按钮，则可以选择快捷菜单中的"定制"命令调出"自定义"对话框来调整。

在工具栏的右侧有一个小三角形箭头，单击该箭头后会弹出"添加或移除按钮"选项，通过它可以控制工具栏中的命令按钮是否显示，如图1-60所示。工具栏被拖出独立显示时，在工具栏标题栏的右侧也有一个小三角形箭头，同样可以控制按钮的显示，如图1-61所示。

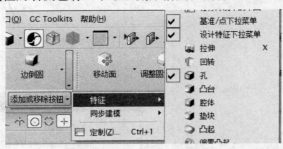

图1-60　显示命令　　　　　　　　　　图1-61　"添加或移除按钮"选项

2. 自定义窗口布局

在每个模块的工具栏菜单的最下方，都有一个"定制"选项，单击后将弹出"定制"对话框，该对话框主要用于控制工作界面的工具栏以及其按钮等的显示。其中该对话框中各选项的具体含义如下。

（1）"工具栏"选项卡

"工具栏"选项卡用来控制显示或隐藏某些工具栏、装入工具栏定制文件，或者按工具栏定义文件中的初始定义来重置工具栏，该选项的功能与工具栏菜单的功能基本相同，如图1-62所示。

（2）"命令"选项卡

"命令"选项卡用来显示或隐藏工具栏中的某些命令图标。在"命令"选项卡下的"类别"列表框中，对该工具栏下的具体命令进行隐藏或显示，如图1-63所示。

（3）"选项"选项卡

"选项"选项卡用于设定工具栏中图标的尺寸、在工具栏上显示屏幕提示等，如图1-64所示。

（4）"布局"选项卡

"布局"选项卡用于制定工作窗口的各工具栏、提示栏、状态栏的位置。如果用户可以将当前的布局保存起来，当窗口布局变得杂乱时，可以通过保存的布局来恢复窗口布局，如图1-65所示。

图1-62 "工具条"选项卡

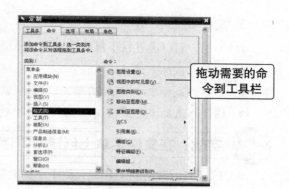

图1-63 "命令"选项卡

图1-64 "选项"选项卡

图1-65 "布局"选项卡

（5）"角色"选项卡

"角色"选项卡是一个客户化用户使用界面的概念，其针对不同客户的需要，提供了一系列集中的、剪裁的菜单和工具栏，使查找命令相对简便，其通过隐藏某个给定角色中不使用的工具来调整用户界面。在默认情况下，UG NX 8.0只显示关键的工具组。在"定制"对话框的"角色"选项卡中单击"创建"按钮，随即弹出新建文件对话框，在输入文件名和确定保存位置后，单击"确定"按钮。此时在弹出的"角色属性"对话框中设置角色文件的参数，如图1-66至图1-68所示。

图1-66 "角色"选项卡

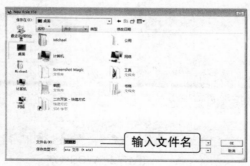

图1-67 输入文件名

图1-68 设置参数

由于UG的工具栏较多，可以把工具栏和菜单栏中的图标改为较小尺寸，这样就有较大的绘图工作空间，也可以容纳更多的工具栏，便于命令的选取。

3.鼠标键的使用

在UG中，可以通过按下鼠标键快速对模型进行查看操作，方法如下。

● 旋转：鼠标中键。

● 平移：鼠标中键+鼠标右键或Shift键+鼠标中键。

● 缩放：滚动鼠标滚轮或Ctrl键+鼠标中键。

实战：在文件菜单上创建WCS菜单

WCS是UG中常用的工具，它位于"格式"菜单栏中，是一个二级子菜单。为了方便操作，可使用UG提供的自定义功能，具体的操作步骤如下。

① 首先新建名称为"1-3.part"的工作部件文件，进入建模模块。

② 在工具栏区域的任何位置单击鼠标右键，系统弹出如图1-69所示的工具栏设置快捷菜单。

③ 单击图1-69所示快捷菜单中的"定制"命令，系统弹出如图1-70所示的"定制"对话框。

④ 在"定制"对话框中单击"命令"标签，在左侧的列表栏中选择"格式"选项，在右侧的列表栏中显示出

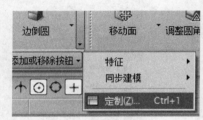

图1-69 工具栏设置快捷菜单

"格式"菜单中的各级子菜单，如图1-71所示。用鼠标左键选中"WCS"选项，拖至图形区菜单栏中的合适位置（需注意的是，要将它放入菜单上，而不要误放入文件菜单的子菜单中），如图1-72所示。

图1-70 "定制"对话框

图1-71 显示各命令

图1-72 WCS选项

1.4.2 常用工具对话框

在UG NX 8.0操作过程中，有时按操作步骤的提示，逐项显示对话框，一步一步地进行选

择，直至操作完成，而有时是在一个对话框中集中指定所有的参数。

1. 对话框中常见内容简介

下面简要介绍一下对话框中指定所有的参数。

（1）选项标签

通过"选项标签"可以在同一对话框中切换不同的选项卡界面。单击选择"定制"对话框中5个选项标签中的任意一个，对话框中的内容即切换至相应的选项卡界面中去，如图1-73中显示的是"布局"选项卡界面。

（2）文字标签

用来显示文字标题，是静态文字，不能响应鼠标或键盘的操作，一般其后都跟随文本框，如图1-74是圆柱形腔体特征操作中的腔体的各项参数标签。

（3）文本框

文本框用来输入文字或数值。

（4）列表框

列表框用来列出可以选择或操作的对象，其中的选项内容可能是文字描述，也可能是图形描述，如图1-75所示。

　　　图1-73　"布局"选项卡　　　　　图1-74　"圆柱"对话框　　图1-75　"新建布局"对话框

（5）下拉列表框

下拉列表框用于显示选项的列表，如图1-76所示。在"新建布局"对话框中单击"布置"选项栏图标上的小三角，即可弹出一个下拉列表，进行布局方式的选择。

（6）动作按钮

用于立即完成某个动作，或弹出下一个对话框。在某些对话框中，有一个动作按钮属于"默认的激活按钮"，按钮上显示矩形虚线框，默认的动作可直接单击鼠标中键接受选择，节约操作时间。如图1-77所示，圆锥有5种创建方式，在该对话框中有5个动作按钮与之相适应，在"直径，高度"按钮上显示矩形虚线框，表明它是默认的动作按钮。

图1-76 下拉列表框

图1-77 "圆锥"对话框

常用的动作按钮如下。

● "确定"按钮：用于接受输入、完成命令并关闭对话框，转入下一步操作。如对话框中的 确定 按钮或辅助工具栏上的 ✔ 按钮，有些命令需要进行一系列的确认操作，通常按下鼠标中键，即可完成"确定"操作。

● "后退"按钮：后退 按钮用于取消当前的操作，返回上一步。

● "取消"按钮：用于取消当前操作，通常按Esc键有同样的效果，同时辅助工具栏中的 ✘ 按钮或对话框中的 取消 按钮也有同样效果。有时 取消 按钮代表认可现有的结果，例如进行对象的变换操作，或者进行曲线的倒角操作。

● "应用"按钮：应用 按钮用于接受输入的数据，使当前的操作生效，但对话框仍保持打开状态，以继续使用。

● "关闭"按钮：用于关闭当前的对话框，如对话框中的 关闭 按钮，或者"信息窗口"右上角的 ✘ 按钮等。

● "反向"按钮：用于对当前的矢量方向反向操作，例如"拉伸"操作对话框中"反向"按钮 ✗ 。

（7）复选框

在一组选项中，可以同时选中一个或多个复选框，一般用于开关选项，如图1-78所示。

（8）单选按钮

在一组选项中，只能选中一个选项。

（9）滑尺

滑尺可以通过鼠标拖动来调整，用于在指定范围内输入某一数值或百分比值，如图1-79所示。

（10）辅助工具栏

用于显示一组相关的动作按钮，也称为浮动工具栏，如图1-80所示即是所显示的工具栏。

图1-78 复选框

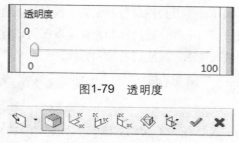

图1-79 透明度

图1-80 辅助工具栏

2. 常用工具栏

在UG的各个版本里面，工具栏及其按钮的种类和数量繁多，它与菜单栏中的命令所起的作用相同。下面对常用工具对话框进行简单的介绍。

（1）"标准"工具栏

该工具栏主要包含基本的文件操作命令，如图1-81所示的"标准"工具栏。各按钮功能从左至右为：进入相应模块窗口、新建文件、打开文件、保存文件、剪切组件、复制组件、粘贴组件、删除选中图元、撤销上一步操作、重复执行先前撤销的操作、显示相关信息等。

（2）"视图"工具栏

该工具栏主要用于控制绘图工作区中模型的显示位置和视图方向，如图1-82所示的"视图"工具栏。

图1-81 "标准"工具栏

各按钮功能从左至右为：将模型大小自动调整到适合窗口、根据选择调整视图、拉出一个窗口进行放大、根据鼠标移动进行缩放、旋转观察模型、平移观察模型、透视显示模型开关、截面切换、在工作视图中创建横截面、控制模型的显示状态、控制视图方向等。

（3）导航器类工具栏

● "部件导航器"工具栏：该工具栏用于控制在导航器中对特征按创建的先后顺序进行排序，同时还可以对特征进行过滤查找等操作，如图1-83所示为"部件导航器"工具栏。

图1-82 "视图"工具栏

图1-83 "部件导航器"工具栏

● "装配导航器"工具栏：当装配一个较复杂的产品时，组件繁多，通过在装配导航器中对组件进行打包、叠起等操作，使装配过程显得清晰、明确。装配导航器工具栏就是用于控制导航器的，如图1-84所示为"装配导航器"工具栏。

图1-84 "装配导航器"工具栏

(4) "选择杆"工具栏

该工具栏主要控制对绘图工作区中图元的选取以及在设计过程中辅助光标选区图元，如图1-85所示为"选择杆"工具栏。在创建复杂模型时，通过设定选取的类型，可以加快选取速度，使设计更加方便快捷。另外，通过辅助光标选取图元，特别是在没有草绘基准面的情况下，使用该工具栏中的命令来选取图元就比较准确和方便。

图1-85 "选择杆"工具栏

单击"选择杆"工具栏右侧的小三角"添加或移除"按钮，然后选择"选择条"，弹出该工具栏的命令选项，其中包括"类选择"、"名称选择"、"点捕捉方式"等，通过勾选命令，可以使图元的选取更方便快捷，也更准确，如图1-86和图1-87所示为选择杆与选择条。

图1-86 选择杆

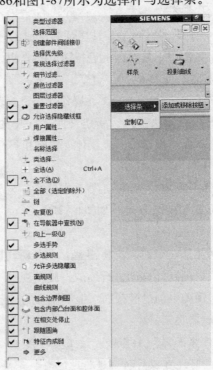

图1-87 选择条

(5) "曲线"工具栏

该工具栏主要用于创建曲线。曲线创建的方式很多，常用的有直线、圆弧、样条曲线、偏置曲线和投影曲线等，如图1-88所示为"曲线"工具栏。

● "编辑曲线"工具栏：当曲线创建完成后，为达到设计要求，还需要进行编辑，如图1-89所示。

● "直线和圆弧"工具栏：该工具栏是对"曲线"工具栏的扩展，主要功能是创建直线和圆弧，它所包括的创建方法较多，能够满足不同方法的需要，如图1-90所示为"直线和圆弧"工具栏。

图1-88 "曲线"工具栏

图1-89 "编辑曲线"工具栏

图1-90 "直线和圆弧"工具栏

（6）"特征"工具栏

该工具栏中包括创建实体的基本方法，用户可以直接使用实体特征命令创建实体，也可草绘轮廓后采用拉伸、回转或扫掠等方法创建实体，如图1-91所示为"特征"工具栏。

- "同步建模"工具栏：该工具栏主要是对特征的局部进行修改，不改变特征的主要参数，如图1-92所示为"同步建模"工具栏。
- "编辑特征"工具栏：该工具栏中的命令主要用于修改整个特征和它的基本参数，主要是针对特征的移动、替换、排序，如图1-93所示为"编辑特征"工具栏。

图1-91 "特征"工具栏

图1-92 "同步建模"工具栏

图1-93 "编辑特征"工具栏

（7）"曲面"工具栏

该工具栏中的命令主要用于创建曲面，包括通过点、线、面、外部和变形等创建方法。如图1-94所示为"曲面"工具栏。

- "自由曲面形状"工具栏：该工具栏中的曲面生成命令主要是针对工业设计方向，当使用"曲面"工具栏中的命令不能创建曲面或不能达到设计要求时，则使用"自由曲面形状"工具栏中的命令，如图1-95所示。

- "编辑曲面"工具栏：该工具栏主要包含曲面编辑时使用的命令，如图1-96所示。

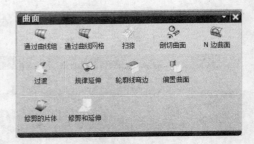

图1-94 "曲面"工具栏

图1-95 "自由曲面形状"工具栏

图1-96 "编辑曲面"工具栏

（8）"装配"工具栏

该工具栏中主要包括用于查找、打开、添加装配组件以及定位装配等命令，如图1-97所示。

图1-97 "装配"工具栏

（9）工程图类工具栏

- "图纸"工具栏：该工具栏主要包含图纸类型命令和视图编辑命令，如图1-98所示。

- "尺寸"工具栏：该工具栏包含尺寸标注中所使用的命令，如图1-99所示。

- "注释"工具栏：该工具栏中包括基本图形绘制符号，对图形进行符号标注的命令，如图1-100所示。

图1-98 "图纸"工具栏

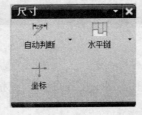

图1-99 "尺寸"工具栏

图1-100 "注释"工具栏

1.4.3　视图布局与管理

将多个绘图窗口分解成多个视图来观察对象的管理方式就是视图布局。视图布局是将屏幕划分为若干个视区，在每个视区中显示指定的视图。在绘图过程中，从多角度同时观察绘图对象有利于用户对绘制对象有更好的理解和把握。

1. 标准视图切换功能

用户在建模或绘图过程中，有时需要多方位、以不同的视角来观察。沿着某个方向去观察模型，得到的一幅平行投影的平面图像称为视图。除上述标准视图外，UG NX 8.0还提供了两个标准视图（正二测视图和等轴测视图），用来显示模型的三维效果。用户还可以自定义视图，和标准视图拼凑起来观察不规则模型的多个指定的方位。如图1-101所示，视图的观察方位只与绝对坐标系有关，与工作坐标系无关。每个视图都有一个名称，称为视图名。

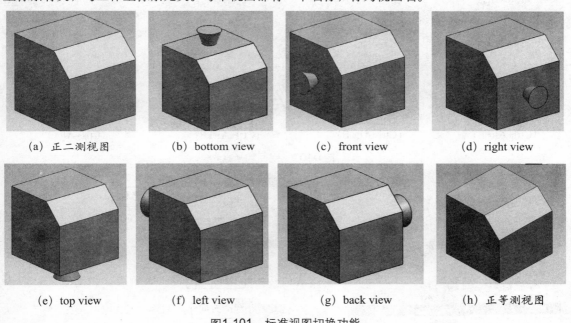

(a) 正二测视图	(b) bottom view	(c) front view	(d) right view
(e) top view	(f) left view	(g) back view	(h) 正等测视图

图1-101　标准视图切换功能

🌸 **实战：视图方切换**

① 打开随书光盘中的部件文件"1-4.prt"，进入建模模块。

② 单击"视图"工具栏上 图标右侧的小三角 ，可根据用户需要将视图切换到系统提供的几种标准视图方位。如图1-102所示即是以壳体模型为实例来观察系统提供的标准方位视图。

2. 建立新布局和视图替换

在UG NX 8.0中，程序允许一个视图布局有9个视图排列在绘图工作区中，用户可以在视图布局中的任意视图内选择对象进行操作。在菜单栏中选择"视图"｜"布局"｜"新建"命令，如图1-103和图1-104所示，随即弹出"新建布局"对话框。

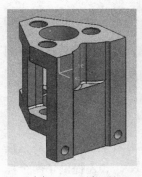

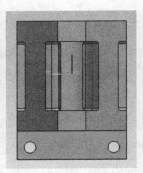
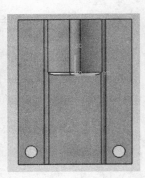

(a) 正二测视图　　　　　(b) 等轴测　　　　　　(c) 左视图　　　　　　(d) 右视图
TFR-TRI（Home）　　　TFR-ISO（End）　　　（Ctrl+Alt+L）　　　（Ctrl+Alt+R）

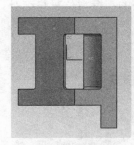
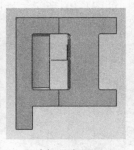
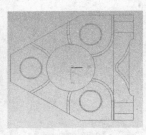
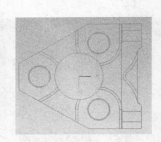

(e) 前视图　　　　　　(f) 后视图　　　　　　(g) 仰视图　　　　　　(h) 俯视图
（Ctrl+Alt+F）　　　（Ctrl+Alt+B）　　　（Ctrl+Alt+B）　　　（Ctrl+Alt+T）

图1-102　视图切换

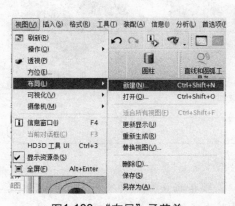

图1-103　"布局"子菜单

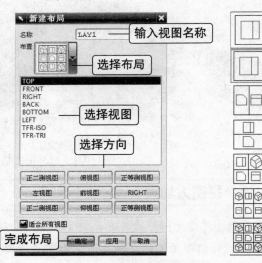

图1-104　新建布局

　　在"新建布局"对话框中，输入布局名称，再从"布置"下拉列表中选取一种布局形式，此时用户可以选中某个视图方向，再单击成为那种视图方向的按钮，也可以使用默认设置，最后单击"确定"按钮，完成布局的创建。视图创建完成后，在菜单栏中选择"视图"｜"布局"｜"保存"命令，程序会自动保存，如果选择"另存为"命令，则要求输入名称后再保存。

提示·

在多个视图布局的环境下，选取替换的视图并右击，选择快捷菜单中的"定向视图"命令，然后在子菜单中直接选择视图，即可替换为其他视图。

3.布局的其他操作

（1）打开布局

在菜单栏中选择"视图"｜"布局"｜"打开"命令，如图1-105所示，将弹出"打开布局"对话框。

（2）更新布局显示

在菜单栏中选择"视图"｜"布局"｜"更新显示"命令，程序将会自动进行更新操作，并执行任意比例或旋转改变后的图形更新。

（3）重新生成

在菜单栏中选择"视图"｜"布局"｜"重新生成"命令，程序将会自动重新生成视图布局中的各个视图。

图1-105　打开布局

（4）视图替换

在菜单栏中选择"视图"｜"布局"｜"替换"命令，用户可以利用它替换布局中的某个视图。如果当前视图中只有一个视图，使用该命令后会弹出"替换视图用"对话框，如图1-106所示。如果当前视图布局中有多个视图，此时就必须先在绘图工作区中选取一个视图，如图1-107所示，再在"要替换的视图"对话框中的视图列表框中选取替换该视图的视图，如图1-108所示。

图1-106　"替换视图用"对话框　　　图1-107　选择要替换的视图　　　图1-108　"要替换的视图"对话框

（5）删除布局

在菜单栏中选择"视图"｜"布局"｜"删除"命令，程序弹出"删除布局"对话框，用户从该对话框的布局列表框中选取要删除的视图布局后，单击"确定"按钮即可。

实战：建立新布局和视图替换

① 打开随书光盘中的部件文件"1-5.prt"，进入建模模块。用户可以建立自己的布局，在菜单栏中选择"视图"｜"布局"｜"新建"命令，并在弹出的"新建布局"对话框中输入布局名称，选择布局格式；根据需要选择相应的布局为L4后，单击"确定"或"应用"按钮，完成新布局的创建，结果如图1-109所示。

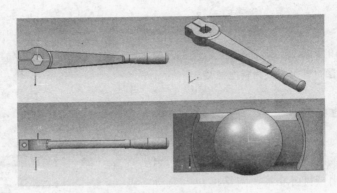

图1-109　新布局的创建

② 选择布局后，系统将按照默认的布局方式进行显示，用户可以根据需要，使用更加合适的布局视图对现有的视图进行更换，在同一布局中，只能包含一个草图布局。对于系统预定义布局，最好使用另存命令操作。

③ 替换其中右上侧的正等测视图，在该需要替换的视图窗口内单击鼠标右键，弹出视图的快捷菜单，选择"定向视图" | "后视图"命令（如图1-110所示），就可以替换成选定的视图，创建新的布局后，用户可以将其保存，待需要时重新调用，如图1-111所示。

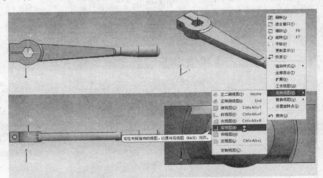

图1-110　选择"后视图"命令

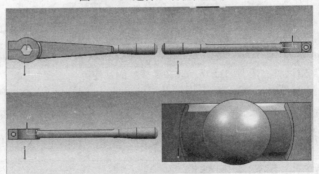

图1-111　替换成选定的视图

1.4.4　层操作与管理

图层是UG建模时，为了方便各实体以及建立实体所作的辅助图线、面、实体等之间的区分而采用的。不同的图素放置在不同的层中，可以通过对图层的操作来对一类图素共同进行操作。层的概念类似于设计师在透明覆盖层上构建模型的方法，可以把它理解为由一个个透明层叠加而成，在不同的图层上构建的对象可以是二维的，也可以是三维的。这些层可以同时显现，也可以部分可见。为了便于管理统一文件的不同几何对象，可将不同的几何分类放到不同的层上。一个UG部件可以包含1~256个图层，每层可以包含任意数量的对象。

1.图层概述

选择主菜单栏中的"格式"菜单，在弹出的菜单中包含了对图层的各种操作，如图1-112所示，同时在"实用工具"工具栏中也有图层操作命令按钮，单击上面的按钮，就可以对图层进行相应的操作，如图1-113所示。在UG NX 8.0中新建一个实体文件后，若需要将某一图层设为工作层，直接在"实用程序"工具栏的"工作层"文本框中输入该图层号，按回车键即可。

图1-112 "格式"菜单

图1-113 "实用工具"工具栏

2.图层设置

在菜单栏中选择"格式"｜"图层设置"命令或在"实用工具"工具栏中单击"图层设置"按钮，程序弹出如图1-114所示的对话框。利用该对话框可以对部件中所有层或任意层进行设置，并进行层的信息查询，同时也可对层的种类进行编辑。在UG中，可对相关的图层分类管理，以提高操作效率。

图层属性有以下4种。

- 可选的。设置为可选的，表明该图层内所有的对象都处于可选择状态。
- 作为工作层。设置所选的图层为当前工作层，工作层内的对象是即可见又可选的。
- 不可见的。设置被选图层的对象不被显示。这个操作可按图层对相关对象进行显示与隐藏。
- 只可见。设置某图层上的对象只可

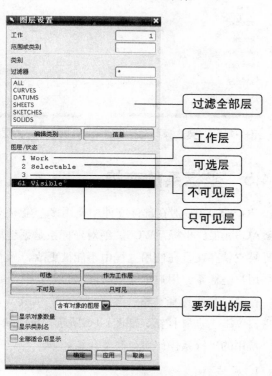

图1-114 "图层设置"对话框

见，但不能进行其他操作。

3. 图层移动和复制

在UG中可以将某图层中的对象移动或复制到其他图层中，这个操作可选择菜单栏中的"格式"｜"移动至图层"命令或在"实用工具"工具栏中单击"移动至图层"按钮⬛，程序弹出"类选择"对话框，如图1-115所示。在选取要移动的对象后，单击"确定"按钮，此时程序弹出"图层移动"对话框，在选择了要移动到的图层后，单击"确定"按钮，如图1-116所示，完成移动对象到指定图层的操作。

在菜单栏中选择"格式"｜"复制到图层"命令或在"实用工具"工具栏中单击"复制到图层"按钮⬛，程序弹出"类选择"对话框，如图1-115所示。在选取要复制的对象后，单击"确定"按钮，此时程序弹出"图层复制"对话框，输入或选取要复制到的图层后，单击"确定"按钮，如图1-117所示，完成复制对象到指定图层的操作。

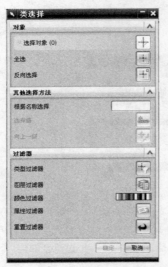

图1-115 "类选择"对话框

图1-116 "图层移动"对话框

图1-117 "图层复制"对话框

1.4.5 坐标系的变换

UG NX 8.0一般在部件文件中使用多个坐标系，与用户直接相关的有两个坐标系，即绝对坐标系ACS和工作坐标系WCS。绝对坐标系是系统默认的，为了定义实体的坐标参数，在文件建立的时候它就存在且在使用过程中不能被更改，从而确保实体在文件中的坐标是固定的。工作坐标系是用户坐标系，用户可以根据自己的需要进行更改、旋转、移动等操作，以方便建模操作。

在菜单栏中选择"格式"｜"WCS"命令，如图1-118所示，或者在"实用工具"工具栏中单击"WCS方向"按钮，如图1-119所示，可以从中选择坐标系的常用操作命令。

常用的坐标系操作命令简要介绍如下。

1. 原点

选择菜单栏中的"格式"｜"WCS"｜"原点"命令，系统弹出"点"对话框，如图1-120

所示即是利用该对话框给出原点坐标或者在图形区中捕捉一个点，作为坐标系原点，通过移动坐标原点来移动坐标系。这种移动方式不改变坐标轴的方向，新坐标系中各坐标轴与原坐标系相应坐标轴平行。

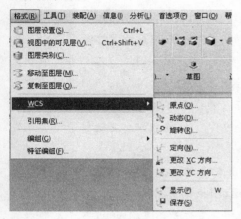

图1-118　WCS命令

图1-119　"实用工具"工具栏

图1-120　"点"对话框

2. 动态

这是改变坐标系最灵活的工具。该命令可以直接在图形区中拖拉旋转球，或者在"角度"栏中输入数值，以确定旋转角度和旋转平面，如图1-121所示。

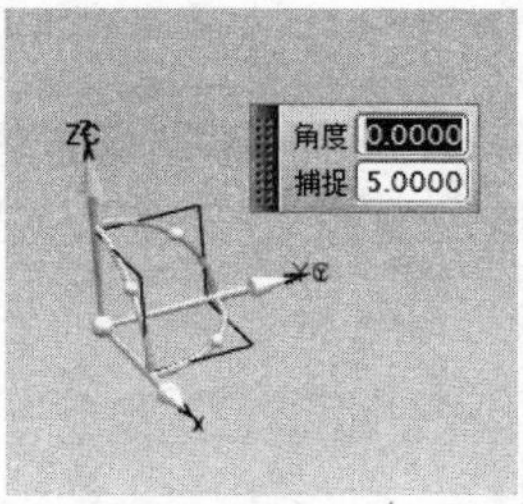

- 移动坐标方式：拖动X、Y、Z三个方向上的平面柄，精确定位XC、YC、ZC三个方向的增量，也可以在图形区中捕捉一个点作为坐标系的原点，按下鼠标中键就完成了坐标系的移动。

图1-121　动态

- 旋转坐标方式：通过拖拉三个平面上的球型旋转按钮，确定了旋转方向以后，在"角度"文本框中输入旋转的角度值，单击鼠标中键即可。
- 在坐标系移动和旋转的操作过程中，如果在拖动WCS手柄的同时按住Alt键，可以进行精确定位和旋转。

3. 旋转

在菜单栏中选择"格式"｜"WCS"｜"旋转"命令，系统弹出如图1-122所示的"旋转WCS绕"对话框，该对话框中提供了6个确定旋转方向的单选按钮，即旋转周分别为三个坐标轴的正、负方向，旋转方向的正向用右手定则来判定。确定了旋转方向以后，在"角度"选项中输入旋转的角度值即可，系统默认的旋转角度为90°。

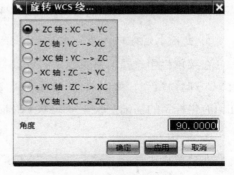

图1-122　旋转WCS

4. 定向

在菜单栏中选择"格式"｜"WCS"｜"定向"命令，重新定位WCS到新的坐标系，系统弹出"CSYS"对话框，如图1-123所示。UG NX 8.0中提供了5种选项，操作更快捷方便。

- "自动判断"选项：根据所选几何对象的不同，以及矢量分量数值，自动推断出一种方法来定义坐标系。
- "动态"选项：同菜单栏中的"动态"命令操作方法一致。
- "偏置CSYS"选项：用已存在的工作坐标系，通过输入XC、YC、ZC坐标方向上的偏移量来生成新的工作坐标系，新坐标轴方向与原来的相同，如图1-124所示的偏置CSYS。
- "X轴、Y轴、原点"选项：通过选择两条相交直线和设定一个点来定义工作坐标系。坐标原点为设定的点，通过原点且与所选的一条直线平行的矢量为XC轴，Y轴为通过原点与第一条直线垂直的矢量且位于两直线所在的平面，坐标系的Z轴通过右手定则来确定，示例如图1-125所示，在长方体零件上选择两条棱边作为X轴、Y轴，再选择一个顶点为原点，生成新的坐标系。
- "X点、Y点、原点"选项：依次选择3个点作为坐标系的原点（第1点）、x轴（第1点和第2点的连线，方向由1点指向2点）、y轴（通过1点向第3点做矢量，方向垂直于x轴，故y轴不一定通过第3点），由此来定义一个相关坐标系，其z轴通过右手定则来确定，如图1-125所示为CSYS。

图1-123 "类型"下拉列表　　　图1-124 从CSYS偏置　　　图1-125 CSYS选项

5. 更改XC方向和YC方向

在菜单栏中选择"格式"｜"WCS"｜"更改XC方向"或选择"格式"｜"WCS"｜"更改YC方向"命令，弹出"点"对话框，在绘图区直接选择点或者捕捉工作部件上的某点，可以在原有坐标系的基础上改变XC轴或YC轴来重新定义一个新的坐标系。

6. 显示

在菜单栏中选择"格式"｜"WCS"｜"显示"命令，系统改变工作坐标系WCS的显示方式（显示状态或隐藏状态），它定义XC-YC平面，大部分几何体在该平面上创建。

7. 保存

保存当前工作坐标系WCS的状态。

实战：建立工作坐标系

① 新建一个部件文件"1-6.prt"，进入建模模块，单击"特征"工具栏中的"长方体"图标，系统弹出"长方体"对话框，首先选择长方体的基点，单击坐标系原点，将基点定义在原点，然后在对话框中输入长方体的长、宽、高分别为50、60、80，如图1-126所示，单击"确定"按钮后生成一个长方体。

② 在菜单栏中选择"格式"｜"WCS"｜"显示"命令，显示默认坐标系位置，如图1-127所示。

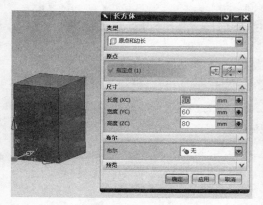

图1-126　长方体

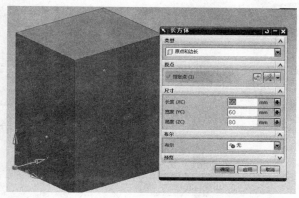

图1-127　WCS显示

③ 在菜单栏中选择"格式"｜"WCS"｜"原点"命令，通过确定新的原点位置来确定新坐标系位置，如图1-128所示，选择长方体的一个顶点作为原点生成新的坐标系。

④ 在菜单栏中选择"格式"｜"WCS"｜"动态"命令，利用鼠标左键拖动旋转球来改变坐标系位置，如图1-129所示为动态坐标系位置。

⑤ 在"特征"工具栏中单击"倒斜角"图标，选择长方体上表面的一条棱边，在偏置选项中输入横截面选项为"对称"，距离为50mm，单击"确定"按钮，该命令操作将在以后的章节中详细介绍。

⑥ 在菜单栏中选择"格式"｜"WCS"｜"定向"命令，然后在弹出的"CSYS"对话框中选择"原点、X轴、Y轴"选项。在倒斜角操作完成后的长方体中选择斜面上的两条直线分别为X轴、Y轴，选择两条直线的交点为原点，则如图1-130所示即为新坐标系的位置。

图1-128　新坐标系位置

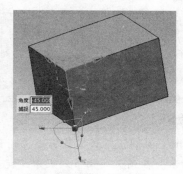

图1-129　动态坐标系位置

图1-130　新坐标系位置

1.4.6 表达式

表达式是UG NX 8.0参数化设计的重要工具，可在多个模块中应用。它可以自动建立，也可以手动建立，即用户自己定义。表达式包括三种类型：数字表达式、条件表达式和几何表达式。打开任意部件文件，在菜单栏中选择"工具"|"表达式"命令，系统弹出如图1-131（b）所示的"表达式"对话框。表达式可以按照过滤器的选择在列表中显示相关的表达式，如图1-131（a）所示。

> **提示：**
>
> 所有的表达式名（表达式的左侧）都是变量名，必须遵循变量名的所有约定，并且在所有的变量名用于其他表达式之前，必须以表达式名的形式出现。

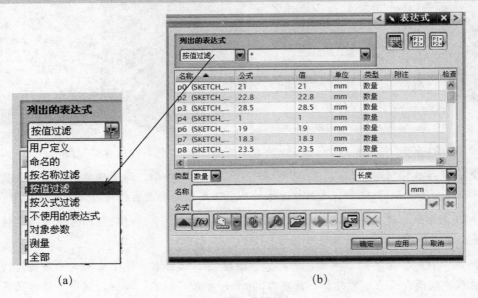

(a)   (b)

图1-131　表达式

在图1-131所示的表达式列表中，"列出的表达式"选择"按值过滤"方式，选择列表中的任意表达式，可对它重新定义或更改数值。

实战：表达式

① 以随书光盘中的部件文件"1-7.prt"为例，选择菜单栏中的"工具"|"表达式"命令，在弹出的如图1-131所示的对话框中，选择"按值过滤"的列出表达式方式。

② 在列出的表达式中选择表达式"P89"，其值为25，是该模型凸台的高度值，将其选中，如图1-132所示，然后将其数值改为50，单击"确定"按钮，其结果如图1-133所示。观察前后改变的效果，凸台高度由25变为50。

③ 同样以部件文件"1-7.prt"为例，单击工作窗口左侧资源条上的部件导航器，在模型树上选择一个特征，如图1-133所示。在相关的细节列表中，就会显示与该特征相关的表达式，可以直接在此更改表达式的值，其结果同上述方法一致。例如，在模型树中选择EXTRUDE

（43），并在细节列表中双击表达式P89=25，将其值改为50，得到如图1-134所示的结果。

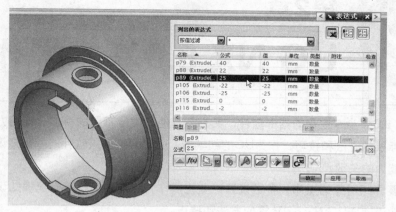

图1-132　列出的表达式

图1-133　修改数值

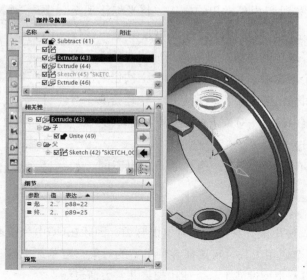

图1-134　选择特征

Chapter 02

第2章
UG NX 8.0基本操作

UG NX 8.0作为专业化的图形软件，具有与其他软件所不同的特点、使用方法，以及设置图层、坐标系的方法和技巧。作为UG的初学者，一定要掌握该软件的基础知识，也是进一步提高绘图能力的关键。

本章主要介绍对象的操作、参数设置、变化操作、基准构造等基础建模知识，并详细讲解这些专业知识辅助UG NX 8.0建模的方法和技巧。

2.1 对象操作

对象是一个广义的概念，它包括了UG NX 8.0中的各种元素，比如：点、线、面、片体、实体、特征、草图等被称为几何对象，用于表示模型中的各种几何元素；而尺寸、文字标记等几何对象以外的元素统称为非几何对象。基于对象的操作有对象的选择、对象的显示、对象的缩放等。

2.1.1 对象的选择与显示模式

1. 对象的选择

（1）快速拾取

选择对象是UG建模过程中最常用的操作。将光标移动至某对象上并单击鼠标左键，就可以选择一个指定对象。按住Shift键的同时单击已经选中的对象，可取消当前的选择。若需要选择的对象位于多个对象中，可在选择的对象上按住鼠标左键不放，直至出现十图标，调出如图2-1所示的"快速拾取"对话框，移动光标在列表中的某一对象上单击鼠标左键即可。

（2）利用鼠标单选

将鼠标指针放在不同的位置上，选择的对象也不同，如图2-2所示。

图2-1 "快速拾取"对话框

（3）类选择器

在复杂的建模中，使用鼠标直接选取对象很麻烦，因此在UG中经常通过类选择器来完成。类选择器是UG中的一个通用工具，可选择各种类型的对象，可单选也可一次选择多个对象，它提供了多种选择方法以及类型过滤工具，使用起来非常方便灵活。

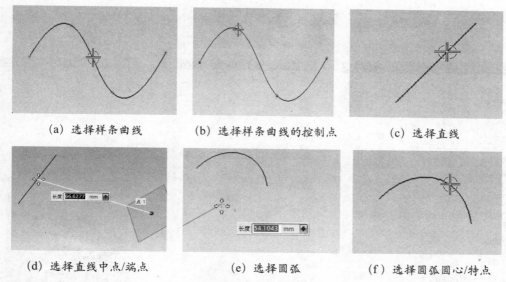

（a）选择样条曲线　　　　（b）选择样条曲线的控制点　　　　（c）选择直线

（d）选择直线中点/端点　　　　（e）选择圆弧　　　　（f）选择圆弧圆心/特点

图2-2　利用鼠标单选

在工具栏中单击右侧的小三角图标，如图2-3所示，添加"类选择"按钮 ，单击该按钮，弹出如图2-4所示的"类选择"对话框。该对话框的常用选项分别介绍如下。

● 对象：在图形区直接单击所要选择的对象，或者单击"全选"按钮，来选择所有符合过滤器类型的对象，如不指定过滤器则选择所有的对象。单击"反向选择"按钮来选择在此之前没有被选定的对象。

● 根据名称选择：若图形元素被定义过名称属性或命名组，则可以在该选项后的文本框中直接输入对象的名称来选择对象。如果在图形区选错了对象，则在按住Shift键的同时再次单击那个对象即可排除它。另外，在建模过程中，对象名称一般由系统自定义，所以较少使用名称来选择对象。

● 过滤器选择：使用类型过滤器选择对象时，过滤与选择类型不相关的对象可提高选择效率，其中包括类型过滤器、图层过滤器、颜色过滤器、属性过滤取和重置过滤器。

◆ 类型过滤器：通过对象的类型来限制选择范围，单击"类型过滤器"按钮，弹出如图2-5所示的"细节过滤"对话框。类型选择可以使用Ctrl键进行多选。

◆ 图层过滤器：通过指定图层来限制选择的对象。单击"图层过滤器"按钮，弹出如图2-6所示的"细节过滤"对话框。在该对话框中可以选择要修改的图层，然后单击"确定"按钮，则只有指定图层上的对象才能被选择。

◆ 颜色过滤器：通过颜色设定来限制对象的选区，设定以后选择的时候，颜色相同的对象将被选择。单击"颜色过滤器"图标，会出现调色板，选定一种颜色，或单击"资源板"选项，弹出更多的调色板，这里可供选择的颜色更加丰富，如图2-7和图2-8所示。

◆ 属性过滤器：单击"属性过滤器"按钮，弹出"属性过滤器"对话框，在该对话框中用户可以自行设定，如图2-9所示。

◆ 重置过滤器：单击"重置过滤器"按钮，将解除先前所设置的过滤方式。解除后用户既可以选取任意的图元，但先前以过滤方式选择的图元仍维持被选取状态。

图2-3 过滤器

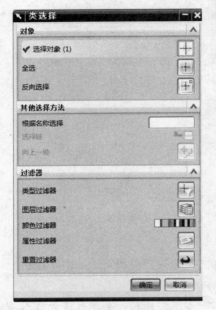

图2-4 "类选择"对话框

图2-5 "细节过滤"对话框

图2-6 细节过滤图层

图2-7 选择颜色

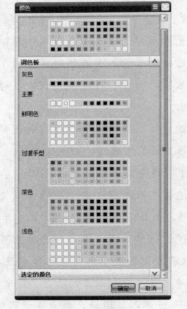

图2-8 资源板

图2-9 属性过滤器

2. 对象在视图中的显示模式

（1）着色模式

单击"视图"工具栏中的 按钮，实现显示模型的边缘和轮廓线的显示方式以及各个投影面的显示模式，如图2-10所示。

- 带边着色：控制模型的边缘线和轮廓线可见或隐藏，其显示和
  刷新速度慢。

- 着色：显示三维模型表面的情况，可以设置不同的显示颜色，
  轮廓线不可见。

- 带有淡化边的线框：线框模式，显示所有的边缘线和轮廓线。

- 带有隐藏边的线框：线框模式，对于不可见的边缘线，用灰色
  的细实线来显示。其他可见的边缘线用实线显示。

- 静态线框：线框模式，仅显示可见的边缘线。

图2-10　显示模式

- 艺术外观：与着色模式显示类似，不同的是添加了视图背景，
  使其更接近于真实模型。一般用于工业造型模块中的显示设计。

- 面分析：使用不同的颜色、线条、图案等方式显示出对象的指定表面上各处的变形、曲
  率半径等情况。

- 局部着色：对部分表面用着色模式显示，其他表面用线框方式显示，一般用于突出表现
  对象的某一个部分，特别是内部的形状，适用于复杂零件或装配图上的显示。

（2）推断式弹出菜单

在视图的空白处，按下鼠标右键不放，光标周围将出现如图2-11所示的菜单项图标，朝所选
图标方向移动，此命令即可被调用。

（3）截面视图

在菜单栏中选择"视图"｜"操作"｜"新建截面"命令，在工作视图中创建横截面，系统
将弹出如图2-12所示的"查看截面"对话框，选择平面方向作为剖切平面，生成所需的截面。如
果需要改变剖切平面的位置和方位，可以用类似WCS动态坐标系的方法，在屏幕中直接平移和旋
转坐标，进行动态操作。

图2-11　菜单项图标

图2-12　查看截面

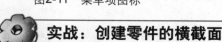

实战：创建零件的横截面

① 打开随书光盘中的部件文件，进入建模模块，如图2-13所示，创建模型的截面视图，即
利用剖切来观察对象的内部特征。

② 选择菜单栏中的"视图"｜"截面"｜"编辑工作截面"命令，系统弹出"查看截面"
对话框，选择XOY平面作为剖切平面，生成所需的截面，如图2-14所示。

 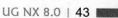

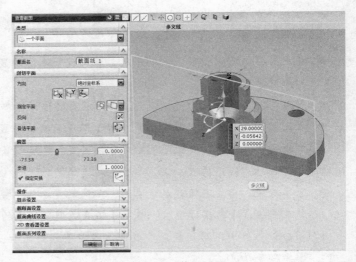

图2-13 模块　　　　　　　　　　　　　　　　图2-14 截面视图

③ 在剖切截面的过程中，可以使用类似WCS动态坐标系的方法进行动态操作，来改变剖切平面的位置和方向。首先在如图2-12所示的"参考"选项后单击右侧的小三角，弹出如图2-15所示的下拉列表，在其中选择WCS选项，然后可以通过直接平移或旋转坐标系的方式来改变剖切平面的位置和方向。

④ 修改剖切面类型，单击如图2-16所示"类型"选项右侧的小三角，选择"两个平行平面"方式，在模型中创建横截面，如图2-17所示。

图2-15 "参考"下拉列表

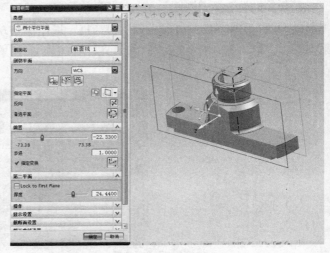

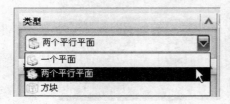

图2-16 "类型"选项　　　　　　　　　　　　　图2-17 创建横截面

2.1.2　对象的参数设置

在菜单栏中选择"编辑"｜"对象显示"命令，系统弹出"类选择"对话框，根据前面所述的对象选择方法，选择要编辑修改的对象，选择完成后单击"确定"按钮或单击鼠标中键，系统将弹出"编辑对象显示"对话框，如图2-18和图2-19所示。该对话框可以修改对象的属性，如对象的图层、线型、线宽、颜色、栅格数量、透明度、着色和分析显示状态等。对象设置菜单可设置新建立的图元的存放层、线型、线宽，但不能改变已经存在的对象，也不能改变由复制功能所产生的对象。对象设置菜单可设置点、线、弧、圆锥、曲线、对象、坐标系统、参考平面及参考轴的属性。

- 图层：设置图层，可指定1~256编号的层名称。
- 颜色、线型、宽度：可以设置后面新建立的图元对象的颜色显示、线型类型以及线宽。
- 透明度：对于内部复杂的对象，改变透明度便于用户观察对象的内部。选择"首选项" | "可视化"命令，在弹出的对话框中选择"视觉"选项卡，"透明度"复选框的开关状态控制对象是否被允许透明显示，如图2-20所示。

图2-18 "常规"选项卡

图2-19 "分析"选项卡

图2-20 设置可视化选项

2.1.3 对象的旋转、平移和缩放显示

对象的旋转方法很多，可以绕点旋转，绕屏幕中心法线、水平线及垂直线旋转，或者弹出旋转菜单，通过精确旋转实现视图或模型的定位、布局等。

1. 自由旋转

1）按下鼠标中键或者单击"视图"工具栏中的 按钮，可以在图形区中拖动旋转视图，调整好用户所需的位置后，单击鼠标中键结束旋转。

2）将鼠标指针放置在屏幕上方中心位置，按住鼠标中键，当鼠标指针变成 时，对象可以绕屏幕中心法线旋转；将鼠标指针放置在屏幕左侧面或右侧面中心位置，按住鼠标中键，当鼠标指针变为 时，对象可以绕水平线进行旋转；将鼠标放置在屏幕下方中心位置，按住鼠标中键，当鼠标指针变成 时，对象可以绕垂直线进行旋转；在图形区内某一位置，按住鼠标中键不放，直至图形区中出现 ，则对象可以进行绕点旋转。

2. 精确旋转

在菜单栏中选择"视图" | "操作" | "旋转"命令，系统弹出如图2-21所示的"旋转视

图"对话框。系统提供了4个固定轴：X轴、Y轴、Z轴、XY轴。

- 选择任意"固定轴"选项后，"角度增量"选项被激活，可用滑块或者直接在文本框中输入数值来设置角度增量，如图2-22所示。
- 选择"任意旋转轴"选项，系统将弹出如图2-23所示的"矢量"对话框，该对话框中的"类型"选项提供了多种定义旋转轴的方式，用户可以根据自身习惯和建模需要来选择设置一个矢量进行旋转。

图2-21 "旋转视图"对话框　　图2-22 "固定轴"选项　　图2-23 "矢量"对话框

- 连续旋转：主要用于动态演示。选中该复选框后，单击"应用"按钮，视图或模型将围绕所选择的矢量轴连续旋转，每次旋转的角度为"角度增量"文本框中的数值。在旋转过程中，可以在旋转到合适状态后单击"动画"对话框中的"停止"按钮，结束连续旋转。
- 锥形箭头显示：选中该复选框时，围绕旋转的矢量将以箭头形式在图形区中显示出来。
- 锁定竖直轴：选择y轴作为旋转矢量时，该选项被激活，系统只能围绕垂直于y轴的平面进行旋转。
- 竖直向上矢量：单击"旋转视图"对话框中的"竖直向上矢量"按钮，系统将弹出如图2-24所示的"矢量"对话框，选择某一种方式确定矢量，单击"确定"按钮，系统将调整视图，使所建立的矢量方向朝上。用户可以利用该选项设置任意轴方向朝上。

3. 对象的平移

单击"视图"工具栏中的"平移"按钮，可以随意移动对象至合适的位置，再次单击"平移"按钮或者按鼠标中键结束平移。利用快捷键Shift+鼠标中键也可平移视图。

4. 对象的拟合

单击"视图"工具栏中的"适合窗口"按钮，调整工作视图的中心和比例以显示所有对象，可调整对象在图形区以适当的比例显示。在菜单栏中选择"首选项"｜"可视化"命令，并在弹出的"可视化首选项"对话框中选择"视图/屏幕"选项卡，拖动滑块来调整屏幕显示百分比，如图2-25所示。

单击"视图"工具栏中的"根据选择调整视图"按钮，用于局部拟合，使工作视图适合当前选定的对象，仅在视图中有对象被选中时自动激活。

图2-24 "矢量"对话框

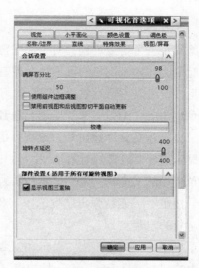

图2-25 "视图/屏幕"选项卡

5. 对象的缩放

对象的缩放主要包括窗口缩放、整体缩放、比例缩放和非比例缩放4种，分别介绍如下。

- "视图"工具栏中的"窗口缩放"按钮▭：处于缩放状态时，在图形区中拖拉出矩形来指明缩放范围。

- "视图"工具栏中的"整体缩放"按钮▧：处于缩放状态时，按住鼠标左键从图形区中心向外或向内拖动，对象将被放大或缩小。

- 比例缩放（Ctrl+Shift+Z键）：选择菜单栏中的"视图"｜"操作"｜"缩放"命令，系统将弹出如图2-26所示的"缩放视图"对话框，从中可以选择某选项或者在文本框中输入比例，单击"确定"按钮，完成缩放操作。

- 非比例缩放：选择菜单栏中的"视图"｜"操作"｜"非比例缩放"命令，然后拖拉出矩形框来选择所要缩放的区域，这时显示的对象会变形，如图2-27所示为原图，非比例缩放后如图2-28所示。打开菜单，再次选择"非比例缩放"命令，对象将恢复正常显示状态。

另外，使用鼠标也可实现对象的缩放，使用Ctrl键+鼠标中键或者（鼠标左键+鼠标中键）可以放大或缩小视图，同时使用鼠标中键滚轮也可以放大或缩小视图。

图2-26 "缩放视图"对话框

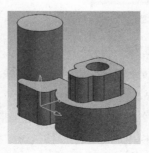

图2-27 缩放前

图2-28 缩放后

6. 对象的隐藏

对象的隐藏是一个可逆过程，对于那些暂时不用或者与当前操作无关的对象，可根据需要将其暂时隐藏起来。与控制图层的可见性（控制该图层上所有对象是否可见）不同，用隐藏工具控制对象的可见性，可以不受对象所在图层的限制。

选择菜单栏中的"编辑"｜"显示和隐藏"｜"显示和隐藏"命令，或者单击"实用程序"工具栏中的"显示和隐藏"按钮，系统弹出如图2-29所示的"显示和隐藏"对话框，运用该对话框选择要显示或者要隐藏的对象类型。

选择菜单栏中的"编辑"｜"显示和隐藏"｜"隐藏"命令，或者单击"实用程序"工具栏中的"隐藏"按钮，系统弹出"类选择"对话框，选中需要隐藏的对象后，单击"确定"按钮即可完成该对象的隐藏。

选择菜单栏中的"编辑"｜"显示和隐藏"｜"颠倒显示和隐藏"命令，或者单击"实用程序"工具栏中的"颠倒显示和隐藏"按钮，系统将反转可选图层上所有对象的隐藏状态。

选择菜单栏中的"编辑"｜"显示和隐藏"｜"显示"命令，或者单击"实用程序"工具栏中的"显示"按钮，系统将弹出"类选择"对话框，提示用户在已隐藏的对象中选择要显示的对象，完成选择后，单击"确定"按钮，使显示的对象在视图中可见。

选择菜单栏中的"编辑"｜"显示和隐藏"｜"显示所有此类型的"命令，或者单击"实用程序"工具栏中的"显示所有类型"按钮，系统弹出的"选择方式"对话框如图2-30所示。完成选择后单击"确定"按钮即可显示指定类型的所有对象。

选择菜单栏中的"编辑"｜"显示和隐藏"｜"全部显示"命令，或者单击"实用程序"工具栏中的"全部显示"按钮，系统将自动显示所有类型的对象。

图2-29 "显示和隐藏"对话框

图2-30 "选择方式"对话框

7. 对象的删除和恢复

删除模型中的对象必须是独立的，比如点、曲线、实体等，实体的棱、表面以及键槽、沟槽等成型特征不能独立存在，故不能直接删除。被参考（或引用）的元素也不能直接被删除，比如拉伸体引用的曲线或草图，必须先删除实体，才能删除被参考元素。

直接单击"标准"工具栏中的"删除"按钮✖，或者在菜单栏中选择"编辑"｜"删除"命令，系统将弹出"类选择器"对话框，选择要删除的对象后，单击"确定"按钮即可。也可以在图形区中直接选择要删除的对象，然后再单击"删除"按钮 ✖ 进行删除操作。

通过单击"标准"工具栏中的"撤销"按钮 ↶，可以一步步退回到原操作，返回至先前的操作，也可以在菜单栏中选择"编辑"｜"撤销列表"命令，从中直接查找要回退的位置。应注意的是如果执行了保存文件的操作，记录会重新开始，就不能撤销刚刚的操作了，即删除的对象操作无法被恢复。

2.2 变换操作

变换工具可以进行对象的多种编辑操作，用于对独立存在的几何对象进行平移、旋转、复制和缩放等几何转换，可变换曲线、草图、实体和片体等各种二维或三维几何对象。转换时可以针对原来的元素进行转换，或原元素不变，转换后复制一份，可以重复转换多次，或对选取的元素进行多重复制。

在"标准"工具栏中单击"变换"按钮 ，系统将弹出"类选择器"对话框，选择需要变换的对象，系统将弹出如图2-31所示的"变换"对话框，在该对话框中选择相应的变换操作即可。

该对话框提供的变换方法分别介绍如下。

- 比例：将对象相对于指定参考点成比例放大（或缩小）。注意，对象在参考点处不移动。指定对象后，在"变换"对话框中选中"比例"选项，系统弹出"点"对话框，用来指定缩放参考点。

- 矩形/圆形阵列：将所选择的对象进行矩形阵列或是圆形阵列。

图2-31 "变换"对话框

实战：均匀缩放

①打开随书光盘中的部件文件，进入建模模块，双击模型中已创建的草图曲线，进入草图绘制界面。在菜单栏中选择"编辑"｜"变换"命令或使用快捷键Ctrl+T，然后选择"比例"选项，对草图曲线进行比例缩放。

②对同一对象在不同参考点下的均匀缩放如图2-32所示。比例均为0.5，参考点设置在三角形形心处，最后选择多个副本可用，并在"副本数"文本框中输入2，缩放后如图2-32（a）所示；参考点分别选择在三角形的3个顶点处，最后选择多个副本可用，并在"副本数"文本框中输入2，缩放后分别如图2-32（b）、（c）、（d）所示。

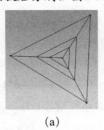 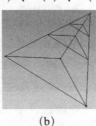  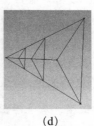

| (a) | (b) | (c) | (d) |

图2-32 均匀缩放

实战：非均匀缩放

① 打开随书光盘中的部件文件，进入建模模块。在菜单栏中选择"编辑"｜"变换"命令，然后选择"比例"选项，对实体模型进行非比例缩放，如图2-33所示。

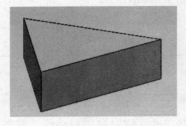
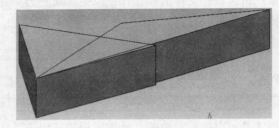

(a) 原图　　　　　　　　　　　　　(b) 缩放后

图2-33　非均匀缩放

② 选择三角形的下顶点为参考点，然后再选择"非均匀比例"选项，系统弹出参数对话框，在该对话框中输入XC比例为0.5，YC比例为2.0，ZC比例为1.0，单击"确定"按钮，选择"复制"操作即可。

● 绕点旋转：将对象以与ZC轴平行的轴线绕参考点旋转指定角度。单击"绕点旋转"按钮，系统弹出"点"选择对话框，在视图区选择某任意点或特征点后，系统弹出"变换"对话框，在"角度"文本框中输入角度值为90°，单击"确定"按钮完成对象的绕点旋转，如图2-34（a）所示。也可以在进行角度设定时选用"两点方式"，它的用法是指定两点，从参考点到第一点的连线在旋转平面上的投影线与从参考点到第二点的连线在旋转平面上的投影线之间的夹角作为旋转角。如图2-34（b）所示为仍选择上例顶点为参考点，选择两个相邻顶点为指定的两点。

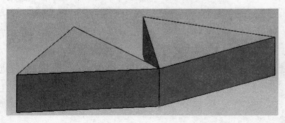
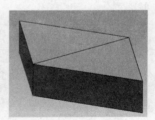

(a) 原图　　　　　　　　　　　　　(b) 原图

图2-34　绕点旋转

● 用直线作镜像：将对象相对于指定的参考线作镜像操作。指定参考线有三种方法即两点、现有的直线、点和矢量。

● 圆形阵列：将对象从指定的参考点移动（或复制）到目标点（即阵列中心），再以指定的半径绕目标点建立环形阵列。以一个圆柱零件为例进行圆形阵列，参考点设置在坐标原点（如图2-35所示），目标点设置在（0,150,250）处，如图2-36所示。在图2-37所示的变换参数设置中，设置半径为200、起始角为0、角度增量为60、数量为6，单击"确定"按钮后，系统弹出如图2-38所示的"变换"对话框，单击其中的"复制"按钮，得到如图2-39所示的以点（0,250,150）为圆心，以200为半径的圆周上均布6个圆柱的结果。

图2-35 "点"对话框　　　图2-36 设置目标点　　　图2-37 设置变换参数

图2-38 "变换"对话框　　　　　图2-39 效果图

- 矩形阵列：用法与环形阵列相似，在此不再赘述。
- 绕直线旋转：将对象以指定角度绕任意指定的轴线旋转。
- 用平面作镜像：与用直线作镜像相似，在此不再赘述。
- 在两轴间旋转：以参考点为旋转点，将对象以设定的旋转角度从指定的参考轴向目标轴方向旋转。

2.3 基准构造

　　基准特征是用于建立其他特征的辅助特征，基准特征包括基准点、基准轴和基准平面。在实体造型过程中，利用基准特征，可以在所需的方向与位置上绘制草图生成实体或者直接创建实体。基准特征分为相对基准和固定基准，相对基准随其关联对象的变化而改变，使实体造型更加方便灵活。

2.3.1 基准点

　　在建模模块中，选择菜单栏中的"插入"｜"基准/点"｜"点"命令，系统将弹出"点"对话框，如图2-40所示。可以通过在文本框中输入点坐标值来精确定位基准点的位置，也可以选择"类型"选项中的各种捕捉方式来选择基准点位置，如图2-41所示。另外，选择菜单栏中的

"插入" | "基准/点" | "点集" 命令，系统弹出如图2-42所示的 "点集" 对话框，该对话框中各选项命令的操作方法简要介绍如下。

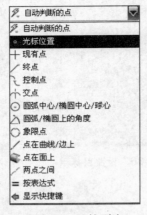

图2-40 "点" 对话框　　　　图2-41 下拉列表　　　　图2-42 "点集" 对话框

- 曲线点：通过定义点之间的间隔方式、点数量、起始位置及结束位置等参数来定义点集，如图2-43所示。其中点的间隔方式包括等圆弧长、等参数、几何级数、弦公差、增量圆弧长等几种，如图2-44所示。

- 样条点：如果样条曲线是采用选择点的方式来定义的，则单击该选项，弹出如图2-45所示的对话框，选中样条曲线后，系统直接添加原曲线的定义点。

图2-43 曲线点　　　　图2-44 下拉列表　　　　图2-45 "样条点" 选项

另外还包括 "面的点" 选项，如图2-46所示。显示快捷键，如图2-47所示。

图2-46 "面的点" 选项　　　　图2-47 快捷键

2.3.2　基准轴

　　基准轴与基准平面一样，属于参考特征。它分为固定基准轴和相对基准轴两种。固定基准轴没有任何参考，是绝对的，不受其他对象约束；相对基准轴与模型中的对象（曲线、平面或其他基准等）关联，并受其关联对象约束，是相对的。

　　以随书光盘中的文件为例，在菜单栏中选择"插入"｜"基准/点"｜"基准轴"命令或者在"特征"工具栏中单击"基准轴"按钮 ，系统弹出如图2-48所示的"基准轴"对话框。

　　创建基准轴的"类型"下拉列表如图2-49所示，此下拉列表中各选项含义如下。

- "自动判断" ：该方式通过用户选取的对象自动判断生成基准轴。
- "交点" ：在"类型"下拉列表中选择"交点"选项，系统弹出如图2-50所示的"基准轴"对话框，根据命令提示在图形工作区的模型上一次选择对象，如图2-51所示，然后单击"应用"按钮，系统生成如图2-52所示的基准轴。
- "曲线/面轴" ：该方式通过指定曲线或者面来确定基准轴位置和方向，"基准轴"对话框形式如图2-53所示。如图2-54（a）和（b）中所示为选择面轴时生成的基准轴，图2-55中所示为选择任意曲线生成的基准轴形式。

图2-48　"基准轴"对话框

图2-49　下拉列表　　　　　　　　　　图2-50　"基准轴"对话框

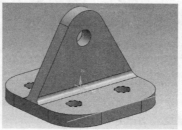

图2-51　选择对象

图2-52　效果图　　　　　　图2-53　"基准轴"对话框

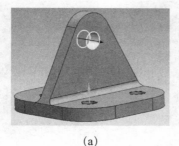

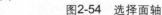

（a）　　　　　　　　　　　　　　（b）

图2-54　选择面轴

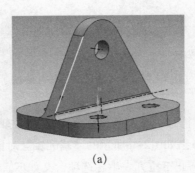 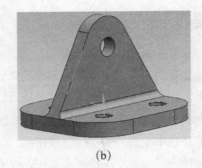

(a) (b)

图2-55 选择任意曲线

- "曲线上矢量" ↙：选择曲线上的一点，用曲线上该点的切线确定基准轴，选择该选项时"基准轴"对话框如图2-56所示。在图形工作区选择圆弧曲线上的任意点，该点位置可以通过对话框中"曲线上的位置"选项设定"圆弧长"或"%圆弧长"来确定和修改，如图2-57所示，生成的基准轴如图2-58所示。

- XC轴、YC轴、ZC轴：用于创建固定基准轴，它与对象没有相关性，分别沿工作坐标系的WCS三个坐标轴方向创建一个固定基准轴。

- "点和方向" ↖：用给定的点和矢量方向来确定基准轴。"基准轴"对话框如图2-59所示，在图形区捕捉特殊点或者通过"点"对话框创建任意点来创建基准轴，首先根据命令提示指定点，接着指定矢量方向，如图2-60所示，然后单击"应用"按钮，完成基准轴设置，效果如图2-61所示。

图2-56 "基准轴"对话框   图2-57 效果图   图2-58 生成基准轴图

  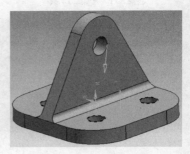

图2-59 "基准轴"对话框   图2-60 按矢量方向   图2-61 完成基准轴设置

● "两点" ✐：用给定的两个点来确定基准轴。"基准轴"对话框如图2-62所示，根据命令提示依次选择两个点，并给定矢量方向，如图2-63所示；完成设置后，单击"应用"按钮，系统生成如图2-64所示的基准轴。

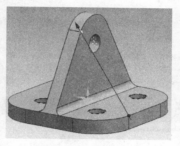

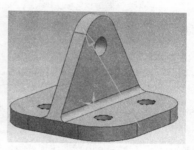

图2-62　"基准轴"对话框　　　图2-63　按矢量方向　　　图2-64　效果图

2.3.3　基准平面

　　基准平面是实体造型中经常使用的辅助平面，利用基准平面，可在非平面上方便地创建特征，或为草图提供草图工作平面，如借助基准面在圆柱面、圆锥面、球面等表面创建孔、键槽等复杂形状的特征。

　　与基准轴相类似，基准面分为固定基准面和相对基准面两种，固定基准平面没有关联对象，即以工作坐标（WCS）产生，不受其他对象约束；相对基准面与模型中其他对象如曲线、面或其他基准等关联，并受其关联对象约束。

　　以随书光盘中的文件为例，在菜单栏中选择"插入"｜"基准/点"｜"基准平面"命令或在"特征"工具栏中单击"基准平面"按钮□，弹出"基准平面"对话框，如图2-65所示。在"类型"下拉列表中包含了全部的相对基准平面和绝对基准平面的创建方法，如图2-66所示。

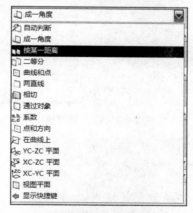

图2-65　"基准平面"对话框　　　　　图2-66　下拉列表

下面简要介绍相对基准平面的创建方法。

● "自动判断" ⚞：该方式通过用户选取的对象自动判断生成基准平面。选择创建基准平面的参考面，如图2-67所示，并在对话框中输入偏置值为5，平面数量为3，然后单击

"应用"按钮，系统生成如图2-68所示的基准平面。

图2-67　"基准平面"对话框

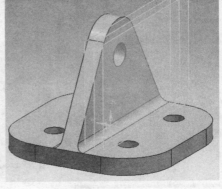

图2-68　新建基准平面

● "成一角度" ◇：该方式需要首先选取一个参考平面，然后再选取参考线角度，根据指定的角度生成基准平面。根据命令提示依次选择参考平面和参考轴，如图2-69所示。在对话框内输入相应角度值为120，然后单击"应用"按钮，系统生成如图2-70所示的基准平面。

● "按某一距离" ◇：该方式需要首先选取一个参考平面，再按照一定的距离进行偏置，创建出基准平面。如果选择如图2-71所示的平面为参考平面，并在对话框中输入偏置距离为0，平面数量为1，单击"应用"按钮，系统生成如图2-72所示的基准平面。

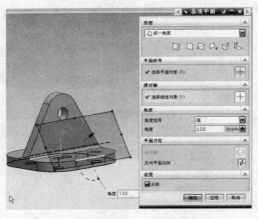

图2-69　输入角度值

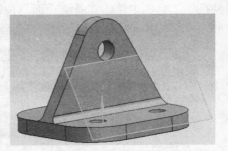

图2-70　效果图

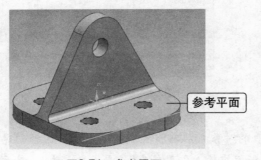

图2-71　参考平面

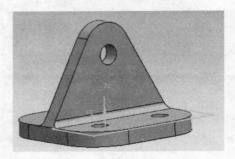

图2-72　新建平面

- "Bisector" ⊠：该方式通过选取两个对称参考面，然后程序在这个平面的中间平分生成基准平面。根据命令提示依次选择如图2-73所示的平面，系统自动生成平分平面，单击"应用"按钮，生成如图2-74所示的平分平面。

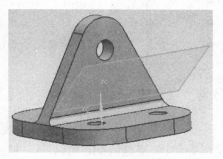

图2-73　"Bisector"方式　　　　　　　　　图2-74　平分平面

- "曲线和点" ⊠：该方式主要用于创建通过空间的一个点，并且与指定的曲线共同构成参考基准，然后创建基准平面。选择该选项时，"基准平面"对话框如图2-75所示，其中"曲线和点子类型"下拉列表如图2-76所示。以"子类型"中的"三点"方式创建基准平面为例，在图形区任意选择3点，如图2-77所示，单击"应用"按钮，生成如图2-78所示的基准平面。

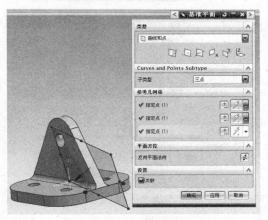

图2-75　"基准平面"对话框　　图2-76　下拉列表　　　图2-77　"基准平面"对话框

- "两直线" ⊠：该选项是通过选取两条直线，通过这两条直线创建基准平面。
- "相切" ⊠：该方式创建的是与曲面相切的基准平面，首先选取一个曲面，然后选取一个在曲面上的线或点作为参考以生成基准平面。
- "通过对象" ⊠：该方式用于在实体模型中选取的一个对象，程序自动根据选取的对象创建基准平面。
- "点和方向" ⊠：该方式通过在模型中选取一个点，

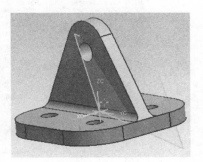

图2-78　效果图

程序自动生成一个平面，用户确定平面的方向后即生成基准平面。

- "在曲线上" ⋈：该方式通过选取一条曲线或边线，再在该曲线的法线方向上创建基准平面，创建的位置由用户指定。

固定基准面有4种生成方式。

- "YC-ZC平面" ⧉×：用于在工作坐标平面上产生XC-ZC固定基准面。
- "XC-ZC平面" ⧉：用于在工作坐标平面上产生XC-ZC固定基准面。
- "XC-YC平面" ⧉：用于在工作坐标平面上产生YC-YC固定基准面。
- "系数" 器：通过参数确定平面。

2.3.4 基准坐标系 ⋯⋯⋯⋯⋯⋯⋯⋯⋯⋯⋯⋯⋯⋯⋯⋯⋯⋯⋯⋯⋯⋯⋯⋯⋯⋯⋯⋯◻

基准坐标系即参考坐标系，与工作坐标系的操作类似，基准坐标系的表示形式是基准面和基准轴。基准坐标系是特征，所以可以进行编辑和删除操作，使之关联坐标系，当它所依附创建的对象作了修改后，基准坐标系也会随之自动更新。

以随书光盘中的文件为例，在菜单栏中选择"插入" | "基准/点" | "基准CSYS"命令或在"特征"工具栏中单击"基准CSYS"按钮⊠，系统弹出如图2-79所示的"基准CSYS"对话框，其中"类型"下拉列表中包含了全部的创建基准坐标的方法，如图2-80所示。

图2-79 "基准CSYS"对话框

图2-80 "类型"下拉列表

以"动态"方式为例简要介绍如何创建基准坐标系，具体操作步骤如下。

首先选择"动态"选项，并在图形工作区中选择要创建基准坐标系的点位置，如图2-81所示，单击"确定"按钮，系统生成如图2-82所示的基准坐标系。

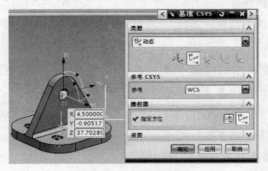

图2-81 "动态"选项

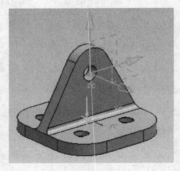

图2-82 效果图

基准坐标系的用途如下。

- 基准坐标系特征用于确保后续特征在定义的坐标系改变时能够进行关联更新的场合。
- 基准坐标系中单独的基准平面可以用来替换作为草绘的平面。
- 基准坐标系中的每一个基准平面和轴能够用来定位其后的特征。
- 基准坐标系中的任意一个轴能够用来在创建特征时定义方向。
- 特征的每一个组建能够用来在零件定位时作为配合条件。

2.4 信息查询和分析

在辅助各功能模块的操作中，UG NX 8.0提供了一些信息查询功能，通过这些功能，用户可以准确和详细地查询到模型中的相关信息。

2.4.1 信息查询命令的使用

信息查询主要查询几何对象和零件的信息，查询的内容主要是对象的属性（包括名称、图层、颜色、线型和组名单位等）。对象可以是点、实体、曲线和曲面，也可以是基准面和坐标系，还可以是部件、装配和表达式等。

在菜单栏中选择"信息"｜"对象"命令，如图2-83所示。程序弹出"类选择"对话框，在其中可以选择要查询指定对象的信息，如图2-84所示。使用该命令时，可由用户指定对象，这时会列出其所有相关信息，如图2-85所示。

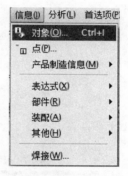

图2-83 "信息"命令

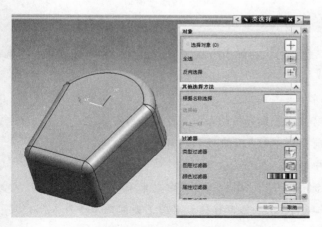

图2-84 "类选择"对话框

图2-85 相关信息

当用户选取的对象不同时，其"信息"对话框中的信息也不同。一般对象都具有一些共同的信息，如名称、所属部件、图层、颜色、线宽、建立版本、单位信息等。几种常用对象的信息显示情况如下。

- 点：当选择对象为点时，程序除了会列出所有共同信息外，还会列出其坐标值。
- 直线：当选择对象为直线时，程序除了会列出所有共同信息外，还会列出直线的长度、角度、起点与终点做标值。
- 圆与圆弧：当选择对象为圆与圆弧时，程序除了会列出所有共同信息外，还会列出长度、角度、起点与终点坐标、弧长、直径、半径等信息。
- 样条曲线：当选择对象为样条曲线时，程序除了会列出所有共同信息外，还会列出样条曲线的闭合状态、阶数、控制点数目、节段与节点数、理论状态等信息。

1. 点信息查询

选择菜单栏中的"信息"｜"点"命令，系统弹出"点"对话框，如图2-86所示。选择所要查询的点，单击"确定"按钮即可，弹出的信息结果如图2-87所示，其中可以得到点所属的部件、图层、单位等信息，还包括它在工作坐标系和绝对坐标系中的坐标信息。

图2-86 "点"对话框

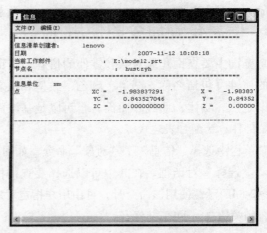

图2-87 "信息"窗口

2. 表达式信息查询

在菜单栏中选择"信息"｜"表达式"命令后，将弹出级联菜单，如图2-88所示，通过它可以查询表达式的有关信息。

- 全部列出：列出当前工作部件中的所有表达式信息。
- 列出装配中的所有表达式：列出当前显示装配部件的每一组件中的所有表达式信息。
- 列出会话中的所有表达式：列出当前操作中的每一部件的所有表达式信息。
- 按草图列出表达式：列出选择草图中的所有表达式信息。
- 列出配对约束：如果当前部件为一个装配部件，则列出其匹配约束条件信息。
- 按引用列出所有表达式：列出当前工作部件，包含特征、草图、匹配约束条件、用户定义的表达式信息。
- 列出所有几何表达式：列出工作部件中所有几何表达式及相关信息，如特征名、当前表达式的位置和表达式引用情况。

3. 部件信息查询

在菜单栏中选择"信息"｜"部件"命令后，可以查询部件文件的相关信息，如图2-89所示。

- 已加载的部件：显示当前操作中关于载入文件的一般数据和属性信息。
- 修改：生成一个有关部件文件中对象生成或上一次修改的版本报告。
- 部件历史：显示部件文件保存历史记录的信息。

4. 其他信息

在菜单栏中选择"信息"｜"其他"命令后，可以查询其他一些参数或对象的相关信息，如图2-90所示。

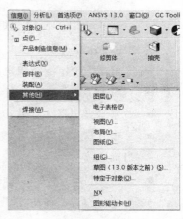

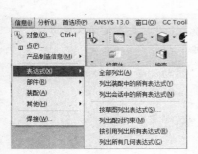

图2-88　"表达式"菜单

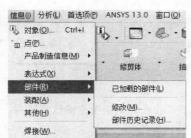

图2-89　"部件"菜单

图2-90　"其他"菜单

2.4.2　对象分析功能

对象分析功能与信息查询功能不同，它是依赖于被分析的对象，通过临时计算获得所需的结果。UG NX 8.0除了可以分析常规的几何参数外，还可以做几何属性、截面惯性、简单干涉分析等。在进行分析之前要先看单位的设置，可在菜单栏中选择"分析"｜"单位：千克-毫米"命令，如图2-91所示。或者在"分析"工具栏中选择分析选项，如图2-92所示。

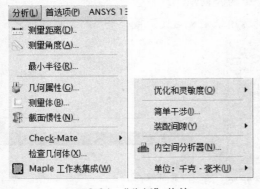

图2-91　"分析"菜单

图2-92　"分析"工具栏

1. 距离测量分析工具

主要用于查询点与点、点与线、点与平面之间的距离。选择"分析"｜"测量距离"命令，或者单击"分析"工具栏中的图标 ，弹出"测量距离"对话框，如图2-93所示。单击"类型"选项右侧的小三角，弹出如图2-94所示的距离分析选项。

图2-93 "测量距离"对话框   图2-94 下拉列表

常用距离分析选项介绍如下。

- "距离" ：测量指定两点间的直线距离。
- "投影距离" ：测量指定两点在指定矢量方向上的距离，使用时要先定义矢量方向。
- "屏幕距离" ：将指定两点投影到当前屏幕所在的观察平面上得到的距离。
- "长度" ：测量曲线的长度。在指定模型中的边线后，自动测量其相切的整个串连图形的长度。
- "半径" ：测量曲线的半径。在选定模型中的弧或圆后，自动测量其显示弧或圆的半径。

2. 角度分析工具

主要用来查询曲线与曲线、曲线与平面、平面与平面之间的角度。选择菜单栏中的"分析"｜"角度"命令或者单击"分析"工具栏中的"测量角度"按钮 ，弹出如图2-95所示的"测量角度"对话框。

单击"测量角度"对话框中"类型"右侧的小三角，弹出如图2-96所示的下拉列表，各选项分别介绍如下。

- "按对象" ：分析选择的两个对象之间的夹角，如果选择的对象中有曲线，则以曲线起点处的切向为测量依据。
- "按3点" ：使用3点方式分析角度，第一点为角的顶点。
- "按屏幕点" ：根据模型在当前屏幕中的方向来定义角度，第一个为测量角的顶点。

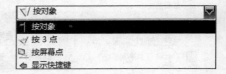

图2-95 "测量角度"对话框   图2-96 下拉列表

　　在测量角度时，如果所选的两个对象均为曲线而且相交，系统会确定两者的交点，并计算在交点处两曲线的切向矢量间的夹角。否则，系统会确定两者相距最近的点，并计算这两点在各自所处的曲线的切向矢量间的夹角。

3. 最小半径分析

　　用于分析曲面的最小半径查询（特别用于数控加工时，根据曲面的最小半径选择最小刀具）。

　　选择"分析"｜"最小半径"命令，进行最小半径查询，当勾选"在最小半径处创建点"复选框时，将在最小半径处生成一个点，并用箭头指示，如图2-97所示。

4. 几何属性分析

　　计算曲面、边和面上选定点的几何属性，如图2-98所示。

5. 测量体

　　计算属性，如实体的质量、体积和惯性矩，如图2-99所示。

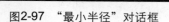

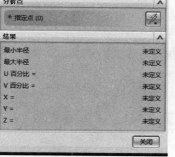

图2-97　"最小半径"对话框　　　　图2-98　"几何属性"对话框　　　　图2-99　"测量体"对话框

2.5　功能模块选择

　　用户进行设计工作时，必须进入相应的模块才能进行操作。打开UG NX 8.0，程序不会自动新建或打开一个文件，需要用户自己进行操作。

1. Gateway模块

　　当启动UG NX 8.0程序后，新建一个文件或打开一个存在的部件时，是在其Gateway应用模块及基本环境中，如图2-100所示。此时能进行的操作主要有文件的编辑、视图操作、首选项设置等。该模块是许多分析和加工模块的先决模块。

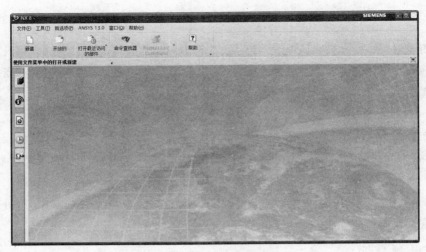

图2-100   UG NX 8.0界面

2. 功能模块的进入

（1）在新建文件时直接进入

当新建文件时，在"新建"窗口中选择进入相应模块，如图2-101所示。

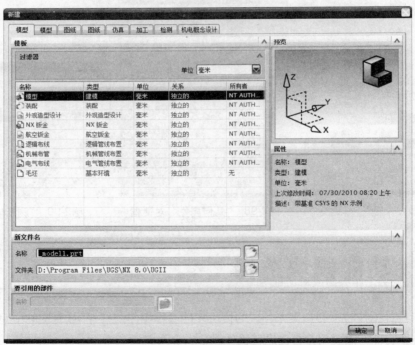

图2-101   "新建"窗口

（2）在"标准"工具栏中进入

单击"标准"工具栏中的"开始"按钮，弹出下拉菜单，其中包含了常用的功能模块。如果鼠标指向"所有应用模块"命令，此时将弹出UG的全部功能模块，如图2-102中的（a）和（b）所示。

提示·

可设置环境变量 UGII_UTF8_MODE=1，从而让UG NX 8.0支持中文路径和中文名。

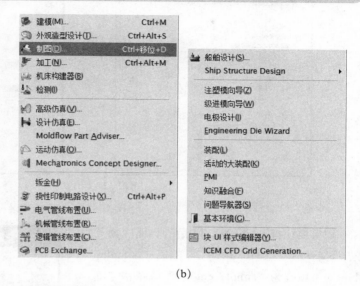

(a)　　　　　　　　　　　　　　　　　　　　(b)

图2-102　"开始"按钮

（3）在"应用模块"工具栏中进入

如果用户在基础环境中打开了"应用模块"工具栏，如图2-103所示。那么单击该工具栏中的按钮即可进入相应的功能模块。

图2-103　"应用模块"工具栏

2.6　UG NX 8.0的环境配置

安装完成UG NX 8.0后，用户可以根据自己的需求来修改其程序变量，也可以通过修改默认参数来达到自定义工作界面或对话框等目的。

1. UG环境配置

在Windows 2000及以上的操作系统中，软件的工作路径是由系统注册表和环境变量来设置的。在安装了UG NX 8.0以后，会自动建立系统环境变量。

如果用户需要添加或修改环境变量（以Windows XP操作系统为例），可以在桌面上选中"我的电脑"图标，单击鼠标右键，在弹出的快捷菜单中选择"属性"命令，此时弹出"系统属性"对话框，单击"高级"选项卡里面的"环境变量"按钮即可。在"环境变量"对话框中，选取要修改的系统变量后，单击"编辑"按钮即可进行修改，如图2-104中（a）和（b）所示。

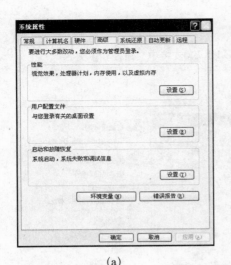
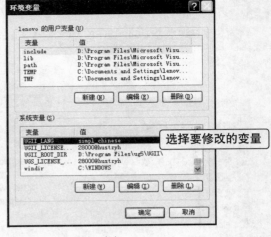

(a)   (b)

图2-104 设置环境变量

如果要让打开UG NX 8.0后的界面变为英文，可将变量"UGII_LANG"的值 "simple_chinese"项改为"simple_english"，单击"确定"按钮后，重新启动系统即可，如图2-105所示。

图2-105 设置环境变量

2. UG NX 8.0的环境设置文件

UG软件本身带有环境设置文件"ugii_env.dat"，该文件在UG安装目录的UGII文件夹中，它用来设置UG运行的相关参数，如定义文件的路径、机床数据文件存放路径、默认参数设置文件等，设置时用记事本打开该文件，找到所要修改参数的位置进行修改即可，如图2-106所示。

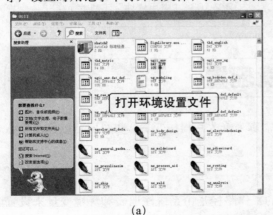
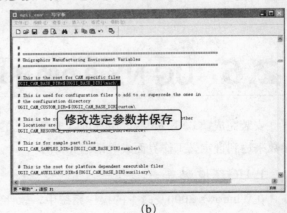

(a)   (b)

图2-106 环境设置文件

3. UG NX 8.0的默认参数

在UG NX 8.0的环境中，操作参数一般可以进行修改，大多数操作参数都有默认值，如尺寸的单位、字体的大小、对象的颜色等，当启动UG后，会自动调用默认参数设置文件中的参数。

在软件运用过程中，用户可以根据自身需要和习惯来修改这些默认参数，UG NX 8.0的用户界面同以前版本相比，更清晰、更友好也更易辨认和修改。

2.7 UG NX 8.0的帮助功能

UG NX 8.0提供了丰富多样的帮助用户方式，用户既可以通过用户手册得到帮助，也可直接通过网络得到及时的在线帮助。

1. 通过菜单栏获得帮助

在UG程序中，如果用户需要得到程序提供的帮助和指导，可以通过选择菜单栏中的"帮助"命令，获得相应的帮助信息，如图2-107所示。打开"帮助"菜单后，UG提供了许多种类的帮助方式，用户可以选取自己所需要的方式。

2. 在线帮助功能

UG软件在Windows XP操作系统平台，采用HTML格式的在线帮助，这是视窗平台上的标注帮助系统，使用方便、简洁，通过它用户可以快速获得帮助。在UG公司的网站中，用户可以查阅最新的行业信息、技术咨询以及产品介绍等，在了解UG产品的动态信息后，根据自己的需要下载学习资料和外挂模块等资源。

3. 用户手册

用户可以在使用某项功能遇到疑问时，按下F1键，程序会自动查找UG的用户手册，并定位在当前功能的使用说明部分。UG的用户手册通常在软件中，可通过按F1键或在菜单栏中选择"帮助"菜单中的"文档"命令后打开，它是以浏览器的方式提供帮助的，如图2-108所示。

如果要了解相关的功能或查找设计方法、步骤等，都可以通过单击该对话框左侧的目录来获得。用户也可输入关键字，程序会自动查找相关的内容，并显示在窗口中。

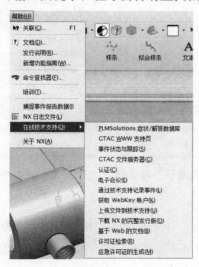

图2-107　技术支持

图2-108　在线帮助

2.8 UG NX 8.0的首选项设置

首选项设置主要用于设置一些UG NX 8.0程序的默认控制参数，通过这些设置可以调整模型的生成方式或某些显示方式

在菜单栏中选择"首选项"命令，该选项为用户提供了全部参数设置的功能，如图2-109所示。在开始设计前根据需要设置这些项目，以便于今后的设计工作。如果在设计过程中要改变参数设置，也可以再进行设置。

1. 对象设置

在菜单栏中选择"首选项"｜"对象"命令，系统会弹出"对象首选项"对话框，如图2-110和图2-111所示。"常规"选项卡包括"工作图层"设置、"类型"设置、"颜色"设置、"线型"设置、"宽度"设置等。"分析"选项卡包括许多颜色设置按钮和线型选项卡下拉菜单。其中的复选框用于控制对象在绘图工作区中是否着色显示。

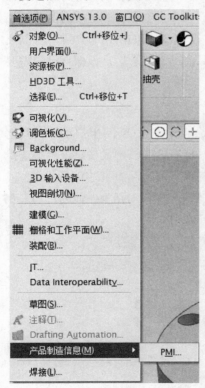

图2-109 "首选项"菜单　　图2-110 "对象首选项"对话框　　图2-111 "分析"选项卡

2. 用户界面设置

在菜单栏中选择"首选项"｜"用户界面"命令，系统会弹出"用户界面首选项"对话框，该对话框中包括5个选项：常规、布局、宏、操作记录和用户工具，分别如图2-112至图2-116所示。

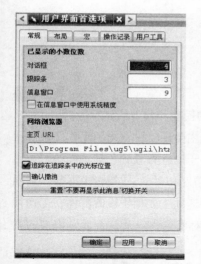

图2-112 常规

图2-113 布局

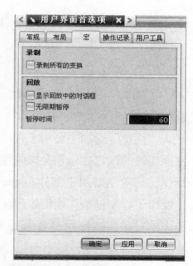

图2-114 宏

图2-115 操作记录

图2-116 用户工具

3.资源板设置

在菜单栏中选择"首选项"｜"资源板"命令，系统弹出"资源板"对话框，该对话框用于控制UG NX 8.0资源的存放位置，如图2-117所示。其中共列出了7种资源，当用户选中一项资源后，通过操作按钮可以修改它的位置，查看属性、关闭该资源等操作。

4.选择设置

在菜单栏中选择"首选项"｜"选

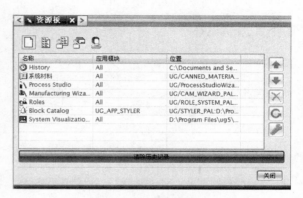

图2-117 资源板

择"命令,系统将弹出"选择首选项"对话框,如图2-118所示。该对话框用于控制光标在绘图工作区中的显示情况与选取方式、边与面在特殊情况下的显示方式。

5. 可视化设置

在菜单栏中选择"首选项"|"可视化"命令,系统弹出"可视化首选项"对话框,其中共有8个选项卡,如图2-119所示,它们主要用于控制UG NX 8.0中的模型和背景的显示情况。

"视觉"选项主要用于视图的显示设置;"颜色设置"选项主要用于设置绘图工作区中部件在操作时的颜色显示和会话的颜色设置;"调色板"选项主要用于设定背景颜色等功能;"小平面化"选项主要用于部件在小平面化显示的情况下调整显示的精度和对象;"视图/屏幕"选项主要用于控制模型在绘图工作区中显示的变形量;"特殊效果"选项主要用于设置部件在工作视图中的可见深浅度;"名称/边界"选项主要用于设置是否显示对象名称以及是否显示模型的名称及边界。

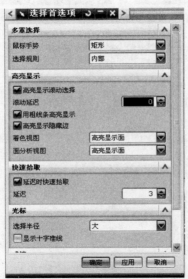

图2-118 "选择首选项"对话框

图2-119 "可视化首选项"对话框

第3章

创建曲线

Chapter
03

在UG NX 8.0中，曲线是构建模型的基础，只有构造良好的二维曲线才能保证利用二维曲线创建实体或曲面的质量，在三维建模过程中有着不可替代的作用。任何三维模型的建立都要遵循由二维到三维，从线到面，再到实体的过程。尤其是创建高级曲面时，基础线条有时不符合建模设计的要求，利用它们很难构建高质量的三维模型，这就需要利用更高一级的线条构建出高质量的三维模型。

本章将详细介绍如何在三维环境中绘制和编辑各种曲线，具体包括基本曲线、矩形、样条曲线及二次曲线等曲线类型的使用和编辑方法。

3.1 基本曲线

基本曲线是非参数化建模中最常用的工具。它作为一种基本的构造图元，可以创建实体特征、曲面的截面，还可以用作建模的辅助参照来帮助准确定位或定形操作，具体包括直线、圆、圆弧、圆角、裁剪等功能。

3.1.1 直线

在UG NX 8.0中，直线是指通过空间的两点产生的一条线段。直线作为组成平面图形或截面图形的最小图元，在空间中无处不在。

在"曲线"工具栏中单击"直线"下拉菜单中的"基本曲线"命令，打开"基本曲线"对话框，如图3-1所示。其中包括直线、圆、圆弧等6种功能。

创建直线的方法有多种，下面介绍几种常用的创建方法。

1.过两点创建直线

过两点创建直线有两种方式：一是单击"点方式"选项的下拉菜单，利用点构造器分别在绘图区中选取直线上的起点和终点；二是通过在跟踪栏中输入起点和终点的坐标完成创建。

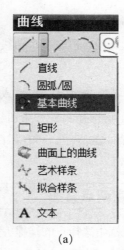

(a)

(b)

图3-1 "基本曲线"命令及对话框

2. 过一点创建与坐标轴平行的直线

首先利用点构造器或输入坐标确定一点的位置，此时出现一条不确定方向的直线。然后单击对话框中"平行于"选项中的平行坐标轴的选项，再输入直线长度，完成平行于坐标轴的直线的创建。

3. 过一点创建与坐标轴成角度的直线

首先确定第一点的位置，然后通过在跟踪栏的文本框中输入直线与坐标轴的角度（此角度为逆时针方向）和直线长度，完成直线的创建。

4. 过一点创建与存在直线成角度的直线

首先确定一点，然后选择已知参考直线，利用跟踪栏中的文本框输入与参考直线的夹角，完成直线的创建。

5. 创建相交直线的角分线

首先，点选两条直线。此时出现以两条直线交点为顶点的角分线，使用鼠标确定角分线的方向，然后在跟踪栏的文本框中输入直线的长度，则以两直线交点为起点的角分线创建完成。

6. 创建两平行直线的中线

首先，点选两条平行直线，在两条直线之间自动生成以两条直线左端点为起点的直线，然后在跟踪栏中输入直线的长度，完成直线的创建。

7. 过一点创建表面的法线

首先，利用点构造器或跟踪栏文本框创建直线的起始点，然后再选择"点方式"下拉列表中的"面方式"选项。单击所要垂直的面，则生成所要求的直线。

8. 创建一条直线的偏移线

首先，取消"基本曲线"对话框中的"线串模式"，接着单击所要偏置直线的参考线。利用跟踪栏的文本框输入偏置值，完成直线的创建。

9. 过一点创建与曲线相切的直线

首先选择参考曲线，弹出预选直线，再在参考曲线上选择切点，完成直线的创建（与曲线垂直的直线的创建方法也是同样步骤）。

10. 创建与一曲线相切又与另一曲线相切或垂直的直线

首先点选与直线相切的曲线，再选择另外一条曲线，则生成与一曲线相切同时与另一曲线相切或垂直的预选直线，选择所要求的直线，再在跟踪栏文本框中确定直线长度，完成直线的创建。

 实战：绘制空间内任意两点直线

该方法通过在"点方法"列表框中选择点的捕捉方式，自动在捕捉的两点之间绘制直线。

① 选择基本曲线命令，在弹出的如图3-1所示的对话框中选择直线命令。

② 在"点方法"中选择"控制点"选项，然后捕捉空间内的两点，完成后单击"取消"按钮即可，具体效果如图3-2所示。

提示

这里的控制点一般是指曲线的特征点、端点、中点、样条拟合点等。直线的终点是控制点的一种特殊类型。另外，绘制完直线后，单击"取消"按钮，关闭对话框即可。

图3-2 "基本曲线"对话框

3.1.2 圆弧

在UG NX 8.0中，圆弧的创建是参数化的，能够根据鼠标的移动来判断创建圆弧的形状和大小，它不仅可用来创建圆弧曲线和扇形，还可以作为零件的放样截面。

创建圆弧的方法主要有以下两种。

1. 起点、终点、弧上的点

在"基本曲线"对话框的选择创建方式中选择"起点、终点、弧上的点"，然后依次确定圆弧的起点、终点和圆弧上的点，完成圆弧的创建。

2. 圆心、起点、终点

在"基本曲线"对话框的选择创建方式中选择"圆心、起点、终点"，然后依次确定圆弧的圆心、起点和终点，完成圆弧的创建。

实战：中心、起点、终点方式创建圆弧

① 在建模模块中单击"曲线"工具栏中的"基本曲线"按钮，系统弹出"基本曲线"对话框。

② 单击"圆弧"按钮，进入创建圆弧状态，选择生成方式为"中心，起点，终点"，单击"点方法"下拉列表，选择"点构造器"按钮，效果如图3-3所示。

③ 弹出"点"对话框，输入圆弧的中心坐标（0,0,0），如图3-4所示，单击"确定"按钮。

④ 在弹出的"点"对话框中继续输入起点坐标（0,10,0），如图3-5所示，单击"确定"按钮。

⑤ 继续在弹出的"点"对话框中输入终点坐标（10,0,0），如图3-6所示，单击"确定"按钮，自动生成圆弧，生成的圆弧效果如图3-7所示。

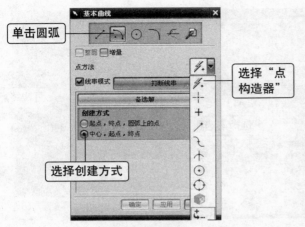

单击圆弧

选择创建方式

图3-3 创建圆弧操作

选择"点构造器"

图3-4 圆弧圆心

图3-5 圆弧起点

图3-6 圆弧终点

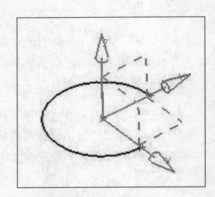

图3-7 完成创建

3.1.3 圆

圆的创建方法很多，现介绍以下两种方法。

1. 圆心、圆上一点方式

本方式先用点构造器生成圆心位置，再继续用点构造器设置圆上一点的位置，即可完成创建。

2. 圆心、半径方式

本方式首先需要在跟踪器文本框中输入圆心的位置，继续在文本框中输入圆半径的大小即可。

技巧

在实际绘图过程中，可以结合这两种方法快速绘制圆：利用点捕捉方式选取圆心，然后在"跟踪条"对话框中设置圆的直径或半径，按回车键确认，则创建出所需的圆。

实战：利用"圆心，圆上一点"方式创建圆

1 进入建模环境，单击"曲线"工具栏中的"基本曲线"按钮 ，弹出"基本曲线"对话框，如图3-8所示。单击"圆"按钮 ，进入创建圆状态，如图3-9所示。

图3-8 选择圆

图3-9 "点方法"下拉列表

2 单击"点方法"下拉列表，选择"点构造器"按钮并单击，弹出"点"对话框，如图3-10所示。

3 输入圆心坐标（0,0,0），单击"确定"按钮。继续在弹出的对话框中输入圆上一点坐标（0,20,0），如图3-11所示。单击"确定"按钮，生成圆，最终效果如图3-12所示。

图3-10 "点"对话框

图3-11 设置终点

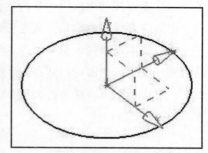

图3-12 完成创建

3.1.4 圆角

圆角就是利用圆弧在两个相邻边之间形成的圆弧过渡，产生的圆弧相切于相邻的两条边。在机械设计中应用非常广泛。要创建圆角，可在"基本曲线"对话框中单击"圆角"按钮。

在"曲线"工具栏中单击"基本曲线"按钮，在弹出的对话框中单击"圆角"按钮，如图3-13所示，将弹出"曲线倒圆"对话框，如图3-14所示，其中包括三种倒圆角的方法：简单倒圆角、两条曲线倒圆角、三条曲线倒圆角。"继承"按钮用于继承已有的圆角半径值。单击该按钮后，系统会提示用户选取存在的圆角，选定后程序将选定圆角的半径值显示在对话框的"半径"文本框中。

图3-13 "基本曲线"对话框

图3-14 "曲线倒圆"对话框

"修剪选项"选项组中包括了三种修剪方式，用于控制倒圆角时曲线端点的修剪情况。在使用第二和第三种倒圆角的方法时该选项才会激活。

下面是三种曲线倒圆角的方法。

1. 简单倒圆角

单击"曲线倒圆"对话框中的"简单倒圆"按钮后，程序将进入简单倒圆功能，该功能仅用于在两共面但不平行的直线间倒圆角，首先应在"半径"文本框中输入圆角半径，然后将光标移至欲倒圆角的两条直线交点处，单击后即可将两曲线倒圆角，效果如图3-15所示。

图3-15 简单倒圆角

注意

在确定光标位置时，需要注意选取的光标位置不同，所创建的圆角也不相同。此外，也可以在对话框中单击"继承"命令，然后选取一个已经存在的圆角为基础圆角来创建圆角。

2. 两曲线倒圆

单击"曲线倒圆"对话框中的"2曲线倒圆"按钮后，程序进入两曲线倒角功能。先在"半

径"文本框中输入圆角半径或选用"继
承"的方式来选定一个半径，然后选择
"修剪选项"中的复选框确定要修剪掉
的线。接着在窗口中选择第一条曲线，
然后选择第二条曲线，再在相交点的右
上方单击一下来设定一个大致的圆心位
置，即生成倒圆角，最终效果如图3-16
所示。

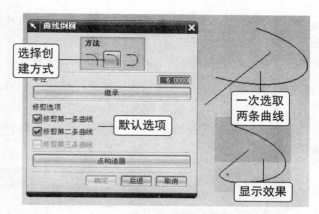

图3-16　两曲线倒圆角

3. 三曲线倒圆

三曲线倒圆是指同一平面上任意相
交的3条曲线之间的圆角操作，其中3条
曲线相交于一点的情况除外。单击"曲
线倒圆"对话框中的"3曲线倒圆"按
钮后进入三曲线倒角功能。首先选择要
剪切或删除的曲线复选框，然后依次选
择3条曲线，再确定一个倒角圆心的大概
位置，程序则会自动进行倒圆操作，同
样，如果直线选择的顺序不同，倒圆角
的方式也会不同，如图3-17所示。

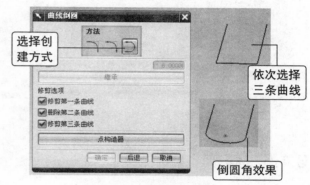

图3-17　三曲线倒圆角

实战：创建曲线倒圆角

① 进入建模环境，在"曲线"工具栏中单击
"长方形"按钮□，在XC-YC平面上绘制长、宽分别
为100和50的矩形。矩形尺寸如图3-18所示。

② 在"曲线"工具栏中单击"基本曲线"按钮
，系统弹出如图3-19所示的对话框，选择"圆角"
按钮，系统弹出如图3-20所示的对话框，选择"简
单圆角"，同时设置半径为15，选择两直线的交点处单击，生成圆角，效果如图3-20所示。

图3-18　绘制矩形

图3-19　"基本曲线"对话框

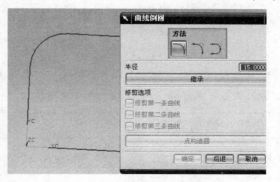

图3-20　"曲线倒圆"对话框及效果

③ 继续在"曲线倒圆"对话框中选择"2曲线倒圆",并选择如图3-21所示的左下角为倒圆角位置,选择左、下两条直线,并设置半径为30,效果如图3-21所示,注意选择曲线的顺序为先选择左边直线,再选择下边的直线,最后在绘图区单击,确定圆心大概位置。

④ 继续在"曲线倒圆"对话框中选择"3曲线倒圆",并选择如图3-22所示的右边为倒圆角位置,选择左、下两条直线,并设置半径为30,效果如图3-22所示,注意选择曲线的顺序为先选择下边直线,再选择右边的直线,再选择上边的直线,最后在绘图区单击,确定圆心大概位置。

图3-21 "2曲线倒圆"对话框及效果

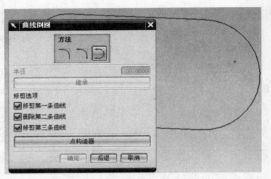
图3-22 "3曲线倒圆"对话框及效果

3.1.5 修剪

修剪是指修剪曲线的多余部分到指定的边界对象,或者延长曲线一端到指定的边界对象。指定一个或者两个边界对象,可同时完成对边界对象的修剪。

要修剪曲线,可在"基本曲线"对话框中单击"修剪"命令,打开"修剪曲线"对话框,如图3-23所示。

该对话框中各选项的含义分别如下。

图3-23 "修剪曲线"对话框

- 选择曲线:用于指定要修剪或延长的曲线。
- 边界对象1:用于指定第一条边界曲线,是必须指定的参数。
- 边界对象2:用于指定第二条边界曲线,不完全要指定,可以只有第一个边界对象。
- 方向:用于指定查找修剪或延长交点的方法。
- 曲线延伸段:用于对样条曲线进行延伸时指定延长方法,可以根据设计需求进行选择。
- 输入曲线:用于修剪操作结束后指定对原曲线的处理方式,该列表框内共有4种方式。

✿ 实战:修剪实例

① 进入建模环境,在"特征"工具栏中单击"草图"按钮🔲,在XC-YC平面上绘制如图3-24所示的一个矩形及一条直线示意图。

② 在"曲线"工具栏中单击"基本曲线"按钮，系统弹出如图3-25所示的对话框，在其中单击"修剪"按钮，系统弹出如图3-23所示的对话框，分别选择矩形的右侧直线为要修剪的对象，选择中间直线为边界条件，其余条件默认系统。单击"应用"按钮，效果如图3-26所示。

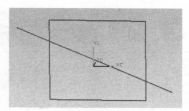

图3-24　绘制草图

③ 选择中间直线为被修剪对象，选择矩形左右两边的直线为边界1和边界2，其余选项使用系统默认设置，单击"应用"按钮完成修剪操作的创建，效果如图3-27所示，读者可以分析设置不同参数时修剪效果的变化。

图3-25　"基本曲线"对话框

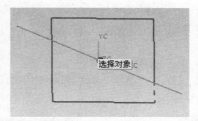

图3-26　单边界修剪效果

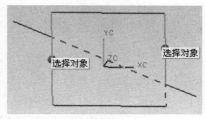

图3-27　两个边界修剪效果

3.1.6　编辑曲线参数

通过编辑曲线的有关参数值可改变曲线的长度、形状以及大小。利用编辑曲线参数可以对直线、圆/圆弧和样条曲线3种曲线类型进行编辑。通过对曲线的参数化编辑，从而创建出理想的曲线。

在"基本曲线"对话框中单击"编辑曲线参数"按钮，切换至"编辑曲线参数"选项卡，如图3-28所示。在该选项卡中有两种编辑曲线参数的方式。若选择"参数"单选按钮，然后选取图形对象，此时可以在对话框跟踪条中输入相关参数对曲线进行编辑，效果如图3-29左所示。若选择"拖动"单选按钮，然后选取编辑对象，此时可以利用鼠标拖动编辑对象大小，效果如图3-29右所示。

图3-28　"基本曲线"对话框

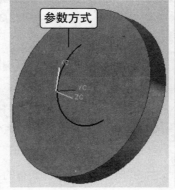

图3-29　利用参数和拖动方式编辑曲线效果

3.2 基本图元和高级曲线

UG软件中曲线用于建立界面轮廓线，通过拉伸、旋转等操作构造实体、辅助线，创建自由曲面等。除直线外，在UG中最频繁用到的各种曲线包括圆、椭圆、抛物线以及双曲线等简单的二次曲线、螺旋线等高级曲线。

二次曲线在UG中一般都能根据所需要对象的不同，而直接使用相关的命令创建，但对于一般的逆向建模来说，用得最多的只有圆和圆弧，其他很少刻意去构造。

3.2.1 点集

在"曲线"工具栏中单击"点集"按钮就会弹出"点集"对话框，如图3-30所示。点集的创建方法有以下几种：曲线点、样条点及面的点等类型。

1. 曲线上的点

本方法主要是在曲线上创建点集。单击"点集"对话框中的"曲线上的点"按钮后，弹出如图3-31所示的对话框，点集的间隔方式主要有如下几种。

图3-30 "点集"对话框

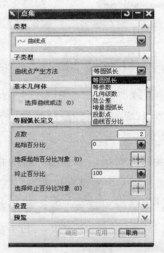

图3-31 曲线点产生方法

（1）等圆弧长

等圆弧长就是在曲线上，点在曲线起点和终点之间按照指定数量、等弧长间距的方式创建点集。

（2）等参数

等参数就是以曲线的曲率为参数创建点集，曲率越大，产生点的距离就越大。

（3）几何级数

几何级数方式中，点集中的点之间的距离是级进式分布的，即彼此相邻的两个点间距是按照一定的比率分布的。

（4）弦公差

在弦公差方式中，点集中点的分布只与一个参数"弦公差"有关，弦公差越小，产生的点数就越多。

（5）递增的圆弧长

在递增的圆弧长中，点集中点的分布只与一个参数"圆弧长"有关，系统会以圆弧长的大小值来分布点的位置，点的数量与曲线的长度有关。

（6）投影点

本方法是利用一个或多个放置点向选定的曲线作垂直投影，然后在曲线上生成点集。选取曲线（可以选取多条曲线），完成后单击"确定"按钮，弹出"点"对话框，选择放置点位置，单击"确定"按钮，完成点集的创建。

（7）曲线上百分比

本方法是在曲线上按照百分比位置创建一个点，输入曲线百分比数值，选择曲线，单击"确定"按钮，完成创建。

实战：在曲线上创建点集

1 进入建模环境，选择"草图"命令，选择XC-YC为草绘平面，绘制如图3-32所示的尺寸曲线，绘制完成后，单击"完成草图"按钮，切换回建模环境。

2 在"曲线"工具栏中单击"点集"按钮 ⁺₊，系统弹出如图3-33所示的对话框，选择刚才绘制的直线为创建对象，设置"类型"为"曲线点"，并设置"子类型"为"等圆弧长"，设置点数为10，单击"应用"按钮完成直线点集的创建；将点数设置为20，选择上一步创建的圆弧为对象，并单击"应用"按钮，完成点集的创建，效果如图3-34所示。

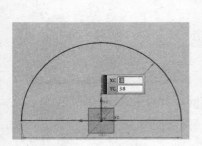

图3-32　绘制草图

图3-33　"点集"对话框

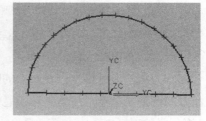

图3-34　点集创建效果

2. 样条点

本方法就是还原曲线的定义点为点集。单击"点集"对话框中的"样条点"按钮，弹出如图3-35所示的对话框，点集的创建方式主要有如下几种。

（1）定义点

本方法就是还原曲线的定义点为点集。单击"点集"对话框中的"样条点类型"按钮，选择"定义点"选项，如图3-36所示，选择样条，完成创建。

（2）结点

本方法是利用曲线的结点来创建点集。选择"点集"对话框中的"样条点类型"下拉列表中的"结点"选项，弹出如图3-37所示的对话框，选取曲线，完成创建。

（3）极点

本方法是利用曲线的控制点来创建点集。选择"点集"对话框中的"样条点类型"下拉列表中的"极点"选项，弹出如图3-38所示的对话框，选取曲线，完成创建。

图3-35 样条点类型

图3-36 "定义点"选项

图3-37 "结点"选项

图3-38 "极点"选项

3. 面的点

本方法主要用于创建面上的点集，单击"点集"对话框中的"面的点按照"下拉按钮，弹出如图3-39所示的对话框，点集的创建方式主要有如下几种。

（1）图样

本方法是利用图样的控制点来创建点集。选择"点集"对话框中"面的点按照"下拉列表中的"图样"选项，弹出如图3-40所示的对话框，选取面，输入参数，单击"确定"按钮，完成创建。

（2）面百分比

本方法是通过设定点在选定的U、V方向的百分比位置来创建面上的点集。选择"点集"对话框中"面的点按照"下拉列表中的"面百分比"选项，弹出如图3-41所示的对话框，输入所要求的参数，选择参考面，单击"确定"按钮，完成创建。

图3-39 "点集"对话框

（3）B曲面极点

本方法是以还原面控制点的方式来创建点集。选择"点集"对话框中"面的点按照"下拉列表中的"B曲面极点"选项，弹出如图3-42所示的对话框，选择参考面，单击"确定"按钮，完成创建。

| 图3-40　"图样"选项 | 图3-41　"面百分比"选项 | 图3-42　"B曲面极点"选项 |

实战：在曲面上创建点集

1 打开UG，进入建模环境，在"特征"工具栏中单击"球"按钮，系统弹出如图3-43所示的对话框，"类型"选择"中心点和直径"，"直径"设置为100，圆心选择坐标原点，单击"确定"按钮，完成创建；圆效果如图3-44所示。

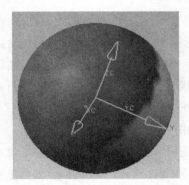

图3-43　"球"对话框　　　　　　　　　　　图3-44　球效果图

2 在"曲线"工具栏中单击"点集"按钮，系统弹出"点集"对话框，设置如图3-45所示的参数，选择圆面来创建点集，并单击"确定"按钮完成创建，点集效果如图3-46所示。

图3-45　"点集"对话框　　　　　　　　　　图3-46　创建点集效果

3.2.2 矩形和多边形

矩形和多边形是所有曲线中比较特殊的曲线之一，利用它们可以构造复杂的曲面，也可以直接作为实体截面，并通过特征操作来创建规则的实体。

1. 绘制矩形

在实际建模过程中，矩形的使用频率相当高，它可以用来作为特征创建的辅助平面，又可以直接作为草绘曲线。可通过矩形的两个对角点来创建矩形。

在"曲线"工具栏中单击"矩形"按钮，利用打开的"点"对话框，在绘图区分别指定两个对角点，创建出矩形，效果如图3-47所示。

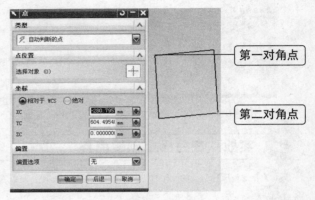

图3-47　绘制矩形

2. 绘制多边形

在几何造型中，多边形主要分为规则的和不规则的两种类型，其中规则的多边形就是正多边形。正多边形边角相等，应用非常广泛，如机械设计领域中的螺母、冲压锤头等各种规则零件的外形。

在"曲线"工具栏中单击"多边形"按钮，在打开的"多边形"对话框中输入要创建多边形的侧面数，然后单击"确定"按钮，再在打开的对话框中选择要创建多边形的类型，如图3-48所示。共有3种创建多边形的方式：内接半径、多边形边数和外切圆半径。

（1）内接半径

本方法是利用正多边形的内接圆的参数来创建正多边形。打开"正多边形"对话框，选择边数，继续选择"内接半径"按钮，弹出如图3-49所示的对话框，输入参数，单击"确定"按钮，完成创建。

图3-48　"多边形"对话框

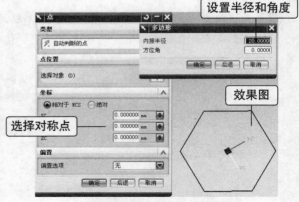

图3-49　绘制六边形

（2）多边形边数

本方式是利用多边形的边长和方位角来确定多边形。单击"多边形"按钮，在弹出的对话框中输入多边形的边数，继续在弹出的对话框中选择"多边形边数"按钮，弹出如图3-50所示的对话框，输入数值，单击"确定"按钮，完成多边形的创建。

（3）外切圆半径

本方式是利用多边形外接圆的参数来确定多边形的。单击"多边形"按钮，在弹出的对话框中输入多边形的边数，继续在弹出的对话框中选择"外切圆半径"按钮，在弹出的对话框中输入数值，单击"确定"按钮，完成多边形的创建，最终效果如图3-51所示，包括了选点、设置参数等。

图3-50　利用多边形边数绘制正六边形　　　　图3-51　利用外切圆半径绘制正六边形

实战：利用外接圆半径法创建正八边形

1 打开UG，进入建模环境。

2 在"曲线"对话框中单击"多边形"按钮，弹出如图3-52所示的对话框，设置"侧面数"为8。

3 单击"确定"按钮，弹出如图3-53所示的对话框，在弹出的对话框中单击"外接圆半径"按钮，然后单击"确定"按钮，弹出如图3-54所示的对话框，输入图中所示的参数。

图3-52　"多边形"对话框1　　　图3-53　"多边形"对话框2　　　图3-54　设置参数

4 单击"确定"按钮，系统弹出如图3-55所示的"点"对话框，设置坐标原点为多边形的中心，并单击"确定"按钮，完成八边形的创建，最终效果如图3-56所示。

 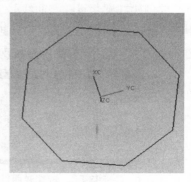

图3-55　设置中心点　　　　　　　　图3-56　八边形

3.2.3 二次曲线

二次曲线是平面直角坐标系中x、y的二次方程所表示的图形的统称，是一种比较特殊的复杂曲线，可以用方程表示。二次曲线一般用于截面截取圆锥所形成的截线，其形状由截面的角度而定。一般常用的二次曲线包括圆形、椭圆、抛物线、双曲线及一般二次曲线。

1. 抛物线

抛物线是指平面内到一个定点和一条直线的距离相等的点的轨迹。要创建抛物线，需要定义的参数有焦距、最大DY值、最小DY值和旋转角度。其中焦距是焦点与顶点之间的距离；DY值是指抛物线端点到顶点的切线方向上的投影距离。

在"曲线"工具栏中单击"抛物线"按钮 ，根据"点"对话框中的提示选取抛物线的顶点，在"抛物线"对话框中设置各种参数，单击"确定"按钮即可完成，效果如图3-57所示，包括抛物线参数及抛物线轨迹。

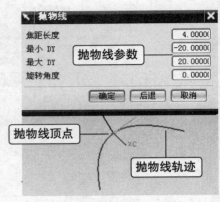

图3-57　创建抛物线

2. 双曲线

双曲线是指一动点移动于一个平面上，与平面上两个定点的差始终为一个定值，此时点的轨迹就是双曲线。在UG NX 8.0中绘制双曲线需要定义的参数有：实半轴、虚半轴、DY值等。其中实半轴是指双曲线的顶点到中心点的距离；虚半轴是指与实半轴在同一平面内切垂直的方向上虚点到中心的距离。

在"曲线"工具栏中单击"双曲线"按钮 ，根据打开的"点"对话框中的提示在绘图区指定一点作为双曲线的顶点，然后在打开的"双曲线"对话框中设置双曲线参数，最后单击"确定"按钮即可，创建的双曲线效果如图3-58所示。

3. 椭圆

在UG NX 8.0中，椭圆是机械设计过程中最常用的曲线对象之一，它类似于圆，都是封闭的环状曲线，但它可以看做是不规则的圆。

要创建椭圆，可在"曲线"工具栏中单击"椭圆"按钮 ，并根据"点"对话框设置椭圆中心，然后在打开的"椭圆"对话框中设置椭圆参数并单击"确定"按钮即可，创建的椭圆效果图如图3-59所示，包括椭圆参数及轨迹。

图3-58　创建双曲线

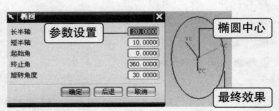

图3-59　创建椭圆

4. 一般二次曲线

一般二次曲线是指使用各种放样方法或一般二次曲线公式建立的二次曲线。根据输入的数据不同，曲线的构造点结果可以是圆、椭圆、抛物线和双曲线。一般二次曲线更加广泛。

单击"曲线"工具栏中的"一般二次曲线"按钮，弹出"一般二次曲线"对话框，如图3-60所示。其中共有7种创建一般二次曲线的方法，现介绍如下。

（1）5点

本方法就是通过点构造器设定5个点，然后由系统生成一个通过这5个点的一般二次曲线即可。

（2）4点，1个斜率

本方法需要通过点构造器设定4个点，然后再设定一个斜率来完成曲线的创建。如图3-61所示，设定斜率共有4种方式：矢量分量、方向点、曲线的斜率和角度。

图3-60 "一般二次曲线"对话框

图3-61 设定斜率

现介绍如下。

① 矢量分量

本方法就是以矢量分量作为二次曲线的斜率。当确定了曲线第一点的位置后，就会弹出如图3-61所示的对话框，单击"矢量分量"按钮，继续弹出如图3-62所示的对话框，在此对话框中设置参数，单击"确定"按钮。继续选取其余各点，则生成二次曲线。

② 方向点

本方法是以方向点的位置来定义二次曲线的斜率。当确定了第一点的位置后，在弹出的对话框中单击"方向点"按钮，就会弹出"点"对话框，设置方向点就可以完成第一点的斜率的定义。继续设置其余各点，完成曲线的创建。

③ 曲线的斜率

本方法是以另一条曲线的斜率来定义二次曲线的斜率。当确定了第一点的位置后，在弹出的对话框中单击"曲线的斜率"按钮，就会弹出如图3-63所示的对话框，选择一条已经存在的曲线的端点，所生成的二次曲线就会以参考曲线的斜率来定义自己的斜率。继续设置其余各点，完成曲线的创建。

④ 角度

本方法是以设置角度值的方式来定义二次曲线的斜率。当确定了第一点的位置后，在弹出的对话框中单击"角度"按钮，就会弹出如图3-64所示的对话框，输入参数，完成斜率的设定。继续设置其余各点，完成曲线的创建。

图3-62 矢量分量设置

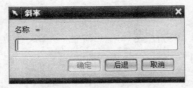

图3-63 "斜率"对话框

图3-64 输入角度

（3）3点，2个斜率

本方法是利用3个点和2个斜率来创建二次曲线。单击"3点，2个斜率"按钮后，利用弹出的点构造器设置第一点的位置，然后在弹出的设置斜率的对话框中设置第一点的斜率。继续设置其余两点的位置后，在弹出的设置斜率对话框中设置第三点的斜率，完成曲线的创建。

（4）3点，顶点

本方法是利用3个点和顶点来创建二次曲线。单击"3点，顶点"按钮后，利用弹出的点构造器设置曲线上的3个点，然后继续设置顶点，即可完成曲线的创建。

（5）2点，顶点，Rho

本方法是利用2个点、顶点和Rho值（介于0、1之间）来产生二次曲线。单击"2点，顶点，Rho"按钮后，利用弹出的点构造器设置两个点的位置，再设定顶点确定切线的方向，然后弹出如图3-65所示的对话框，设置Rho值，完成曲线的创建。

图3-65 设置Rho值

（6）系数

本方法是利用设置二次曲线的系数来创建二次曲线。单击"系数"按钮后，在弹出的设置系数对话框中设置参数，完成曲线的创建。

（7）2点，2个斜率，Rho

本方法是利用2个点、2个斜率和Rho值来创建二次曲线。单击"2点，2个斜率，Rho"按钮，利用弹出的点构造器设置第一点，继续在弹出的设定斜率对话框中设置斜率，然后继续设置另一点和斜率。最后设置Rho值，即可完成曲线的创建。

实战：利用系数方式创建一般二次曲线

① 在建模环境下，单击"曲线"工具栏中的"一般二次曲线"按钮，弹出"一般二次曲线"对话框，单击"系数"按钮，如图3-66所示，单击"确定"按钮。

② 在弹出的对话框中输入参数，如图3-67所示，单击"确定"按钮，完成创建，如图3-68所示。

图3-66 "系数"按钮

图3-67 参数设置

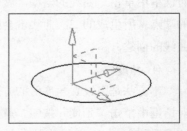

图3-68 完成创建

3.2.4　规律曲线

规律曲线就是x、y、z坐标值按照设定规则变化的样条曲线。利用规律曲线可控制建模过程中某些参数的变化规律，如螺旋线中螺旋半径变化的控制、曲线形状的控制、面倒圆截面的控制以及构造自由曲面过程中的角度或面积的控制等。

要创建规律曲线，首先单击"曲线"工具栏中的"规律曲线"按钮，弹出如图3-69所示的对话框，由图中可知有7种规律曲线的变化方式，现介绍如下。

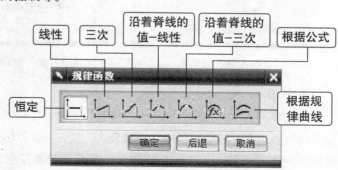

图3-69　"规律函数"对话框

1. 恒定

本选项控制坐标或参数在创建规律曲线的过程中保持常量。单击"恒定"按钮，弹出如图3-70所示的对话框，在"规律值"文本框中输入参数，即可完成创建。

2. 线性

本选项控制坐标或参数在创建规律曲线的过程中在某个范围内呈线性变化。单击"线性"按钮，弹出如图3-71所示的对话框，输入参数，完成创建。

3. 三次

本选项控制坐标或参数在创建规律曲线的过程中在某个范围内呈三次变化。单击"三次"按钮，弹出如图3-72所示的对话框，输入参数，完成创建。

图3-70　设置恒定选项

图3-71　设置线性选项

图3-72　设置三次参数值

4. 沿着脊线的值-线性

本选项控制坐标或参数在沿一脊线设定两点或多个点所对应的规律值间呈线性变化。单击"沿着脊线的值-线性"按钮，弹出如图3-73所示的对话框，选择脊线，继续弹出对话框，如图3-74所示，选择脊线上的点，弹出如图3-75所示的对话框，在"规律值"文本框中输入参数，完成创建。

5. 沿着脊线的值-三次

本选项控制坐标或参数在沿一脊线设定两点或多点所对应的规律值间呈三次线性变化。单击"沿着脊线的值-三次"按钮后，在弹出的对话框中选择脊线，再利用点构造器选择脊线上的点，然后再继续弹出的对话框中输入参数，完成创建。

图3-73 "规律曲线"对话框   图3-74 "规律控制"对话框   图3-75 设置规律值

6. 根据公式

本选项是利用公式来控制坐标或参数的变化。使用本命令之前，需要先设定公式中的各个变量及函数表达式，然后再单击"根据公式"按钮，在弹出的对话框中输入变量名，单击"确定"按钮后，再继续在弹出的对话框中输入在x轴上所要控制的坐标或参数的函数名。同样步骤完成y、z轴上的设置。

7. 根据规律曲线

本选项是利用存在的规则曲线来控制坐标或参数的变化。单击"根据规律曲线"按钮后，选择已存在的规律曲线，再选择一条基线来辅助选定曲线的方向。同样步骤完成x、y、z轴方向的规则方式定义后，弹出如图3-76所示的对话框。由图可知规律曲线有3种定位方式。

（1）定义方位

单击本选项后，弹出如图3-77所示的对话框，选取一条直线，并以该直线的选取点与其距离最近的端点的方向为z轴的正方向。选定直线后，利用弹出的点构造器设定一点来定义x轴的正方向。最后设定一个基点作为原点，设置完毕后，将以此坐标系来定位所要创建的规律曲线。

（2）点构造器

单击本选项后，利用弹出的点构造器来选定坐标系的原点，坐标方向不变，完毕后，将以此坐标系来定位所要创建的规律曲线。

（3）指定CSYS参考

单击本选项后，弹出如图3-78所示的对话框，选择第一个参考面，并以此面的法向来定义坐标系的z轴，继续选择第二个参考面，x轴的方向沿着两面的交线方向，再选择第三个参考面或轴，完成坐标系的创建，完毕后，将以此坐标系来定位所要创建的规律曲线。

图3-76 "规律曲线"对话框   图3-77 定义名称   图3-78 指定CSYS参考

实战：根据公式创建规律曲线

1 在建模环境下，选择"工具"菜单下的"表达式"命令，如图3-79所示。

2 弹出如图3-80所示的"表达式"对话框，输入"名称"为r，"公式"为1。

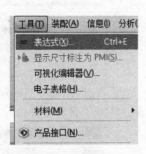

图3-79 "表达式"命令

图3-80 r值设置

3 单击"应用"按钮，继续设置参数。设置名称为xr，公式为r*8，如图3-81所示。

4 单击"应用"按钮，继续设置名称为yr，公式为sin(r*360*10)*r，如图3-82所示，单击"确定"按钮。

图3-81 xr值设置

图3-82 yr值设置

5 单击"曲线"工具栏中的"规律曲线"按钮，弹出"规律函数"对话框，如图3-83所示。

6 单击"根据方程"按钮，进行x轴方向设置，在弹出的"规律曲线"对话框中输入r，如图3-84所示，单击"确定"按钮。

7 在弹出的"定义x"对话框中输入xr，单击"确定"按钮，完成x轴方向设置，弹出"规律函数"对话框，继续单击"根据方程"按钮，进行y轴方向设置，如图3-86、图3-87和图3-88所示。

图3-83　选择规律曲线

图3-84　"规律曲线"对话框

图3-85　xr定义

图3-86　"规律函数"对话框

图3-87　r定义

图3-88　yr定义

⑧ 单击"确定"按钮完成y轴方向设置，继续进行z轴方向设置，在弹出的"规律函数"对话框中选择"恒定"命令，如图3-89所示。

⑨ 在弹出的"规律控制的"对话框中设置"规律值"为0，单击"确定"按钮，在弹出的"规律曲线"对话框中单击"点构造器"按钮，如图3-91所示，单击"确定"按钮。

图3-89　"恒定"选项

图3-90　设置规律值

图3-91　"规律曲线"对话框

⑩ 在弹出的"点"对话框中设置坐标为（0,0,0），单击"确定"按钮，如图3-92所示。

⑪ 在弹出的"规律曲线"对话框中单击"确定"按钮，如图3-93所示，生成规律曲线，最终效果如图3-94所示。

图3-92　"点"对话框

图3-93　"规律曲线"对话框

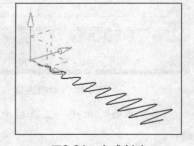

图3-94　完成创建

3.2.5　螺旋线

螺旋线是一种特殊的曲线，应用比较广泛。在UG NX 8.0中，螺旋线主要用于螺旋槽特征的扫描轨迹线，或者管道类件的轨迹线。

在"曲线"工具栏中单击"螺旋线"按钮 ，打开"螺旋线"对话框，如图3-95所示。在该对话框中包含了以下两大类创建方法。

1. 使用规律曲线

该方法用于设置螺旋线半径按一定的规律法则进行变化。选中后会弹出如图3-96所示的对话框，其中包括7种规律变化方式，用来控制螺旋半径沿轴线方向的变化规律。

（1）恒定

此方式用于创建固定半径的螺旋线。单击"恒定"按钮 ，在打开对话框的"规律值"文本框中输入规律值参数即可，这个文本框的数值将决定螺旋线的半径，参数及效果如图3-97所示。

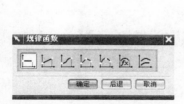

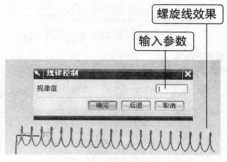

图3-95　"螺旋线"对话框　　图3-96　"规律函数"对话框　　图3-97　利用恒定创建的螺旋线

（2）线性

此方式用于设置螺旋线旋转半径的线性变换。单击"线性"按钮 ，在对话框的"起始值"和"终止值"文本框中输入参数即可，如图3-98所示。

（3）三次

此方式用于设置螺旋线的旋转半径为三次方变化。单击"三次"按钮 ，在打开对话框的"起始值"和"终止值"文本框中输入参数值即可。这种方式产生的螺旋线与线性方式比较相似，只是在螺旋线形式上有所不同，如图3-99所示即为用三次方式创建的螺旋线。

（4）沿着脊线的值-线性

此方式用于生成沿脊线变化的螺旋线，其变化形式为线性的。单击"沿着脊线的值-线性"按钮 ，根据系统提示先选取一条脊线，再利用点创建功能指定脊线上的点，并确定螺旋线在该点处的半径值即可。

（5）沿着脊线的值-三次

此方式是以脊线和变化规律值来创建螺旋线。和上一种方式类似，单击"沿着脊线的值-三次"按钮 ，然后选取脊线，让螺旋线沿此线变化，再选取脊线上的点并输入相应的半径值即可。这种方式和前一种方式最大的差异就是螺旋线旋转时半径变化的方式，前一个为线性，这一个为三次。

（6）根据方程

利用该方式可以创建指定的运算表达式控制的螺旋线。单击"根据方程"按钮 ，系统会提示用户先指定*x*轴上的变量和运算表达式，同理依次完成*y*和*z*轴上的设置即可。

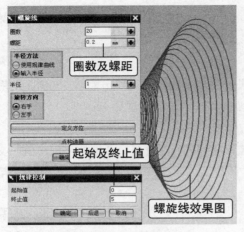

图3-98　利用线性创建的螺旋线

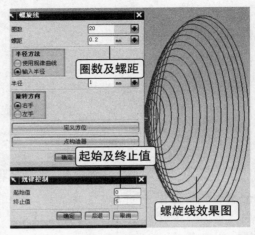

图3-99　利用三次创建的螺旋线

注意 •

在利用该方式前，首先要定义参数表达式，选择"工具" | "表达式"命令，在打开的"表达式"对话框中可以定义表达式。

（7）规律曲线 ⊵

此方式是利用规则曲线来决定螺旋线的旋转半径。单击"规律曲线"按钮 ⊵，首先选取一条规则曲线，再选取一条脊线来确定螺旋线的方向。产生螺旋线的旋转半径会依照所选的规则曲线并且由工作指标原点的位置确定。

2. 输入半径

此方式是以数值的方式来决定螺旋线的旋转半径，而且螺旋线每一圈的半径相等。当选中该方式后，在"输入半径"文本框中输入半径即可，效果如图3-100所示。

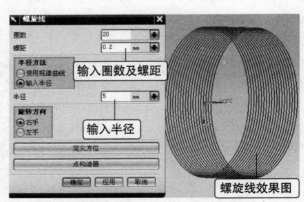

图3-100　利用输入半径创建螺旋线

实战：利用输入半径法创建螺旋线

① 打开UG，进入建模环境。

② 在"曲线"工具栏中单击"螺旋线"按钮 🌀，系统弹出"螺旋线"对话框。

③ 设置如图3-101所示的参数，设置"圈数"为10、"螺距"为2、"半径"为20，其余设置使用系统默认，然后单击"确定"按钮完成创建，效果如图3-102所示。

图3-101 "螺旋线"对话框

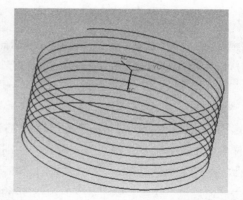

图3-102 利用"输入半径"法创建的螺旋线

3.3 样条曲线

样条曲线是通过多项式曲线和所设定的点来拟合的曲线。它是指给定一组控制点而得到一条光滑曲线，曲线的形状由这些点控制。样条曲线是一种用途广泛的曲线，它不仅能够创建自由曲线和曲面，而且还能精确表达圆锥曲面在内的各种几何体的统一表达式。在UG NX 8.0中包括一般样条曲线和艺术样条曲线两种类型。

3.3.1 一般样条曲线

一般样条曲线是建立自由形状曲面的基础，它拟合逼真、形状控制方便，能够满足绝大部分实际产品设计的要求。一般样条曲线主要用来创建高级曲面，广泛用于汽车、航空等制造行业。

单击"曲线"工具栏中的"样条"按钮～，弹出如图3-103所示的对话框，选择创建样条曲线的方式，现介绍如下。

1. 根据极点

本选项是通过设定样条曲线的各控制点来生成一条样条曲线。控制点的创建方法有两种：使用点构造器或从文件中读取控制点。

单击"根据极点"按钮，弹出如图3-104所示的对话框，单击"文件中的点"按钮，读取后缀为dat的文件创建控制点，或单击"确定"按钮，利用点构造器创建控制点。

图3-103 样条类型

图3-104 单击"文件中的点"按钮

2. 通过点

本选项是通过设置样条曲线的各定义点，生成一条通过各点的样条曲线。它与根据极点方式最大的区别就在于生成的样条曲线通过各个控制点。

单击"通过点"按钮，弹出如图3-105所示的对话框，单击"确定"按钮，弹出如图3-106所示的对话框，由该图可知点的生成方式有4种，其中前三种方式均需预先定义好点，第四种利用点构造器选择点即可。

图3-105　"通过点生成样条"对话框

3. 拟合

本选项是以拟合方式生成样条曲线。单击"拟合"按钮后，弹出如图3-107所示的对话框。该对话框中的各选项均与前面介绍的一致，生成点集后，弹出如图3-108所示的对话框，选择拟合方法，设置参数，单击"确定"按钮，完成创建。

图3-106　生成方式

图3-107　样条选项

图3-108　使用拟合方法

4. 垂直于平面

本选项是以正交于平面的曲线生成样条曲线。单击"垂直于平面"按钮后，弹出如图3-109所示的对话框，选择或通过面创建功能定义其平面，再选择起始点，接着选择或通过面创建功能定义下一个平面且定义建立样条曲线的方向，然后继续选择所需的平面，完成并确认，即可完成曲线的创建。

图3-109　"样条"对话框

3.3.2 艺术样条曲线

艺术样条曲线多用于数字化绘图或动画设计，相比较一般样条曲线，它由更多的定义点生成。在"曲线"工具栏中单击"艺术样条"按钮，打开"艺术样条"对话框，如图3-110所示。

与一般样条曲线一样，创建艺术样条也包括"根据极点"和"通过点"两种方法。其操作方法与创建一般样条曲线的方法类似，这里不再赘述。

实战：创建艺术样条

1 打开UG，进入建模环境。

2 在"曲线"工具栏中单击"艺术样条"按钮，系统弹出如图3-110所示的对话框。

3 在"方法"栏中选择"根据极点"按钮，其余设置如图3-110所示，依次在绘图区任意选择如图3-111所示的5个点，单击"确定"按钮完成艺术样条的创建。

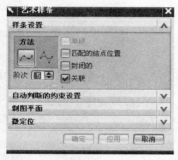

图3-110 "艺术样条"对话框

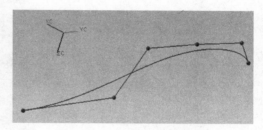

图3-111 创建艺术样条

3.4 绘制定位板草图

1 绘制圆。新建一个"ex3-1"文件，进入建模模块后，单击屏幕下角的"草图"按钮，将工作界面转换到XC-YC平面，单击"在草图任务环境中打开"按钮，然后在"草图工具"工具栏中单击"圆"按钮，系统弹出"圆"对话框，在其中单击"圆心和直径定圆"选项，选择坐标原点为圆心，即XC=0，YC=0，输入直径为200，如图3-112所示，按回车键，完成绘制第一个圆，输入第二个圆的直径为100，按回车键，接着选择该圆的圆心位置为坐标原点，如图3-113所示，单击"取消"按钮退出圆的创建。

2 绘制线段。在"草图工具"工具栏中单击"直线"按钮，系统弹出"直线"对话框，设置XC为-110、YC为0，该点作为线段的起点；输入模式为（参数模式），输入长度为220，按回车键，接着输入角度为0，如图3-114所示，按回车键完成直线段的创建，单击"取消"按钮完成直线段的创建。

3 绘制矩形。在"草图工具"工具栏中单击"矩形"按钮，系统弹出"矩形"对话框，选择第一种创建方式进行矩形的创建，分别设置两点的坐标为XC=-110、YC=35，并设置宽度为

220、高度为70，在图3-114所示的右下方单击，完成创建，效果如图3-115所示，按回车键完成矩形的创建，关闭"矩形"对话框。

④ 创建圆。在"草图工具"工具栏中单击"圆"按钮，系统弹出"圆"对话框，在其中选择"圆心和直径定圆"选项；设置XC值为-50，按回车键，设置YC值为0，按回车键；设置直径为25，按回车键，完成第一个小圆的绘制，如图3-116所示。在出现的"尺寸表达式"文本框中输入新直径为12，按回车键，指定该圆的圆心位于下方线段的中心处，如图3-117所示。

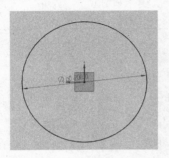

图3-112　草绘第一个圆

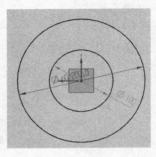

图3-113　草绘第二个圆

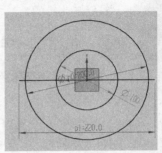

图3-114　绘制直线段

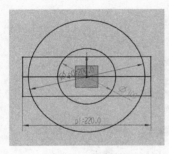

图3-115　绘制矩形

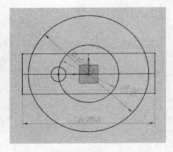

图3-116　绘制一个小圆

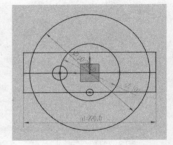

图3-117　绘制直径为12的圆

⑤ 按照与上一步相同的方法，分别在YC和XC的对称位置创建相同直径的圆，效果如图3-118所示。

⑥ 快速修剪。在"草图工具"工具栏中单击"快速修剪"按钮，弹出"快速修剪"对话框，分别单击要修剪掉的线段，修剪结果如图3-119所示，关闭"快速修剪"对话框。

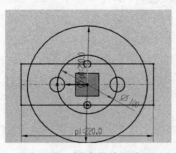

图3-118　创建另外两个圆

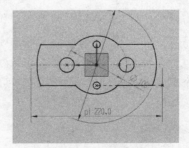

图3-119　快速修剪效果

⑦ 绘制两条切线。在"草图工具"工具栏中单击"直线"按钮，弹出"直线"对话框，使用"快速拾取"对话框选择相应的端点来绘制相关的直线段，绘制的直线效果如图3-120所示。

⑧ 修剪对象。在"草图工具"工具栏中单击"快速修剪"按钮，具体操作与步骤6类似，

分别单击要修剪的线段，修剪效果如图3-121所示，关闭"快速修剪"对话框。

⑨ 标注相关的尺寸。利用相关的标注工具或命令，标注所需要的尺寸，最终完成的效果如图3-122所示。

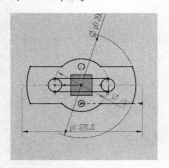

图3-120 绘制切线

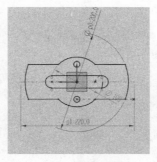

图3-121 快速修剪效果

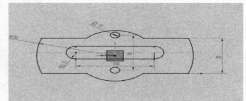

图3-122 标注结果

3.5 绘制垫片草图

本例为绘制仿锤垫片形零件草图，效果如图3-123所示。垫片在机械工程中起到密封和减震等作用，仿锤形垫片主要由外部圆弧轮廓、内部圆孔组成。分析该草图可知其主要由椭圆、圆弧、圆等几何图形组成，在绘制圆、椭圆时可以利用输入坐标的方式确定圆心。另外，在绘制两条切线时可以利用对象捕捉选取两个切点。

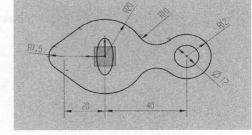

图3-123 仿锤形垫片草图

① 选择草图工作平面。新建一个"ex3-2"文件，进入建模模块后，单击屏幕下角的"草图"按钮，将工作界面转换到XC-YC平面，单击"在草图任务环境中打开"按钮，如图3-124所示。

② 绘制外部圆轮廓线。在"特征"工具栏中单击"圆"按钮○，绘制如图3-125所示尺寸的外部轮廓线。

图3-124 选择草图工作平面

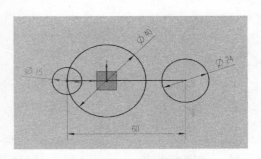

图3-125 绘制圆轮廓线

③ 创建切线并修剪圆弧。选择"直线"命令，绘制两圆间的切线，然后单击"快速修剪"按钮，选择切线处的圆弧进行修剪操作，效果如图3-126所示。

④ 添加圆角。单击"圆角"按钮，分别选取两圆轮廓线，并输入半径为10，效果如图3-127所示。

⑤ 镜像轮廓线。单击"镜像曲线"按钮，选取x轴为镜像中心线，然后分别选取切线、大圆圆弧及圆角为镜像对象操作，效果如图3-128所示。

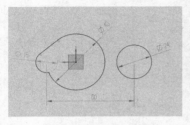
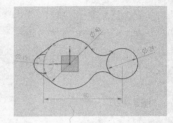

图3-126　创建切线并修剪圆弧　　　图3-127　添加圆角　　　图3-128　镜像轮廓线

⑥ 修剪多余的曲线。利用"快速修剪"工具，修剪多余的圆弧曲线，效果如图3-129所示。

⑦ 绘制内轮廓线。选择"圆"命令，绘制与右侧同心的圆轮廓线，然后选择"插入"|"椭圆"命令，打开"椭圆"对话框并设置参数，效果如图3-130所示。

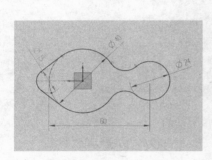

图3-129　修剪多余曲线　　　　　　图3-130　绘制内部圆与椭圆

⑧ 添加水平约束。单击"水平"按钮，分别拾取中间圆圆心与左右侧圆心添加水平约束，效果如图3-131所示。

⑨ 添加直径与半径约束。单击"直径"按钮，分别选取各圆弧与圆对其添加直径约束，然后选择"半径"命令，拾取两圆角添加半径约束，效果如图3-132所示。

⑩ 对椭圆添加约束。选择"水平"命令，拾取椭圆中心与添加水平约束，然后选择"竖直"命令，对椭圆添加竖直约束。至此，仿锤垫片草图绘制完成，效果如图3-133所示。

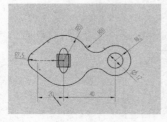
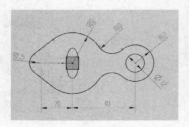
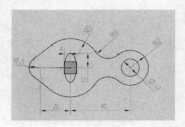

图3-131　添加水平约束　　　图3-132　添加直径与半径约束　　　图3-133　仿锤垫片图

第4章

编辑曲线

Chapter 04

由于大多数曲线属于非参数性曲线类型，在绘制过程中具有较大的随意性和不确定性，因此在利用曲线构建曲面时，一次性构建出符合设计要求的曲线特征比较困难，中间还需要通过各种编辑曲线特征的工具进行编辑操作。

本章将详细介绍如何在绘制好曲线的情况下对曲线进行编辑，具体包括基本曲线、矩形、样条曲线及二次曲线的编辑方法。

4.1 曲线的初步编辑

当曲线创建完成后，根据设计需要还要经常对不满意的地方进行调整，特别是对由曲线构成的复杂自由曲面，需要通过对曲线的多次编辑才能达到理想的效果。在UG NX 8.0中提供了强大的曲线编辑工具，具体包括编辑曲线参数、分割曲线、编辑曲线长度、拉长曲线以及编辑圆角等。

4.1.1 编辑曲线参数

在曲线建立之后，并不能完全满足实际的需要，所以需要对曲线进行编辑或一定的操作。在建模状态下的菜单栏中选择"编辑"｜"曲线"命令，将弹出编辑曲线的级联菜单，如图4-1所示；或者打开"编辑曲线"工具栏，该工具栏中包含了全部的曲线编辑命令，如图4-2所示，包括编辑曲线的参数、修剪曲线、修剪角、分割曲线、编辑圆角、拉长曲线和光顺样条等操作；单击"编辑曲线"按钮后，在弹出的"编辑曲线"对话框中也可以使用工具栏中的命令，如图4-3所示；同时，在"基本曲线"对话框中也包含了编辑曲线的命令，如图4-4所示；另外，选中曲线后单击鼠标右键，在弹出的快捷菜单中也有编辑曲线的命令，如图4-5所示。

图4-1 "曲线"命令

图4-2 "编辑曲线"工具栏

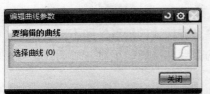

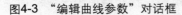

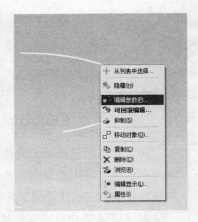

图4-3 "编辑曲线参数"对话框　　图4-4 "基本曲线"对话框　　图4-5 编辑曲线命令

当用户再次需要编辑曲线的参数时，可在曲线上右键单击，系统弹出如图4-6所示的"可回滚编辑"命令，选择该命令后，就可以选择对象进行编辑了。

"可回滚编辑"子菜单中各命令说明如下。

- 点方式：在图形区中捕捉点。单击图标旁边的小三角箭头，弹出下拉菜单，设置捕捉点的方式。
- 编辑圆弧/圆：用于设置编辑曲线的方式，它包含参数方式和拖动方式。
- 补圆弧：用于显示某一圆弧的互补圆弧。
- 显示原先的样条：选择该复选项，则当前编辑的样条曲线可显示原来的及新的样条曲线，便于比较。

图4-6 "可回滚编辑"命令

- 编辑关联曲线：用于设置编辑关联曲线后，曲线间的相关性是否存在。如果选择了"根据参数"单选按钮，原来的相关性仍然存在，如果选择了"按原先的"单选按钮，则原来的相关性将会被破坏掉。
- 更新：可以恢复前一次的编辑操作。

1. 编辑直线

如果选择对象是直线，则可以编辑直线的端点位置和直线参数（长度和角度），双击要编辑的直线，弹出直线编辑对话框，如图4-7和图4-8所示。首先选择要编辑的端点，在"起点选项"中选择"选择点"命令，弹出如图4-9所示的"点"对话框，用鼠标左键按下该点，直接拖动即可修改端点位置，或者在坐标栏中直接输入点的坐标值。

2. 编辑圆或圆弧

如果选择的对象是圆或圆弧，则可以修改圆或者圆弧的半径、起始和终止圆弧角的参数。绘制圆及通过三点的圆弧，双击圆或圆弧，弹出"圆弧/圆"编辑对话框，如图4-10和图4-11所示。可以使用工具栏对圆弧和圆的端点或圆心进行重定位，也可以更改圆弧的其他参数，包括更改圆弧的半径、起始角或终止角等参数。圆弧或圆有4种编辑方式：移动圆或圆弧、互补圆弧、参数编辑和拖动。

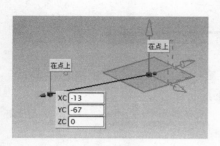

图4-7　创建直线

图4-8　"直线"对话框

图4-9　"点"对话框

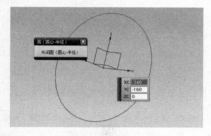

图4-10　"圆"对话框

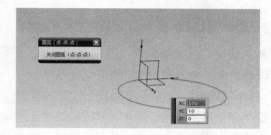

图4-11　"圆弧"对话框

实战：利用互补圆弧创建圆弧

1 打开UG，进入建模环境，在"曲线"工具栏中单击"圆弧"按钮，系统弹出"圆弧"对话框，在"类型"中选择"三点画圆弧"选项，在XC-YC平面内任意绘制一个圆弧，效果如图4-12所示。

2 在"曲线"工具栏中单击"基本曲线"按钮，系统弹出"基本曲线"对话框，选择"编辑曲线参数"按钮，参数设置如图4-13所示。

3 选中刚才绘制的圆弧，并单击对话框中的"补弧"按钮，生成如图4-14所示的效果图，至此完成补弧的创建，单击"取消"按钮退出命令的操作，完成创建。

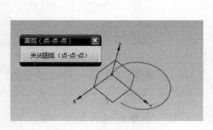

图4-12　绘制圆弧

图4-13　"基本曲线"对话框

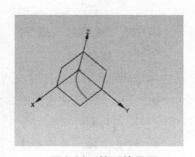

图4-14　补弧效果图

3. 编辑椭圆

如果选择的对象是椭圆，系统弹出如图
4-15所示的"编辑椭圆"对话框，按照需要更
改相应的参数即可。

4. 编辑螺旋线

如果选择的对象是螺旋线（如图4-16所

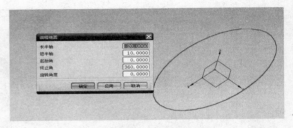

图4-15 "编辑椭圆"对话框

示），系统将弹出"螺旋线"对话框，按需要更改相应的参数即可。

> **提示**
>
> 在UG中，如果遇到找不到的命令，可以单击"命令查找器"按钮 🔍命令查找器，进行搜索。

5. 编辑样条曲线

如果选择的对象是样条曲线，系统弹出"编辑样条"对话框，如图4-17所示，其中包括了9
种修改样条曲线的方式。

（1）编辑点

这个命令用来移动、添加或移除样条曲线的定义点，以改变样条曲线的形状，它提供了编辑
定义点的相应方式，以及相应的功能选项。选择该命令后，系统弹出如图4-18所示的"编辑点"
对话框，其中的参数介绍如下。

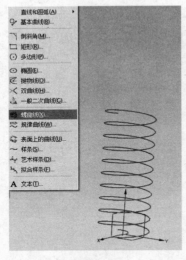

图4-16 "螺旋线"命令

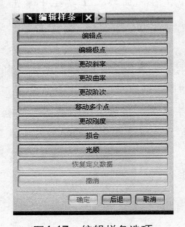

图4-17 编辑样条选项

图4-18 "编辑点"对话框

方式1：移动点。

本选项用于移动一个定义点。有两种移动方式：目标点和增量偏移。

- 目标点：通过点构造器，可以重新构造一个目标点，来移动样条曲线上的一个或多个定
  义点到新的位置。
- 增量偏移：单击要移动的点以后，在DXC、DYC、DZC文本框中分别输入XC、YC、ZC
  坐标轴方向的位移，单击"确定"按钮后即可定义点的新位置。

除了使用目标点和增量偏移两种方式外，使用鼠标单击一点并拖动，也可以移动样条曲线的定义点，系统自动改变样条曲线以适应移动的点，效果如图4-19所示。

方式2：添加点。

本选项用于向选定的样条曲线中增加定义点，如图4-20所示。

方式3：移除点。

该选项用于从样条曲线中移除定义点，如图4-21所示（按F5键刷新后可删除留影点）。

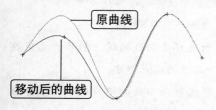

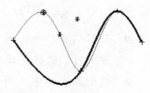

图4-19 样条曲线　　　　　图4-20 增加定义点　　　　　图4-21 移除定义点

- 微调：用于移动点方式下，以微调方式移动一个定义点，选择该功能后，选择一个定义点，按住鼠标左键不放，移动鼠标，则系统以定义点至光标点的距离的1/10来移动定义点。
- 重新显示数据：用于显示编辑后，样条曲线的定义点及切线方向。
- 文件中的点：用于从数据文件中读取点的位置。

（2）编辑极点

本选项用于编辑样条曲线的控制点。选择该选项后，系统弹出如图4-22所示的"编辑极点"对话框。

图4-22 "编辑极点"对话框及选项

极点编辑有4种方式，现分别说明如下。

- 移动极点：用于移动样条曲线上的控制点。选择该方式后，则其下方的编辑方式、约束、定义拖动方向、定义推动平面、微调等选项全部被激活。与定义点的移动方式相同，先选择"约束"选项、或选择定义拖动方向或定义拖动平面选项来设定极点的移动约束，然后选择极点，最后与定义点相同来移动极点。如图4-23所示为移动极点的示意图。
- 添加极点：用于向样条曲线增加极点，如图4-24所示。

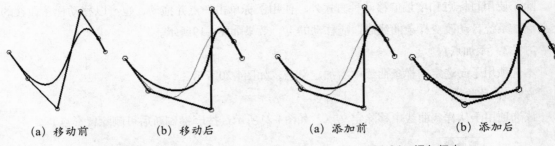

| (a) 移动前 | (b) 移动后 | (a) 添加前 | (b) 添加后 |

图4-23　移动极点　　　　　　　　　图4-24　添加极点

- 匹配端点斜率：用于以另一条曲线端点的斜率来设定所选样条曲线的端点斜率。选定该方式时，选择要设定的样条曲线端点，然后再选择另一曲线的端点即可。
- 匹配端点曲率：用于以另一条曲线端点的曲率来设定所选样条曲线的端点曲率。选定该方式时，选择要设定的样条曲线端点，然后再选择另一曲线的端点即可。

"编辑极点"对话框中的"约束"命令主要用于通过约束控制点的移动或样条曲线的形状，来控制样条曲线的形状。

该选项只在拖动一个控制点时有效，即用鼠标左键选中一个控制点后，按住鼠标左键不放，移动鼠标，则控制点的移动受到设定约束的限制。"约束"选项下有6个子选项，如图4-25所示，现在分别介绍如下。

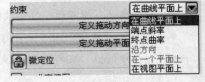

图4-25　约束类型选择

- 在曲线平面上：在曲线所确定的平面上常用的约束选项。
- 端点斜率：用于在保持样条曲线端点斜率不变的前提下，调整选定控制点附近的样条曲线形状。这个约束只对样条曲线起始的两个控制点和结束的两个控制点的移动有影响。
- 终点曲率：用于在保持样条曲线终点曲率不变的情况下，调整选定控制点附近的样条曲线形状。这个约束只对样条曲线起始的3个控制点和结束的3个控制点的移动有影响。
- 沿方向：用于拖动极点的时候沿着"定义拖动方向"按钮定义的方向拖动，该选项只有使用"定义拖动方向"定义方向后才处于激活状态。
- 在一个平面上：用于拖动极点的时候沿着"定义拖动平面"按钮定义的平面拖动，该选项只有使用"定义拖动平面"定义平面后才处于激活状态。
- 在视图平面上：只能在光标所在视图平面上拖动控制点。

"2D曲率梳图"选项用于控制在绘图工作区中是否显示选中样条曲线的曲率图。显示出曲线梳图将能够更直观地观察到曲线的圆滑度和控制极点对曲线的影响，如图4-26所示。

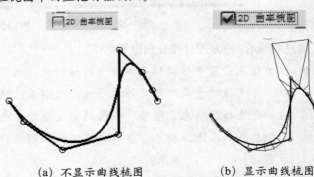

(a) 不显示曲线梳图　　　　　(b) 显示曲线梳图

图4-26　有无曲线梳图

（3）更改斜率

该命令用于改变定义点的斜率。

① 在"编辑样条"对话框中单击"更改斜率"按钮，将弹出"更改斜率"对话框，此时被选中的样条曲线将出现斜率的指示箭头，如图4-27所示。

② 在绘图工作区中单击要更改斜率的点，此时"更改斜率"对话框中的"斜率方式"选项组自动跳转到"自动斜率"单选按钮。如果此时单击"确定"按钮，将不更改斜率。

③ 此时在"更改斜率"对话框的"斜率方式"选项组中，可以单击其他几个选项来更改斜率，如图4-28所示。

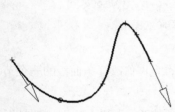

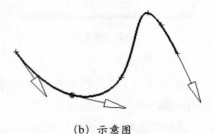

（a）更改斜率方式选项　　　　　（b）示意图

图4-27　更改斜率示意图　　　　　　　　　　图4-28　更改斜率

（4）更改曲率

该选项用于改变定义点的曲率，操作过程如下。

① 选取要编辑的曲线后，在"编辑样条"对话框中单击"更改曲率"按钮，将弹出"更改曲率"对话框，如图4-29所示。此时被选中的曲线将出现曲率的指示箭头和控制点。

② 在曲线上单击要更改曲率的点。

③ 在"更改曲率"对话框（如图4-29所示）中输入要修改的数值，选中"输入半径"单选按钮，可以更改曲率半径。输入完成后按回车键确认，效果如图4-30所示。

④ 其中的偏差和阈值选项用于检查样条曲线与定义点之间的偏差。

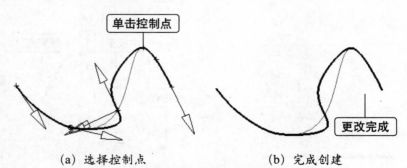

（a）选择控制点　　　　　　　（b）完成创建

图4-29　"更改曲率"对话框　　　　　图4-30　更改曲率

（5）更改阶次

该选项用于改变样条曲线的阶次，当然，定义的点数也会有所改变。对于单节段样条曲线，可增加或降低其曲线阶次；而对于多节段样条曲线，则只可增加其曲线阶次。增加阶次后，样条曲线的形状不会改变；而降低阶次后，则样条曲线的形状与原曲线会有所差别，但形状近似。

选取要编辑的曲线后，在"编辑样条"对话框中单击"更改阶次"按钮，程序将弹出警告窗口，如图4-31所示，单击"是"按钮后，在"更改阶次"对话框（如图4-32所示）中输入曲线的阶次后再次单击"确定"按钮即可，效果如图4-33所示。

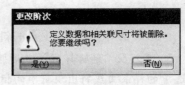

图4-31　系统消息

图4-32　输入阶次

(a) 阶次=3　　　(b) 阶次=6

图4-33　不同阶次图形

（6）移动多个点

该选项用于移动样条曲线的一个节段，以改变样条曲线的形状，允许修改样条曲线的一个节段而不影响曲线的其他部分。

选择该选项后（如图4-34所示），在样条曲线上依次设定欲修改节段的开始点和结束点，如图4-35所示；在开始点和结束点限定的节段间设定第一个位移点，再设定第一个位移点的位移方式（如图4-36所示），然后逐步响应程序提示设定第一个位移点的位移值（如图4-37所示）；接着再设定第二个位移点，并设定第二个位移点的位移方式，然后逐步响应程序提示设定第二个位移点的位移值，则程序根据上述设定移动选定节段，而并不影响其他节段的形状，且移动节段的两端点位置保持不变。

（7）更改刚度

该选项用于在保持原样条曲线控制点数不变的前提下，通过改变曲线的阶数来修改样条曲线的形状。在"编辑样条"对话框中单击"更改刚度"按钮后，在弹出的对话框中输入曲线新的阶次数即可，如图4-38所示。这些操作与改变曲线的阶次类似。图4-39所示为输入不同阶次的图形。

图4-34　"点"对话框

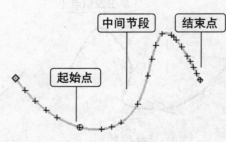

图4-35　选取起始点和结束点

图4-36　位移方式

图4-37　输入移动距离

图4-38　设置阶次

(a) 阶次=3   (b) 阶次=4

图4-39 不同阶次图形

提示·

　　若利用"更改刚度"编辑样条曲线，在增加阶数时，样条曲线会增加刚性；减少阶数时，样条曲线会降低刚度。

　　(8) 拟合

　　该选项可修改样条曲线定义所需要的参数，以改变曲线的形状，不过这种方式不能改变曲线的曲率。选取要编辑的曲线，在"编辑样条"对话框中单击"适合窗口"按钮后，将弹出"用拟合的方法编辑样条"对话框，如图4-40所示。图4-41所示为不同阶次数值的图形。

　　在"拟合方法"选项组中包含3种拟合的方法："根据公差"表示根据用户定义公差来拟合曲线；"根据分段"表示根据曲线的分段数量进行拟合；"根据模板"表示根据选定的参照曲线来控制拟合，单击该选项按钮后需要选取参考曲线，才能进行操作。在该对话框的下部有更改曲线参数后重新拟合的信息报告。

图4-40 拟合设置选项

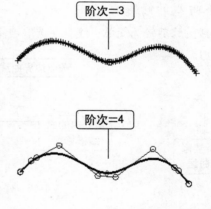

图4-41 不同阶次图形

　　(9) 光顺

　　该选项用于控制曲线的光滑度。选取要编辑的曲线后，在"编辑样条"对话框中单击"光顺"按钮，将弹出"光顺样条"对话框，如图4-42所示。

　　在该对话框中先设定"源曲线"和"约束"这两处，再设置曲线的分段和阈值，然后单击"近似"按钮更新样条曲线的阶段数，最后单击"光顺"按钮对选定样条曲线进行完善，完成前后的样条如图4-43所示。

　　约束选项中的两种约束方式的含义是：设定样条曲线在光滑操作时，其端点斜率/曲率与原样条曲线的端点斜率/曲率是否匹配。

图4-42 "光顺样条"对话框

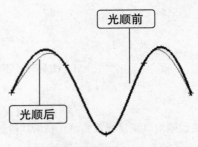

图4-43 光顺前后对比

4.1.2 修剪曲线

在"编辑曲线"工具栏中单击"修剪曲线"按钮，弹出"修剪曲线"对话框，如图4-44所示。

按照对话框中的要求，首先选取要修剪的曲线，再选择边界对象1与2。注意选取要修剪的曲线时，在对话框中要单击一下右边的按钮。

1. 三条曲线的修剪

几种修剪方式如图4-45所示。

2. 两条曲线的修剪

两条曲线的修剪较为简单，注意在选取被修剪曲线时，光标选择端将被修剪。

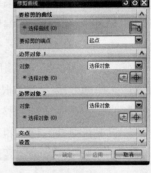

图4-44 "修剪曲线"对话框

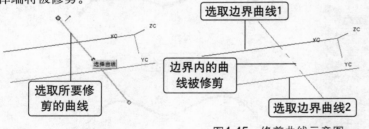

图4-45 修剪曲线示意图

提示

在利用"修剪曲线"工具修剪曲线时，选择边界线的顺序不同，修剪结果也会不同。

实战：曲线修剪实例

① 启动UG，打开随书光盘中的文件"4-1.prt"，效果如图4-46所示。

② 在"曲线"工具栏中单击"基本曲线"按钮 ，系统弹出"基本曲线"对话框，选择"修剪"按钮 ，系统弹出如图4-47所示的对话框，选择左侧的圆为修剪对

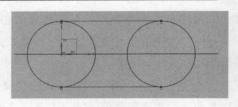

图4-46 源文件

象，分别选择上下两条直线为边界对象1和边界对象2，如图4-48所示。

③ 同理类似于左边的圆修剪右边的圆，并最终将中间的直线修剪掉，最终完成修剪，效果图如图4-49所示。

图4-47 "修剪曲线"对话框

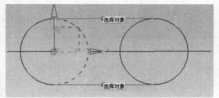

图4-48 修剪效果

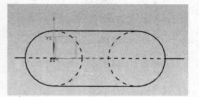

图4-49 最终效果图

4.1.3 修剪拐角

在"编辑曲线"工具栏中单击"修剪拐角"按钮，弹出"修剪拐角"对话框，如图4-50所示。然后在绘图工作区中要修剪角的位置单击，完成操作，系统出现提示对话框，如图4-51所示，单击"是"按钮即可。

图4-50 "修剪拐角"对话框

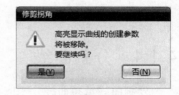

图4-51 系统消息

1. 两条曲线被修剪

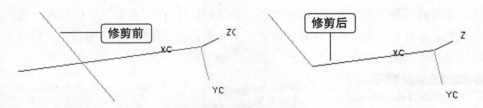

图4-52 修剪曲线对比

2. 两条曲线被延长

当要对两条没有相交的曲线进行修剪角时，用此方式可以让它们相交在一起。在单击定义点时，必须包含要相交的两条曲线，如图4-53所示。

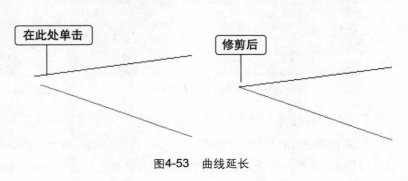

图4-53 曲线延长

提示

　　在选取曲线时，如果选取的曲线中包含样条曲线，系统会打开警告信息，提示该操作将删除样条曲线定义的数据，需要用户给予确认。

实战：修剪拐角

① 启动UG，打开随书光盘中的文件"4-2.prt"，如图4-54所示。

② 在"编辑曲线"工具栏中单击"修剪拐角"按钮，并单击两线交点处，系统弹出如图4-55所示的消息。单击"是"按钮系统完成修剪拐角的创建，最终效果如图4-56所示，关闭命令，完成创建。

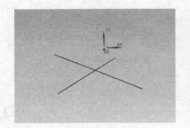
图4-54　源文件

图4-55　系统消息

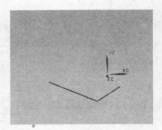
图4-56　创建拐角效果

4.1.4　分割曲线

　　分割曲线是将曲线分割成多个节段，各节段成为独立的操作对象。单击"编辑曲线"工具栏中的"分割曲线"按钮，弹出"分割曲线"对话框，如图4-57所示。

　　在该对话框中提供了5种分割曲线的方式，下面进行简单介绍。

1. 等分段

　　它是以等长或等参数的方式将曲线分割为相同的节段。在"类型"下拉列表中选择"等分段"选项，然后单击下边的按钮，接着在对话框中选择要分割的曲线。在分段中可以设置等参数或等圆弧长的方式，同时设置分割的段数，效果如图4-58所示。

图4-57　"分割曲线"对话框

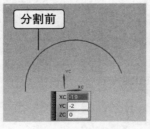
图4-58　曲线分割对比

2. 按边界对象

　　它是利用边界对象来分割曲线。首先选择要分割的曲线，然后选择边界曲线，此时有现有曲线、投影点、2点、点和矢量、按平面几种方式来定义边界曲线，如图4-59所示。

3. 其他分割方式

"圆弧长段数"方式是通过分别定义各节段的弧长来分割曲线;"在结点处"是在曲线的定义点处将曲线分割成多个节段,只能分割样条曲线;"在拐角上"是在拐角处(即一些不连续点)分割样条曲线(拐角点是样条曲线节段的结束点方向和下一开始点方向不同而产生的点)。

图4-59 按边界对象选项设置

实战:分割圆

① 启动UG,打开随书光盘中的文件"4-3.prt",效果如图4-60所示。

② 在"编辑曲线"工具栏中单击"分割曲线"按钮 ∫,系统弹出如图4-61所示的对话框,"类型"选择为"等分段","分段长度"选择为"等参数","段数"设置为5,选择刚才打开的源文件为等分曲线,单击"应用"按钮,完成分割曲线的创建,效果如图4-62所示,可以看出圆被分为长度相等的5段弧。

图4-60 源文件

图4-61 "分割曲线"对话框

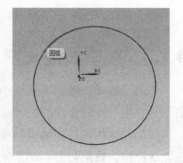

图4-62 分割圆效果

4.1.5 编辑圆角

单击"编辑曲线"工具栏中的"编辑圆角"按钮,弹出相应的对话框,如图4-63所示。其中包括3种圆角的编辑方式,用户需要对其选择后,方可对圆角进行编辑。

以"自动修剪"为例介绍。单击"自动修剪"按钮,如图4-63所示,依次按照图4-64的顺序进行选取。选取圆角后,弹出如图4-65所示的对话框,可以重新设置圆角半径。

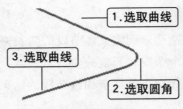

图4-63 "编辑圆角"对话框　　　　图4-64 编辑圆角示意图　　　　图4-65 编辑圆角参数

4.1.6 拉长曲线

单击"编辑曲线"工具栏中的"拉长曲线"按钮，弹出如图4-66所示的对话框。

此功能可以用来拉长或移动所选取的几何对象，如果选取端点，则拉长所选取的对象；如果选取的是端点以外的对象，则移动该对象。首先选定对象，再在该对话框中设定参数值，如图4-67所示。

图4-66 "拉长曲线"对话框

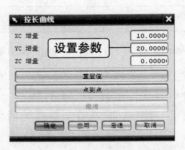

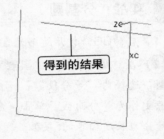

图4-67 参数设置对话框及结果

4.1.7 编辑曲线长度

单击"编辑曲线"工具栏中的"编辑曲线长度"按钮，弹出"曲线长度"对话框，如图4-68所示。它用于控制曲线的长度延伸方式和定义延伸长度。

在工作区内选择要编辑的曲线，在"极限"选区内输入曲线两端的长度值，单击"确定"按钮完成操作，效果如图4-69所示。

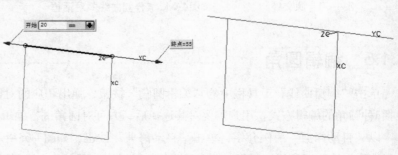

图4-68 "曲线长度"对话框　　　　　　　　　图4-69 编辑曲线对比

实战：编辑曲线长度

① 启动UG，打开随书光盘中的"4-4.prt"文件，效果如图4-70所示。

② 在"编辑曲线"工具栏中单击"编辑曲线长度"按钮，系统弹出如图4-71所示的对话框，设置"长度"为"增量"、"侧"为"起点和终点"、"方法"为"自然"，"开始"和"结束"值分别设置为40和50，选择图形上方的曲线为编辑曲线长度的对象。单击"应用"按钮，然后单击"取消"按钮，完成曲线长度的编辑，效果如图4-72所示。也可以选择别的选项进行创建，读者可自行练习。

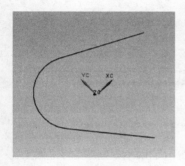

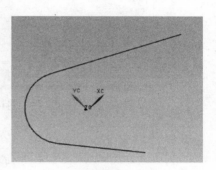

图4-70　源文件　　　　　图4-71　"曲线长度"对话框　　　　　图4-72　最终效果图

4.2 曲线的深入编辑

在机械设计过程中，通常要在设计的基础上加上一系列曲线操作才能满足设计要求，然后根据需要还要对不满意的地方进行调整，这样才能满足设计和生产的要求，这需要调整曲线的很多环节，通过调整这些环节可以使曲线更加光滑、美观。曲线的操作包括偏置曲线、相交曲线、镜像曲线以及抽取等编辑操作方式。

4.2.1 偏置曲线

偏置曲线是指生成原曲线的偏移曲线。欲偏置的曲线可以是直线等。偏置曲线可以针对直线、圆弧等特征，按照特征原有的方向，向内或向外偏置指定的距离来创建新的曲线。可选取的偏置对象包括共面或共空间的各类曲线和实体边。

在"曲线"工具栏中单击"偏置"按钮，打开"偏置曲线"对话框，如图4-73所示，在该对话框中包含了4种修剪方式。

1. 距离

该方式是按照给定的偏移距离来偏置曲线。选择该方式后，其下方的"距离"文本框被激活，在"距离"和"副本数"文本框中分别输入偏移距离和产生偏移的数量，并设定好其他参数后即可，效果如图4-74所示。

图4-73 "偏置曲线"对话框　　　　　　图4-74 利用距离偏置曲线

2. 拔模

利用该方式可以将曲线按照指定的拔模角度偏置到与曲线所在平面相距拔模高度的平面上。拔模高度为原曲线所在平面与偏置后曲线所在平面的距离，拔模角度为偏移方向与原曲线所在平面的法线的夹角。

选择该方式后，拔模"高度"和"角度"文本框被激活，在文本框中分别输入拔模高度和拔模角度，然后再设置好其他参数即可，如图4-75所示。

3. 规律控制

该方式是按规律控制偏移距离来偏移曲线。选择该方式后，从"规律类型"列表框中选择相应的偏移距离的规律控制方式后，逐步根据系统提示操作即可。

4. 3D轴向

该方式是按照三维空间内指定的矢量方向和偏置距离来偏置曲线的。用户按照生产曲线的矢量方法指定需要的矢量方向，然后输入需要的偏置距离，单击"确定"按钮即可生成偏置曲线，效果如图4-76所示。

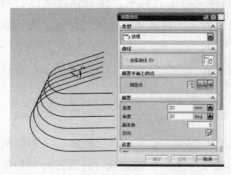

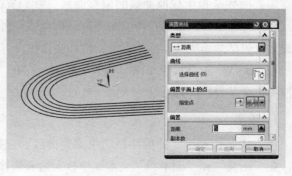

图4-75 利用拔模偏置曲线　　　　　　图4-76 利用3D轴向偏置曲线

实战：用距离方法偏置曲线

① 启动UG，打开随书光盘中的文件"4-5.prt"，效果如图4-77所示。

② 在"曲线"工具栏中单击"偏置曲线"按钮 🔘，系统弹出如图4-78所示的对话框，"类型"设置为"距离"，选择刚才打开的曲线为偏置对象，设置偏置距离为5，注意方向。单击"应用"按钮，然后单击"取消"按钮退出，完成偏置曲线的创建，效果如图4-79所示。

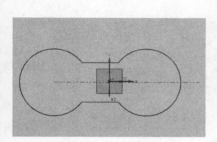

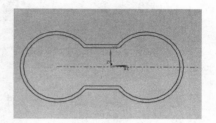

图4-77　源文件　　　　　图4-78　"偏置曲线"对话框　　　　　图4-79　最终偏置效果

4.2.2　桥接曲线

桥接曲线是指在两参照特征之间创建曲线，曲线可以通过各种形式控制，主要用于创建两条曲线间的圆角相切曲线。在UG NX 8.0中，桥接曲线按照用户指定的连续条件、连接部位和方向来创建，是曲线操作中常用的方法。

在"曲线"工具栏中单击"桥接"按钮 🔘，打开"桥接曲线"对话框，如图4-80所示。此时，选择第一条欲桥接的曲线，系统自动切换至"终止对象"面板，此面板提示选取第二条曲线。最后设置桥接属性，并选择控制曲线形状的方式，单击"确定"按钮即可。

"桥接属性"可以有位置、相切、曲率和流，主要用来设置桥接的起点和终点位置、桥接方向等；"形状控制"选项组主要用于设定桥接曲线的形状控制方式，由相切幅值、深度和歪斜、二次曲线和参考成型曲线4种方式。图4-81为利用幅值桥接的效果图。其余桥接方式不再赘述。

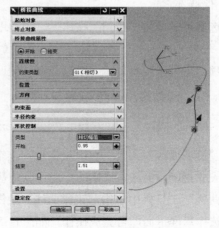

图4-80　"桥接曲线"对话框　　　　　图4-81　利用相切幅值桥接曲线效果

实战：桥接曲线

① 启动UG，打开随书光盘中的文件"4-6.prt"，如图4-82所示。

② 在"曲线"工具栏中单击"桥接曲线"按钮，系统弹出如图4-81所示的对话框，参数设置选择系统默认。选择两曲线靠近的两端点为桥接点，并单击"应用"按钮，然后单击"取消"按钮，完成桥接曲线的创建，效果如图4-83所示。

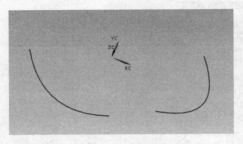

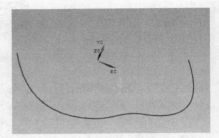

图4-82 源文件　　　　　　　　　　图4-83 桥接曲线效果

4.2.3 相交曲线

相交曲线是指创建两个对象集之间的相交曲线。各组对象可分别为一个表面（若为多个表面，则必须属于同一个实体）、一个参考面、一个片体或一个实体。

在"曲线"工具栏中单击"相交曲线"按钮，打开"相交曲线"对话框，如图4-84所示。在该对话框中包括了创建相交曲线的两个重要选项组和常用选项。

（1）第一组
该方式用于确定欲产生交线的第一组对象。

（2）第二组
该方式用于确定欲产生交线的第二组对象。

图4-84 "相交曲线"对话框

（3）保持选定
该复选框用于单击"应用"按钮后，自动地重复选择第一或第二组对象。

（4）公差
该选项用于设置距离公差，以改变在"预设置-建模"对话框中设置的默认值。

4.2.4 镜像曲线

利用"镜像曲线"工具，可以根据用户选定的平面对曲线进行镜像操作。可镜像的曲线包括任何封闭或非封闭的曲线，选定的平面可以是基准平面、平面或者是实体表面。

在"曲线"工具栏中单击"镜像曲线"按钮，打开"镜像曲线"对话框，然后选取要镜像的曲线，并选择基准平面即可完成操作。如图4-85所示为镜像曲线效果图。

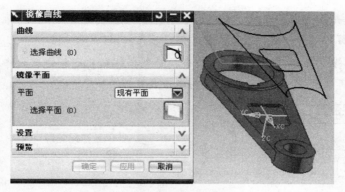

图4-85 镜像曲线效果图

4.3 绘制机床尾座线框

本实例将绘制机床尾座线框，其中用到的本章知识内容有简单曲线的绘制、倒圆角、偏置曲线等多个命令。希望通过本实例的学习可以让读者对本章内容有更进一步的认识。

1 新建一个"ex4-1"文件，进入建模模块后，将工作界面转换到XC-YC平面，然后单击"矩形"按钮□，绘制一个长为45、宽为20的矩形，然后单击"偏置曲线"按钮，将底边向上偏置8，重复偏置，将两端的直线分别向中心偏置11和7.5，效果如图4-86所示。

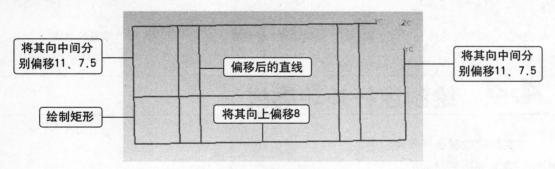

图4-86 绘制矩形并偏置直线

2 绘制燕尾槽轮廓。单击"直线"按钮／，绘制两条倾斜连接直线，然后单击"修剪拐角"按钮，修剪图中的拐角。最后将多余的曲线隐藏处理，效果如图4-87所示。

3 偏置轮廓并绘制连接直线。单击"偏置曲线"按钮，依次拾取燕尾槽轮廓的各部分曲线沿z轴方向偏置90，然后单击"直线"按钮／，分别选取两轮廓线的对应交点绘制连接直线，效果如图4-88所示。

4 创建轴孔中心线。单击"偏置曲线"按钮，拾取后上方直线沿y轴负方向偏置23，然后单击"直线"按钮／，以刚才偏置用的直线的中点为直线起点，绘制长40的直线，效果如图4-89所示。

5 绘制轴孔轮廓。单击"基本曲线"按钮，在打开的"基本曲线"对话框中单击"圆"命令，以偏置直线和绘制的中心线的交点为圆心，分别绘制直径为15和24的圆形，效果如图4-90所示。

⑥ 绘制切线并修剪圆。选择"直线"命令，分别从两底座两角点向直径为24的圆绘制切线，然后选择"修剪曲线"命令，修剪部分圆弧，效果如图4-91所示。

⑦ 偏置轮廓线。选择"偏置曲线"命令，分别拾取轴孔处各轮廓线将其沿+Z向偏置15，并绘制连接直线，再隐藏多余的线条，完成创建，效果如图4-92所示。

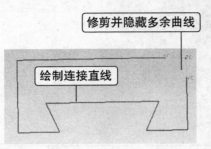

图4-87 绘制燕尾槽并隐藏多余曲线

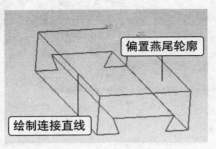

图4-88 绘制轮廓并绘制直线

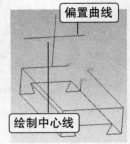

图4-89 绘制轴孔中心线

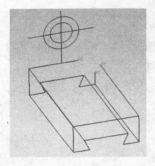

图4-90 绘制圆轮廓

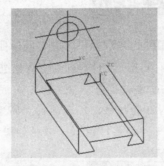

图4-91 绘制切线并修剪圆

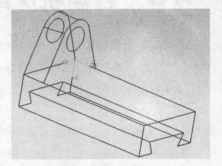

图4-92 偏置轮廓线

4.4 绘制连杆外轮廓线

本实例将绘制连杆外轮廓线，效果如图4-93所示。连杆为机械设计中的常用件，起到连接定位的作用，连杆外轮廓线的创建为三维模型的创建提供基础，通过拉伸等命令即可完成连杆的创建。通过本实例的学习也可全面、系统地将本章内容融会贯通。

① 启动UG NX 8.0，新建"ex4-2"文件，单击"定"按钮进入建模环境。

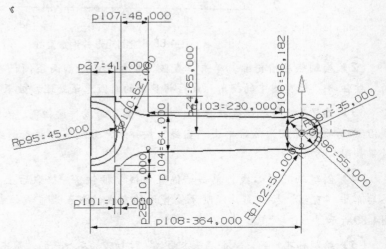

图4-93 实例文件

（2） 将视图转换为顶部视图。

（3） 选择"插入"｜"曲线"｜"基本曲线"命令，弹出如图4-94所示的对话框。单击"直线"按钮，分别绘制两条平行于x轴和y轴的直线。

（4） 单击"曲线"工具栏中的"圆弧/圆"按钮，弹出如图4-95所示的对话框，分别绘制半径为45与56的圆，如图4-96所示。

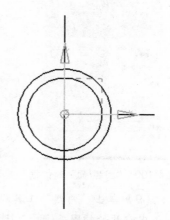

图4-94 "基本曲线"对话框　　　图4-95 "圆弧/圆"对话框　　　图4-96 绘制曲线

（5） 单击"曲线"工具栏中的"直线"按钮，弹出如图4-97所示的对话框，在"起点选项"下拉列表中选择"点"，输入点坐标（0,65,0），定义直线段的第一点，接着沿x轴正向绘制长度为41的直线，再沿y轴负向绘制长度为10的直线，最后绘制沿x轴正向按照尺寸绘制长度为10的直线，结果为如图4-98所示的折线段。

（6） 单击"曲线"工具栏中的"直线"按钮，在"起点选项"下拉列表中选择"点"，输入点坐标（99,32,0），单击"应用"按钮，接着输入第二点坐标（329,28.091,0），绘制如图4-99所示的直线。

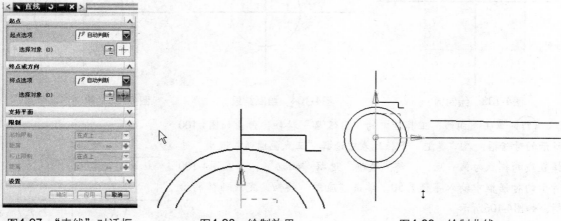

图4-97 "直线"对话框　　　　　图4-98 绘制效果　　　　　图4-99 绘制曲线

（7） 单击"曲线"工具栏中的"圆弧/圆"按钮，弹出如图4-100所示的对话框，在"类型"下拉列表中选择"三点画圆弧"选项，选择如图4-101所示的起点和终点，"终点选项"选择"相切"，并在如图4-101所示的文本框中输入半径为62，单击"应用"按钮，完成圆弧的绘制。

8 单击"曲线"工具栏中的"直线"按钮,弹出如图4-100所示的对话框,在"起点选项"下拉列表中选择"点",输入点坐标(364,0,0),单击"应用"按钮,接着沿y轴绘制一条直线,如图4-102所示。

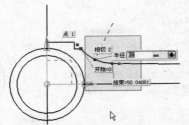

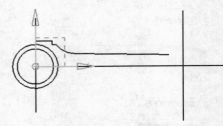

图4-100 "圆弧/圆"对话框   图4-101 绘制曲线   图4-102 绘制曲线

9 单击"曲线"工具栏中的"圆弧/圆"按钮,弹出对话框,在"类型"下拉列表中选择"从中心开始的圆弧/圆",选择两条直线的交点为圆心,圆半径为35,如图4-103所示,绘制结果如图4-104所示。

10 利用与步骤9相同的方法绘制半径为27.5的圆,如图4-105所示。

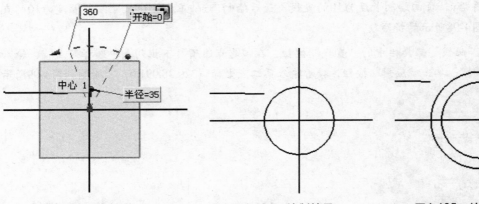

图4-103 绘制圆   图4-104 绘制结果   图4-105 绘制第二个圆

11 单击"曲线"工具栏中的"圆弧/圆"按钮,弹出如图4-100所示的对话框,在"类型"下拉列表中选择"三点画圆弧"选项,选择直线的端点为第一点,"终点选项"选择"相切",并在图4-100所示的对话框中输入半径为50,单击"应用"按钮,完成圆弧的绘制,如图4-106所示。

12 对步骤11中所绘制的圆进行修剪。选择菜单栏中的"编辑"|"曲线"|"修剪"命令,弹出如图4-107所示的对话框,选择要修剪的曲线以及边界曲线,完成修剪,如图4-108所示。

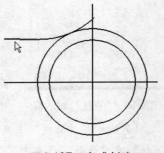

图4-107 完成创建

(13) 使用与步骤12相同的方法对左边的圆进行修剪，结果如图4-109所示。注意：在选择修剪对象时，一定在所要修剪处单击鼠标，否则将会出错。

图4-107 "修剪曲线"对话框

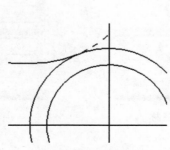
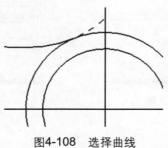

图4-108 选择曲线

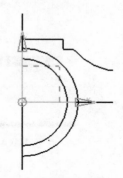

图4-109 完成修剪

(14) 选择菜单栏中的"编辑"│"变换"命令，弹出如图4-110所示的对话框，选择如图4-111所示的曲线，单击"确定"按钮，弹出如图4-112所示的对话框，单击"通过一直线镜像"按钮，进入如图4-113所示的对话框，单击"现有的直线"按钮，弹出如图4-114所示的对话框，在绘图工作区中选择水平中心线为镜像对称中心线，接着进入如图4-115所示的对话框，单击"复制"按钮，完成镜像操作，效果如图4-116所示。

图4-110 "变换"对话框

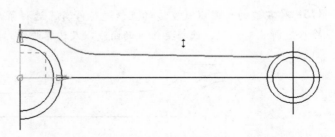

图4-111 选择曲线

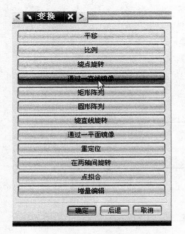

图4-112 变换选项

图4-113 选择变换方式

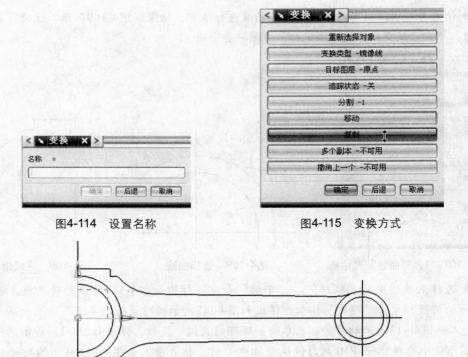

图4-114 设置名称   图4-115 变换方式

图4-116 完成复制

(15) 对右边的大圆以及左边的直线进行修剪。选择菜单栏中的"编辑"｜"曲线"｜"修剪"命令，弹出对话框，选择要修剪的曲线以及边界曲线，完成修剪，如图4-117所示。

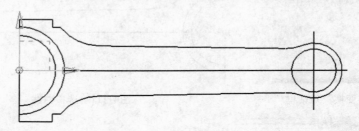

图4-117 修剪结果

(16) 隐藏多余的辅助线，其结果如图4-118所示。

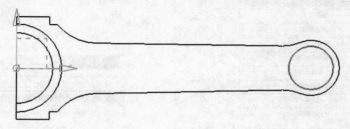

图4-118 完成创建

第5章

Chapter

05

草图功能

在UG NX 8.0中，草绘图形是创建三维实体模型的基础。创建实体模型时，首先要在特征建模中选取草绘基准绘制草图，会根据实体的截面轮廓绘制草图，或根据实体的截面轮廓绘制草图，然后利用相应的实体建模工具将草图界面转化为实体建模。

本章主要介绍直接草图基本环境的设置、草图曲线的绘制和草图操作方法，以及添加草图约束等内容。通过本章的学习，初学者可基本掌握草图绘制的实用知识与应用技巧，为后面的学习打下扎实的基础。

5.1 草图简介

草图是与实体模型相关的二维图形，它是三维模型的基础。只有在草图的基本环境下才能进行草图的创建。草图模块是UG软件中建立参数化模型的一个重要工具。用户可以利用草图模块来创建截面曲线，并由此生成实体或片体。该环境提供了在UG NX 8.0中的草图绘制、操作以及约束等与草图有关的工具。

1.草图模式

草图模式可以在三维空间中任何一个平面内建立草图平面，并在该平面内绘制草图。草图中提出了"约束"的概念，可以通过几何约束与尺寸约束控制草图中的图形，可以实现与特征建模模块同样的尺寸驱动，并可以方便地实现参数化建模。

应用草图工具，用户可以近似地绘制曲线轮廓，再相应添加精确的尺寸与位置约束，即可完成二维图形的绘制，利用实体造型工具对建立的二维草图进行拉伸、旋转等操作，生成与草图相关联的实体模型。修改草图时，与之关联的实体模型也会自动更新。

在建模环境中提供了"直接草图"工具栏。使用此工具栏中的命令可以在平面上创建草图，而无需进入草图任务环境，这使得创建和编辑草图变得更快且更容易。使用此工具栏上的命令创建点或曲线时，会创建一个草图并使其处于活动状态。和以前的版本一样，新建立的草图仍然在部件导航器中显示为一个独立的特征。指定的第一个点定义草图平面、方位及原点。这个点的位置可以在屏幕的任意位置，也可以在点、曲线、平面、曲面、边、指定的基准CSYS上。

UG NX 8.0中的"直接草图"工具栏如图5-1所示，包括草图、草图生成器、在草图人物环境中打开等。

图5-1 "直接草图"工具栏

2. 草图工具栏

UG NX 8.0使用工具栏的形式来进行草绘，使得操作更加直观和便捷，下面简要介绍一下这些工具栏的作用。

（1）"草图"工具栏

用于控制草图模式下的完成草绘、转换草绘平面以及控制视图的方向等操作，如图5-2所示，包括了定向视图到草图、定向视图到模型等选项。

（2）"草图工具"工具栏

该工具栏包括了草绘时使用的曲线命令，通过这些命令来绘制草图，包括轮廓、直线等绘制直线的命令，以及圆、圆弧、矩形等命令，如图5-3所示。

图5-2 "草图"工具栏　　　　　　　　图5-3 "草图工具"工具栏

- 轮廓：轮廓命令是以线串模式创建一系列连接的直线或圆弧。
- 直线：可以在视图区选择两点绘制直线。
- 圆弧：在视图区选择一点，输入半径，然后在视图区选择另一点，或者根据相应圆和扫掠角度绘制圆弧。
- 圆：可以选择"中心和半径决定的圆"方式绘制圆，也可以三点绘制圆。
- 派生直线：选择一条或几条直线后，系统自动生成其平行线、中线或角度平分线，输入数值，可以偏置曲线。

（3）"草图约束"工具栏

"草图约束"工具栏用于在绘制草图时定义草图中曲线之间的约束关系，如图5-4所示。UG NX 8.0的"草图约束"包括水平、竖直、平行等与位置有关的约束，也包括自动判断尺寸等与尺寸有关的约束。将几何约束添加到草图几何图形中，这些约束指定并保持用于草图几何图形或草图几何图形之间的条件，如图5-5所示。

> **注意**
>
> 直接草图功能的增强在外形造型设计和钣金模块下都可以使用，在"直接草图"工具栏中可以使用投影曲线、相交曲线、相交点等。

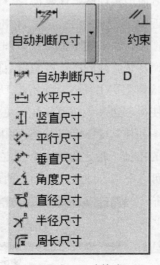

图5-4 尺寸约束　　　　　　　图5-5 草图约束

5.2　草图功能选项

在此主要介绍草图的创建、定位、重新附着和评估。创建和编辑草绘图形是主要内容，其他所有操作都是为辅助该操作服务的，草图将创建特征形状和结构。其中绘制草图主要是指在草图平面中绘制基本的几何元素，为三维建模或今后的编辑模型提供参数依据。

1. 草图的创建

用户要创建草图，必须先进入草图绘制模块，下面介绍几种进入草图的方式。

（1）通过工具栏

单击屏幕下方的"草图"按钮，弹出如图5-6所示的对话框，此时需要选择放置草图的位置，有两个选项：在平面上、基于路径，用户可根据需要进行选择。在"平面方法"下拉列表中有4种方式来指定平面，即自动判断、现有平面、创建平面和创建基准坐标系。

(a)　　　　　　　　　　　　　　　　(b)

图5-6　"创建草图"对话框

（2）通过菜单栏

在进入UG NX 8.0相应的模块后，在菜单栏中选择"插入"｜"草图"命令，程序随即转入设置草图平面的界面。

（3）选取草图

如果当前部件中已存在草图，当进入草图模式后，在"草图生成器"工具栏的"草图名"下拉列表中会出现所有草图的名称。只要选择其中一个后，所有草图将被激活，此时接着在该草图中进行相关的草图操作。另外，在建模模式下双击已有的草图也可将其激活。

（4）通过创建特征

如果用户要创建一个特征，如拉伸、切割等，在弹出的对话框中就可以选择绘制草图，通过单击相应的按钮，也创建草图。

实战：创建草图

1 启动UG，进入建模环境，在"特征"工具栏中单击"草图"按钮，系统弹出如图5-7所示的对话框，将"类型"设置为"在平面上"，"平面选项"选择"现有平面"，选择XC-YC平面为草绘平面，水平参考选择系统默认。

2 在XC-YC平面上选择（0,0）为起点，创建如图5-8所示尺寸的曲线，然后再单击屏幕下方的"在任务中打开"按钮，在此环境中绘制草图，完成后单击"完成草图"按钮，完成草图的创建。

提示

在直接草图中，可以进行模型的延迟更新，也就是说当对直接草图进行编辑的时候模型不更新，等直接草图编辑完成后再使用从草图更新模型的命令进行更新。

2. 草图的定位

当草图绘制依附于另一草图或实体模型的某个平面时，需要将草图与另一个草图或实体模型的相对位置进行确定，此时便可利用"创建定位尺寸"工具对其进行草图定位。

（1）创建定位尺寸

在"草图生成器"工具栏中单击"创建定位尺寸"按钮后（如图5-9所示），将弹出"定位"对话框，如图5-10所示，其中有9种定位方式，按钮从左至右依次为：水平定位、垂直定位、平行定位、正交定位、平行距离定位、角度定位、两点重合定位、点到线上定位、两线重合定位。

图5-7 "创建草图"对话框

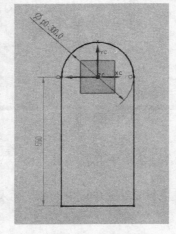

图5-8 创建的草图效果

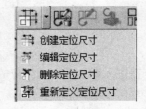

图5-9 草图定位

定位草图时，根据草图的定位要求，先选择合适的定位方式，然后选择目标对象。此时，可在绘图工作区中选择实体边、基准平面和基准轴等作为定位的参考基准，但要注意的是目标对象不能是草图中的草图对象。选择目标对象后，系统提示用户选择草图对象，这时可在草图中选择草图对象作为草图定位点。接着系统将弹出"创建表达式"对话框，根据位置要求，在文本框中输入定位尺寸即可完成草图的定位（可以是尺寸值，也可以是尺寸表达式）。用户按照同样的方法，确定草图其他定位尺寸。当草图位置完全确定后，程序会将草图按输入的定位尺寸定位在其他对象上，下面举例来说明。

① 打开已绘制的草图文件，选择"创建定位尺寸"命令后，弹出"定位"对话框，选择一种定位方式，在此选择"水平"按钮，如图5-10所示，它包括了水平定位、垂直定位等9种定位方式。

② 接着弹出"水平"对话框，要求用户选择实体的边或轮廓线作为参考标准。在绘图区中选取一条如图5-11所示的基准线。

图5-10　"定位"对话框　　　　　　　　　图5-11　"水平"对话框

③ 在绘图工作区中选择一条草绘曲线，此时选择的基准线与草绘曲线之间会出现一个尺寸约束值，同时弹出"创建表达式"对话框，其中也会显示当前的尺寸约束值，如图5-12所示。用户在该对话框中输入精确的定位值即可。

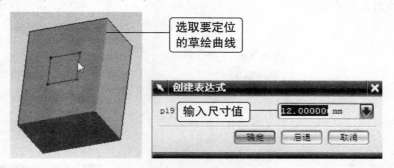

图5-12　"创建表达式"对话框

④ 最后单击"确定"按钮完成操作。

（2）编辑定位尺寸

在"草图生成器"工具栏中单击"编辑定位尺寸"按钮，系统弹出"编辑表达式"对话框。在绘图工作区中选取一个要编辑的尺寸，在随即弹出的对话框中输入要修改的尺寸值后单击"确定"按钮，即可完成操作，如图5-13所示，共包括选取定位尺寸、修改尺寸值及完成创建结果三个步骤。

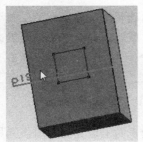

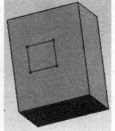

图5-13　编辑定位尺寸

（3）删除定位尺寸

在"草图生成器"工具栏中单击"删除定位尺寸"按钮，绘图工作区中所有的定位尺寸将显示出来，并弹出"移除定位"对话框。在绘图工作区中选取一个要删除的尺寸后，单击"确定"按钮即可。

（4）重新定义定位尺寸

在"草图生成器"工具栏中单击"重新定义定位尺寸"按钮，绘图工作区中所有的定位尺寸将显示出来，此时选取一个要重新定位的尺寸，再依次选取该尺寸的基准线和草绘曲线，选取完成后，程序立即按新的定位调整草图位置。

实战：用定位尺寸创建草图

① 启动UG，打开随书光盘中的文件"5-2.prt"，如图5-14所示。

② 在"直接草图"工具栏中单击"草图"按钮，系统弹出"创建草图"对话框，选择模型的底面为草绘平面，然后单击图标，并在底面的任意位置绘制边长为60的正方形。输入尺寸后单击鼠标完成正方形的创建，效果如图5-15所示。

③ 选择"完成草图"命令完成正方形的创建并返回到建模环境，将鼠标指针放到刚刚绘制的正方形上，当曲线为高亮状态时，右击鼠标并选择"编辑位置"命令，系统弹出如图5-16所示的对话框。

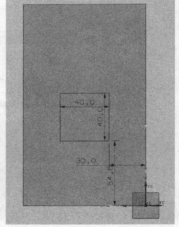

图5-14　源文件　　　　　　　图5-15　创建正方形　　　　　　图5-16　"定位"对话框

④ 选择"水平"约束图标，选择模型底面的左棱边，然后选择绘制的矩形的左侧边，系统弹出输入值的对话框，输入55；同理选择"竖直"约束图标，然后选择模型底面的下面一条边和正方形的下面一条边为定位对象，在弹出的输入尺寸对话框中输入20，如图5-17所示。连续单击"确定"按钮完成最终草图的创建，如图5-18所示。

3. 草图的重新附着

草图的重新附着功能可以实现改变草图的附着平面，将在一个表面上建立的草图移到另一个不同方向的基准平面、实体表面或片体表面上。

具体操作为：在"草图生成器"工具栏中单击"重新附着"按钮，选择要将草图进行重新附着的表面，选取完成后，在绘图工作区的左上角单击"确定"按钮，完成操作。

图5-17　设置定位尺寸

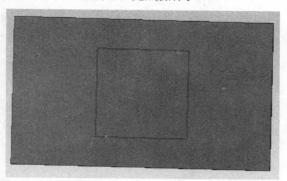

图5-18　最终草图效果

4. 草图的评估

在"草图生成器"工具栏中还包括"延迟计算"和"评估草图"按钮。延迟计算是将草图约束的计算延迟到选中"计算草图"选项后。评估草图表示在打开"延迟草图计算"时，用已经应用、修改或删除的约束计算草图，该按钮只有在延迟按钮被选中后才能激活。

5.3　草图曲线

在草图模式下，"草图曲线"工具栏中有部分绘制曲线的方法与在建模模式下不同。

1. 轮廓

该命令用于绘制连续的曲线，且这些曲线可以是不同种类的，如直线连接圆弧。在"草图曲线"工具栏中单击"轮廓"按钮，随即弹出浮动的工具栏，包括"对象类型"和"输入模式"，如图5-19所示。

2. 派生直线

使用该命令可以根据选取的曲线为参考来生成新的直线。在"草图工具"工具栏中单击"派生直线"按钮，此时程序要求选取参考直线，根据选取直线的情况会出现不同的提示。

如果选取一条直线，那么将对该直线进行偏置，如图5-20所示。输入偏置值后按回车键确认得到新的直线，再按鼠标中键结束命令。

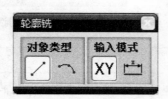

图5-19　轮廓铣选项

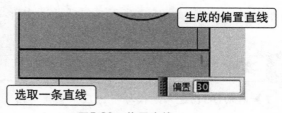

图5-20　偏置直线

如果依次选取两条平行直线，将生成两条直线的中心线。输入直线长度后按回车键确认，得到新直线，如图5-21所示，左图为选择的两条直线，右图为生成的中心线。

如果依次选取两条不平行的直线，将以两条直线的交点作为起始点创建夹角平分线。输入直线长度后按回车键确认，得到新的直线，如图5-22所示，左图为选择的两条直线，右图为夹角平分线。

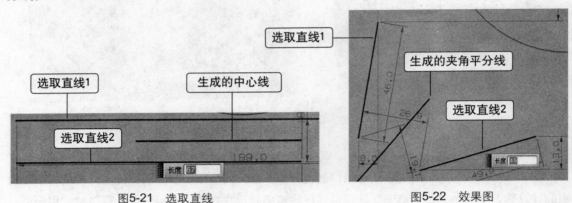

图5-21　选取直线　　　　　　　　　　　　　　　图5-22　效果图

实战：派生直线

① 启动UG，打开随书光盘中的文件"5-3.prt"，如图5-23所示。

② 在"直接草图"工具栏中选择"草图"命令，并选择模型的前表面为草绘平面，进入草绘界面后单击"派生直线"按钮，单击选择前表面的上面一条棱边为源直线，并输入"偏置"距离为-30，如图5-24所示，按回车键，完成创建，效果如图5-25所示。

　　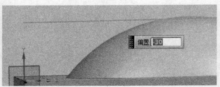　　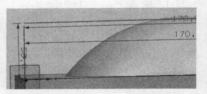

图5-23　源文件　　　图5-24　输入"派生直线"偏置值　　　图5-25　派生直线效果

3. 矩形

在草图模式中还提供了快速创建矩形的命令，在"草图曲线"工具栏中单击"矩形"按钮，随即在绘图工作区中弹出浮动的工具栏，共有3种创建方式：两点定位、三点定位、一个中心点和两角点定位，如图5-26所示，包括了3种矩形方式及输入方式。

图5-26　"矩形"对话框

实战：创建矩形

① 启动UG，进入建模环境，在"直接草图"工具栏中选择"草图"命令，再单击"在草图任务环境中打开"按钮进入草绘环境，选择XC-YC平面为草绘平面。

② 在"草图工具"工具栏中单击"矩形"按钮□，在弹出的如图5-26所示的对话框中选择"按2点"选项，输入XC为0、YC为0，输入宽度为17、高度为29，如图5-27所示，并在绘图区单击鼠标，完成矩形的创建，如图5-28所示。

图5-27　输入矩形参数

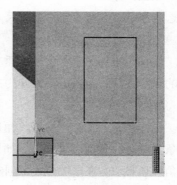

图5-28　矩形效果

5.4　草图约束

利用草图尺寸约束来限制草图几何对象的大小，也就是在草图上标注草图尺寸，并设置尺寸标注线的形式与尺寸。

1. 草图的尺寸约束

尺寸标注方式约束包括了水平、竖直、平行、角度等9种标注方式，每一种方式都有其固定的标注方法。在草图模式中进行尺寸标注，即将约束限制条件附在草图上。"草图约束"工具栏中包括了尺寸约束的全部方式，如图5-29所示，包括自动判断的尺寸、水平、竖直、平行等多种约束方式。

（1）自动判断的尺寸

选择该方式时，程序根据所选草图对象的类型和光标与所选对象的相对位置，采用相应的标注方法。该方式几乎包含所有的尺寸标注方式，一般采用这种方式比较方便，但是由于其针对性不强，有时无法真实地表达用户的含义。

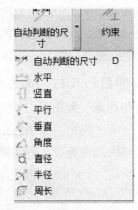

图5-29　"自动判断尺寸"选项

（2）水平

单击"草图约束"工具栏中的"水平"按钮，将使用水平标注方式。选择该方式时，程序对所选对象进行水平方向（平行于草图工作平面的XC轴）的尺寸约束。水平标注方式时的尺寸约束是限制两点之间的距离。

（3）竖直

单击"草图约束"工具栏中的"竖直"按钮，将使用竖直方式进行标注。选择该方式时，程序对所选对象进行竖直方向（平行于草图工作平面的YC轴）的尺寸约束。竖直标注方式时的尺寸约束是限制两点之间的距离。

（4）平行

单击"草图约束"工具栏中的"平行"按钮，将使用平行方式进行标注。选择该方式时，程序将对所选对象进行平行于该对象的尺寸约束，尺寸线将平行于所选两点的连线方向。

（5）垂直

单击"草图约束"工具栏中的"垂直"按钮，将使用垂直方式进行标注。选择该方式时，程序对所选的点到直线的距离进行尺寸约束，该约束垂直于所选取的直线。

（6）角度

单击"草图约束"工具栏中的"角度"按钮，将使用角度标注方式。选择该方式时，程序对所选的两条直线进行角度尺寸约束。如果选取直线时光标比较靠近两直线的交点，则标注的该角度是对顶角，且必须是在草图模式中创建的。

（7）直径

单击"草图约束"工具栏中的"直径"按钮，将使用直径标注方式。选择该方式时，程序对所选的圆弧对象进行直径尺寸约束。在标注尺寸时所选取的圆弧或圆，必须是在草图模式中创建的。

（8）半径

单击"草图约束"工具栏中的"半径"按钮，将使用半径标注方式。选择该方式时，程序对所选的圆弧对象进行半径尺寸约束。在标注尺寸时所选取的圆弧或圆，必须是在草图模式中创建的。

（9）周长

单击"草图约束"工具栏中的"周长"按钮，程序将对所选的多个对象进行周长的尺寸约束。用户在绘图工作区中选取一段或多段曲线，程序会计算这些曲线的长度尺寸，并显示在"尺寸"对话框中，此时被选取的曲线长度被固定，如果要修改，可以在"尺寸"对话框中选取该约束，再进行修改。

2. 草图的几何约束

几何约束一般用于定位草图对象和确定草图对象间的相互关系，草图的几何约束工具栏如图5-30所示，应用"草图约束"对话框中的几何约束命令，可以完成自动建立几何约束、手工建立几何约束和查看几何约束的信息。

图5-30　草图的几何约束

（1）约束

单击"草图约束"工具栏中的"约束"按钮，此时程序要求选取要约束的曲线，选取后在绘图工作区中的左上角将出现可以使用的约束选项，单击相应按钮后，即可将选取的对象进行约束。

（2）自动约束

单击"草图约束"工具栏中的"自动约束"按钮，弹出"自动约束"对话框，其中的各复选框用于控制自动创建约束的类型。在绘图工作区中选取要约束的草绘曲线，可以是一条或多条。选取完成后在"自动约束"对话框中单击"确定"按钮，程序会根据选取曲线的情况自动创建约束，如图5-31所示。

（3）约束的显示

单击"草图约束"工具栏中的"显示所有约束"按钮，即显示已创建的约束；单击"显示没有约束"按钮，即显示没有创建的约束。

（4）显示/移除约束

单击"草图约束"工具栏中的"显示/移除约束"按钮，弹出"显示/移除约束"对话框，如图5-32所示。在绘图工作区中选取被约束过的特征，选取的特征将显示在"显示/移除约束"对话框的"显示约束"列表框中，再从该列表框中选取要删除的约束，最后单击"确定"按钮，完成操作。

图5-31 "自动约束"对话框

图5-32 "显示/移除约束"对话框

（5）动画尺寸

该命令用于将已定义尺寸约束的曲线进行动画显示。单击"草图约束"工具栏中的"动画尺寸"按钮，弹出"动画"对话框，该对话框中列出当前定义的尺寸约束，选取一个尺寸，设置其运动的"上限"和"下限"值，再单击"应用"按钮即可得到动画效果。

（6）自动标注尺寸

使用"自动标注尺寸"命令可在所选曲线和点上根据一组规则创建尺寸标注。在建模中，使用此命令可通过移除所选曲线的所有自由度来创建完全约束的草图；在制图中，使用此命令可对图纸中的所选草图曲线进行完全的尺寸标注。可按任意顺序应用以下规则：在直线上创建水平和竖直尺寸标注；创建参考轴的尺寸标注；创建对称尺寸标注；创建长度尺寸标注；创建相邻角度。

（7）连续自动标注尺寸

使用"连续自动标注尺寸"命令可以在每次操作后自动标注草图曲线的尺寸。此命令使用自动标注尺寸规则完全约束活动的草图，包括父项基准坐标系的定位尺寸。在建模中，使用此命令可确保用户始终使用完全约束的草图，该草图将在可预见的情况下更新。在制图中，使用此命令可自动为图纸中创建的所有曲线创建尺寸标注。连续自动标注尺寸命令可以创建自动尺寸标注类型的草图尺寸标注。

提示

在拖动草图曲线时，尺寸标注会自动更新。它们会从草图移除自由度，但不会永久锁定值。如果添加一个与自动尺寸标注冲突的约束，则会删除自动尺寸标注，可将自动尺寸标注转换成驱动尺寸标注。

3. 备选解

当用户对一个草图对象进行约束操作时，同一个约束条件可能存在多种解决方法，采用备选操作可从约束的一种解决法转为另一种解决法。单击"草图约束"工具栏中的"备选解"按钮，程序提示用户选择操作对象，此时，可在绘图工作区中选取要进行替换操作的对象。选择对象后，所选对象直接转换为同一约束的另一种约束方式。用户还可继续选择其他操作对象进行约束方式的转换。

4. 转换至/自参考对象

在为草图对象添加几何约束和尺寸约束的过程中，有些草图对象和尺寸可能引起约束冲突，这时可以使用"转换至/自参考对象"的操作来解决这一冲突。它将草图曲线或草图尺寸从活动转化成引用或者反过来。下游命令（例如拉伸）不使用参考曲线，并且参考尺寸不控制草图几何图形。

在草图模式下，单击"草图约束"工具栏中的"转换至/自参考对象"按钮，弹出"转换至/自参考对象"对话框，如图5-33所示。

选中"参考"单选按钮后，所选对象由草图对象或尺寸转换为参考对象。选中"活动的"单选按钮后，所选的参考对象激活，转换为草图对象或尺寸。在绘图工作区中如果选择的是曲线，其转换为参考对象后，程序将以浅色双点划线显示，在实体拉伸和旋转操作中它将不起作用；如果选择的对象是一个尺寸，在它转换为参

图5-33 "转换至/自参考对象"对话框

考对象后，它仍然在草图中显示，并可以更新，但其尺寸表达式在表达式列表框中消失，它不再对原来的几何对象产生约束。当要将参考对象转换为草图中的曲线或尺寸时，先在绘图工作区中选择已转换成参考对象的曲线或尺寸，再在对话框中选中"活动的"单选按钮，然后单击"确定"按钮，则程序将所选的曲线或尺寸激活，并在草图中正常显示。

提示

在添加草图元素的几何约束和尺寸约数时，有些元素是作为基准、约束或定位使用的，因此应该将这些元素转换为参考对象。另外还有一些可能导致约束的草图尺寸也应该转换为参考对象。

5.5 编辑草图

基本草图绘制完成后，可以对其进行编辑和操作，使其完善或得到一个较复杂的图形，如图5-34所示。现简单介绍其中几个功能。

1. 镜像曲线

单击"草图操作"工具栏中的"镜像曲线"按钮，弹出"镜像曲线"对话框，如图5-35所示。

首先在绘图工作区中选取中心线，然后选取所要镜像的对象，单击对话框中的"确定"按钮即可完成操作。镜像操作后中心线会变成参考线，暂时失去作用。

> **注意**
>
> 镜像副本与原对象之间具有镜像约束，当对原对象进行编辑或修改时，其镜像副本也将得到相应的效果，反之对镜像副本进行编辑，则原对象之间也会发生变化，如果需要对单独的一个对象进行编辑操作，则对其镜像约束移除即可。

2. 投影曲线

该命令用于沿草图平面的法向将曲线、边或点（草图外部）投影到草图上。单击"草图操作"工具栏中的"投影曲线"按钮，弹出"投影曲线"对话框，如图5-36所示，首先可以进行曲线或点的选择，然后在"设置"栏中选择默认即可。

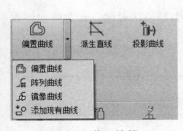

图5-34　草图编辑　　　　　图5-35　"镜像曲线"对话框　　　　图5-36　"投影曲线"对话框

3. 编辑定义线串

该命令用于编辑已经作为截面曲线的草图，更改的目的是修改由草图生成特征的截面形状。在编辑拉伸、扫描等特征的草图轮廓时，单击"草图操作"工具栏中的"编辑定义线串"按钮，弹出"编辑线串"对话框，如图5-37所示。其中"参考特征"列表框中显示了依附于该草图的特征列表。选取一个特征名称后单击"确定"按钮，该特征的草图轮廓将被激活，这时就可以对其进行编辑。

4. 添加现有的曲线

将现有的共面曲线和点（不属于草图）添加到草图中。单击"草图操作"工具栏中的"添加现有的曲线"按钮，弹出"类选择"对话框，如图5-38所示。用户从绘图工作区中选取要添加的点或曲线。完成对象选取后，程序会自动将所选的曲线或点添加到当前的草图中，刚添加进草图的对象不具有任何约束。

图5-37 "编辑线串"对话框

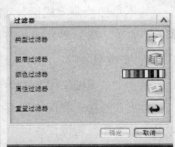

图5-38 "类选择"对话框

5. 设为对称

使用"设为对称"命令，可以在草图中约束两个点或曲线相对于中心线对称。可以在同一类型的两个对象之间施加对称约束，比如两个圆、两个圆弧或者两条直线等。也可以使不同类型的点对称。例如，使直线的端点和圆弧的中心相对于某条直线对称。

6. 阵列曲线

使用"阵列曲线"命令可以对与草图平面平行的边、曲线或点设置阵列。阵列的类型包括线性阵列和圆形阵列。

7. 倒斜角

使用"倒斜角"命令可斜接两条草图线之间的尖角。倒斜角的类型包括对称、非对称、偏置和角度，也可以按住鼠标左键并在曲线上拖动来创建倒斜角。

5.6 绘制垫板草图

本实例为基本命令的提高，包含的内容更多一些，除了应用简单的圆等绘制命令，还包括编辑曲线中的"镜像"等命令，这样可以更加熟悉草图功能。

(1) 新建"ex5-1.prt"文件，进入建模模块后，在菜单栏中选择"插入"|"草图"命令，此时程序自动弹出"创建草图"对话框，选择草绘平面，如图5-39所示，此时选择"创建平面"，并在"指定平面"中选择XC-YC平面作为草绘平面，单击"确定"按钮。

(2) 使用"草图工具"工具栏中的"曲线"命令，在绘图工作区绘制如图5-40所示的曲线。

(3) 选择"直接草图"工具栏中的"阵列曲线"命令（如图5-41所示），在绘图区弹出"阵列曲线"对话框，如图5-42所示。

(4) 在绘图区中选择直径为4的小圆作为要阵列的对象，如图5-43所示。选定点为大圆的圆心，如图5-44所示。设置角度方向选项，"数量"设置为4，"节距角"为90，如图5-45所示。

(5) 单击"确定"按钮，生成效果图，如图5-46所示。

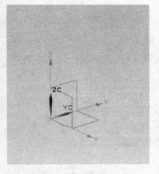

图5-39 XC-YC平面

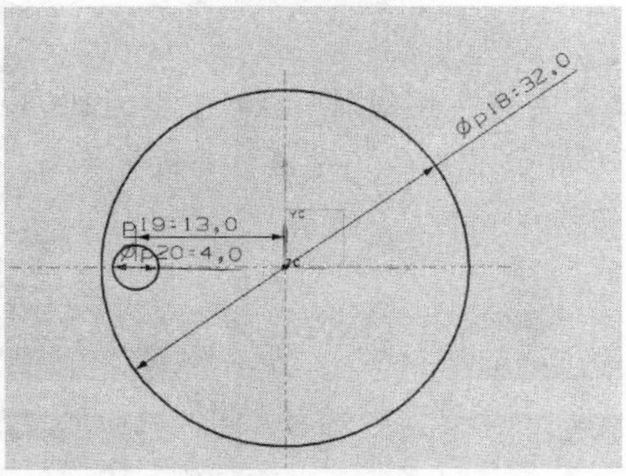

图5-40 草图曲线

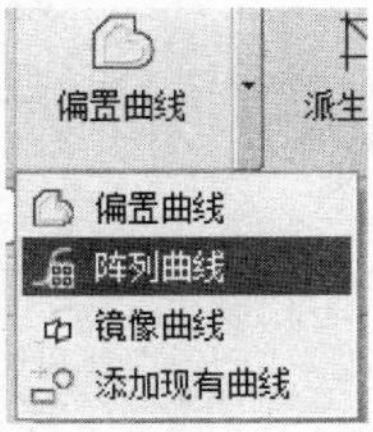

图5-41 选择"阵列曲线"命令

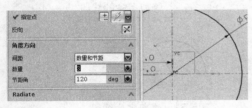

图5-42 "阵列曲线"对话框

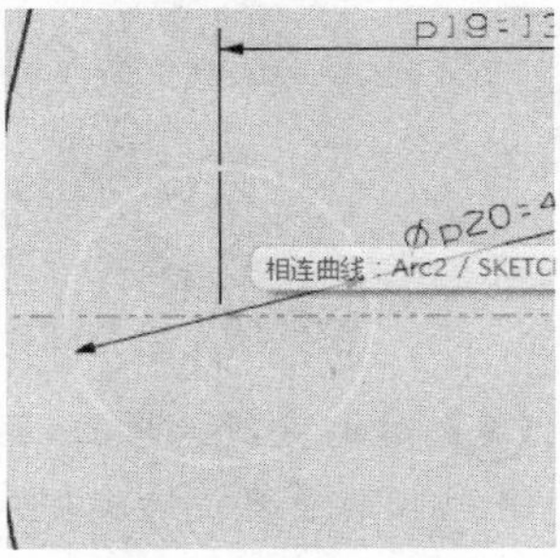

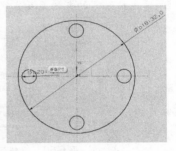

图5-43 选择圆

图5-44 选点

图5-45 设置角度方向

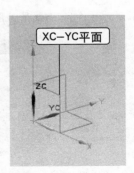

图5-46 效果图

5.7 绘制连杆草图

本实例将绘制连杆草图，此实例包含了直线、圆的绘制，还包括特殊点的捕捉，例如圆与直线的切点。另外，通过添加约束可以固定尺寸参数或改变其相关曲线的参数。

①新建"ex5-2.prt"文件，进入建模模块后，在菜单栏中选择"插入"｜"草图"命令，此时程序自动弹出"创建草图"对话框，以选择草绘平面，此时选择"创建平面"，如图5-47所示。在"指定平面"中选择XC-YC平面作为草绘平面，单击"确定"按钮。

②绘制圆。单击"圆"按钮〇，按照如图5-48所示的尺寸分别绘

图5-47 选择草绘平面

制外部的圆轮廓线。

③ 绘制并偏移切线。单击"直线"按钮 /,绘制直径为100和直径为70的两圆的切线,然后单击"偏置曲线"按钮 ,打开"偏置曲线"对话框并设置参数,效果如图5-49所示,选择要偏置的曲线并输入偏置距离,生成偏置曲线。

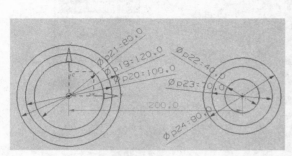

图5-48 绘制圆轮廓线

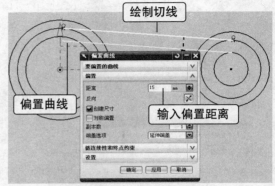

图5-49 绘制并偏置切线

④ 镜像直线。单击"镜像"按钮 ,打开"镜像曲线"对话框,然后选择x轴为镜像中心线,并选取两条直线为镜像对象,效果如图5-50所示,包括原直线及镜像后的两条直线。

⑤ 修剪草图。利用"快速修剪"工具,依次选取多余线段对其进行修剪操作,效果如图5-51所示,被修剪的包括圆及直线的部分。

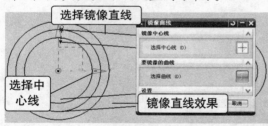

图5-50 镜像直线

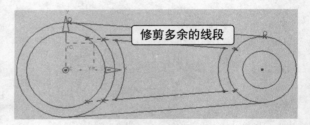

图5-51 修剪多余线段

⑥ 添加同心约束。单击"约束"按钮 ,并依次选择左侧的3个圆,然后在打开的"约束"对话框中单击"同心"按钮,并拾取左侧的圆心。重复上述步骤,对右侧的3个圆添加同心约束,效果如图5-52所示。

⑦ 添加水平约束。单击"水平"按钮 ,并拾取两侧的圆心,然后拖动鼠标在适当位置放置水平约束,效果如图5-53所示,此约束显示尺寸值。

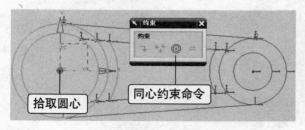

图5-52 添加同心约束

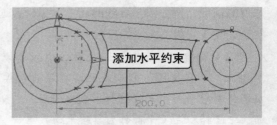

图5-53 添加水平约束

⑧ 添加直径约束。单击"直径"按钮 ,依次选取各圆及圆弧并对它们添加直径约束,

效果如图5-54所示，此约束也全为尺寸显示。

9 移除圆与两切线间的约束。单击"显示/移除约束"按钮，打开"显示/移除约束"对话框，然后选取切线与圆，删除圆与切线间的所有约束，效果如图5-55所示，要移除的约束及位置均在图中标出。

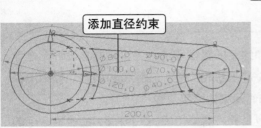

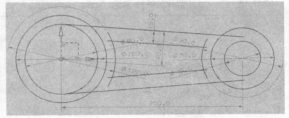

图5-54　添加直径约束　　　　　　　　　　图5-55　移除多余约束

10 添加平行约束。单击"平行"按钮，依次选取切线与圆心并输入距离为40，效果如图5-56所示，原图中的两直线位置发生变化。

11 添加垂直约束。单击"垂直"按钮，选择上面步骤中的两条直线并输入距离为15。然后重复上述操作，对下面的两条直线添加垂直的约束，效果如图5-57所示，完成直线位置的移动。

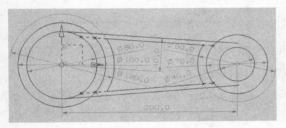

图5-56　添加水平约束　　　　　　　　　　图5-57　添加垂直约束

12 修剪多余的轮廓线。单击"快速修剪"按钮，依次选取多余线段对其进行修剪操作，完成最终草图的创建，效果如图5-58所示。

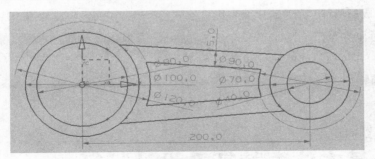

图5-58　连杆草图

Chapter
06

第6章

特征建模

　　UG NX 8.0的实体造型功能是一种基于特征和约束的建模技术，无论是概念设计还是详细设计都可以自如地运用。与其他一些实体造型CAD系统相比较，在建模和编辑过程中能获得更大的、更自由的创作空间，而且花费的精力和时间相比之下更少了。

　　本章涉及的内容主要是UG NX 8.0的特征造型工具，需要了解UG NX 8.0的建模命令的详细使用。本章将主要介绍在UG NX 8.0中基本体素特征、扫描特征和设计特征的创建方法，详细地介绍特征建模的操作方法和操作技巧。

6.1 实体建模概述

　　UG NX 8.0实体造型能够方便迅速地创建二维和三维实体模型，而且还可以通过其他特征操作，如扫描、旋转实体等，并加以布尔操作和参数化来进行更广范围的实体造型。UG NX 8.0的实体造型能够保持原有的关联性，可以引用到二维工程图、装配、加工、机构分析和有限元分析中。UG NX 8.0的实体造型中可以对实体进行一系列修饰和渲染，如着色、消隐和干涉检查，并可从实体中提取几何特性和物理特性，进行几何计算和物理特性分析。

　　UG NX 8.0的操作界面非常友好，各实体造型功能除了通过菜单来实现，还可以使用工具栏上的图标来调用。"特征"工具栏中包含用于创建基本形状的体素建模命令、拉伸以及扫描特征、参数特征、成形特征、用户自定义特征、抽取几何体、由曲线生成片体、片体加厚与由边界生成的边界平面片体等，"特征"工具栏如图6-1所示，共包括基准特征、基本体素特征、扫描特征、设计特征及其他一些特征。

图6-1 "特征"工具栏

6.2 基本体素特征及设计特征

　　基本体素特征包括长方体、圆柱体、锥体、球体等；而设计特征用于完善基本体素特征和简单的实体造型，主要包括孔、凸台、腔体、凸垫、加强筋等。一般的实体造型都可以分解为这些简单的特征，因此该部分是实体造型的基础。

6.2.1 长方体

在"特征"工具栏中单击"长方体"按钮 ，系统弹出如图6-2所示的"长方体"对话框，在"类型"选项组中包含了3种创建方式，分别介绍如下。

（1）原点，边长

该方式是按照块的一个原点位置和三边的长度来创建块体的。打开"长方体"对话框后，已选择此方式，"选择步骤"选项组中只有一个提示，要求选取原点。程序默认的圆点是坐标原点，用户可使用"捕捉"工具栏中的点构造器功能来创建原点。原点确定后，在"长方体"对话框中的文本框内输入长方体的长、宽、高、厚，单击"确定"按钮，即可创建出如图6-3所示的长方体。

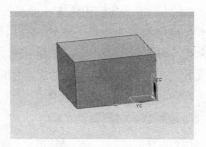

图6-2 原点，边长 　　　　　　　　　　　图6-3 长方体

（2）两个点，高度

该方式是通过指定高度和地面的两个对角点的方式来创建长方体。操作步骤为：单击"两个点，高度"类型按钮，"长方体"对话框如图6-4所示；然后在绘图区内选择两个对角点，可以直接捕捉已存在的点，或者在工具栏中单击"点"按钮，在弹出的"点"对话框中输入或选取第一点坐标，单击"确定"按钮或单击鼠标中键完成第一点的选择；第二对角点的选取与第一点相同，选取完毕后在绘图区内显示已定义的两个基准点；在"长方体"对话框中输入长方体的"高度"值后单击"确定"按钮，系统创建出如图6-5所示的长方体。

（3）两个对角点

该方式是通过指定长方体的两个对角点来创建长方体。在"长方体"对话框中单击"两个对角点"按钮，"长方体"对话框如图6-6所示。在绘图区内依次选取两个点后，单击"确定"按钮，系统创建出长方体。

图6-4 两个点，高度法 　　　图6-5 长方体 　　　图6-6 两个对角点法

> **提示·**
>
> 在"布尔"下拉列表中共有4种布尔运算方式：创建、求和、求差和求交。当文件中不含其他实体时采用"创建"；当文件中含有别的实体时，可通过选择目标实体进行其余三项布尔运算。

6.2.2 圆柱体

圆柱体命令用于创建简单的圆柱体。在"特征"工具栏中单击"圆柱体"按钮 ，系统弹出如图6-7所示的"圆柱"对话框，其中在"类型"下拉列表中包括了两种创建圆柱体的方式，即"轴、直径和高度"和"圆弧和高度"，如图6-8所示，下面对这两种创建方式分别进行简要介绍。

（1）轴、直径和高度

操作步骤为：在"圆柱"对话框中单击"直径，高度"按钮，此时对话框如图6-7所示，首先在"轴"选项组中定义矢量和点，通过定义矢量和点来定义圆柱体的轴线；圆柱体轴线定义完成后，在"尺寸"选项组的文本框内输入圆柱体的直径和高度后，单击"确定"按钮，创建完成后得到如图6-9所示的圆柱体。

图6-7 "圆柱"对话框

图6-8 圆柱体创建类型

图6-9 圆柱体

（2）圆弧和高度

在"圆柱"对话框中单击"圆弧和高度"按钮，系统弹出如图6-10所示的"圆柱"对话框。首先在对话框中的"圆弧"选项下选择圆弧，选取的圆弧将作为圆柱体的半径，圆弧的中心点作为圆柱体的原点；选取圆弧后，在"尺寸"选项组的文本框内输入圆柱体高度，单击"确定"按钮，完成如图6-11所示圆柱体的创建。

图6-10 "圆柱"对话框

图6-11 圆柱体

6.2.3 圆锥体

锥体造型主要是构造圆锥和圆台实体，在"特征"工具栏中单击"圆锥"按钮 △，系统弹出如图6-12所示的"圆锥"对话框，该对话框中共包括5种创建圆锥体的方式，分别介绍如下。

（1）直径和高度

该命令选项用于指定底部直径、顶部直径、圆锥体高度以及生成方向的方法来创建圆锥体，操作步骤如下。

单击"圆锥"对话框中的"直径和高度"按钮，系统弹出如图6-13所示的对话框，选择矢量方向为默认的"+ZC轴"，选择系统默认的点为指定点，在"尺寸"选项组内输入锥体参数，在"布尔"下拉列表（该命令将在以后的章节中详细介绍，在此不再赘述）中选择"无"，单击"确定"按钮，即可创建如图6-14所示的锥体造型。

图6-12 圆锥体创建方法　　　图6-13 直径，高度法

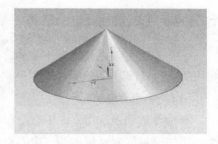

图6-14 圆锥体

（2）直径和半角

该命令选项是通过指定底部直径、顶部直径、半角和生成方向的方式来创建圆锥体，操作步骤如下。

单击"圆锥"对话框中的"直径和半角"按钮，系统同样弹出如图6-15所示的对话框，选择矢量方向为默认的"+ZC轴"，在"尺寸"选项组内输入锥体参数，并使用系统默认给出的点为选定点，在"布尔"下拉列表中选择"无"即可，单击"确定"按钮，即可创建如图6-16所示的锥体造型。

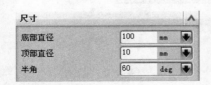

图6-15 尺寸设置

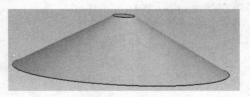

图6-16 圆锥体

（3）底部直径，高度和半角

操作方法同1和2类似，在此不再赘述。

（4）顶部直径，高度和半角

操作方法同1和2类似，在此不再赘述。

（5）两个共轴的圆弧

该命令选项通过指定两个同轴圆弧的方式来创建锥体，操作步骤如下。

单击"圆锥"对话框中的"两个共轴的圆弧"按钮，系统弹出如图6-17所示的对话框，选取已存在的圆弧，其半径和中心点分别为锥体底圆的半径和中心点；然后以此方式再选择另一条圆弧，第二条圆弧作为圆锥体的顶部半径和圆心，同时注意底部圆弧和顶部圆弧要共轴；圆弧选取完成后，在"布尔"下拉列表中选择"无"，单击"确定"按钮即可，程序生成如图6-18所示的圆锥体。

图6-17　两个共轴的圆弧法

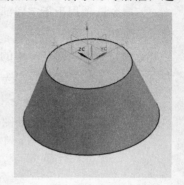

图6-18　圆锥体

6.2.4　球体

球体造型主要是构造球形实体，在"特征"工具栏中单击"球体"按钮 ⬤，系统弹出如图6-19所示的"球"对话框，该对话框包括两种创建球体的方式，分别介绍如下。

（1）中心点和直径

该命令选项通过指定球体直径和中心点位置的方式来创建球体，操作步骤如下。

单击"球"对话框中的"中心点和直径"按钮，并选择某点为中心点，这里选择原点，并在"尺寸"选项组中输入球直径值，在"布尔"下拉列表中选择"无"，单击"确定"按钮，系统生成如图6-20所示的球体。

（2）圆弧

该命令选项通过指定圆弧的方法来创建球体，操作步骤如下。

单击"球"对话框中的"圆弧"按钮，弹出如图6-21所示的对话框，按照系统提示操作选择一条圆弧，则该圆弧的半径和中心点分别作为创建球体的半径和圆心，选择完成后，系统生成以该圆弧为参考的球体，如图6-22所示。

图6-19　"球"对话框

图6-20　球

图6-21　选择圆弧法

图6-22　球球

6.2.5　管道

管道造型主要是构造各种管道实体。在"特征"工具栏中单击"管道"按钮 🔘，系统弹出如图6-23所示的"管道"对话框，该对话框中的"横截面"选项用于设置管道外径，其值必须大于0；"内径"选项用于设置管道内径，其值必须大于或等于0，且必须小于"外径"值。

"设置"选项用于设置管道面的类型。"多段"单选按钮用于设置管道为多段面的复合面。"单段"单选按钮用于设置管道有一段或两段表面，且均为简单的B-曲面，当"内直径"等于0时只有一段表面。

实战：创建管道

具体操作步骤如下。

① 首先进入UG环境，打开随书光盘中的文件"6-1.prt"。

② 在"特征"工具栏中单击"管道"按钮 🔘，在弹出的"管道"对话框中输入管道的内、外直径值，确定输入类型为"多段"。

③ 在绘图区内选择如图6-24所示的曲线，曲线选择完成后，单击"确定"按钮，系统生成如图6-25所示的封闭管道。

图6-23　"管道"对话框

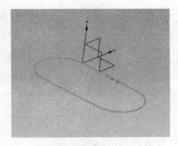

图6-24　曲线

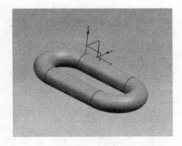

图6-25　管道

6.2.6　孔

孔特征用于在实体上创建孔，在"特征"工具栏中单击"孔"按钮 🔲，系统弹出如图6-26所示的"孔"对话框，该对话框中包括五大类创建孔特征的方式，包括常规孔、钻形孔、螺钉间隙孔、螺纹孔和孔系列。

1. 常规孔

常规孔中主要包括4类：简单孔、沉头孔、埋头孔和锥形孔。

（1）简单孔

简单孔的创建步骤如下。

在"特征"工具栏中单击"孔"按钮 🔲，弹出如图6-26所示的对话框，此时"类型"选项处于默认的"常规孔"按钮状态，在"形状和尺寸"选项组中默认选择"简单孔"。UG NX 8.0较以往的版本在此处有很大不同，这里是通过定位孔的起始点来定位孔的位置。在"位置"选项组中有"指定点"选项，通过捕捉点或者构造点来定位孔的起始点；在"方向"选项组中，有

"垂直于面"和"沿矢量"选项，读者可以根据自己的需求选择方式；在"尺寸"选项组中输入要创建的孔的直径、深度和顶锥角的参数尺寸，如图6-28所示。"顶锥角"必须大于或等于0且小于180度；一般在"布尔"下拉列表中选择"求差"；"设置"和"预览"选项组均选择默认即可，单击"确定"按钮，即可完成简单孔的创建，如图6-27所示。

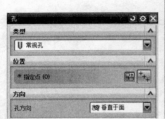

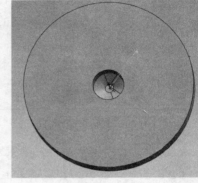

图6-26　常规孔设置选项　　　　　　　　图6-27　简单常规孔

（2）沉头孔

操作步骤如下。

在图6-26所示的"成形"下拉列表中选择"沉头"选项，对话框变为如图6-28所示的沉头孔模式。"位置"和"方向"选项与简单孔的创建一样，在"尺寸"选项组中输入相应沉头孔参数，其中"沉头直径"必须大于"孔直径"，"沉头深度"必须小于"孔深度"，"尖角"必须大于等于0小于180度；"布尔"、"设置"、"预览"选择与简单孔创建时的方式即可，单击"确定"按钮。

（3）埋头孔

在图6-28所示的"成形"下拉列表中选择"埋头"选项，对话框变为如图6-29所示的埋头孔模式。"位置"和"方向"选项与简单孔的创建一样，在"尺寸"选项组中输入相应埋头孔参数，其中"埋头直径"必须大于"孔直径"，"埋头角度"必须大于等于0小于180度，"尖角"必须大于等于0小于180度；"布尔"、"设置"、"预览"选择与简单孔创建时的方式即可，单击"确定"按钮。

（4）锥形孔

在图6-28所示的"成形"下拉列表中选择"锥形孔"选项，对话框变为如图6-30所示的锥形孔模式。"位置"和"方向"选项与简单孔的创建一样，在"尺寸"选项组中输入相应锥形孔参数，"布尔"、"设置"、"预览"选择与简单孔创建时的方式即可，单击"确定"按钮，完成创建。

> **提示·**
>
> 　　沉头孔和埋头孔可以大致看作是由两个孔径不等的简单孔组成的孔，它们的尺寸由两部分构成，沉头孔的直径和深度（或埋头孔的直径和角度）以及孔的总深度、直径和顶锥角。当孔为通孔时，顶锥角和深度不需要设置，只需要贯通面即可完成孔的创建。

图6-28 沉头孔选项

图6-29 埋头孔选项

图6-30 锥形孔选项

2. 钻形孔

在"特征"工具栏中单击"孔"按钮 ，系统弹出如图6-31所示的"孔"对话框，在"类型"中选择"钻形孔"按钮，钻形孔的创建与上述常规孔的创建界面及选择项基本相同。"位置"与"方向"选项可参照上述孔类的创建进行，方法完全相同。以下是"形状和尺寸"的设置，打开其中所有的选项，出现如图6-32所示的对话框。"大小"选项中有0.35~26范围内的标准钻形孔尺寸值，读者可以根据自己的需要进行选择尺寸。"拟合"选项里一共有"Exact"和"Custom"两个选项，如果选择"Exact"选项，则在下面的"尺寸"选项组中"直径"项目不可编辑，直径的尺寸与"大小"选项组中的尺寸值相同，"起始倒斜角"与"终止倒斜角"也均为默认的不可编辑状态；反之，如果选择"Custom"选项，则"直径"选项就可以编辑，此时"起始倒斜角"与"终止倒斜角"也变为可编辑状态，读者可以根据自己的需求进行尺寸输入。"布尔"和"预览"的设置与常规孔的创建完全一样，"设置"选项组中比常规孔的此选项多了一个"Standard"选项，用户选择"ISO"即可。上述选项都编辑好后，单击"确定"按钮，即完成钻形孔的创建。图6-33为创建的一个钻形孔实例。

图6-31 选择钻形孔

图6-32 钻形孔选项

图6-33 钻形孔

3. 螺钉间隙孔

在"特征"工具栏中单击"孔"按钮 ，并在"类型"中选择"螺钉间隙孔"按钮，系统出现如图6-34所示的对话框。螺钉间隙孔的创建与上述两类孔的创建界面及选择项基本相同。"位置"与"方向"选项可参照上述孔类的创建进行，方法完全相同。以下是"形状和尺寸"的设置，打开其中所有的选项，出现如图6-35所示的对话框。"形状"选项中有4个项目：成形、Screw Type、Screw Size、Fit。其中"成形"下拉列表中包含了简单孔、沉头孔和埋头孔3类。

（1）简单孔

如果选择简单孔，则"形状和尺寸"选项组如图6-36所示。"Screw Type"下拉列表中只有"General Screw Clearance"一个选项，选择该选项即可；"Screw Size"里面包含了M1.6-M100的国标系列的尺寸值，读者可以根据自己的需要进行选择尺寸；"Fit"里面一共有4个选项：Close、Normal、Loose和Custom，若选择前3个选项，则在下面的"直径"变为不可编辑状态，而且默认值也不同，逐渐增大。如果选择"Custom"选项，则下面的"直径"变为可编辑状态，如前述相同。其余尺寸值及"布尔"、"设置"、"预览"与钻形孔的一样，对话框中的所有选项选定并编辑好后单击"确定"按钮，即可完成螺钉间隙孔中简单孔的创建，如图6-37所示。

图6-34　选择螺钉间隙孔

图6-35　螺钉间隙孔选项

图6-36　形状和尺寸

图6-37　螺钉间隙孔

（2）沉头孔

如果选择沉头孔，则"形状和尺寸"选项组类似于图6-36所示。此时"Screw Type"下拉列表中有"Cheese Head"、"Socket Head"、"Pan Head"和"Hex Head"4种型号选择，用户可以根据自己的需求选择所需的型号，该项目选定后，下面的"Screw Size"里面的国标系列尺寸值会因选择的类型不同而尺寸不同。比如，如果选择了"Cheese Head"，此时可选的尺寸值只有M1.6-M10中9个值可选，读者可以根据自己的需要进行选择尺寸。"Fit"选项与简单孔的该选项包含的选择相同，包括以下4类：Close、Normal、Loose和Custom，若选择前3个选项，则下面的"沉头孔直径"、"沉头孔深度"和"直径"变为不可编辑状态，而且默认值也不同，逐渐增大。如果选择"Custom"选项，则下面的"沉头孔直径"、"沉头孔深度"和"直径"变为可编辑状态，如前述类似。其余尺寸值及"布尔"、"设置"、"预览"与钻形孔的一样，对话框中的所有选项选定并编辑好后，单击"确定"按钮，即可完成螺钉间隙孔中沉头孔的创建，如图6-38所示。

（3）埋头孔

如果选择埋头孔，则"形状和尺寸"选项组类似于图6-36所示。此时"Screw Type"下拉列表中只有"Socket Flat Head"一种型号选择，该项选定后，下面的"Screw Size"里面的国标系列尺寸值有M3-M20之间的10个尺寸供选择，读者可以根据自己的需要进行选择尺寸。"Fit"选项与简单孔的该选项包含的选择相同，包括以下4类：Close、Normal、Loose和Custom，若选择前3个选项，则下面的"埋头孔直径"、"埋头孔角度"和"直径"变为不可编辑状态，而且默认值也不同，逐渐增大。如果选择"Custom"选项，则下面的"埋头孔直径"、"埋头孔角度"和"直径"变为可编辑状态，如前述类似。"止裂口"和"结束倒斜角"可以根据需要进行选择启用与否。其余尺寸值及"布尔"、"设置"、"预览"与钻形孔的一样，对话框中的所有选项选定并编辑好后，单击"确定"按钮，即可完成螺钉间隙孔中埋头孔的创建，如图6-39所示。

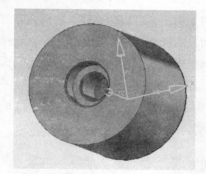

图6-38　沉头孔

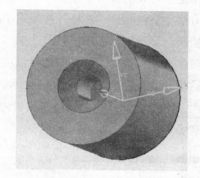

图6-39　埋头孔

4. 螺纹孔

在"特征"工具栏中单击"孔"按钮 ，在"类型"中选择"螺纹孔"按钮，螺纹孔的创建与上述孔的创建界面及选择项相似，如图6-40所示。"位置"与"方向"选项可参照上述孔类的创建进行，方法完全相同。以下是"形状和尺寸"选项组的设置，打开其中所有的选项，出现如图6-41所示的对话框。"Size"里有很多国际标准尺寸值可选，用户可以根据自己的需要选择尺寸。"Radial Engage"选项中一共有"0.75"、"0.5"和"Custom"3个选项，如果选择前两个选项，则在下面的"丝锥直径"选项不可编辑；反之，如果选择"Custom"，则"丝锥直径"选项就可以编辑，此时读者可以根据需要输入丝锥直径值。下面是"长度"选项，包含了"1.0X直径"-"3.0X直径"5项直径倍数选择及"完整"和"定制"共7项选择。如果选择"定制"，则下面会弹出"螺纹深度"选项，读者可以根据自己的需要输入螺纹深度值；反之，如果选择其余6项，则没有"螺纹深度"选项。下面是"旋转"选项，可以根据需要选择左旋或者右旋。其余尺寸值的设置与以上孔类的创建的尺寸值设置类似。"止裂口"、"起始倒斜角"和"终止倒斜角"3个选项也可以根据需要选择是否启用，与以上孔类创建均类似。"布尔"、"设置"和"预览"与上述均相同，这里不再细说。以上所有选项均选定并设置好后单击"确定"按钮，则完成螺纹孔的创建，如图6-42所示。

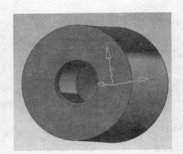

图6-40 螺纹孔   图6-41 形状和尺寸   图6-42 螺纹孔

5. 孔系列

在"特征"工具栏中单击"孔"按钮 ，在"类型"中选择"孔系列"按钮，孔系列的创建可以看作是多种孔的综合创建，如图6-43所示。"位置"与"方向"选项可参照上述孔类的创建进行，方法完全相同。"规格"选项组中的"开始"选项卡与上面的螺钉间隙孔的选项及设置方式完全相同。"中间"选项卡可以选择"匹配起始孔的尺寸"或者不选择，如果选择了该项，则下面的项目均不可编辑，如果不选择该项，则可以根据需要输入直径值，这也与前面的孔的创建类似，这里不再赘述。"结束"选项卡的"成形"下拉列表中有"螺钉间隙"和"有螺纹"两类，这两个选项的选择及后面诸多项目的设置均可综合以上4类孔的创建进行。最后设置完成后，单击"确定"按钮，即可完成孔系列的创建，如图6-44所示。

图6-43 孔系列选项   图6-44 孔系列

6.2.7 凸台 ⋯⋯⋯⋯⋯⋯⋯⋯⋯⋯⋯⋯⋯⋯⋯⋯⋯⋯⋯⋯⋯⋯⋯⋯⋯▢

凸台特征用于在实体上创建圆台，圆台指的是构造在平面上的形体，在"特征"工具栏中单击"凸台"按钮 ，系统弹出如图6-45所示的"凸台"对话框，按照操作步骤提示首先选择放置面，然后在对话框中的文本框内输入凸台相应特征参数，确定构造方向，单击"确定"按钮，凸台定位方式与孔类似，完成凸台定位后，便可以在实体指定位置处按输入参数创建圆台，如图6-46所示。

如果将图6-47中文本框内的"拔模角"设置为5度，则创建的圆台如图6-47所示。

> **提示•**
>
> 创建凸台的拔模锥角为0时，创建出来的凸台是一个圆柱体；当为正值时，则为一个圆台体；当为负值时，凸台为一个倒置的圆台体。该角度最大值即为圆柱体的圆柱面倾斜角为圆锥体时的最大倾斜角。

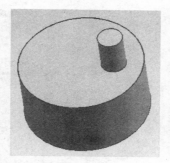

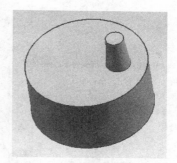

图6-45 "凸台"对话框　　图6-46 无拔模角凸台　　图6-47 有拔模角凸台

6.2.8 刀槽（腔体）

该命令选项用于在模型表面上向实体内建立圆柱形或方形的腔，也可以建立由封闭曲线规定形状的一半腔，其类型主要包括柱面副腔体、矩形腔体和一般腔体。在"特征"工具栏中单击"刀槽"按钮 ，系统弹出如图6-48所示的"腔体"对话框，各腔体形状创建操作简要介绍如下。

1. 柱面腔体

圆柱形腔体的形状参数有腔体直径、深度、地面半径和拔模角，具体操作步骤如下。

在图6-48所示的"腔体"对话框中单击"柱面副"按钮，系统弹出"圆柱形腔体"对话框，如图6-49所示，选择圆柱体表面作为腔体的放置表面。在该对话框中有两种选择。

● 实体面：选择实体表面作为腔体的放置表面。
● 基准表面：选择一个基准平面作为腔体的放置平面，紧接着系统还会弹出如图6-50所示的选择腔体生成方向对话框。选择"接受默认边"方向或"反向默认侧"方向腔体的生成方向。

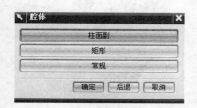

图6-48 腔体类型　　图6-49 "圆柱形腔体"对话框　　图6-50 基准表面

确认腔体的放置平面后，系统弹出如图6-51所示的"圆柱形腔体"对话框，在各文本框中输入相应参数，单击"确定"按钮。其中"腔体直径"、"深度"分别指的是圆柱形腔体的直径和型腔深度；"底部面半径"指的是圆柱形型腔底面的圆弧半径。它必须大于等于0，小于腔体的深度，而且小于或等于腔体直径的一半。

完成腔体放置平面和参数的设置后，系统弹出"定位"对话框，定位方法与孔的定位方法相类似，因此不再赘述，在此选择圆形腔体中心点距圆柱体中心点距离为15mm，如图6-52所示。

单击"确定"按钮，系统生成如图6-53所示的圆柱形腔体。

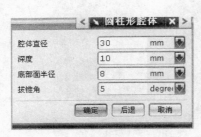
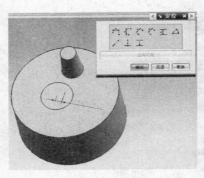
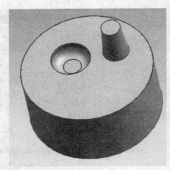

| 图6-51　参数 | 图6-52　定位 | 图6-53　柱面腔体 |

2. 矩形腔体

在"腔体"对话框中单击"矩形"按钮，系统弹出如图6-54所示的"矩形腔体"对话框。其操作步骤与"柱面副腔体"创建步骤相类似。若仍选择放置平面为圆柱体表面，单击"确定"按钮，系统弹出如图6-55所示的"矩形腔体"对话框，在其中的文本框内输入矩形腔体的相应参数，系统生成的矩形腔体如图6-56所示。

其参数含义如下。

- 长度：设置矩形腔体的长度，沿水平参考方向进行测量。
- 宽度：设置矩形腔体的宽度，沿垂直参考方向（或水平参考垂直的方向）进行测量。
- 深度：设置矩形腔体的深度，从放置平面沿腔体的生成方向进行测量。
- 拐角半径：设置沿矩形腔体深度棱边处的圆弧半径，其值必须大于等于0，小于长度和宽度的一半。
- 底部面半径：设置矩形型腔底面周边的圆弧半径，其值必须大于等于0，必须小于等于拐角半径，小于矩形腔体的深度。

| 图6-54　"矩形腔体"对话框 | 图6-55　尺寸 | 图6-56　矩形腔体 |

3. 常规腔体

常规腔体与其他类型的腔体相比，在形状和放置平面方面非常灵活，它的放置面可以选择曲面，另外腔体的顶面和底面的形状可以由指定的链接曲线来定义，还可以指定放置面或底面与其侧面的圆角半径，具体操作步骤如下。

首先在"腔体"对话框中选择"常规"选项，系统弹出如图6-57所示的"常规腔体"对话框，该对话框中的选项分别介绍如下。

- "放置面" 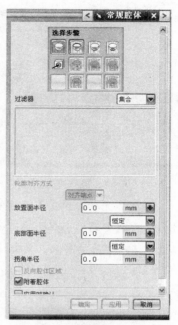：用于选择一般腔体的放置面。一般腔体的顶面跟随放置面的轮廓，可选择一个或多个表面的轮廓，可选择一个或多个表面（基准平面或实体平面）作为放置面。在选择多个放置面时。各个面只能是实体或片体的表面且必须邻接。

- "放置面轮廓"：用于定义放置面轮廓线。可从模型中选择曲线或者利用边缘，也可用转换底面轮廓线的方式来定义放置面轮廓线。放置面轮廓线必须封闭，而且是可投影的，即当轮廓线投影线按投影方向投影到指定的面时，必须封闭，不能出现自相交或者不完全封闭的现象。

- "底面"：用于定义一般腔体的底面。在定义底面时非常灵活，可以直接选择底面，也可以偏置或转换放置面得到底面，还可以偏置或转换已选底面得到实际底面。

图6-57　"常规腔体"对话框

- "底面轮廓线"：用于定义一般腔体的底面轮廓线，可以从模型中选择曲线或边缘定义，也可以通过转换放置面进行定义，选择的底面轮廓线必须是封闭曲线，不能有自相交的情况出现。

- "目标实体"：当目标实体不是第一个放置面所在的实体或片体时，应选择该图标指定放置一般腔体的目标实体。

> **提示**
>
> 在"腔体"对话框中，"常规"选项与前面的两个选项相比，在造型方面很有特色，主要表现在：其放置面可以选择自由曲面；顶面和底面可以自由定义；侧面是在底面和顶面之间的规则表面。

6.2.9　垫块

垫块是创建在实体或片体上的形体，单击工具栏中的"垫块"按钮，系统弹出如图6-58所示的"垫块"对话框，在该对话框中可以选择"矩形"或"常规"垫块构造方式，下面分别介绍这两种创建垫块的方法。

1. 矩形

创建矩形垫块时，选择矩形的放置面并设置矩形垫块的参数，便可以创建矩形垫块。

实战：创建矩形垫块

①　打开随书光盘中的文件"6-2.prt"，创建如图6-59所示的长方体，在长方体斜面上创建矩形垫块。首先在"特征"工具栏中单击"垫块"按钮，系统弹出如图6-58所示的"垫块"对话框，单击"矩形"按钮，弹出如图6-60所示的"矩形垫块"对话框。

② 在工作视图区选择矩形垫块的放置面为"实体面",如图6-60所示。

图6-58 垫块类型

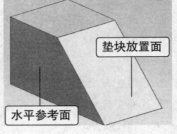

图6-59 垫块放置

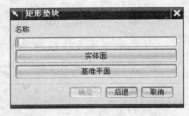

图6-60 "矩形垫块"对话框

③ 在工作视图区中选择实体的边、实体面、基准轴和基准平面等作为矩形垫块的水平参考方向,此例中的水平参考平面如图6-59所示,系统将弹出如图6-61所示的"矩形垫块"对话框,在其中输入相应的参数,单击该对话框中的"确定"按钮。

④ 此时系统将弹出"定位"对话框,如图6-62所示,按照前面所述的定位方式,设定垫块的位置后,系统将创建垫块,如图6-63所示。

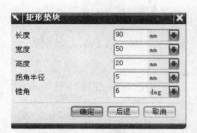

图6-61 设置尺寸

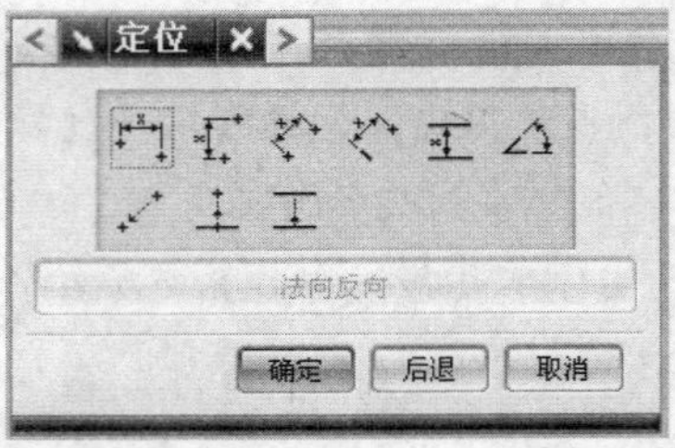

图6-62 定位

图6-63 矩形垫块

图6-61所示的"矩形垫块"对话框中的各参数含义分别介绍如下。

- "长度":该选项用于设置矩形垫块的长度。
- "宽度":该选项用于设置矩形垫块的宽度。
- "高度":该选项用于设置矩形垫块的高度。
- "拐角半径":该选项用于设置矩形垫块侧边的拐角半径。
- "拔模角":该选项用于设置矩形垫块的拔模角。

2. 常规

在图6-58所示的"垫块"对话框中单击"常规"按钮,系统将弹出与创建常规型腔类似的如图6-64所示的"常规垫块"对话框。常规垫块的创建方式也与常规型腔的创建方式相似,所以在此不再赘述。

图6-64 "常规垫块"对话框

6.2.10　键槽

在各种机械零件中，经常出现各种键槽，在"特征"工具栏中单击"键槽"按钮 ，系统弹出如图6-65所示的"键槽"对话框，该对话框中包括"矩形"、"球形端槽"、"U形槽"、"T型键槽"和"燕尾槽"5种类型的键槽，现以矩形槽为例来介绍键槽的创建过程。

 实战：创建键槽

① 新建模型文件，并进入建模模块，参考前面介绍的体素创建方法创建如图6-67所示的圆柱体。

② 单击"特征"工具栏中的"键槽"按钮 ，系统弹出如图6-65所示的"键槽"对话框，在对话框中系统默认键槽类型为"矩形"，从图6-65中可以看出键槽类型已处于"矩形"单选按钮上，单击"确定"按钮，系统弹出如图6-66所示的"矩形键槽"对话框。

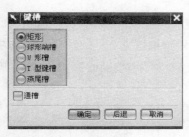
图6-65　键槽类型

图6-66　矩形键槽　　图6-67　放置平面

③ 此时程序要求选取创建键槽的实体面或基准平面，键槽放置的平面必须是平面，因此该例中选取基准平面作为键槽放置面。

④ 放置平面选取完成后，系统弹出如图6-68所示的设置生成方向对话框，按照程序要求制定键槽的生成方向，单击"接受默认边"按钮，图6-69中箭头的指向即为键槽的生成方向。

⑤ 生成方向确定后，系统弹出"水平参考"对话框，如图6-70所示，在该对话框中单击"实体面"按钮，以实体面的方式来定义水平参考方向。选择图6-67所示的圆柱体的侧面为实体参考方向，该方向就是键槽的长度方向。

图6-68　方向设置

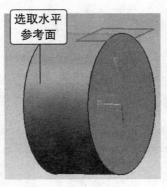
图6-69　选取参考面

图6-70　"水平参考"对话框

⑥ 此时系统弹出如图6-71所示的"矩形键槽"对话框，在对话框内输入相应的矩形键槽尺寸参数后，单击"确定"按钮。

⑦ 在弹出的"定位"对话框中使用"水平"定位方式对矩形键槽进行定位，如图6-72所示。

⑧ 定位方式与前面所述的定位方法完全相同，在此不再赘述。定位完成后，在"定位"对话框内单击"确定"按钮，生成如图6-73所示的矩形键槽。

图6-71 "矩形键槽"对话框

图6-72 定位

图6-73 矩形键槽

球型键槽、U型键槽、T型键槽、燕尾槽的创建方法与创建矩形键槽完全一致，只是它们的形状不同而已，故在此不再赘述。图6-74至图6-77分别给出了球型键槽、U型键槽、T型键槽、燕尾槽的图例，用户可以自行进行操作练习。

图6-74 球型键槽

图6-75 U型键槽

图6-76 T型键槽

图6-77 燕尾槽

6.2.11 开槽

开槽用来将一个外部或内部槽添加到一个实体的圆柱形或锥形表面，环形槽在机械零件中也是非常常见的。在"特征"工具栏中单击"开槽"按钮 📄，系统将弹出如图6-78所示的"槽"对话框，槽的类型包括：矩形、球形端以及U形槽，下面以矩形槽为例介绍槽的创建过程。

图6-78 槽类型

实战：创建槽

① 新建模型文件，并进入建模模块，参考前面介绍的体素创建方法创建如图6-67所示的圆柱体。

(2) 单击"特征"工具栏中的"槽"按钮 ，系统弹出如图6-78所示的"槽"对话框，在该对话框中系统默认沟槽类型为"矩形"，单击"确定"按钮，系统弹出如图6-79所示的"矩形槽"对话框。

(3) 此时系统要求选取创建槽的依附平面，此例中选取圆柱体的外圆表面为槽的依附表面，系统随即弹出如图6-80所示的"矩形槽"对话框，在文本框中输入槽的直径和宽度后单击"确定"按钮，此时在绘图工作区中将显示槽的预览图形，如图6-81所示。

(4) 此时需要对沟槽进行定位，首先选取参考边为圆柱体的端面轮廓，再选取切割部分的一条边为尺寸参考线，在槽的预览图形中选取一条边，选取后将弹出如图6-82所示的"创建表达式"对话框，在该对话框中的文本框内输入表达式值，输入完成后单击"确定"按钮，即可在轴上生成矩形槽特征，如图6-83所示。

图6-79　"矩形槽"对话框

图6-80　矩形槽尺寸

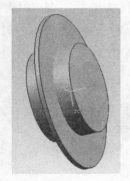

图6-81　预览

图6-82　设置表达式值

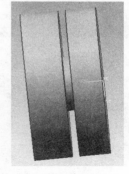

图6-83　矩形槽

球形槽和U型槽的创建方法与矩形槽的创建方法完全一致，输入槽参数的对话框如图6-84和图6-85所示，球形槽和U型槽的形状分别如图6-86和图6-87所示。

图6-84　参数编辑

图6-85　参数对话框

图6-86　球形槽

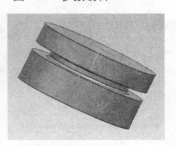

图6-87　U型槽

6.2.12　三角形加强筋

在塑胶产品的设计中，为提高产品结构强度，经常需要添加加强筋，UG NX 8.0提供了创建三角型加强筋的命令，在"特征"工具栏中单击"三角形加强筋"按钮，系统弹出如图6-88所示的"三角形加强筋"对话框。

实战：创建三角形加强筋

① 打开随书光盘中的文件"6-5.prt"，创建如图6-89所示的图形文件。在"特征"工具栏中单击"三角形加强筋"按钮，系统弹出如图6-88所示的"三角形加强筋"对话框，程序要求选取第一个参考面，系统默认选择"第一组"按钮。

② 在模型中选取一个面作为第一个参考面，如图6-89所示，单击"第二组"按钮，或者直接单击鼠标中键完成第一组参考面的选取，并进行"第二组"参考面的选取。在模型中选取与第一个参考面相邻的面作为第二个参考面，如图6-89所示。

③ 第二组参考面选取完成后，"三角形加强筋"对话框如图6-90所示，在相应文本框中输入加强筋的合适尺寸参数值后，单击"确定"按钮，系统创建出如图6-91所示的三角形加强筋。

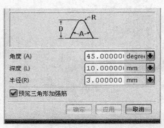

图6-88　"三角形加强筋"对话框

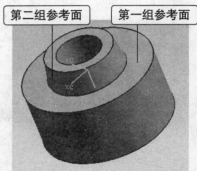

图6-89　参考面

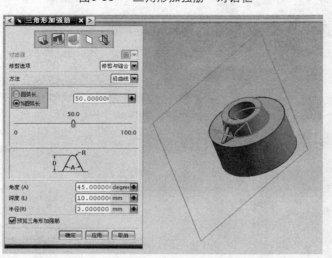

图6-90　预览效果

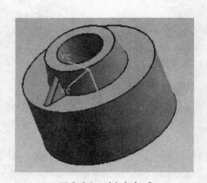

图6-91　创建完成

6.3 扩展特征建模

特征的扩展包括拉伸、旋转和扫掠，这些都是对特征建模的扩展，适用于处理复杂形体的造型，使实体造型工作简单化。

1. 拉伸

拉伸操作是将截面曲线沿指定方向拉伸指定距离建立片体或实体的命令，常用于创建界面形状不规则、在拉伸方向各截面形状保持一致的实体特征。

在菜单栏中选择"插入"｜"设计特征"｜"拉伸"命令，或在"特征"工具栏中单击"拉伸"按钮，系统将弹出如图6-92所示的"拉伸"对话框。

图6-92 "拉伸"对话框

> **提示**
>
> UG NX 8.0的布尔运算多了一个自动判断功能，用户使用拉伸功能的时候更加方便。

实战：创建拉伸特征

（1）通过草图拉伸

① 打开随书光盘中的文件"6-6.prt"，在"特征"工具栏中单击"拉伸"按钮，系统弹出如图6-92所示的"拉伸"对话框，其中"截面"选项中提供了两种方式。

② 如果选择系统默认的"曲线"按钮，用户可以在绘图区选择已绘制好的草图作为拉伸对象，直接选择如图6-93所示的草图作为拉伸对象；草图选取完成后，会立即生成该拉伸特征的预览图形，此时在"拉伸"对话框中指定矢量方向，并输入相应参数，如图6-94所示；再在"体类型"下拉列表中选取要生成的体类型为实体或片体，然后单击"确定"按钮，即可生成拉伸实体或拉伸片体，如图6-95和图6-96所示。

③ 单击"草图截面"按钮，系统弹出如图6-97所示的创建草图模式，通过直接绘制一个草图作为拉伸对象，草图创建完成后，系统随即进入建模模块下的"拉伸"对话框，进行拉伸参数设置，拉伸过程同上所述。

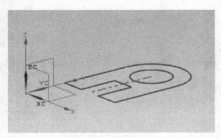

图6-93 拉伸曲线

图6-94 "拉伸"对话框

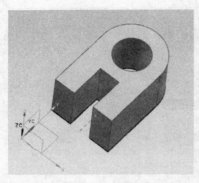

图6-95　拉伸实体　　　　　　　图6-96　拉伸片体　　　　　图6-97　"创建草图"对话框

（2）通过曲线拉伸

①　进入建模模块，在图形区绘制如图6-98所示的曲线，注意该曲线不属于草图对象。

②　首先在"特征"工具栏中单击"拉伸"按钮 ，系统弹出如图6-92所示的"拉伸"对话框，在绘图区选择如图6-98所示的曲线，曲线选取完成后，系统生成曲线拉伸特征的预览图形，如图6-99所示。

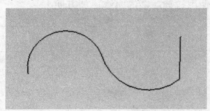

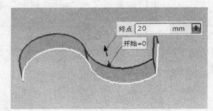

图6-98　曲线　　　　　　　　　　　　　　　图6-99　预览

③　确定拉伸特征的生成方向，在"方向"选项中指定矢量方向为系统默认方向、系统默认方向的反向或者用户自定义矢量方向。

④　在"极限"选项中输入拉伸特征的起始值为0，结束值为25，布尔运算操作根据实际情况来选择，此例中选择布尔操作选项为系统默认的"无"。

⑤　在"偏置"选项中，选择偏置方式为"两侧"，其开始和终点值如图6-100所示。同时指定图6-101中的"体类型"为"实体"，注意通过指定偏置值可以生成实体特征，反之则只能生成片体特征。同时，系统在绘图工作区中也有拉伸特征的预览图形，如图6-102所示。

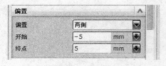

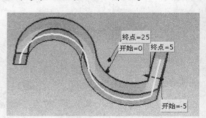

图6-100　偏置　　　　　　图6-101　设置　　　　　　图6-102　预览

⑥　拉伸参数输入完成后，单击"确定"按钮，系统生成如图6-103所示的实体。

⑦ 根据在"偏置"选项中输入的数值和拉伸方向的不同，得到的结果也不同。如果采用"两侧"偏置，且偏置起始与结束位置在曲线的两侧，且使用"草图"选项中的"从起始限制"命令输入拔模角为-10度，则其预览效果如图6-104所示；如果选择"两侧"偏置方式后，起始与结束位置在曲线的单侧，则其预览效果如图6-105所示；如果选择"对称"偏置方式，且起始与结束位置在曲线的两侧，则其结果如图6-106所示；如果不使用"偏置"选项，只输入拉伸结束位置，则生成如图6-107所示的片体特征。

图6-103 拉伸实体

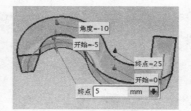

图6-104 拔模角

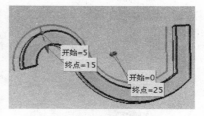

图6-105 两侧预览

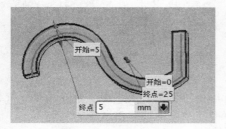

图6-106 对称预览

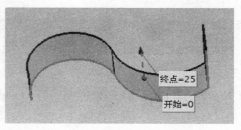

图6-107 片体

2. 回转

回转特征是将实体表面、实体边缘、曲线、草图等通过绕某一轴线旋转生成实体或者片体。在菜单栏中选择"插入"｜"设计特征"｜"回转"命令或单击"特征"工具栏中的"回转"按钮 ，系统将弹出如图6-108所示的"回转"对话框。

图6-108 "回转"对话框

实战：创建回转特征

（1）通过草图回转

① 打开随书光盘中的文件"6-7.prt"，在"特征"工具栏中单击"回转"按钮 ，系统弹出如图6-108所示的"回转"对话框，此时选取该模型文件中已存在的草图，也可以通过单击"草图截面"按钮，进入草图模块创建一个草图作为回转轮廓线。在该例中直接选择如图6-109所示的草图作为回转轮廓。

② 草图选取完成后单击鼠标中键，按照系统提示，在"回转"对话框中设置回转轴的矢量方向，在"自动判

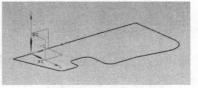

图6-109 曲线

断的方向"下拉列表中选择+Y向 作为旋转轴的矢量方向。指定矢量完成后单击鼠标中键，根据命令提示"选择点"。

③ "选择点"命令用来指定回转中心点、轴等来定义回转体的生成位置，根据选取的回转参考对象不同，得到的预览图形也不同。如果选择草图轮廓点为回转中心点则生成的回转体如图6-110所示；如果选择基准轴或轮廓外的其他点为回转中心点，则生成如图6-111所示的回转体。

④ 如果在"回转"对话框中的"限制"选项中输入回转体的起始和结束角度分别为0度和270度，输入完成后，单击"确定"按钮，生成如图6-112所示的回转体。

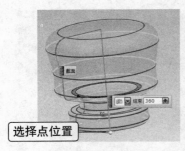

图6-110　预览

图6-111　预览

图6-112　回转体

（2）通过曲线回转

① 在图形工作区绘制如图6-113所示的曲线，注意曲线不属于草图对象。单击"特征"工具栏中的"回转"按钮，进入"回转"对话框，其操作步骤与通过草图回转类似。

② 首先选择图中所示的曲线作为回转轮廓线，单击鼠标中键，完成曲线选择，然后根据命令提示指定回转轴矢量方向为+Y向，单击鼠标中键；选择轮廓上某点作为回转中心点。

③ 在"回转"对话框中输入"角度限制"数值分别为0度和360度；在"设置"命令下的"体类型"中选择不同的"实体"或"片体"单选按钮，系统将生成不同的回转体类型，如果"体类型"选择"实体"，则单击"确定"按钮，生成如图6-114所示的回转体；反之如果选择"体类型"为"片体"，则生成如图6-115所示的回转体。

图6-113　曲线

图6-114　实体

图6-115　片体

3. 沿导线扫掠

沿导线扫掠特征是沿着一定的轨迹进行扫描拉伸，将实体边线、曲线或草图生成实体或片体。在菜单栏中选择"插入" | "设计特征" | "沿引导线扫描"命令或者在"特征"工具栏中单击"沿引导线扫掠"按钮 ，系统将弹出如图6-116所示的"沿引导线扫掠"对话框。

图6-116　"沿引导线扫掠"对话框

扫掠命令可以通过草图曲线、特征曲线、片体边缘、单个曲线、封闭曲线以及相切曲线等创建扫掠特征，在扫掠之前必须先绘制出截面线串和导引线串。

 实战：创建扫掠特征

1 打开随书光盘中的文件"6-8.prt"，进入建模模块，绘制如图6-117所示的截面线串和引导线；线串绘制完成后在"特征"工具栏中单击"沿引导线扫掠"按钮 ，系统弹出如图6-116所示的"沿引导线扫掠"对话框；根据系统提示在绘图工作区选择截面线串，如图6-117所示；截面线串选取完成后，系统仍弹出如图6-116所示的"沿引导线扫掠"对话框，根据系统提示选取图中所示曲线为引导线，选取完成后单击"确定"按钮，按图6-118所示的参数设置偏置尺寸，在其中的文本框内输入偏置值，如果偏置值都为0，则生成如图6-119所示的整体实体，如果偏置不为0，则生成薄壳实体。如图6-120中偏置值所示，生成的扫掠实体如图6-121所示。

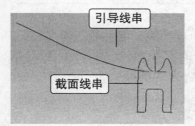

图6-117　曲线选择

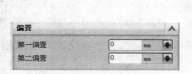

图6-118　"偏置"选项

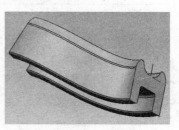

图6-119　无偏置实体

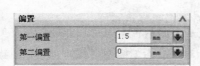

图6-120　"偏置"选项

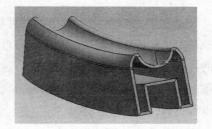

图6-121　有偏置实体

2 如果选取的截面线串是不封闭的曲线，如图6-122所示，根据输入的偏置值的不同得到的扫掠特征也不同。偏置值都为0时，生成如图6-123所示的片体；如果输入"第一偏置值"为5，则生成如图6-124所示的薄壳实体。

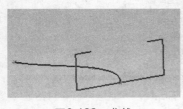

图6-122　曲线

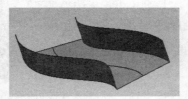

图6-123　片体

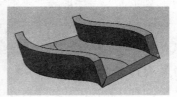

图6-124　实体

UG NX 8.0中可以通过实体边线创建扫掠特征，在进行扫掠之前应首先绘制沿引线串。创建如图6-125所示的模型及导引线，操作步骤与通过曲线扫掠相同，在此不再赘述，扫掠结果如图6-126所示。需要注意的是由于引导线串的一个端点在实体边上，且生成的扫掠特征又是实体，此时将会弹出"布尔操作"对话框，选择相应的布尔操作按钮后，生成扫掠特征。

图6-125　模型

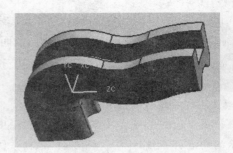

图6-126　扫掠结果

6.4　基准特征

在创建三维实体模型时，基准特征主要用来作为创建模型的参考。它是一种不同于实体和曲面的特征，在设计时作为其他特征的参考或基准，起辅助设计的作用。特别是在创建曲面特征时，没有基准几乎无法创建实体。而在装配过程中，使用两个基准平面进行定向，可以产生某些比较特殊的装配形状。总之，基准特征是创建三维实体有利的工具。基准特征主要有基准平面、基准轴、基准坐标系。

1. 基准平面

基准平面是实体造型中经常使用的辅助平面，利用基准平面，可在非平面上方便地创建特征，或为草图提供草图工作平面，如借助基准面在圆柱面、圆锥面、球面等表面创建孔、键槽等复杂形状的特征。

与基准轴相类似，基准面分为相对基准面和固定基准面两种，固定基准平面没有关联对象，即以工作坐标（WCS）产生，不受其他对象约束；相对基准面与模型中其他对象如曲线、面或其他基准等关联，并受其关联对象约束。

要创建基准平面，可以选择"插入" | "基准/点"命令，或者单击"特征操作"工具栏中的"基准平面"按钮 □，打开"基准平面"对话框，如图6-127所示。在"基准平面"对话框的"类型"下拉列表中，系统提供了15种基准平面的创建方式。其中最基础的有4种，其他方式都是在这4种方式上演变而来的。

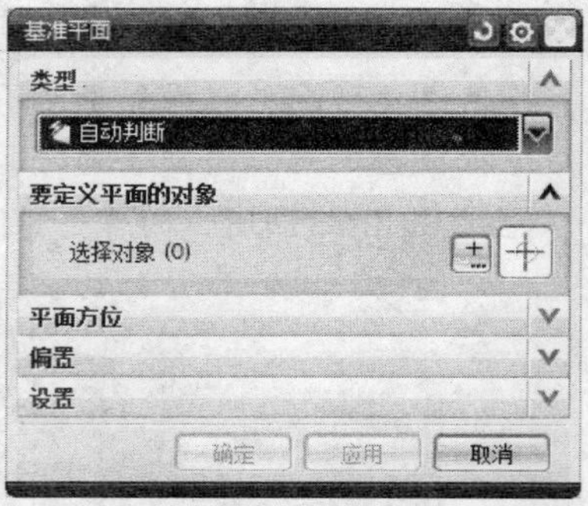

（1）自动判断

在默认情况下，系统自动选择该方式。利用该方式可

图6-127　"基准平面"对话框

以通过多种约束来完成操作。例如，可以选择三维模型上的面，也可以选择三维模型的边，还可以选择其顶点等来约束基准平面。同时，创建的基准平面可以与参照物体重合、平行、垂直、相切、偏置或成一角度，也可以利用点构造器功能选择3个夹点来创建基准平面。

（2）点和方向

该方式是通过在参照模型中选择一个参考点和一个参考矢量来创建基准平面。要使用该方式，可以在"基准平面"对话框中选择"点和方向"命令，即可切换到"点和方向"方式。

（3）在曲面上

启用该方式可以选择一条参考曲线建立基准平面，所创建的基准平面将垂直于该曲线某点处的切矢量或方向矢量。

（4）YC-ZC平面、XC-ZC平面、XC-YC平面

这三种方式都是系统默认的基准平面为参照来创建新的基准平面，即以YC-ZC平面、XC-ZC平面、XC-YC平面为参照平面。这三种方式的操作相同，这里不再赘述。

基准平面的使用非常广泛，因此掌握基准平面的创建方法是学习UG NX 8.0的重点内容之一。

2. 基准轴

基准轴与基准平面一样，属于参考特征，它分为固定基准轴和相对基准轴两种。固定基准轴没有任何参考，是绝对的，不受其他对象约束。相对基准轴与模型中的对象（曲线、平面或其他基准等）关联，并受其关联对象约束，是相对的。

在UG NX 8.0中，创建基准轴可以选择"插入"｜"基准点"｜"基准轴"命令，或者单击"特征操作"工具栏中的"基准轴"按钮，打开"基准轴"对话框，如图6-128所示。

在"基准轴"对话框中提供了9种创建基准轴的方式，但比较常用的有以下几种。

（1）自动判断

该方式是系统默认的创建方式。利用该方式可以通过多种约束完成基准轴的创建，可以选择三维模型上的面、边或顶点等参考元素，并根据所选参考元素之间的关系定义基准轴，效果如图6-129所示。

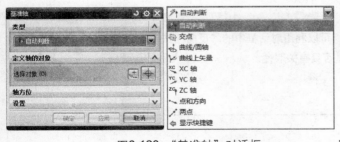

图6-128 "基准轴"对话框　　　　图6-129 使用"自动判断"方式创建基准轴

（2）交点

使用该方式后，可以选取三维图形中不平行的两个面为参考面，并以两面的交线定义基准轴的位置，以交线的方向定义基准轴的方向，最终效果如图6-130所示，选择两面的交线。

（3）曲线/面轴

利用该方式，可以选取实体的模型曲线、曲面或工作坐标系的各矢量为参照来指定基准轴。还可以选择圆的中心线等，效果如图6-131所示。

（4）曲线上矢量

选择该选项后，可以通过一条参照曲线来创建基准轴，所创建的基准轴可以通过"方位"下拉列表中的5种选项来确定在该曲线指定点上的矢量方向。

（5）XC轴、YC轴、ZC轴

用于创建固定基准轴，它与对象没有相关性，分别沿工作坐标系的WCS三个坐标轴方向创建一个固定基准轴，这三种方式的操作比较简单，这里不再做过多介绍。

（6）点和方向

用给定的点和矢量方向来确定基准轴。选择"点和方向"命令后，可以通过选择一个参考点和一个矢量的方法创建基准轴，所创建的基准轴通过该点且与参考矢量垂直或平行。

（7）两点

用给定的两个点来确定基准轴。所选取的点可以是通过点构造器创建的点。所创建基准轴的方向由第一点指向第二点，分别选择两个点后形成如图6-132所示的效果。

图6-130　使用"交点"方式

图6-131　使用"曲线/面轴"方式

图6-132　使用"两点"方式

提示·

　　本节介绍的各种方法所创建的基准轴都可以利用对话框中的"反向"按钮╳对其矢量方向进行反向操作，并可以通过"关联"复选框设置其是否具有关联性。

6.5　其他特征

其他特征是对特征进行扩充，包括抽取几何对象、曲线生成片体、边界生成片体和增厚片体等，它们都被放置在"特征"工具栏中。

1. 抽取几何对象

抽取几何对象是在实体上抽取线、面、区域或者实体。在UG NX 8.0版本中，工具栏和菜单栏中的"抽取几何体"命令均用来通过复制一个面、一组面或另一个体来创建体，而抽取线命令如图6-133所示，选择该命令后，系统弹出如图6-134所示的"抽取直线"对话框。

在菜单栏中选择"插入"｜"关联复制"｜"抽取"命令或者在"特征"工具栏中单击"抽取几何体"按钮，系统弹出如图6-135所示的"抽取体"对话框。抽取的类型包括面、面区域和体，如图6-136所示。

图6-133　选择"抽取"命令

图6-134　"抽取曲线"对话框

图6-135　"抽取体"对话框

图6-136　抽取类型

- 抽取面：抽取实体或片体的表面，生成的结果对象是片体。
- 抽取面区域：抽取一组表面，由选择的种子面开始，向所有相邻的面扩展，直到碰到边界面，即在区域中抽取相对于种子面并由边界面限制的片体。
- 抽取实体：对实体或片体进行关联复制，一般用于需要两个同样的实体或片体的情况，与抽取直线类似。

抽取几何体命令的具体操作步骤如下。

（1）抽取面

根据命令提示选择要抽取的模型表面，然后单击"确定"按钮，系统生成所抽取面的片体，如图6-137所示。

在"类型"下拉列表中选择"面区域"选项，系统弹出如图6-138所示的对话框，根据命令提示依次选择种子面和边界面，如图6-139所示，选取完成后单击"确定"按钮，系统生成如图6-140所示的一组片体面。

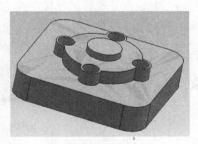
图6-137　抽取面效果

图6-138　"抽取体"对话框

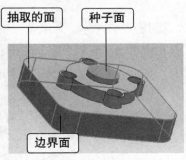
图6-139　设置种子面及边界面

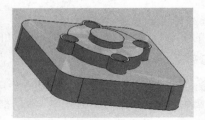
图6-140　最终抽取效果

（2）抽取体

在"类型"下拉列表中选择"体"选项，系统弹出如图6-141所示的"抽取体"对话框，根据命令提示在图形区选择实体如图6-142所示，选择完成后单击"确定"按钮，系统生成实体。用户可以通过"隐藏"或者"变换"操作来编辑抽取的几何实体。

图6-141　"抽取体"对话框

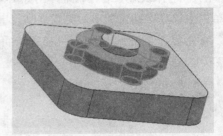

图6-142　抽取体最终效果

2. 曲线生成片体

曲线生成片体是通过选择曲线创建各种表面或者片体特征，其中包括封闭平面曲线创建边界平面片体、两同轴的圆或椭圆创建圆柱片体、两同轴不同半径的圆弧创建圆锥片体、由一条二次曲线和一条平面脊柱线创建拉伸片体。

● 按图层循环：处理一层上的所有选择曲线，可以减少计算量和处理时间。

● 警告：遇到警告时会停止处理，并显示警告信息。

具体操作步骤如下。

绘制如图6-143所示的曲线，在"特征"工具栏中单击"曲线成片体"按钮 ，系统弹出如图6-144所示的"从曲线获得面"对话框；采用默认设置，单击"确定"按钮，系统弹出"类选择器"对话框；选择图形区曲线，单击"确定"按钮，系统生成如图6-145所示的片体。

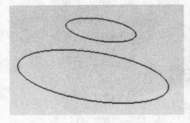

图6-143　绘制曲线

图6-144　"从曲线获得面"对话框

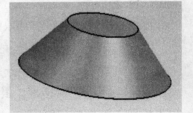

图6-145　生成片体效果

3. 有界平面

有界平面是利用封闭曲线或者边界创建边界片体。在菜单栏中选择"插入"｜"曲面"｜"有界曲面"命令或者在"特征"工具栏中单击"有界平面"按钮 ，系统弹出如图6-146所示的"有界平面"对话框，选择共面的封闭曲线，实体边缘或实体面边界即可生成边界片体，具体操作步骤如下。

绘制如图6-147所示的曲线，在"特征"工具栏中单击"有界平面"按钮，系统弹出如图6-146所示的"有界平面"对话框，依次选取曲线，单击"确定"按钮，系统生成如图6-148所示的由曲线确定边界的有界平面。

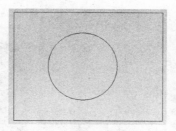

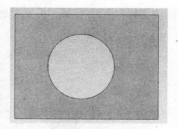

图6-146　"有界平面"对话框　　　　图6-147　绘制曲线　　　　图6-148　最终效果

4．片体加厚

片体加厚是对实体或者片体进行加厚。在菜单栏中选择"插入"｜"偏置/缩放"｜"加厚"命令或者在"特征"工具栏中单击"加厚片体"按钮 ，系统弹出如图6-149所示的"加厚"对话框，具体操作步骤如下。

绘制如图6-150所示的片体，然后在工具栏中单击"加厚"按钮，根据系统提示选择片体表面，选择完成后在对话框中的"厚度"选项中输入偏置值分别为5和10，单击"确定"按钮，系统生成如图6-151所示的片体加厚特征。

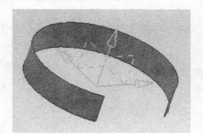

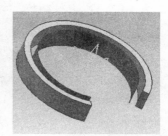

图6-149　"加厚"对话框　　　　图6-150　模型文件　　　　图6-151　加厚效果

6.6　创建支撑类零件

支撑类零件在各种机械设计中都会出现，应用比较广泛，主要用于各零件之间的支持、定位等。本例通过对该件的创建使读者更系统地了解本章所学内容。

（1）新建一个"ex6-1"文件，进入建模模块后，单击"草图"按钮 ，选择XC-YC平面作为草图工作面，绘制一个长、宽分别为100和60的矩形并单击"完成草图"按钮，创建的草图如图6-152所示；选择"拉伸"命令，将刚才绘制的草图沿+Z方向拉伸15，效果如图6-153所示。

（2）倒底座圆角并创建沉头孔。选择"边倒圆"命令，设置半径为15，选取刚才拉伸的实体创建长度方向某一侧的两角的倒圆角，效果如图6-154所示；选择"孔"命令，选取

图6-152　绘制草图

图形表面作为放置面，分别创建出底座的两个螺丝孔，效果如图6-155所示。

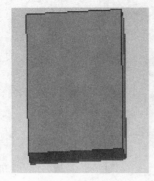

图6-153　拉伸实体

图6-154　倒圆角

图6-155　创建沉头孔

③ 创建支撑板。选择"草图"命令，选取ZC-YC平面作为草绘平面，绘制如图6-156所示的草图，切换到建模模块，选择"拉伸"命令，将刚才绘制的草图拉伸，效果如图6-157所示。注意拉伸方向。

④ 为支撑板倒圆角。选择"边倒圆"命令，分别选择支撑板拐角处内外两侧进行倒圆角操作，效果如图6-158所示，所设置倒圆角半径为24。

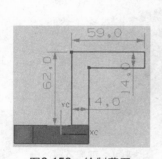

图6-156　绘制草图

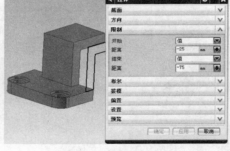

图6-157　拉伸实体

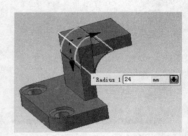

图6-158　创建倒圆角

⑤ 创建筋板。在"特征操作"工具栏中单击"三角形加强筋"按钮，选择模型中底座上表面和肋板处表面为肋板创建表面，效果如图6-159所示。

⑥ 创建圆柱。选择"草图"命令，选择肋板上表面为草图工作平面绘制圆柱体草图，效果如图6-160所示；转换回建模模块，选择"拉伸"命令，将刚才创建的圆进行拉伸，并与肋板处及底座进行求和操作，效果如图6-161所示。

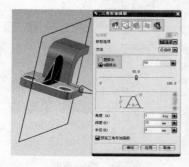

图6-159　创建肋板

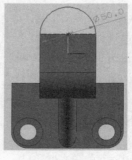

图6-160　绘制草图

图6-161　拉伸为实体

⑦ 创建孔特征。在"特征操作"工具栏中单击"孔"按钮，选取刚才创建的圆柱体上表面为放置面，创建圆柱体中心孔，效果如图6-162所示。

⑧ 创建底座凹槽。单击"腔体"按钮⬛，在支座底部中心位置创建一个宽度为30、深度为3、底面半径为2的矩形通槽，效果如图6-163所示。至此，本支座零件创建完成。

图6-162　创建中心孔　　　　　　　　图6-163　最终效果图

6.7　创建定位板

本实例将创建定位板零件实体模型。该零件用于其他零件，相当于轴类零件的定位作用，它主要由中部用于与定位轴相配合的具有中心孔特征的空心柱体及两端的三个板组成。本实例用到了拉伸、创建基准平面、凸起、实例几何体等命令。通过本例学习，可以对本章内容有一个系统提高。

① 新建一个"ex6-2"文件，进入建模模块后，单击"草图"按钮🔲，选择XC-YC平面作为草图工作面，绘制一个直径为40的圆并单击"完成草图"按钮，创建的草图如图6-164所示；切换到建模环境，选择"拉伸"命令，将刚才绘制的草图沿+Z和-Z方向各拉伸50，效果如图6-164所示。

② 创建基准平面。选择"插入"｜"基准/点"｜"基准平面"命令，创建一个与圆外面相切的平面。效果如图6-165所示，此平面还可以用别的方式创建。

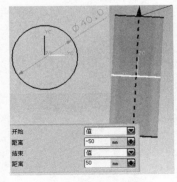 

图6-164　创建圆柱　　　　　　　　图6-165　创建基准平面

③ 绘制支撑板草图曲线。选择"草图"命令，绘制如图6-166所示的草图，切换到建模模块后选择"拉伸"命令，选择刚才绘制的曲线进行拉伸，拉伸距离为10，如图6-167所示，注意拉伸方向，并在"布尔"下拉列表中选择"求和"。

④ 绘制凸起特征草图曲线。单击"特征"工具栏中的"凸起"按钮 ，并选取上一步创建的固定板与插入的基准平面共面的平面作为草绘平面，绘制如图6-168所示的凸起草图曲线。

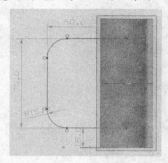

图6-166 草绘图形

图6-167 拉伸定位板实体

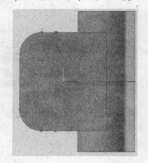

图6-168 绘制凸起草图

⑤ 创建凸起特征。选择"完成草图"命令，进入凸起操作，设置凸起距离为10，凸起方向为沿ZC轴方向，创建如图6-169所示的凸起。

⑥ 创建小支撑板辅助基准平面并绘制轮廓线。选择"插入"｜"基准/点"｜"基准平面"命令，创建一个与大支撑板成120°的基准平面，如图6-170所示，然后选择"拉伸"命令，选择刚才创建的平面为草绘平面，绘制如图6-171所示的草图。

图6-169 创建凸起

图6-170 创建基准平面

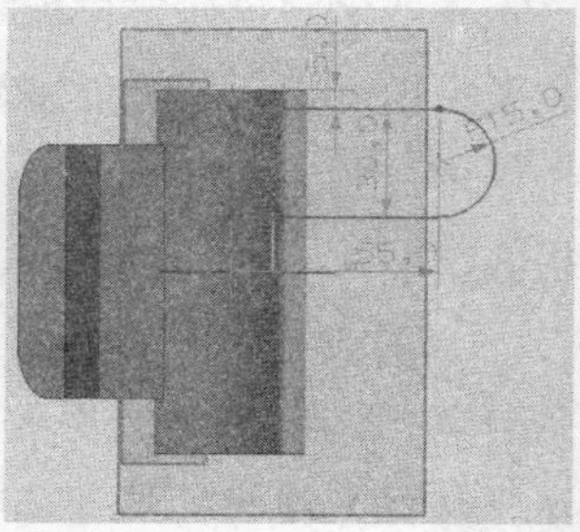

图6-171 绘制草图

⑦ 创建拉伸实体。绘制草图结束后，转换到建模环境，选择"拉伸"命令，选择刚才创建的草图，设置距离为10，创建出定位板另一侧的一个固定板，如图6-172所示。

⑧ 创建小支撑板凸起特征。使用与创建大支撑板凸起特征一样的操作，创建一个固定板一侧高度为10的凸起部分实体，效果如图6-173所示。

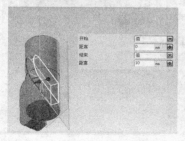

图6-172 创建固定板

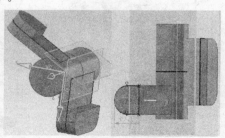

图6-173 创建凸起实体

9 创建沉头孔特征。对大支撑板两侧及小支撑板创建沉头孔特征。选择"孔"命令，选取小支撑板上平面及大支撑板上平面为放置面，创建沉头孔特征，如图6-174所示。

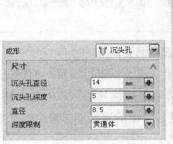

图6-174　创建沉头孔

10 镜像复制小支撑板。单击"特征"工具栏中的"实例几何体"按钮，选择"类型"下拉列表中的"镜像"选项，然后选择镜像对象，并使用XC-ZC平面为镜像平面，进行如图6-175所示的镜像操作。

11 合并实体并创建中部轴孔特征。利用"孔"工具，选择中部圆柱体一个底面为放置面，创建圆柱体内部直径为25的孔。隐藏多余的线及基准平面，最终效果如图6-176所示，至此定位板创建完成。

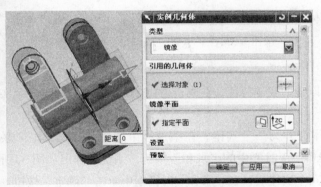

图6-175　镜像实体　　　　　　　　　　图6-176　定位板

第7章
特征操作和编辑特征

在上一章中介绍了特征建模的主要操作方法，但在实际的操作过程中，仅仅依靠特征建模是远远不够的，还需要通过特征操作对特征建模进一步进行设置，而特征编辑更是实体建模中必不可少的。在图形设计中，利用特征操作和特征编辑，可以对简单实体模型进行操作和编辑，从而创建出更为复杂的实体模型，以使设计出的产品能够符合设计要求。

7.1 布尔运算操作

布尔运算操作是指处理实体造型中多个实体或片体的关系，包括求和、求差和求交运算，分别对相应实体或片体进行联合、相减和交叉运算。在进行布尔运算操作时，要与其他实体或片体合并的实体或片体称为目标实体，而修改目标的实体被称为工具实体，在完成布尔运算时，工具实体成为目标实体的一部分。

在菜单栏中选择"插入"｜"联合体"子菜单中的命令，就可以进行布尔运算，或者单击"特征操作"工具栏中的"求和"按钮🔘、"求差"按钮🔘或者"求交"按钮🔘，进行布尔运算。

1. 求和

利用该运算方式可以将两个或两个以上的实体特征合并成一个独立的整体，也可以多个实体相叠加，形成一个独立的特征。

执行求和操作可将两个独立的实体合并为一个实体。在菜单栏中选择"插入"｜"联合体"｜"求和"命令，或单击"特征操作"工具栏中的"求和"按钮，系统将弹出如图7-1所示的"求和"对话框，依次选取要合并的两个实体后，在"求和"对话框中单击"确定"按钮，即完成了实体的求和操作。其中选取的第一个实体为目标体，第二个实体为工具体。

（1）保持目标体

启用该复选框，在执行"求和"命令时，将不会删除选取的目标特征，如图7-2（b）所示。

（2）保持工具体

启用该复选框，在执行"求和"命令时，并不删除之前选取的工具特征，如图7-2（c）所示。

（3）均不选择

在系统默认情况下，即为两个复选框均不选择，求和效果如图7-2（d）所示。

图7-1 "求和"对话框

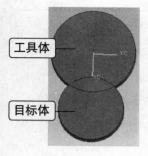
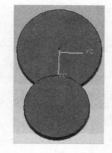
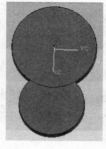
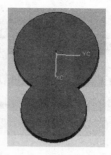

（a）求和前　　　（b）保持目标体求和　　（c）保持工具体求和　　（d）两选项都不选择求和

图7-2　各种选项的求和操作

提示

　　在进行布尔运算操作时，目标体只能有一个，而工具体可以多于一个；另外，求和运算不适用于片体，也就是片体只能进行减运算和相交运算。在进行求和操作时，可同时启用"保持目标体"和"保持工具体"复选框，这样在执行求和之后，选取的实体对象将全部保留。

2. 求差

　　求差操作使用工具体减去目标体，得到新的实体。"求差"对话框如图7-3所示。其操作步骤与"求和"操作类似，在此不再赘述。需要注意的是，所选的工具实体必须与目标实体相交，否则，在相减时会产生出错信息。目标体只能有一个，工具体可以是多个，另外片体和片体之间不能用布尔运算进行相减。

图7-3　"求差"对话框及求差后的效果

注意

　　在操作时要注意的是，所选的工具实体必须与目标实体相交，否则在相减时会产生错误信息，而且它们之间的边缘不能重合。另外，片体与片体之间不能相减。如果选择的工具实体将目标体分割成了两部分，则产生的实体将是非参数化实体。

3. 求交

　　求交操作是通过选取两个实体的公共部分来生成一个新的实体。其操作步骤与"求和"操作类似，在此不再赘述。

注意

　　在操作时要注意所选的工具体必须与目标体相交，否则在相交时会产生出错信息。另外，片体与片体之间不能进行相交操作。

7.2 细节特征

在机械设计中，细节特征是对实体特征的必要补充。在创建三维实体模型后，利用细节特征工具可以创建更加复杂的特征。在UG NX 8.0中，可以为实体特征添加细节特征，包括倒圆角、倒斜角、实例特征、拔模、抽壳等。同时还可以进行特征编辑，以创建出更为精致的实体模型。

7.2.1 边倒角

边倒角包括对面之间的边缘倒圆角或者倒斜角，分别介绍如下。

1. 倒圆角

倒圆角是对实体或片体边缘指定的半径进行倒圆角，对实体或片体进行修饰。边倒圆用来对面之间的陡峭边进行倒圆，半径可以是常量数也可以是变量。当没有选择要操作的边缘时，对话框中的"选择边"命令选项被激活，当选择了操作对象后，根据系统提示进行相应操作。在菜单栏中选择"插入"|"细节特征"|"边倒圆"命令或在"特征操作"工具栏中单击"边倒圆"按钮 ，系统弹出如图7-4所示的"边倒圆"对话框。

创建倒角特征的具体操作步骤如下。

图7-4 "边倒圆"对话框

（1）简单倒圆角

打开随书光盘中的部件文件，如图7-5所示。在"特征操作"工具栏中单击"边倒圆"按钮 ，系统弹出如图7-4所示的"边倒圆"对话框，首先根据系统提示选择需要进行倒圆操作的边缘，选择完成后在"半径1"文本框中输入圆角半径值，系统提供的预览效果如图7-6所示；在"边倒圆"对话框中单击"确定"按钮，生成如图7-7所示的具有恒定半径值的圆角特征。

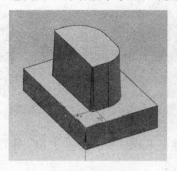
图7-5 源文件

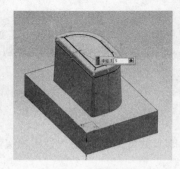
图7-6 边倒圆预览

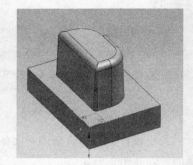
图7-7 最终效果

> **注意**
>
> 以固定半径倒圆角时，对同一倒圆半径的边，建议用户同时进行倒圆角操作。而且尽量不要同时选择一个顶点的凹边或凸边进行倒圆操作。对多个片体进行倒圆角时，必须先把多个片体利用实体的缝合操作，使之成为一个片体才行。

（2）变半径圆角

该选项用于修改控制点处的半径，从而实现沿选择边指定的多个点，以不同半径对实体或片体进行倒圆角。修改半径的方法是先在半径列表中选择某控制点，然后输入半径即可。该选项只有选择了一个控制点后才被激活。

同样打开上一例的光盘文件，在"特征操作"工具栏中单击"边倒圆"按钮，进入"边倒圆"对话框，首先选择需要进行倒圆操作的边缘，然后设置圆角"半径1"值为5；输入完成后，在如图7-8所示的"可变半径点"选项组中，"指定新的位置"通过捕捉点或点构造器在倒圆边缘中输入半径线段的起始位置点和终止位置点，系统提供预览效果如图7-9所示，并在文本框中输入该段圆角半径为2，单击"确定"按钮，系统生成如图7-10所示的变半径圆角特征。

图7-8　参数设置

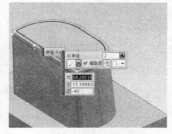

图7-9　倒圆角预览

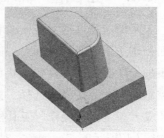

图7-10　最终倒圆角效果

2. 倒斜角

倒斜角也是工程中常用的倒角方式，是对实体边缘指定尺寸进行倒角。在实际生产中，零件产品外围棱角过于尖锐时，为了避免划伤，可以进行倒角操作。

仍以上述光盘文件为例，介绍倒斜角功能。打开文件后，在菜单栏中选择"插入"｜"细节特征"｜"倒斜角"命令或者在"特征操作"工具栏中单击"倒斜角"按钮，系统弹出如图7-11所示的"倒斜角"对话框，首先按照系统提示选择需要倒斜角的边，选择完成后在"倒斜角"对话框的"偏置"选项中输入"横截面"类型和"距离"值，输入完成后单击"确定"按钮，系统生成如图7-12所示的倒斜角特征。

注意系统提供了3种"横截面"类型，包括"对称"、"非对称"和"偏置和角度"。上例中选择了"对称"的横截面类型，如果选择"非对称"类型，则系统弹出如图7-13所示的"倒斜角"对话框，在对话框内输入图中所示的相应参数值后，系统生成如图7-14所示的倒斜角特征。如果选择了"偏置和角度"横截面类型，则系统将弹出如图7-15所示的"倒斜角"对话框，在其中输入相应参数后，单击"确定"按钮，系统生成如图7-16所示的倒斜角特征。

图7-11　"倒斜角"对话框

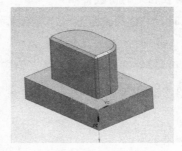

图7-12　创建的倒斜角

图7-13　"倒斜角"对话框

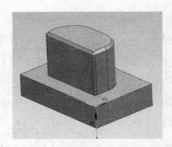

图7-14　倒斜角效果

图7-15　"倒斜角"对话框

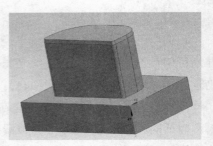

图7-16　倒斜角效果

7.2.2　面倒圆

面倒圆是通过对实体或者片体指定半径进行倒圆，并且使倒圆面相切于所选择的平面。"面倒圆"命令的作用是在选定面组之间添加相切圆角面，圆角形状可以是由圆形、规律曲线或者二次曲线控制的。在菜单栏中选择"插入"｜"细节特征"｜"面倒圆"命令或者在"特征操作"工具栏中单击"面倒圆"按钮，系统弹出如图7-17所示的"面倒圆"对话框。面倒圆类型共有两种，包括"滚动球"和"扫掠截面"，该对话框中各选项的含义如下。

（1）选择面链1

用于选择面倒圆的第一个面集，单击该选项，可选择实体或片体上的一个或多个面作为第一个面集。

图7-17　"面倒圆"对话框

（2）选择面链2

用于选择面倒圆的第二个面集，其操作方法与"选择面链1"相类似。

（3）横截面

该选项组中包括3个选项，用于设置倒圆形状、半径方式和半径值，其中形状包括"圆的"和"二次曲线"；半径方式包括"恒定"、"规律控制"、"相切约束"。

- 恒定：该选项指用固定的倒角半径进行倒圆角。
- 规律控制：该选项是指通过定义规律曲线以及曲线上的一系列点的倒角半径值，从而实现可变半径的倒角。其中包括7种规律类型，包括恒定、线性、三次等。
- 相切约束：该选项是指在一个选择倒角面或倒角面集上指定一条曲线，使得倒角面与该选择的倒角面或倒角面集在指定的曲线处相切。

当选择形状为"二次曲线"时，"倒圆横截面"选项含义如下。

- 偏置方法1：用于设置在面链1的偏置值，包含"恒定"和"规律控制的"两种方法。
- 偏置方法2：用于设置在面链2的偏置值，也包含"恒定"和"规律控制的"两种方法。
- PRO方法：用于设置拱高与弦高之比，包含"恒定"、"规律控制的"和"自动椭圆"三种方法。

（4）约束和限制几何体

用于选择相切控制曲线。

（5）修剪和缝合选项

该选项组用于设置倒圆面下拉列表、复选框"修剪输入面至倒圆面"和"缝合所有面"。其中"倒圆面"下拉列表中包括修剪所有面、短修剪倒圆、长修剪倒圆和不修剪4个选项。

（6）设置

该选项用于选择陡峭边缘。可在面链1和面链2上选择一条或多条边缘作为陡峭边缘，使倒圆面在两个面链上相切到陡峭边缘。

下面简要介绍采用"滚球"和"扫掠截面"两种面倒圆类型进行倒角的具体操作过程。

 实战：创建面倒圆特征

1．"滚球"方式

① 打开随书光盘中如图7-18所示的文件，在"特征操作"工具栏中单击"面倒圆"按钮，系统弹出如图7-17所示的"面倒圆"对话框。

② 在"类型"选项组中选择系统默认的"滚球"方式进行面倒圆操作，首先根据系统提示在绘图工作区选择"面链1"，如图7-18所示。"面链1"选择完成后单击鼠标中键，并根据系统提示选择"面链2"，单击鼠标中键完成选择，系统提供的预览效果如图7-19所示。

③ 面链选择完成后，根据系统提示在"面倒圆"对话框中的"横截面"选项组中选择形状为"圆形"，"半径方法"为"恒定"，"半径"值为5，输入完成后单击"确定"按钮，系统生成如图7-20所示的面倒圆特征。

图7-18 源文件

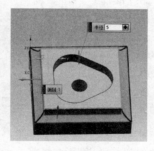

图7-19 预览效果

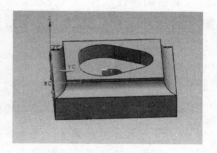

图7-20 完成面倒圆创建

④ 仍以上述光盘文件为例，"面倒圆"类型选择"滚球"方式，在"横截面"选项组中选择形状为"圆形"，"半径方法"为"规律控制的"，"规律类型"为"线性"，并在如图7-21所示的文本框内输入线性圆角半径的起始值和终止值分别为6和2，系统生成预览效果。单击"确定"按钮生成如图7-22所示的线性可变半径面倒圆特征。其操作步骤与恒定半径倒圆角特征相似，需要注意的是在两个面链选取完成后需要选择"脊线"。

图7-21 参数设置

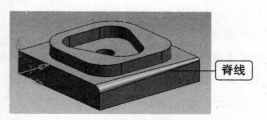

图7-22 完成创建

2. "扫掠截面"方式

① 在"面倒圆"对话框的"截面方位"下
拉列表中选择"扫掠截面"选项，在该对话框中显
示相关的选项。

② 使用该方式创建面倒圆特征的操作过程与
"滚球"方式相同，只是在倒圆时需要选取一条脊
线，如果选取的相切面是封闭的和连续的，那么脊
线也应是封闭和连续的，最终效果如图7-23所示。

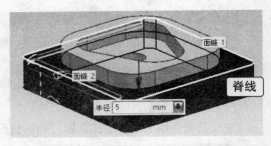

图7-23 "扫掠截面"方式创建面倒圆

7.2.3 软倒圆

软倒圆是沿着相切控制线相切于指定的面。其选项操作过程与面倒圆相似，只是软倒圆更具
有艺术美化效果，从而避免了有些面倒圆的外形呆板，该命令对工业造型设计有特殊的意义，使
设计的产品具有更好的外观形状。

在菜单栏中选择"插入"｜"细节特
征"｜"软倒圆"命令或在"特征操作"工具
栏中单击"软倒圆"按钮 ，系统将弹出如图
7-24所示的"软倒圆"对话框。软倒圆主要是根
据两条相切曲线以及形状控制参数来控制软倒
圆形状，下面介绍"软倒圆"对话框中各主要
选项的含义。

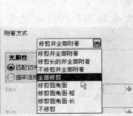

（1）选择步骤

软倒圆的选择步骤主要包括以下4个。

图7-24 "软倒圆"对话框

- 第一组 ：用于选择软倒圆的第一个倒
  圆面或者倒圆面集。单击该按钮，可以选择实体或者片体上的一个或多个面作为第一个
  面集。选择第一个倒圆面或者倒圆面集后，系统将在绘图工作区中显示指向选择倒角圆
  心的矢量箭头，此时可以单击对话框中"法向反向"来选择反向。

- 第二组 ：用于选择面倒圆的第二个倒圆面或倒圆面集，其操作与选择第一组相似，在
  此不再赘述。

- 第一相切曲线 ：用于在第一个倒圆面或倒圆面集上选择成为倒圆面的边缘的相切曲线。

- 第二相切曲线 ：用于在第二个倒圆面或倒圆面集上选择称为倒圆面的边缘的相切曲线。

（2）"附着方式"下拉列表

该选项用来控制倒圆时的修剪和附着方式，如图7-24所示，其中包括修剪并全部附着、修
剪长的并全部附着、不修剪并全部附着、全部修剪、修剪圆角面、修剪圆角面-短、修剪圆角面-
长、不修剪。

（3）光顺性单选项

该选项用于控制软倒圆的截面形状，其中包括"匹配切失"和"曲率连续"两个选项。

- 匹配切失：该选项使软倒圆面与临接的被选面相切匹配。
- 曲率连续：该选项即采用相切匹配也采用曲率匹配，可用"PRO（比率）"和"歪斜"两个选项来控制倒圆的形状。

（4）定义脊线串

该选项按钮用于定义软倒圆的脊线，可以选择曲线或实体边缘作为脊线。

（5）限制起点和限制终点

这两个选项按钮用于在平面工具对话框定义一个平面，在开始或结束处修剪倒圆面。

（6）公差

该文本框用于控制倒圆角的精度，控制倒圆面从一个面向另一个面转化时的光顺程度。

 实战：创建软倒圆特征

"软倒圆"特征的具体操作过程如下。

1 打开随书光盘中如图7-25所示的文件，在"特征操作"工具栏中单击"软倒圆"按钮，系统弹出如图7-24所示的"软倒圆"对话框。

2 根据系统提示选取第一组相切面，法向方向如图7-25中的预览效果所示。按照系统提示以同样的方法选择第二组相切面，如图7-26所示。

3 相切面选取完成后根据系统提示选取两条相切曲线，在"附着方式"下拉列表中选取"修剪并全部附着"选项，然后单击"软倒圆"对话框中的"定义脊线串"按钮，系统弹出"脊线"对话框。

4 在绘图工作区选择脊线，如图7-26所示，最后在"软倒圆"对话框中单击"确定"按钮，系统生成如图7-27所示的软倒圆特征。

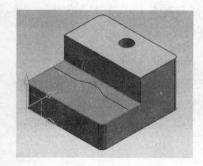
图7-25　预览效果

图7-26　选择第二组相切面

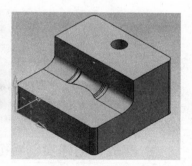
图7-27　创建软倒圆效果图

提示

软倒圆与面倒圆的选项与操作基本相同。不同之处在于面倒圆可以指定倒圆类型及半径方式，而软倒圆则根据两相切曲线以及形状控制参数来决定倒圆的形状。

7.2.4　实例特征

实例特征是指将指定的一个或一组特征按一定的规律复制已存在特征，建立一个特征阵列。阵列中各成员保持相关性，当其中某一成员被修改，阵列中的其他成员也会相应自动变化，"实例特征"命令适用于创建同样参数且呈一定规律排列的特征命令。

在菜单栏中选择"插入"|"关联复制"|"实例特征"命令或者在"特征操作"工具栏中单击"实例特征"按钮，系统弹出如图7-28所示的"对特征形成图样"对话框。该对话框中包含了全部的阵列方式，选择其中的一种阵列方式，再选择需要阵列的特征，然后在"阵列方式"对话框中输入相应的阵列参数，确定即可完成特征的阵列。

图7-28 "对特征形成图样"对话框

实例特征的阵列方式有3种，其中包括：矩形阵列、环形阵列和图样面，分别简要介绍如下。

● 线性▦：依据工作坐标系WCS，沿XC、YC方向，按设定的XC方向的偏移和YC方向的偏移，生成与选择的主特征相同参数的阵列成员特征。

注意

矩形阵列操作必须在XC-YC坐标系平面或者平行于XC-YC坐标系平面上进行。因此，在执行矩形操作之前，需要先调整好坐标系的方位。此外，在执行阵列操作时，必须确保阵列后的所有成员都能与目标特征所在的实体接触。

● 圆形◎：选定的主特征绕一个参考轴，以参考点位旋转中心，按指定的数量和旋转角度复制若干成员特征。创建回转轴有"点和方向"和"基准轴"两种方式。选择"点和方向"方式，主特征以指定的矢量为旋转轴线，绕给出的参考点旋转复制；选择"基准轴"方式，则主特征以指定的基准轴为旋转轴线，绕基准周所处的位置为原点旋转复制。

提示

圆形阵列"实例"参数对话框中的"方法"选项的3种阵列方式与矩形阵列中介绍的用法相同。"数字"文本框用于设置沿圆周上复制特征的数量，"角度"文本框用于设置圆周方向上复制特征之间的角度。

 实战：创建实例特征

（1）矩形阵列

矩形阵列的具体操作步骤如下。

① 打开如图7-29所示的光盘文件，在"特征操作"工具栏中单击"实例特征"按钮，系统弹出如图7-28所示的"对特征形成图样"对话框。

② 在该对话框内选择"矩形阵列"选项按钮，系统弹出如图7-30所示的对话框，在该对话框中的列表框内选择要进行阵列的特征"凸台"，选择完成后单击"确定"按钮，系统弹出如图7-31所示的对话框。

③ 在文本框内输入相关参数后，单击"确定"按钮，系统弹出如图7-28所示的对话框，且在图形工作区显示预览效果，如图7-32所示。此时单击"是"按钮，系统生成如图7-33所示的矩

形阵列特征，并弹出如图7-34所示的"变化"对话框，其中包含了所有的相关特征。

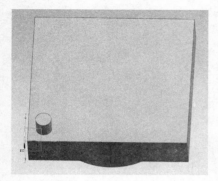

图7-29 源文件

图7-30 选择特征

图7-31 参数设置

图7-32 预览效果

图7-33 完成创建

图7-34 特征显示

（2）圆形阵列

圆形阵列的具体操作步骤如下。

①以刚才创建的实体为基础继续操作，其底部如图7-35所示。

②在"特征操作"工具栏中单击"实例特征"按钮，系统弹出如图7-28所示的"对特征形成图样"对话框，在该对话框内选择"圆形阵列"选项，系统弹出如图7-30所示的"要形成图样的特征"对话框，并在该对话框中的列表框内选择要进行阵列的特征"简单孔"。

③选择完成后单击"确定"按钮，系统弹出如图7-36所示的"对特征形成图样"对话框，在文本框内输入相关参数后，单击"确定"按钮，系统弹出"实例特征"对话框，单击"点和方向"按钮，系统弹出"矢量"对话框，选择矢量方向为-ZC轴。

④矢量方向选取完成后，系统弹出"点"对话框来确定点位置，此例中选择上表面的圆心点，如图7-37所示的预览效果。

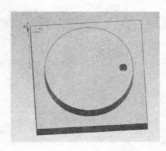

图7-35 源文件

图7-36 参数设置

⑤ 点和方向选择完成后，系统弹出"创建实例"并单击"是"按钮，系统生成如图7-38所示的圆形阵列特征，并弹出如图7-39所示的"变化"对话框，其中包含了所有的相关特征。

图7-37 预览效果

图7-38 完成创建

图7-39 特征列表

（3）阵列面

阵列面的具体操作步骤如下。

① 仍以图7-29所示的光盘文件为例，在"同步建模"对话框中选择"阵列面"按钮，系统弹出如图7-40所示的"阵列面"对话框。

② 首先根据命令提示在图形工作区选择面，分别如图7-41和图7-42所示。

图7-40 "阵列面"对话框

③ XC和YC的矢量方向分别设置为+XC和+YC向，设置完成后在图7-40所示的对话框的文本框内输入相应的参数值，单击"确定"按钮，系统生成如图7-43所示的矩形阵列特征。

图7-41 选择上表面

图7-42 选择侧面

图7-43 最终效果图

7.2.5 拔模体 ┃ ┅┅┅┅┅┅┅┅┅┅┅┅┅┅┅┅┅┅┅┅┅┅┅┅┅┅┅┅┅ ☐

在设计注塑和压铸模具时，对于大型覆盖件和特征体积落差较大的零件时，为使脱模顺利，通常都要设计拔模斜度。拔模命令提供的就是设计拔模斜度的操作。拔模对象的类型有表面、边缘、相切表面和分割线。对实体进行拔模时，应先选择实体类型，再选取相应的拔模步骤，并设置拔模参数，这样可对实体进行拔模。

在"特征操作"工具栏中单击"拔模体"按钮，系统弹出如图7-44所示的"拔模体"对话框，其中"类型"下拉列表包括两种类型："从边"、"要拔模的面"。

实战：创建拔模特征

图7-44　"拔模体"对话框

（1）从边

具体操作步骤如下。

① 打开如图7-45所示的光盘文件。在"特征操作"工具栏中单击"拔模体"按钮，系统弹出如图7-44所示的"拔模体"对话框。

② 在该对话框中的"类型"下拉列表中选择"从边"选项，根据系统提示首先选择分型对象，即选择需要拔模的特征体的分型表面，如图7-45所示。

③ 分型对象选择完成后，根据系统提示选择"拔模方向"，通过"指定矢量"下拉列表指定矢量方向为"+Z向"，然后根据系统提示选择"固定边"选项，根据实际情况"固定边"有3个选项："上面和下面"、"仅分型上面"、"仅分型下面"。

④ 此例选择"仅分型上面"选项，根据系统提示选择分型上面的边，如图7-45所示。

⑤ 选择完成后在图7-46所示的"拔模角"选项组中输入角度值，单击"确定"按钮，系统生成拔模角度，如图7-46所示。

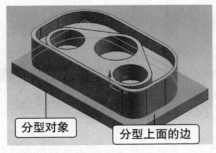
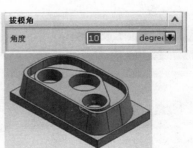

图7-45　指定对象　　　　图7-46　输入角度及最终效果

（2）要拔模的面

具体操作步骤如下。

① 当创建拔模特征时，在"类型"下拉列表中选择"要拔模的面"选项，系统弹出如图 7-44 所示的"拔模体"对话框。

② 根据系统提示依次选择"分型对象"、"脱模方向"以及"要拔模的面"，如图7-47所示。完成选择后在"角度"文本框内输入拔模角度值，如图7-48所示。

③ 单击"确定"按钮，系统生成如图7-48所示的拔模特征。

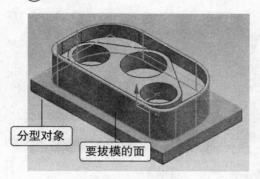

图7-47 指定对象

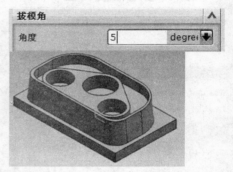

图7-48 输入角度并生成最终效果

7.2.6 抽壳

抽壳命令用于通过指定一定的厚度将实体转换为薄壁体。在菜单栏中选择"插入"｜"偏置/缩放"｜"抽壳"命令或者在"特征操作"工具栏中单击"抽壳"按钮 📦，系统弹出如图 7-50 所示的"抽壳"对话框。该对话框中包含两种抽壳类型，包括"移除面，然后抽壳"和"对所有面抽壳"两种类型，如图7-50右所示。

实战：创建抽壳特征

（1）移除面，然后抽壳

具体操作步骤如下。

① 打开如图7-50所示的光盘文件。在"特征操作"工具栏中单击"抽壳"按钮 📦，系统弹出如图7-49所示的"抽壳"对话框，在"类型"下拉列表中选择"移除面，然后抽壳"选项。

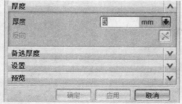

图7-49 "抽壳"对话框

② 根据命令提示选择要进行抽壳的面，选取完成后在"厚度"文本框内输入薄壁体的厚度为3，系统提供的预览效果如图7-51所示。

③ 单击"确定"按钮，系统生成如图7-52所示的薄壁体。

图7-50　源文件

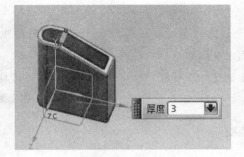

图7-51　预览图

图7-52　最终效果图

（2）对所有面抽壳

① 仍以刚才的文件为例，在"抽壳"对话框中选择"对所有面抽壳"选项，系统弹出如图7-53所示的"抽壳"对话框。

② 根据命令提示选择要抽壳的体，在"厚度"文本框内输入厚度值为3，其预览效果如图7-54所示。

③ 单击"确定"按钮，系统生成如图7-55所示的抽壳后的薄壁体，线框图如图7-56所示。

图7-53　"抽壳"对话框

图7-54　预览图

图7-55　抽壳后

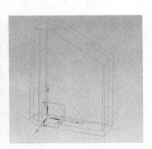

图7-56　线框图

> **注意**
>
> 在设置抽壳厚度时，输入的厚度值既可以是正值也可以是负值，但其绝对值必须大于抽壳的公差值，否则将会出错。此外，在抽壳过程中偏移面步骤并不是必须的。

7.2.7　螺纹

螺纹是指对旋转体表面创建的螺纹特征。用户可以根据创建螺纹的需要来选择螺纹的类型。在创建之前作为创建螺纹的回转体应有合适的直径，这样程序会根据选取的回转实体自动生成螺纹。创建出的螺纹有两种类型，一种是用符号表示出来的，一种是切割出螺纹的具体形状。

在菜单栏中选择"插入"｜"设计特征"｜"螺纹"命令或者在"特征操作"工具栏中单击"螺纹"按钮 ，系统弹出如图7-57所示的"螺纹"对话框，下面简要介绍对话框中的主要选项的含义。

● 螺纹类型：包括"符号"和"详细"两种类型。

◆ 符号：该类型用于创建符号螺纹，符号螺纹指的是用虚线圆表示，而不显示螺纹实体，在工程图中用于表示螺纹和标注螺纹。

◆ 详细：该类型用于创建细节螺纹，选择该选项后，该对话框如图7-58所示。

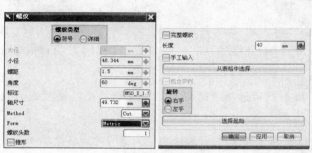

图7-57 "螺纹"对话框   图7-58 "详细"选项参数

● 大径：该文本框用于设置螺纹大径，默认值是根据所选择圆柱面直径和内外螺纹的形式螺纹参数得到的。

● 小径：该文本框用于设置螺纹小径，默认值是根据所选择圆柱面直径和内外螺纹的形式螺纹参数得到的。

● 螺距：该文本框用于设置螺距，默认值是根据所选择的圆柱面查螺纹参数得到的。

● 角度：该文本框用于设置螺纹牙型角，默认值为螺纹的标准值60。

● 标注：该文本框用于标记螺纹，默认值是根据选择的圆柱面查螺纹参数表得到的。

● 轴尺寸：该文本框用于设置螺纹轴的尺寸或内螺纹的钻孔尺寸，查螺纹参数得到的。

● Method：该下拉列表用于指定螺纹的加工方法，包含cut（车螺纹）、Rolled（滚螺纹）、Ground（磨螺纹）、Milled（扎螺纹）4个选项。

● Form：用于指定螺纹的标准，如图7-59所示，共有12种。

● 螺纹头数：该文本框用于设置创建单头或多头螺纹的头数。

● 长度：该文本框用于设置螺纹的长度，默认值根据所选择的圆柱面查螺纹参数得到的，螺纹长度从起始面开始设置。

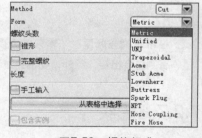

图7-59 螺纹标准

● 手工输入：该复选框用于设置从键盘输入螺纹的基本参数。

● 从表格中选择：该按钮选项用于指定螺纹参数从螺纹参数表中选择。

● 包含实例：选择该复选框，对阵列特征中的一个成员进行操作，则该阵列中的所有成员全部被改为螺纹。

● 旋转：该选项组用于指定螺纹的旋向，包括右手和左手两个选项。

● 选择起始：单击该按钮用于指定一个实体平面或基准平面作为螺纹的起始位置。

 实战：创建螺纹特征

具体操作方法如下。

（1）符号表示

1 打开如图7-60所示的光盘文件。单击"特征操作"工具栏中的"螺纹"按钮，弹出如图7-61所示的"螺纹"对话框，此时"螺纹类型"选项处于"符号的"方式。

2 在模型中选择要创建螺纹的孔，程序会自动判断出螺纹的矢量方向和螺纹直径，用户可以同时选取若干个孔，如图7-61所示。

3 在"螺纹"对话框中可以设置螺纹的旋转方向和长度等，设置完成后单击"确定"按钮，完成操作，生成的螺纹孔如图7-62所示。

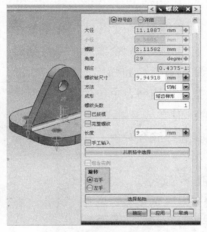

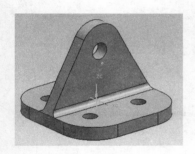

图7-60　源文件　　　　　　图7-61　参数设置及预览　　　　　图7-62　完成螺纹创建

（2）详细表示

1 打开如图7-63所示的光盘文件。在"特征操作"工具栏中单击"螺纹"按钮，在弹出的"螺纹"对话框中选中"详细"单选按钮，系统弹出"螺纹"对话框。

2 此时根据系统提示选取圆柱面，在模型上选取要创建螺纹的圆柱面。圆柱面选取完成后，将弹出如图7-64所示的"螺纹"对话框，选取螺纹的起始面，在模型上选取圆柱体的端面作为螺纹的起始面，如图7-63所示。

3 螺纹起始面选取完成后，将显示螺纹的创建方向，如果此方向与需要的方向相反，则单击"螺纹轴反向"按钮，如果此方向与需要的方向相通，则单击"确定"按钮。

4 在如图7-65所示的"螺纹"对话框中输入需要的螺纹尺寸后，单击"确定"按钮，完成操作，生成如图7-66所示的螺纹特征。

图7-63　源文件及面的选择

图7-64 "螺纹"对话框

图7-65 参数设置

图7-66 完成详细螺纹创建

7.2.8 缝合

缝合操作是将两个或多个片体连接成一个片体。在菜单栏中选择"插入"｜"联合体"｜"缝合"命令或者在"特征操作"工具栏中单击"缝合"按钮 📖，系统将弹出如图7-67所示的"缝合"对话框，其中"类型"下拉列表中包含两个选项：片体和实体。缝合实体或者片体时首先应指定缝合对象的类型，再按照系统提示的操作步骤选择缝合对象，并设置缝合参数，确定可以完成缝合。

对话框中的各选项含义分别介绍如下。

图7-67 "缝合"对话框

- "类型"选项：所选缝合对象的类型，包含"片体"和"实体"两个选项。
  - ◆ "片体"选项用于缝合选择的片体，依次选择目标片体和工具片体进行缝合。
  - ◆ "实体"选项用于缝合选择的实体，要缝合的实体必须具有形状相同、面积相近的表面，尤其是用于无法用布尔运算"合并"操作的实体。
- "设置"选项：包括"输出多个片体"复选框和"公差"选项。
  - ◆ "输出多个片体"选项：选中该复选框，可创建多个缝合的片体。
  - ◆ "公差"选项：指的是缝合公差，用来控制被缝合片体或实体边缘间的最大距离。若实体或片体间缝隙较大，可填入较大的公差值。
- "目标"选项：用来选择进行缝合的目标面或目标片体。
- "刀具"选项：用来选择工具面或工具片体。

缝合操作的作用如下。

- 如果实体或者片体间出现缝隙，缝合操作仍然可以执行，一般不采用缝合操作弥补模型的缝隙缺陷，最好调整曲线，提高曲面的生成质量。
- 如果选择的片体包围一个空间体积，成封闭状态，则缝合之后会生成一个实体。
- 如果两个实体具有一个或多个共同的表面，也可以用缝合命令把这两个实体隐藏起来，隐藏命令可以嵌套使用。

实战：创建缝合特征

以片体间的缝合为例来简要说明缝合操作的具体步骤。

1 打开如图7-68所示的光盘文件，进入建模模块，在工具栏中选择"缝合"命令，按系统提示的操作步骤对片体进行缝合。

2 在"特征操作"工具栏中单击"缝合"按钮，系统弹出如图7-67所示的"缝合"对话框，根据系统提示，首先选取目标片体，选取完成后，根据系统提示选取工具片体，如图7-69所示。

图7-68 源文件

图7-69 选择"目标体"和"工具体"

3 在对话框中的"设置"选项组中输入"公差"值为1.50，如图7-70所示，单击"确定"按钮，系统将完成缝合操作，如图7-71所示。

图7-70 设置公差

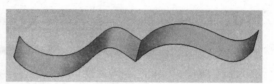

图7-71 缝合效果

7.2.9 补片体

补片体是利用片体对实体表面进行修补，以创建所需的实体表面。在菜单栏中选择"插入"｜"联合体"｜"补片"命令或者在"特征操作"工具栏中单击"补片"按钮，系统弹出如图7-72所示的"补片"对话框，下面介绍该对话框中的主要选项的含义。

- 目标：单击该选项组中的"选择体"按钮，选择要修补的目标实体。
- 刀具：单击该选项组中的"选择片体"按钮，选择用于修补目标体的一个或多个片体。
- 要移除的目标区域：单击该按钮可以倒转移除方向。

图7-72 "补片"对话框

- 设置：该选项用于设置公差，选择的工具片体必须与目标实体相接触或间隙超过距离公差值。

实战：补片体

补片体的具体操作过程如下。

① 打开如图7-73所示的光盘文件。在"特征操作"工具栏中单击"补片"按钮，系统弹出"补片"对话框，如图7-72所示。

② 根据系统提示选择目标实体和工具片体，如图7-74所示。

③ 在对话框中设置移除目标区域的矢量方向，并在设置文本框中输入公差选项，设置完毕后单击"确定"按钮，即可用工具片体修补选择的目标实体，如图7-75所示，其着色模式如图7-76所示。

图7-73　源文件

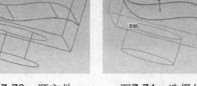
图7-74　选择体

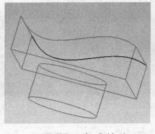
图7-75　完成补片

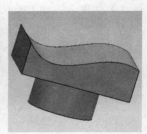
图7-76　最终效果

7.2.10　缩放体

缩放体命令是按一定比例对实体进行放大或缩小，其功能与"变换"命令中的"比例"功能是相通的。在菜单栏中选择"插入"｜"偏置/缩放"｜"缩放体"命令或者在"特征操作"工具栏中单击"缩放体"按钮，系统弹出"缩放体"对话框，缩放实体包括3种类型："均匀"方式、"轴对称"方式和"常规"方式，如图7-77所示。下面分别介绍对话框中主要选项的含义。

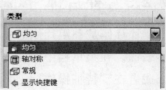
图7-77　"缩放体"对话框

- 均匀：该类型是以指定的参考点作为缩放中心，使用相同的比例沿x、y、z轴方向对实体或者片体进行缩放。
- 轴对称：该类型是以指定的参考点作为缩放中心，在对称轴方向和其他方向采用不同的缩放因子对所选择的实体或者片体进行缩放。
- 常规：该类型是对实体或片体沿指定参考坐标系的x、y、z轴方向，以不同的比例因子进行缩放。

 实战：创建缩放特征

（1）均匀缩放实例

① 打开如图7-78所示的光盘文件。在"特征操作"工具栏中单击"缩放体"按钮，系统弹

出如图7-78所示的"缩放体"对话框，在"类型"下拉列表中选择"均匀"选项。

②根据系统提示在绘图工作区选择实体，如图7-78所示，然后根据系统提示选择"缩放点"，选择完成后在"均匀"文本框中输入"比例因子"值为0.5，单击"确定"按钮，系统生成如图7-79所示的特征。

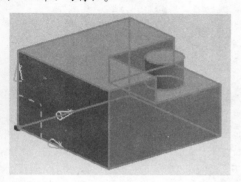

图7-78 源文件

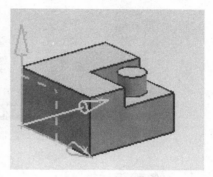

图7-79 均匀缩放效果

（2）轴对称缩放实例

①打开如图7-80所示的光盘文件，进入建模模块，在绘图工作区创建如图7-80所示的圆柱体特征。在"特征操作"工具栏中单击"缩放体"按钮，系统弹出"缩放体"对话框，在"类型"下拉列表中选择"轴对称"选项，系统将弹出如图7-81所示的"缩放体"对话框。

②根据系统提示选择要缩放的实体和缩放点，并在文本框内输入"比例因子"数值，并设置"沿轴向"为0.5、其他方向为2，如图7-81所示。单击"确定"按钮，系统生成如图7-82所示的比例体特征。

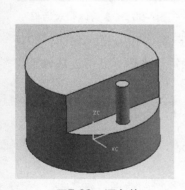

图7-80 源文件

图7-81 "缩放体"对话框

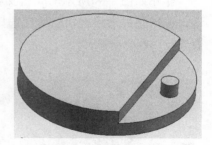

图7-82 轴对称缩放效果

（3）常规缩放实例

①同样打开如图7-80所示的光盘文件。在"特征操作"工具栏中单击"缩放体"按钮，系统弹出"缩放体"对话框，在该对话框中的"类型"下拉列表中选择"常规"选项，系统弹出如图7-83所示的"缩放体"对话框。

②根据命令提示选择要缩放的实体，并在"比例因子"选项组内输入x、y、z轴向的比例因子值，如图7-83所示，单击"确定"按钮，系统生成如图7-84所示的比例体特征。

图7-83 "缩放体"对话框

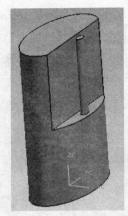

图7-84 常规缩放效果

7.2.11 修剪实体

修剪实体是将实体一分为二，保留一边而切除另一边，并且仍然保留参数化模型。其中修剪的基准面和片体相关，实体修剪后仍保留参数化实体。

在菜单栏中选择"插入"｜"修剪"｜"修剪体"命令，或者在"特征操作"工具栏中单击"修剪体"按钮 ，系统弹出如图7-85所示的"修剪体"对话框，在该对话框中首先选择"目标体"，然后选择"刀具体"，在"工具选项"下拉列表中选择工具体，在绘图区选择工具平面，选择完毕后，单击"确定"按钮，即可完成对实体的裁剪。

图7-85 "修剪体"对话框

打开如图7-86所示的光盘文件，根据系统提示依次选择目标实体和刀具，如图7-87所示，选择完成后根据实际情况选择修剪体的矢量方向，单击"确定"按钮，系统完成修剪，效果如图7-88所示。

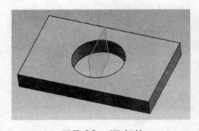

图7-86 源文件

图7-87 选择体及面

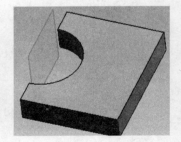

图7-88 完成创建

注意

使用"修剪"工具在实体表面或片体表面修剪实体时，修剪面必须完全通过实体，否则将不能将实体进行修剪，实体必须垂直于基准平面。

7.3　特征编辑

特征的编辑是对当前面通过实体造型特征进行各种操作。编辑特征的命令主要包括在"编辑特征"工具栏中，主要包括编辑位置、移动、替换、由表达式抑制、实体密度、回放等。另外，在选取某些特征后，单击鼠标右键，在弹出的快捷菜单中可以方便地编辑所选择的特征。

7.3.1　编辑特征参数

编辑特征参数是指通过重新定义创建特征的参数来编辑特征，生成修改后新的特征。通过编辑特征参数可以随时对实体特征进行更新，而不用重新创建实体，可以大大提高工作效率和建模准确性。

该命令的功能是编辑创建特征的基本参数，如坐标系、长度、角度等。用户可以编辑几乎所有的有参数的特征。

- 方式1：直接在"编辑特征"工具栏中单击"编辑特征参数"按钮，弹出如图7-89所示的"编辑参数"对话框，其中列出了当前文件中所有可编辑参数的特征后单击"确定"按钮。

- 方式2：在模型中直接用鼠标左键点选相应特征，在"编辑特征"工具栏中单击"编辑特征参数"按钮，此时将显示出该特征的参数。如果选取的是多个特征，再使用此命令，则会将这些特征的全部参数列表显示，用户可选择所需要编辑的特征参数。

具体的操作步骤如下。

打开如图7-90所示的光盘文件，在"编辑特征"工具栏中单击"编辑特征参数"按钮，单击倒圆角特征，单击"确定"按钮，系统弹出如图7-91所示的"边倒圆"对话框，在该对话框相应的位置修改圆角半径为6，单击"确定"按钮，系统生成如图7-92所示的圆角特征。

参数编辑完成后，选取的特征将按照新的尺寸参数自动更新，依附于其上的其他特征仍按原位置保持不变。

图7-89　"编辑参数"对话框

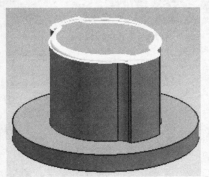

图7-90　源文件

图7-91　参数设置

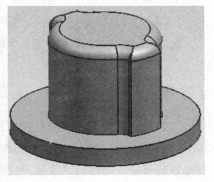

图7-92　完成创建

提示·

在资源栏或绘图区中直接选取该特征，右击鼠标，选择快捷菜单中的"编辑特征参数"命令，同样可以打开相应的"编辑参数"对话框。

7.3.2 编辑定位尺寸

编辑定位尺寸是指通过改变定位尺寸来生成新的模型，达到移动特征的目的，也可以重新创建未添加定位尺寸的定位尺寸，此外还可以删除定位尺寸。

该命令用于对特征的定位位置进行编辑，特征根据新的尺寸进行定位。

① 打开如图7-93所示的光盘文件。在"编辑特征"工具栏中单击"编辑位置"按钮，系统弹出如图7-94所示的"编辑位置"对话框，在弹出的"编辑位置"对话框中将列出文件中所有具有定位性质的全部特征，选取要编辑的特征后单击"确定"按钮。

② 此时系统弹出如图7-95所示的"编辑位置"对话框，其中有3个选项可供选择，包括"添加尺寸"、"编辑尺寸值"、"删除尺寸"，用户可以根据自己的需要选取相应的操作。

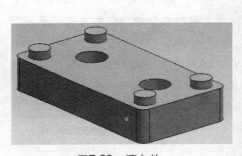

图7-93 源文件

图7-94 特征列表

图7-95 "编辑位置"对话框

③ 单击"编辑尺寸值"按钮将显示出它的定位尺寸。选择需要编辑的尺寸值并在编辑表达式中进行修改，如图7-96所示，修改后的定位尺寸为15。

④ 尺寸编辑结束后，在"编辑位置"对话框中单击"确定"按钮，再次单击"确定"按钮结束该特征的位置编辑。

⑤ 在"编辑位置"对话框中单击"确定"按钮后，选取的特征将按照新的位置尺寸进行更新。

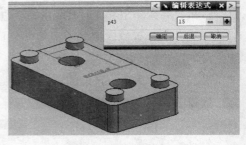

图7-96 新参数设置

7.3.3 移动特征

该命令是将主要关联特征移动到指定的位置，移动的特征可以是一个，也可以是多个。因为UG是一个全参数化的软件，很多部件之间有相互依存的关系。因此在移动之前需要先考虑是否可以进行移动，即移动后依附于它的其他特征是否有无法定位或基准失去参考等错误发生，具体操作步骤如下。

打开如图7-97所示的光盘文件。在模型中选取要移动的特征后，在"编辑特征"工具栏中单击"移动特征"按钮 ，将弹出如图7-98所示的"移动特征"对话框，选择要移动的特征为"基准坐标系"，单击"确定"按钮后，可以在弹出的如图7-99所示的"移动特征"对话框中选择输入尺寸增量或其他的移动方式，然后再单击"确定"按钮，程序自动根据修改的参数更新模型。

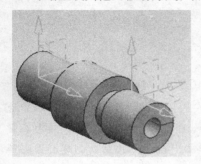

图7-97　源文件

图7-98　"移动特征"对话框

图7-99　输入参数

7.4　创建衬盖

本实例包含的内容更多一些，主要用到的有回转特征、沉头孔特征、圆形阵列特征、倒斜角和边倒圆特征。

（**1**）新建"ex7-2.prt"文件，进入建模模块后，在菜单栏中选择"插入"｜"草图"命令，此时程序自动弹出"创建草图"对话框，选择XC-YC平面作为草绘平面，单击"确定"按钮，绘制如图7-100所示的曲线。

（**2**）创建回转实体。在"特征"工具栏中单击"回转"按钮，或者从"插入"菜单中选择"设计特征"｜"回转"命令，打开"回转"对话框。选择刚才绘制的草图为回转曲线，选择回转轴为XC坐标轴，单击"确定"按钮完成回转体创建，效果如图7-101所示。

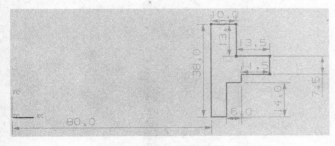

图7-100　草绘曲线

图7-101　回转实体

（**3**）创建孔特征。在"特征"工具栏中单击"孔"按钮，在"类型"下拉列表中选择"常规孔"选项，"孔方向"选择"垂直于面"，并在"成形"下拉列表中选择"沉头孔"选项；利用"点"对话框设置孔的位置，如图7-102所示。在"形状和尺寸"选项组中输入如图7-103所示的尺寸，设置"沉头孔直径"为11、"沉头孔深度"为4.6、孔"直径"为6.6，"深度限制"选择"贯通体"，单击"确定"按钮完成沉头孔创建。

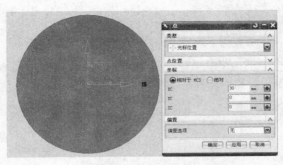

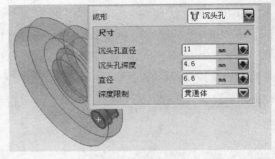

图7-102 设置孔的位置　　　　　　　图7-103 输入沉头孔参数

④ 创建圆形阵列。在"特征操作"工具栏中单击"特征实例"按钮，在弹出的对话框中选择"圆形阵列"命令，选择"沉头孔"特征为阵列对象，设置如图7-104所示的参数，接着在弹出的对话框中选择"基准轴"，并选择XC坐标轴为基准轴，单击"确定"按钮，创建的圆形阵列如图7-105所示。

⑤ 倒斜角。在"特征操作"工具栏中单击"倒斜角"按钮，在"偏置"选项组中选择"对称"类型，设置"距离"为2，其余选项使用默认设置，选择如图7-106所示的3条边进行倒斜角。

图7-104 参数输入　　　图7-105 阵列效果图　　　图7-106 边倒角参数输入及预览

⑥ 边倒圆。在"特征操作"工具栏中单击"边倒圆"按钮，设置半径为3，选择如图7-107所示的边进行边倒圆操作，单击"确定"按钮完成边倒圆操作，至此衬盖创建完成，效果如图7-108所示。

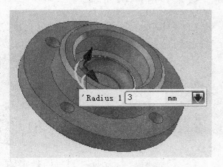

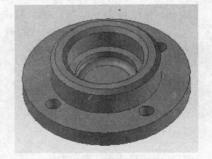

图7-107 边倒圆操作　　　　　图7-108 衬盖最终效果

7.5 创建箱体

本实例将讲解箱体设计，其中包含了草绘、拉伸、抽壳、边倒圆、凸台、镜像特征、孔、实例特征、拔模等工具命令，通过练习本例可以对本章内容有系统的了解。

① 新建"ex7-3.prt"文件，进入建模模块后，在菜单栏中选择"插入"｜"草图"命令，此时程序自动弹出"创建草图"对话框，选择XC-YC平面作为草绘平面，单击"确定"按钮，绘制如图7-109所示的草图；选择"拉伸"命令，设置起始及终止值分别为0和35，其余保持系统默认，单击"确定"按钮，完成拉伸实体的创建，效果如图7-110所示。

② 抽壳。在"特征操作"工具栏中单击"抽壳"按钮，或者选择"插入"｜"偏置/缩放"｜"抽壳"命令，在"类型"中设置为"移除面，然后抽壳"，选择上表面为抽壳面，设置厚度为3，抽壳最终效果图如图7-111所示。

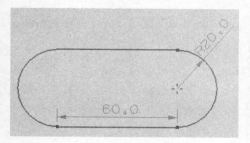

图7-109　草绘曲线

图7-110　拉伸实体

图7-111　抽壳

③ 创建拉伸实体。在"特征"工具栏中单击"草图"按钮，选择XC-YC平面为草绘平面，其余选择系统默认，绘制如图7-112所示的尺寸图。切换回建模环境，单击"拉伸"按钮，选择刚才绘制的曲线为拉伸曲线，设置起始与终止值分别为0和5，在"布尔"下拉列表中选择"求和"，单击"确定"按钮，效果如图7-113所示，完成座的拉伸创建。

图7-112　草图绘制

④ 边倒圆。在"特征操作"工具栏中单击"边倒圆"按钮，设置半径为12（恒定半径），选择刚才拉伸的实体的4个棱边为边倒圆对象，单击"确定"按钮完成边倒圆操作，效果如图7-114所示。

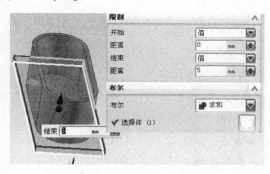

图7-113　参数设置及拉伸实体

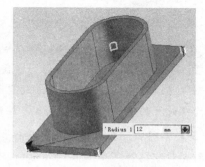

图7-114　边倒圆操作

⑤ 创建凸台。在"特征"工具栏中单击"凸台"按钮，在弹出的"凸台"对话框内设置如图7-115所示的参数，单击"确定"按钮后系统弹出"定位"对话框，设置如图7-116所示的定位尺寸，单击"确定"按钮完成最终凸台的创建。

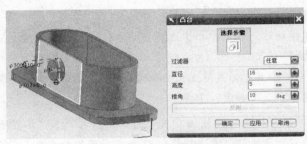

图7-115　凸台参数的设计及预览　　　　　　　图7-116　凸台的定位尺寸

6 创建镜像特征。在"特征"工具栏中单击"镜像特征"按钮，选择刚才创建的凸台为镜像对象，在"镜像平面"对话框的"平面"设置中选择"新平面"选项，通过两条轴创建一个平面作为镜像平面，效果如图7-117所示，注意平面的位置。

7 创建简单孔。在"特征"工具栏中单击"孔"按钮，打开"孔"对话框，在"类型"选项中选择"常规孔"，"方向"设置为"垂直于面"，"成形"选项选择"简单"，孔直径设置为9，其深度限制设置为"贯通体"，"布尔"选项设置为"求差"，接着选择模型中凸台的中心点来定位孔的位置，单击"确定"按钮完成孔的创建，效果如图7-118所示。

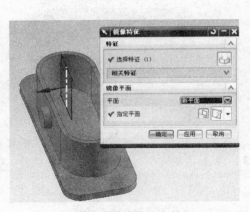

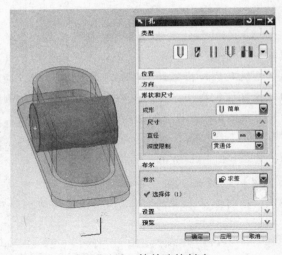

图7-117　镜像凸台特征　　　　　　　　　图7-118　简单孔的创建

8 创建螺纹孔。在"特征"工具栏中单击"孔"按钮，打开"孔"对话框，"类型"设置为"螺纹孔"，"方向"设置为"垂直于面"，螺纹尺寸规格为M6X1.0，螺纹深度为10，"深度限制"为"贯通体"，"布尔"运算设置为"求差"，其他使用默认系统设置，接着选择圆角中心为螺纹孔的中心，单击"确定"按钮完成创建，效果如图7-119所示。

9 阵列螺纹孔。在"特征操作"工具栏中单击"特征实例"按钮，在弹出的"特征实例"对话框中选择"矩形阵列"命令，选择上一步创建的螺纹孔为阵列对象，设置如图7-120所示的阵列参数，单击"确定"按钮完成螺纹孔的阵列操作。

10 创建拔模凸台。选择"草图"命令，选择箱体底面为草绘平面，绘制如图7-121所示的尺寸草图，切换到建模环境后选择"拉伸"命令，选择刚才绘制的草图曲线为拉伸对象，设置拉伸起始及终止值分别设置为0和5，拔模角度设置为20°，"布尔"运算设置为"求和"，单击

"确定"按钮完成拉伸创建，效果如图7-122所示，注意用"更改方向"按钮✕更改拔模方向。

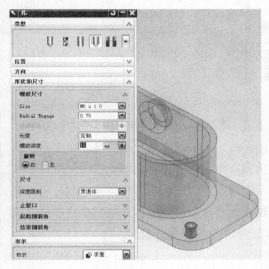

图7-119 螺纹孔的创建

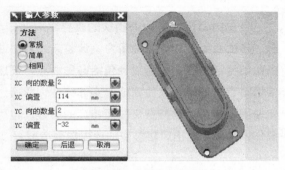

图7-120 阵列参数设置

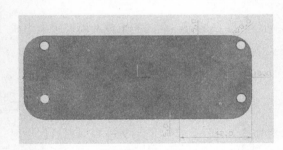

图7-121 草绘曲线

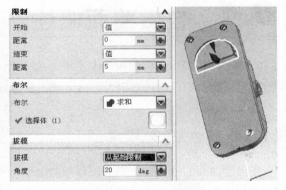

图7-122 拔模凸台的创建

11 镜像拔模凸台特征。在"特征操作"工具栏中单击"镜像特征"按钮，选择刚才创建的拉伸凸台为镜像对象，与步骤6类似，创建如图7-123所示的新平面，以新平面为基准进行特征镜像，单击"确定"按钮完成镜像特征的创建。最终效果如图7-124所示，至此箱体的设计全部完成。

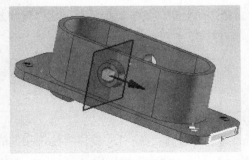

图7-123 镜像凸台特征

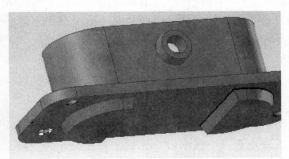

图7-124 最终效果图

第8章

曲面功能

　　自由曲面设计是CAD模块的重要组成部分，也是体现CAD/CAM软件建模能力的重要标志。自由曲面设计可以让用户设计复杂的自由曲面外形，大多数实际产品的设计都离不开自由曲面特征。自由曲面设计包括自由曲面特征建模模块和自由曲面特征编辑模块，用户可以使用前者方便地生成曲面或者实体模型，再通过后者对已生成的曲面进行各种修改。利用编辑曲面功能可以重新定义曲面特征的参数，也可以通过变形和再生工具对曲面直接进行编辑操作，从而创建出风格多变的自由曲面造型，以满足不同的产品设计需求。

8.1　自由曲面概述

　　自由形状特征用于构建用标准建模方法所无法创建的复杂形状，它既能生成曲面，也能生成实体。定义自由形状特征可以采用点、线、片体或实体的边界和表面。

8.1.1　基本概念及术语

　　在创建曲面的过程中，许多操作都会出现专业性概念及术语，为了能够更准确地理解创建规则曲面和自由曲面的设计过程，很有必要了解一下曲面的术语及功能，从而创建出更高级的曲面设计，满足设计的要求。

1. 全息片体

　　在UG NX 8.0中，大多数命令所构造的曲面都是参数化的特征，在自由曲面特征中被称为全息片体。全息片体指的是全关联、参数化曲面。这类曲面的共同特征是都由曲线生成，曲面与曲线具有关联性。当构造曲面的曲线被编辑修改后，曲面会自动更新。实体是指具有一定厚度和封闭的体积，而片体的厚度为零，只有空间形状，没有实际厚度。

2. 行与列

　　行定义了片体U方向，而列是大致垂直于片体行的纵向曲线方向（V方向）。

3. 曲面的阶次

　　阶次是一个数学概念，表示定义曲面的三次多项式方程的最高次数。UG程序中使用相同的概念定义片体，每个片体均含有U、V两个方向的阶次。UG中建立片体的阶次必须介于2~24之间。阶次过高会导致系统运算速度变慢，同时容易在数据转换时产生错误。

4. 公差

某些自由曲面特征在建立时使用近似的方法，因此需要使用公差来限制。曲面的公差一般有两种：距离公差和角度公差。距离公差是指建立的近似片体与理论上精度片体所允许的误差；角度公差是指建立的近似片体的面法向与理论上的精确片体的面法向角度所允许的误差。

5. 补片的类型

补片指的是构成曲面的片体，在UG中主要有两种补片类型。一般情况下，均适用单补片的形式，这样生成的曲面有利于控制和编辑。

- 单补片：建立的曲面只含有单一的补片。
- 多补片：建立的曲面是一系列单补片的阵列。

在本章中，有些命令要求选取曲面，则该曲面可以是片体，也可以是实体的表面，而有些命令要求选取曲面，则只能选取没有实际厚度的片体。

8.1.2 曲面命令的使用

在UG NX 8.0中，使用曲面命令主要是在"建模"和"外观造型设计"模块中使用。曲面构建命令主要是在"曲面"工具栏和"编辑曲面"工具栏中使用，如图8-1和图8-2所示。

图8-1 "曲面"工具栏

图8-2 "编辑曲面"工具栏

8.1.3 曲面构造的原则与技巧

在曲面的构造过程中有很多原则和技巧，熟悉这些方法和技巧有利于设计工作的顺利进行，用于构造曲面的曲线尽可能简单，曲线阶次数小于等于3；由于构造曲面的曲线要保证光顺连续，避免产生尖角和重叠；曲面的曲率半径要尽可能地大，否则会造成实际加工较困难和复杂；面之间的圆角要尽可能在实体上进行操作。

8.2 基本曲面特征的构建

利用点和曲线构建曲面骨架进而获得曲面是最常用的曲面构造方法，UG NX 8.0软件提供包括直纹面、通过曲线、通过曲线网格、扫掠以及截面体等多种曲线构造曲面工具，所获得的曲面是全参数化，并且曲面与曲线之间具有关联性，即当构造曲面的曲线进行编辑、修改后，曲面会自动改新，主要适用于大面积的曲面构造。

8.2.1 点构造曲面

由点构建曲面是通过在空间中的多个点构建曲面，这些点是按一定的规则排列的，可以按线、不规则面、平面等方式进行排列，才能构成合理的曲面。

1.通过点

该命令通过定义曲面的控制点来创建曲面，控制点对曲面的控制是以组合为链的方式来实现的，链的数量决定了曲面的圆滑程度。

单击"曲面"工具栏中的"通过点"按钮，弹出如图8-3所示的对话框，使用默认的"行阶次"和"列阶次"，单击"确定"按钮，随即弹出如图8-4所示的对话框，单击"全部成链"按钮，此时通过选取起始点和结束点来定义链。

在点模型中依次选取链的起始点和结束点。阶次为3的情况下需要定义4个链，单击完每条链的起始点和结束点后，此时形成4个曲线链，随即弹出"过点"对话框，如图8-5所示。单击其中的"所有指定的点"按钮即生成曲面；如果单击"指定另一行"按钮，还可以继续增加链来控制曲线。

图8-3 "通过点"对话框

图8-4 "过点"对话框

图8-5 "过点"对话框

提示·

设置多面片体的封闭方式如果选择了后三者，最后都将生成实体。此外在设置行阶次时，最小的行数或每行的点数是2，并且最大的行数或每行的点数是25。

2.从极点

该方式与通过点方式构造曲面类似，不同之处在于选取的点将成为曲面的控制极点。

单击"曲面"工具栏中的"通过极点"按钮，弹出如图8-6所示的对话框，使用默认设置，单击"确定"按钮，进行点的选取。

程序弹出"点"对话框，要求选取定义点，在绘图工作区中依次选取要成为第一条链的点，选取完成后，在"点"对话框中单击

图8-6 "从极点"对话框

"确定"按钮，此时弹出"指定点"对话框，单击"是"按钮，接受选取的点，完成第一条链的定义。

使用同样的方法，在绘图工作区中创建其他的3条链。当定义了4条链后，程序将弹出"从极点"对话框，单击"所有指定的点"按钮，随即生成曲面，该曲面是由极点控制的。

3.从点云

从点云创建曲面是由若干的点构成曲面，这些点将成为曲面的控制点。

单击"曲面"工具栏中的"从点云"按钮，弹出如图8-7所示的对话框，其中"U向补片数"表示U方向的偏移面数值。"坐标系"选项用于改变U、V矢量方向及曲面法线方向的坐标系统。

此时可选取定义点，在绘图工作区中拉出一个选框可以快速选取多个点，用户也可逐个选取定义点。定义点选取完成以后，在"从点云"对话框中单击"确定"按钮，即可生成曲面，同时弹出"拟合信息"对话框，如图8-8所示，提示曲面拟合的参数，单击"确定"按钮即可。

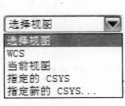

图8-7 "从点云"对话框

图8-8 "拟合信息"对话框

注意

通过点构造曲面的方法主要用于处理在实物上直接测量得到的点，或是导入的其他格式的点文件。所以在选取定义点时，应先删除一些干扰点或不合理的点，以使得到的曲面顺滑。

实战：利用"通过点"工具，生成曲面

① 打开随书光盘中的文件"8-1"，如图8-9所示。在"曲面"工具栏中单击"通过点"按钮，弹出"通过点"对话框，使用默认的"行阶次"和"列阶次"，单击"确定"按钮。

② 此时弹出"过点"对话框，要求定义点的选取方式，单击"全部成链"按钮，此时通过选取起始点和结束点来定义链。

③ 在模型中一次选取链的起始点和结束点。阶次为3时需要定义4条链，一次单击点1~8，此时形成4条曲线链，如图8-9所示。

④ 在"过点"对话框中单击"所有指定点"按钮，随即生成曲面，如图8-10所示。如果单击"指定另一行"按钮，还可以继续增加链来控制曲线。

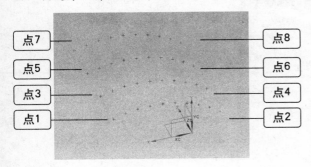

图8-9 点

图8-10 创建的曲面

❀ **实战：利用"从极点"工具，生成曲面**

① 打开随书光盘中的文件"8-2"，如图8-11所示。在"曲面"工具栏中单击"从极点"按钮，弹出"从极点"对话框，使用默认设置，单击"确定"按钮，进行点的选取。

② 程序弹出"点"对话框，要求选取定义点，在绘图区中一次选取要成为第一条链的点，选取完成后在"点"对话框中单击"确定"按钮，如图8-11所示。

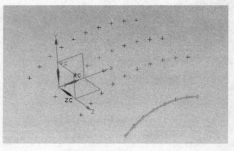

图8-11 点集

③ 此时弹出"指定点"对话框，单击"是"按钮，接收选取的点，完成第一条链的定义。

④ 使用同样的方法，在绘图工作区中创建其他的三条链，如图8-12所示。

⑤ 当定义了4条链后，程序弹出"从极点"对话框，单击"所有指定的点"按钮随即生成曲面，该曲面是由极点控制的，如图8-13所示。

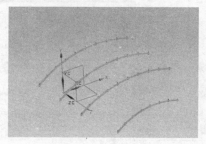

图8-12 点链

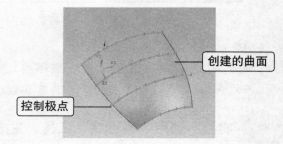

创建的曲面

控制极点

图8-13 创建的曲面

❀ **实战：从点云成面**

① 打开随书光盘中的文件"8-3"，在"曲面"工具栏中单击"从点云"按钮，弹出"从点云"对话框。

② 选取定义点，在绘图工作区中拉出一个对话框，可以快速选取多个点。用户也可以逐个选取定义点，如图8-14所示。

③ 定义点选取完成后，在"从点云"对话框中单击"确定"按钮，随即生成曲面，如图8-15所示。同时弹出"拟合信息"对话框，提示曲面的拟合参数，单击"确定"按钮即可。

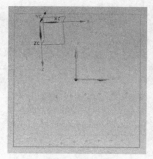

图8-14 逐个选取定义点

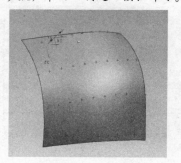

图8-15 生成曲面

8.2.2　曲线构建曲面

曲线构建曲面是通过空间中已有的曲线来构建曲面，曲线的形状可以不规则排列，但是在定义生成方向或参考曲线时必须要遵循一定的规则。

1. 直纹曲面

直纹方法是通过两条截面线串而生成曲面，每条截面线串可以由多条连续的曲线、体边界或多个体表面组成。

单击"曲面"工具栏中的"直纹"按钮，弹出如图8-16所示的对话框。此时"截面线串1"选项组处于第一步，要求选择第一条曲线。在绘图工作区中选取第一条曲线，单击曲线的一段即可，曲线被选取后，将显示曲线的方向。单击"截面线串2"选项组下的"选择曲线"按钮，在绘图工作区中选取第二条曲线，选取的位置应在第一条曲线的同一侧，否则生成的曲面将被扭曲变形。接着单击"直纹"对话框中的"确定"按钮，即可完成操作。

图8-16　"直纹"对话框

"对齐"下拉列表中的选项如下。

- 参数：表示空间中的点将会沿着所指定的曲线以相等参数的间距穿过曲线产生片体。所选取曲线的全部长度将完全被等分。

- 弧长：表示空间中的点将会沿着所指定的曲线以相等弧长的间距穿过曲线产生片体。所选取曲线的全部长度将完全被等分。

- 根据点：选择该选项，可以根据所选取的顺序在连接线上定义片体的路径走向，该选项用于连接线中。在所选取的形体中含有角点时使用该选项。

- 距离：选择该选项，系统会将所选取的曲线在向量方向等间距切分。当产生片体后，若显示其U方向线，则U方向线以等分显示。

- 角度：表示系统会以所定义的角度转向，沿向量方向扫过，并将所选取的曲线沿一定角度均分。当产生片体后，若显示其U方向线，则U方向线会以等分角度方式显示。

- 脊线：表示系统会要求选取脊线。选择之后，所产生的片体范围会以所选取的脊线长度为准，但所选取的脊线平面必须与曲线的平面垂直。

实战：直纹曲面

(1) 打开随书光盘中的文件"8-4"，如图8-17所示。单击"曲面"工具栏中的"直纹"按钮，弹出"直纹"对话框，此时"截面线串1"选项组处于第一步，要求选取第一条曲线。

(2) 在绘图工作区中选取第一条曲线，单击曲线的一端即可。曲线被选取后，将显示曲线的方向，如图8-18所示。

(3) 在"直纹"对话框中单击"确定"按钮，随即生成直纹曲面。

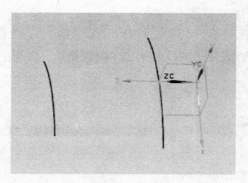

图8-17 源文件

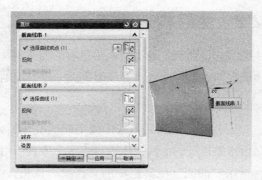

图8-18 形成曲面

2. 通过曲线组

此方法是通过选取曲线组的方式创建曲面。由于控制曲面的曲线数量较多，所以拟合精度也较高。曲线组由若干条曲线组成，但大多数应在同一矢量方向上，曲线组中曲线的最低数量应有两条。

单击"曲面"工具栏中的"通过曲线组"按钮，弹出如图8-19所示的对话框。

（1）截面

用于依次选择通过截面的线串。其中"列表"选项用于显示所选择的截面线串，并且对其进行编辑。编辑包括删除以及改变截面顺序等。

图8-19 "通过曲线组"对话框

（2）连续性

用来设置约束面对哪个截面起到连续性上的约束，如果选择了"全部"复选框，约束对于两者均起作用。系统提供了3种连续性的选择：G0、G1、G2。

系统默认的是G0型的连续性，即生成的曲面在开始截面处与约束曲面连续。G1（相切）：这时生成的曲面在开始截面处与约束曲面一阶导连续；G2（曲率）：这时生成的曲面在开始截面处与约束曲面一阶导连续并具有相同的曲率。

（3）调整

"调整"下拉列表中包含7个选项，前面6种和"直纹"中的含义一样。其中，样条定义点的含义为：若选取样条定义点，则所产生的片体会以所选取曲线的相等切点为穿越点，但其所选取的样条则限定为B-曲线。

（4）输出曲面选项

用于设置产生曲面的类型，其中"补片类型"有3个选项：单个、多个和匹配线串。"单个"、"多个"与通过直纹面建立曲面差不多；选择"匹配线串"时，表示不需要选择 V 向阶次，系统将按照所选的截面线串数，自动定义 V 向阶次。

- 构造：用于设置生成的曲面符合各条曲线的程度，共有3个选项。
  - ◆ 正常：选择该选项，系统将按照正常的过程创建实体或是曲面，该选项具有最高的精度，因此将生成较多的块，占据最多的存储空间。
  - ◆ 样条点：该选项要求选择的曲线必须具有与选择的点数目相同的单一B样条曲线，这时生成的实体和曲面将通过控制点并在该点处与选择的曲线相切。
  - ◆ 简单：该选项可以对曲线的数学方程进行简化，以提高曲线的连续性。运用该选项生成的曲面或是实体具有最好的光滑度，生成的块数也最少，因此占用最少的存储空间。
- V向封闭：如果选中该复选框，那么所创建的曲线会在V方向上闭合。

（5）设置

其中"公差"选项用于设置所产生的片体与所选取的截面曲线之间的误差值。

3. 通过曲线网格

通过曲线网格方法使用一系列在两个方向的截面线串建立片体或实体。截面线串可以由多段连续的曲线组成，这些线可以是曲线、体边界或体表面等集几何体。构造曲面时应将一组同方向的截面线定义为主曲线，而另一组大致垂直于主曲线的截面线则成横向曲线。单击"曲面"工具栏中的"通过曲线网格"按钮，弹出如图8-20所示的对话框。

图8-20　"通过曲线网格"对话框

（1）曲线选择

单击"主曲线"选项组中的"主曲线"按钮，在绘图区中选取主曲线，每次选取完一条曲线后，单击中键确认。主曲线选取完成后，单击"交叉曲线"选项组中的"选择曲线"按钮，在绘图工作区中选取横向曲线。

（2）主曲线及交叉曲线列表框

用于显示所选择的主曲线及交叉曲线，并且对其进行编辑（包括删除及改变截面顺序）。

（3）连续性

具体含义与上节"通过曲线"方式创建曲面介绍的一致。

（4）输出曲面选项

- 强调：用于设置系统生成曲面时考虑主曲线和交叉曲线的方式，共有3个选项。
  - ◆ 两个皆是：选择此选项，所产生的片体会沿着主要曲线与交叉曲线的重点创建。
  - ◆ 主线串：选择此选项，所产生的片体会沿主要的曲线创建。
  - ◆ 叉号：选择此选项，所产生的片体会沿交叉的曲线创建。

- 构造：用于设置生成的曲面符合各条曲线的程度，共有3个选项，和"通过曲面"中的选项一样。

(5) 公差

"设置"选项组中的"公差"选项用于设置交叉曲线与主曲线之间的公差。当交叉曲线与主曲线不相交时，其交叉曲线与主曲线之间的距离不得超过所设置的交叉公差值。若超过所设置的公差时，将无法生成曲面，提示重新操作。

4.利用"扫掠"方式创建曲面

单击"曲面"工具栏中的"扫掠"按钮，弹出如图8-21所示的对话框，首先选择截面曲线，每选择一条截面曲线后，要按下鼠标中键以确认，选取各截面线串后，单击"引导线"下的"选择曲线"按钮，在绘图工作区中选取引导线，引导线数量不能超过3条。

选择的截面对象可以是单条曲线或多段曲线，也可以是曲面边界、实体表面。如果选择是多段曲线，系统

图8-21 "扫掠"对话框

会根据所选取对象的起始曲线位置定义矢量方向，并按所选的曲线创建曲面，如果曲线都是封闭的，则产生实体。

下面介绍该对话框中一些常用的选项组。

(1) 脊线

该选项用于在定义平滑曲面的对齐方式及各项参数后，定义所要创建曲面的脊线，其定义脊线的选项为选择性的。若不定义脊线，则可单击"确定"按钮生成实体或曲面。

(2) 截面选项

- 定位方法：在"方向"下拉列表中包括以下几种定位方法。
  - ◆ 固定：选择该选项时，不需要重新定义方向，截面线将按照其所在的平面的法线方向生成片体，并将沿着导线保持这个方向。
  - ◆ 面的法向：选择该选项，系统会要求选取一个曲面，以所选取的曲面向量方向和沿着导引线的方向产生片体。
  - ◆ 矢量方向：所创曲面会以所定义向量为方位，并沿着引导线的长度创建。
  - ◆ 另一条曲线：定义平面上的曲线或实体边线为平滑曲面方位控制线。
  - ◆ 一个点：可用点构造器功能定义一点，使断面曲线沿着导引线的长度延伸到该点的方向。
  - ◆ 强制方向：利用矢量构造器定义一个矢量，强制断面曲线沿轨迹线扫描创建曲面的方向为矢量方向。

- 缩放方法：用于选取单一轨迹时，要求定义所要创建曲面的比例变化。比例变化用于设置截面线在通过轨迹时，截面曲线尺寸的放大与缩小比例，包括如下选项。
  - ◆ 恒定：选取该选项时，系统在其下方提示输入比例因子。输入数值后，系统将按照所输入的数值在坐标系的各个方向上进行比例缩放。
  - ◆ 倒圆函数：选择该选项，系统要求选择另一曲线作为母线，沿轨迹线创建曲面。
  - ◆ 另一条曲线：选取该选项，所产生的片体将以指定的另一曲线为一条母线沿引导线创建。
  - ◆ 一个点：选取该选项，系统会以断面、轨迹和点这3个对象定义产生的曲面缩放比例。
  - ◆ 面积规律：该选项可用法则曲线定义曲面的比例变化方式。
  - ◆ 周长规律：该选项与面积规律选项相同，不同之处在于使用周长规律时，曲线y轴定义的终点值为所创建片体的周长，而面积规律定义为面积大小。

提示·

当选取两条截面线时，第一条定义曲面的起始外形，第二条定义曲面的终止外形，而且得到的扫掠形成这两个外形之间的过渡。

8.3 复杂曲面构建

在创建自由曲面模块中，除了通过点和曲线创建之外，还可以在原有的曲面基础上对其进行操作，以达到一定的艺术效果或特殊形状。曲面操作包括延伸曲面、扩大曲面、偏移曲面、桥接曲面、整体成型、修剪曲面、融合曲面、倒角和中面等方法。下面简单介绍几种常用的操作。

8.3.1 曲面延伸

曲面延伸主要用于扩大曲面片体。该选项由于在已存在的曲面或表面上建立延伸曲面，延伸一般采用近似的方法建立。

单击"曲面"工具栏中的"延伸"按钮，弹出如图8-22所示的对话框，其中包括4种延伸方式。

1. 相切的

该选项用于将已有的曲面沿切线方向延伸到一个面、边缘或是拐角，其中包括"固定长度"和"百分比"两个选项，如图8-23所示。两者都用于设置延伸的长度。

图8-22 "延伸"对话框

图8-23 "相切延伸"对话框

实战：曲面延伸（相切的）

① 打开随书光盘中的文件"8-5"。

② 首先进行要延伸曲面的选择，选择"类型"为"相切的"，而且很重要的就是定义要延伸曲面的边界，如图8-24所示。

③ 在如图8-24所示的对话框中输入要延伸的距离为20，并选择延伸结点，然后单击"确定"按钮完成曲面延伸的创建。

图8-24 曲面延伸（相切的）

2. 垂直与曲面

该方式延伸处的曲面将垂直于原曲面。在延伸之前，曲面的边必须要有边缘曲线，实际上就是边缘线的拉伸操作。

 实战：曲面延伸（垂直与曲面）

① 打开随书光盘中的文件"8-6"。

② 类似于上一种延伸曲面的方法，选择"类型"为"垂直与曲面"，首先定义要延伸的曲面。

③ 设置要延伸曲面的边界，如图8-25所示。

④ 在参数输入对话框中输入要延伸的长度为20mm，单击"确定"按钮完成该方法曲面延伸的创建。

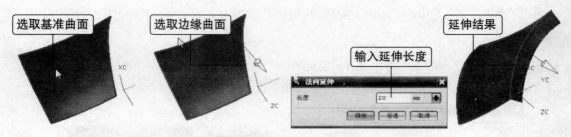

图8-25 曲面延伸（垂直的）

3. 圆的

选择该选项延伸处的曲面各处具有相同的曲率，并依照原来曲面的圆弧曲率延伸，延伸方向与原曲面边界处的方向相同。

实战：曲面延伸（圆的）

① 打开随书光盘中的文件"8-7"。

② 选择"曲面延伸"命令，系统弹出对话框，选择延伸形式，如图8-26所示。

图8-26　曲面延伸（圆的）

③ 选择要延伸的曲面及边。

④ 输入延伸长度20mm，单击"确定"按钮完成创建，如图8-27所示。

图8-27　延伸结果

8.3.2　偏置曲面

该命令用于在实体或片体的表面上建立等距离的偏置面或变距偏置面。单击"曲面"工具栏中的"偏置曲面"按钮，弹出如图8-28所示的对话框。选择要偏置的曲面，如图8-29所示，在对话框中输入偏置距离，单击"确定"按钮即可。

提示

在偏置曲面时，可以激活"列表"选项，选取任何类型的单一曲面或多个面同时进行偏置操作。

图8-28　"偏置曲面"对话框

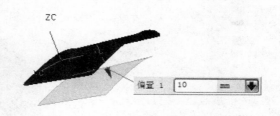

图8-29　效果图

8.3.3 大致偏置曲面

该偏置方式有别于"偏置曲面"命令，它可以对多个平滑过渡的曲面同时平移一定的距离，并生成单一的平滑过渡曲面。

单击"曲面"工具栏中的"大致偏置"按钮，弹出如图8-30所示的对话框，在绘图工作区中选择要偏置的曲面，再在对话框中输入偏置距离，单击"确定"按钮，完成操作，如图8-31所示。

图8-30 "大致偏置"对话框

图8-31 效果图

注意•

在创建大致偏置曲面时，如果选择"用户定义"曲面控制方式，则可激活"U向补片数"选项。通过设置补片的数量，可控制生成曲面的形状。

8.3.4 桥接曲面

该命令可以使用一个曲面，将两个修剪过或未修剪过表面空隙补足并连接。单击"曲面"工具栏中的"桥接曲面"按钮，弹出如图8-32所示的对话框，在绘图工作区中依次选取要桥接的曲面，选取位置应一致，选取后将显示方向箭头。

 实战：桥接曲面

① 打开随书光盘中的文件"8-8"。

② 选择"桥接曲面"命令，系统弹出如图8-32所示的对话框。

③ 依次选取两个要桥接的曲面，然后单击"确定"按钮完成桥接曲面的创建，如图8-33所示。

图8-32 "桥接曲面"对话框

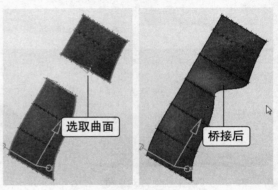
图8-33 桥接

在选取完要桥接的曲面后，"选择步骤"选项组自动跳转到第二步，要求选取桥接曲面两侧的曲面，如果没有，直接单击"确定"按钮，进行下一步操作。此时"选择步骤"选项组自动跳转到第三步，要求选取桥接曲面第一侧的线串，如果没有，直接单击"确定"按钮，完成操作。如果有，则在绘图工作区中进行选取，选取完成后，会要求选取第二侧的线串，按照上一步中操作方法进行操作。

8.3.5 修剪的片体

该命令是使程序依照指定的曲线、基准平面、曲面和边缘来修剪片体。

单击"曲面"工具栏中的"修剪的片体"按钮，弹出如图8-34所示的对话框，在绘图工作区中选取要修剪的片体；接着选取工具片体或曲线等修剪参照体，单击"确定"按钮，完成操作。"修剪的片体"对话框中的"区域"选

图8-34 "修剪的片体"对话框

项组，用于控制选取有多个修剪工具体时片体需要保留的部分。

注意

在桥接曲面时，"拖动"选项是可选择性的。完成桥接曲面后，可利用此工具来改变 桥接曲面的形状，其操作方法为：选择该选项，按住鼠标左键不放并拖动即可改变其形状。如果欲恢复原外形，只需选择"重置"选项即可。

实战：修剪的片体

①打开随书光盘中的文件"8-9"。

②选择"修剪片体"命令，依次选择工具体及目标体，如图8-35所示。

③单击"确定"按钮完成修剪片体的操作。

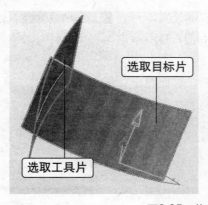

选取目标片

选取工具片

修剪结果

图8-35 修剪的片体

注意·

选取片体时，光标所在位置决定哪一侧被修剪。工具体可以是片体的自身的边缘线。

8.3.6 曲面的缝合

该命令用于将两个或两个以上的片体缝合成为单一的片体，如果被缝合的片体封闭成一定的体积，缝合后将成为实体。如果两个实体具有重合的面，该选项也可以用于缝合两个实体。

单击"特征操作"工具栏中的"缝合"按钮，弹出"缝合"对话框，如图8-36所示。

在绘图工作区中选取一个片体作为目标片体，接着选取与目标片体缝合的片体，可以是一个或若干个。选取完成后，单击"确定"按钮完成操作。操作示例如图8-37所示。

图8-36 "缝合"对话框

图8-37 "缝合"操作

注意·

如果希望通过将片体缝合为封闭的形状，而得到实体，则片体与片体之间的间隙不能大于指定的公差，否则结果是片体而不是实体。

8.3.7 片体加厚

该命令通过偏置的方法增厚片体，从而建立薄壳实体。单击"特征"工具栏中的"加厚"按钮，弹出如图8-38所示的"加厚"对话框。

在绘图工作区中选取要增厚的曲面，选取后，程序将显示自动判断增厚方向。箭头指示为第一偏置方向。在对话框中输入厚度后，单击"确定"按钮，随即生成薄壳实体。操作示例如图8-39所示。

图8-38 "加厚"对话框

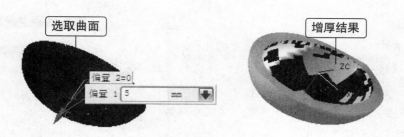

图8-39　加厚效果

8.3.8　N边曲面

该命令是将曲面内部的不规则孔补足，其中有两种构成方式："修剪的单片体"和"多个三角补片"。前者是通过所选择的封闭边缘或是封闭曲线生成一个单一的曲面；后者是通过每个选择的边和中心点生成多个三角形的片体。单击"曲面"工具栏中的"N边曲面"按钮，弹出如图8-40所示的对话框。

"类型"选项常使用"修剪的单片体"，在绘图工作区中选取曲面内部的不规则孔边缘，所有边必须全部选中，不能选错。接着单击"约束面"选项组中的"选择面"按钮，再在绘图工作区中进行边界面的选取，在"UV方位"选项组中可以指定脊线，也可以不指定，在"设置"选项组中选择"修剪到边界"复选框，单击"确定"按钮完成操作。操作示例如图8-41所示。

图8-40　"N边曲面"对话框

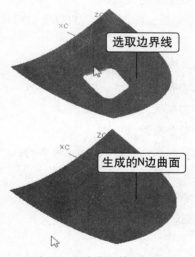

图8-41　N边曲面效果图

8.3.9　剖切曲面

剖切曲面方式是从截面的曲线上建立曲面，主要是利用与截面曲线和相关条件来控制一组连续截面曲线的形状，从而生成一个连续的曲面。

单击"曲面"工具栏中的"剖切曲面"按钮，系统弹出"剖切曲面"对话框，如图8-42所示。

（1）类型

其下拉列表中一共有20种，在此简单介绍几种。

图8-42 "剖切曲面"对话框

- 端线-顶线-肩线：首先选择起始边，再选取肩线（定义曲线穿越的曲线），再选取结束边，接着选取顶点。当选取完后系统会要求选取脊线串，定义脊线后，系统即自动依定义开始产生片体。
- 端点-斜率-肩点：首先选择起始边，再选取起始边斜率控制线，选取肩线，再选取结束边，接着再选取终边斜率控制线，定义脊线后系统即自动依定义开始产生片体。
- 截面-肩点：首先选择第一组面，再选择第一组面上的线串，再选取肩线，接着选取第二组面，再选取第二组面上的线串。当选取完成后系统会要求选取脊线，定义脊线后系统自动按定义产生片体。
- 三点作圆弧：首先选择起始边，再选取第一内部点，再选取结束边，当选取完成后系统会要求选取脊线，定义脊线后系统自动按定义产生片体（注意：生成的圆弧弧度要小于180度，否则系统将出现错误提示）。

其他不再逐一赘述。

（2）截面类型（U向）

用于控制截面体在U方向的阶次和形状，就是截面体在垂直于脊线的截面内的形状，有以下3种类型。

- 二次曲线：表示U方向上曲线为二次曲线。
- 三次曲线：表示U方向上曲线为三次曲线。
- 五次曲线：表示U方向上曲线为五次曲线。

（3）拟合类型（V向）

- 三次曲线：表示V方向上曲线为3次变化。
- 五次曲线：表示V方向上曲线为6次变化。

（4）创建顶线

选择该选项后，系统会在创建圆弧曲面的同时，自动产生圆弧曲面的顶点曲线。

8.3.10 熔合曲面

单击"曲面"工具栏中的"熔合"按钮，弹出"熔合"对话框，如图8-43所示。下面介绍一下各选项。

1.驱动类型

- 曲线网格：该选项可使选择范围定义在曲线网格。在使用时必须先选择主要的曲线及交叉的曲线，且主要曲线必须相交于交叉曲线，同时也必须在目标表面的界限范围之内。

- B曲面：该选项用于仅对B曲面进行熔合。选择该选项后，将使选择曲面的范围定在B曲面。
- 自整修：该选项可使选择的曲面范围定义在近似B曲面，用于对近似B曲面进行熔合。

图8-43　"熔合"对话框

2. 投影类型

该选项用于指定由导向表面投影到目标表面的投影形式，其中包括沿固定矢量和沿驱动体法向两个选项。

- 沿固定矢量：该选项用于将导向表面投影到目标表面的投影形式，定义为沿固定向量，在选择该选项后，系统将显示"向量副功能"对话框，以定义投影向量。
- 沿驱动法向：该选项用于将导向表面沿着法线向量投影到目标表面上。

3. 公差

该选项用于决定内侧和边缘的距离公差及角度公差，公差值将影响熔合完成时的准确度，其中所有的公差值都不小于或等于0，而角度的公差值不能大于90，否则系统将无法进行熔合。

4. 显示检查点

该选项用于指定系统于投影片体显示投影点。选择该复选框，在产生熔合面的过程中，将显示投影点，这些投影点表示熔合面的范围。

5. 检查重叠

该选项用于指定系统检查熔合面与目标表面是否重叠。如不选择该复选框，则系统将略过中间的目标表面，只投影在最下层的目标表面；选择该复选框，系统将确定检查是否重叠，但将会延长运算时间。

8.3.11 整体突变

该功能是通过两个拐点确定一个平面，再对其进行整体参数调整。单击"曲面"工具栏中的"整体突变"按钮，利用点构造器功能或直接在绘图工作区中选取两个点，程序将以这两个点位为对角点自动生成一个水平曲面，同时弹出"整体突变形状控制"对话框，如图8-44所示。根据"选择控制"选项组中的按钮内容，拖动下方的滑块，曲面将根据滑块的移动产生变形，得到满意的效果后，单击"确定"按钮，完成操作。

图8-44　"整体突变形状控制"对话框

实战：整体突变

1 打开随书光盘中的文件"8-10"。

2 选中该水平曲面，然后根据"选择控制"选项组中的按钮内容，拖动下方的滑块，曲面将根据滑块的移动产生变形，如图8-45所示。

3 得到满意的效果后，单击"确定"按钮，完成操作，如图8-46所示。

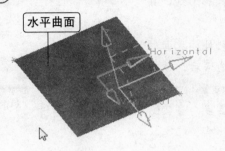

水平曲面

图8-45　水平曲面

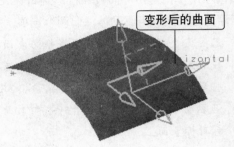

变形后的曲面

图8-46　变形后的曲面

8.3.12　艺术曲面

该功能可以方便快捷地创建曲面，利用其修改功能创建的曲面可以改变其复杂程度，如进行光滑程度的调整，而不必重新构建曲面。

实战：艺术曲面

1 打开随书光盘中的文件"8-11"。

2 单击"自由曲面形状"工具栏中的"艺术曲面"按钮，弹出"艺术曲面"对话框，在绘图工作区中选取一条曲线作为剖面线，如图8-47所示。

3 单击"引导线"选项组中的"曲线选取"按钮，在绘图工作区中选取引导曲线，单击"艺术曲面"对话框中的"确定"按钮，完成操作，效果如图8-48所示。

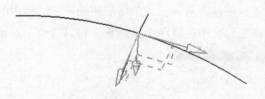

图8-47　引导线

图8-48　艺术曲面

8.3.13　圆角曲面

使用"倒圆曲面"方式创建曲面时，首先单击"曲面"工具栏中的"圆角曲面"按钮，然后根据提示选择需要圆角的面及其法线方向，接着选取脊线，选择完毕后将弹出对话框设置是否创建圆角和曲线，接着对断面类型进行设置，最后选择圆角的起始点及重点。设置完毕后，系统将按所做设置生成曲面。

　　单击"曲面"工具栏中的"圆角曲面"按钮，弹出如图8-49所示的对话框，提示选择第一个面。选择第一个面后，系统将生成一个法线方向，然后弹出如图8-50所示的"圆角"对话框，如果选择"是"按钮，表示接收系统的法线方向；选择"否"按钮表示选择系统法线方向的反方向为新的法线方向。

　　当选择了两个面和法向后，系统要求选择脊线，如图8-51所示。选择后将弹出如图8-52所示的对话框，要求选择要创建的对象，在此将决定完成倒圆角的各项设置后，指定系统产生圆角或曲线。在该对话框中，至少需要设置一个选项为"是"，否则系统将停留在此对话框，要求重新定义。

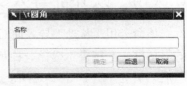

图8-49　"圆角"对话框1

图8-50　"圆角"对话框2

图8-51　选择脊线

图8-52　创建圆角

该对话框有两个选项。

　　（1）创建圆角

　　该选项将指定系统在完成各项设置后是否产生圆角。如设置为"是"，在完成一切步骤后，系统将产生圆角；如设置为"否"，系统将不产生圆角。

　　（2）创建曲线

　　该选项将指定系统在完成各项设置后，是否产生将圆角的圆心连接成一条曲线。如设置为"是"，系统将产生曲线；如设置为"否"，系统将不产生曲线。设置完成后，系统将显示如图8-53所示选择断面类型的对话框，其断面类型包括"圆的"和"二次曲线"两种。

图8-53　"圆角"对话框

　　① 圆的

　　将圆角断面类型定义为圆形，其圆角将相切于其他两个表面。选择该选项后，系统要求选择圆角类型，对话框如图8-54所示。之后系统弹出如图8-55所示的对话框，选择相应的选项将打开用于选择点的点构造器和输入半径的"圆角"对话框，如图8-56所示。

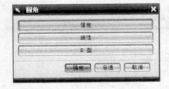

图8-54　"圆角"对话框

图8-55　限制选项

图8-56　设置半径选项

　　② 二次曲线

　　用于将圆角断面类型定义为二次曲线，其圆角外形为椭圆外形，并与相邻的两表面相切。在此不再详述。

提示·

> 在"圆角"对话框中，"圆的"选项表示将圆角断面类型定义为圆形，其圆角将其相切于其他两个表面；而"二次曲线"则表示将圆角断面类型定义为圆锥形，其圆角外形为椭圆形，并与相邻的两表面相切。

8.3.14 从外部导入

该命令用于从外部导入曲面。单击"曲面"工具栏中的"外来的"按钮，弹出如图8-57所示的对话框，系统提示选择一种对象类型，包括"体"、"平面"和"坐标系"3种方式。选择类型后，系统弹出如图8-58所示的输入标签的对话框，输入需要的对象标识后，系统将从外部数据库中访问用户选择的对象，并同时在UG的part文件中生成所需信息。

图8-57 "外来的体"对话框

图8-58 输入标签

8.4 曲面的编辑和修改

在UG系统中，多数命令所构造的曲面都具有参数化的特征，它包括多种多样的曲面特征创建方式，可以完成各种复杂曲面、片体、非规则实体的创建。

选择"编辑"｜"曲面"命令，可以找到构建自由曲面的命令。如图8-59所示，在"编辑曲面"工具栏中也可以找到对曲面进行编辑和修改的工具按钮。

下面就来了解一下常用的命令。

图8-59 "编辑曲面"工具栏

8.4.1 移动定义点

移动定义点命令用于移动曲面上的点。使用移动点方式会使得该点附近的形状发生很大的变化。拖动方法只有在移动极点下才能使用。

单击"编辑曲面"工具栏中的"移动定义点"按钮，或者选择"编辑"｜"曲面"｜"移动定义点"命令，系统弹出如图8-60所示的"移动定义点"对话框，其中的参数介绍

图8-60 "移动定义点"对话框

如下。

- 编辑原先的片体：对原有的片体进行编辑。
- 编辑副本：编辑后的片体作为一个新的片体生成。

选择如图8-61所示的曲面，系统将弹出如图8-62所示的警告对话框，提示用户该操作将移除该自由特征的参数。

单击"确定"按钮后，弹出如图8-63所示的"移动点"对话框，设置选点方式。

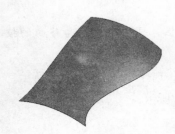

图8-61 曲面

图8-62 确认信息

图8-63 "移动点"对话框

该对话框中的选项说明如下。

- 要移动的点：设置待移动点的选择方式。
  - ◆ 单个点：选择一个控制点进行移动。
  - ◆ 整行（v恒定）：选择V方向为常数的整行控制点进行移动。
  - ◆ 整列（u恒定）：选择U方向为常数的整列控制点进行移动。
  - ◆ 矩形阵列：选择一个矩形区域内的所有点进行移动。
- 重新显示曲面点：选择该按钮后，系统将标识出选择的所有点。
- 文件中的点：从文件读入要移动点的坐标。

选择"单个点"方式，选择一点，如图8-64所示，单击"确定"按钮后，弹出如图8-65所示的"移动定义点"对话框，设置移动方式。

图8-64 点集

图8-65 "移动定义点"对话框

该对话框用来设置选中点的移动方式和移动量，包括如下参数。

- 增量：对所选控制点的坐标变换为原坐标加增量值，即在DXC（X方向位移）、DYC（Y方向位移）、DZC（Z方向位移）3个文本框内输入X、Y、Z方向上的位移量。

- 沿法向的距离：选中该移动方式后，系统将定义被控制点所在的曲面处的法向方向。此时"距离"文本框被激活，可以输入移动的距离。只有选择"单个点"的时候，"沿法向的距离"才是可选的，而其他的选点方式，系统将默认使用增量的移动方式。
- 移至移点：即移动到固定点。单击该按钮，系统将弹出"点"对话框，提示选择一个点，确定后系统将控制点移动到该点的位置。
- 定义拖动矢量：该操作类似于"沿法向的距离"，此时系统允许用户自定义一个矢量方向。
- 拖动：定义了拖动矢量后，就可以单击该按钮进行拖动了。
- 重新选择点：单击该按钮，系统将返回到选点方式对话框，可重新选择待移动的控制点。

单击"增量"方式下的"移至移点"按钮，弹出"点"对话框，选择一点，如图8-66所示。在继续弹出的对话框中单击"确定"按钮，即可完成编辑，如图8-67所示。

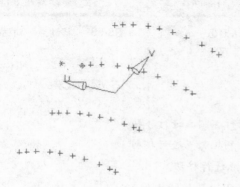

图8-66　点集

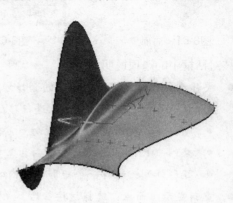

图8-67　生成曲面

> **提示**
>
> 　　如果在"移动点"对话框选中"重新显示曲面点"选项，在绘图区选取点后，系统将标示出选取所有的点；如果选择"文件中的点"选项，系统将从文件读入要移动点的坐标。

8.4.2　移动极点

移动极点命令用于移动片体上的极点。拖动极点可以沿着表面法向矢量，或沿着与表面相切的平面，还可以采用拖动整行或整列的方法保证边界曲率或相切条件不变。

单击"编辑曲面"工具栏中的"移动极点"按钮，弹出如图8-68所示的"移动极点"对话框。

选择片体如图8-69所示，系统弹出如图8-70所示的警告对话框，提醒用户该操作将移出该自由特征的参数。

单击"确定"按钮后，弹出如图8-71所示的"移动极点"对话框，设置移动极点的选点方式为单个极点，选择曲面上的极点如图8-72所示，此时弹出的"移动极点"对话框如图8-73所示。

图8-68　"移动极点"对话框

图8-69　选择片体

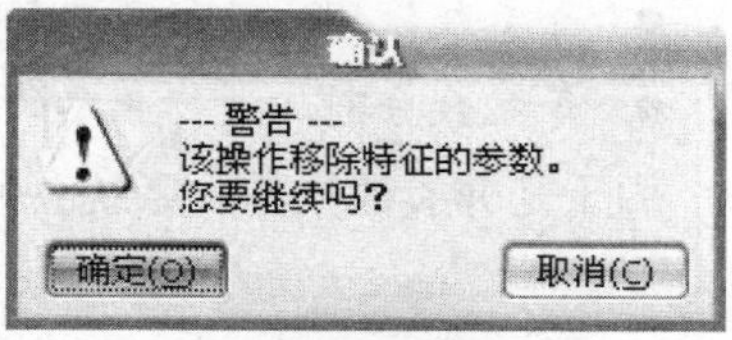

图8-71　"移动极点"对话框

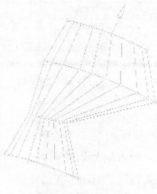

图8-72　生成图

图8-73　"移动极点"对话框

图8-70　"确认"对话框

　　单击"移至移点"按钮，在弹出的"点"对话框中选择一点，如图8-74所示，在继续弹出的对话框中单击"确定"按钮，即可完成曲面的编辑，如图8-75所示，也可按照此种方式移动整行极点。

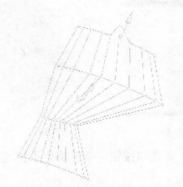

图8-74　曲面的编辑

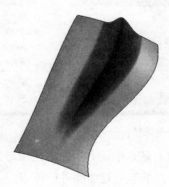

图8-75　生成图

8.4.3　等参数修剪和分割

　　等参数修剪和分割命令可在曲面的U或V等参数方向，采用百分比方式修剪或分割B曲面。若百分比为负数，则对曲面进行的是延伸操作。该命令不能用于多表面片体、偏置的片体和已修剪过的片体。

　　打开的曲面如图8-76所示。单击"编辑曲面"工具栏中的"等参数修剪/分割"按钮，弹出如图8-77所示的"修剪/分割"对话框。

其中的参数说明如下。

- 等参数修剪：进行等参的剪切。
- 等参数分割：进行等参的划分。

由于是非参数操作，系统会弹出如图8-78所示的"修剪/分割"对话框。

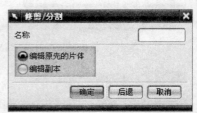

| 图8-76 曲面 | 图8-77 "修建/分割"对话框 | 图8-78 等参数修剪 |

1. 选择修剪方式

选择曲面后，系统将弹出如图8-79所示的"等参数修剪"对话框，该对话框中共有4个文本框，分别用来输入修剪后曲面U向和V向占原片体的百分比，其数值范围为0～100。

输入"U最小值"为20、"U最大值"为80、"V最小值"为0、"V最大值"为50，如图8-80所示。单击"确定"按钮，在弹出的"等参数修剪"对话框中单击"取消"按钮，完成曲面的编辑，如图8-81所示。

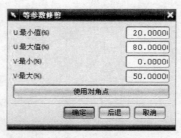

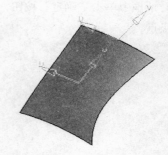

| 图8-79 "等参数修剪"对话框 | 图8-80 设置参数 | 图8-81 曲面 |

另外，该对话框中还有一个"使用对角点"按钮，单击该按钮，系统将要求指定曲面上的两个点，通过两点的连线对曲面进行修剪。

2. 选择分割操作

在选择曲面后，系统将弹出如图8-82所示的"等参数分割"对话框。若选择"U恒定"，则系统在U向上按照百分比进行划分；若选择"常数V"，则系统将在V向上按照百分比进行划分。

- 百分比：该文本框用来输入划分时的百分比值。
- 点构造器：单击该按钮，弹出"点"对话框，输入一个点的位置或在视图中选择合适的点，系统将该点在U或V向投影的位置作为划分的边界。

在如图8-82所示的"等参数分割"对话框中选择"U恒定"，设置"分割值"为50，单击"确定"按钮，完成编辑，效果如图8-83所示。

图8-82　"等参数分割"对话框　　　　　　　图8-83　生成图

8.4.4　编辑片体边界

编辑片体边界命令可以修改或替换片体的边界，可以在片体上删除或裁剪单个孔。如果片体是单面片体，还可以延伸已有的边界。

打开曲面文件如图8-84所示，单击"编辑曲面"工具栏中的"边界"按钮 ，弹出如图8-85所示的"编辑片体边界"对话框。

选择曲面，弹出如图8-86所示的"编辑片体边界"对话框。

图8-84　曲面　　　　　　图8-85　"编辑片体边界"对话框　　　　图8-86　"编辑片体边界"对话框

下面对各选项进行说明。

- 移除孔：移除曲面上的孔特征。系统弹出警告对话框，提示生成无参的Bounded Plane片体。
- 移除修剪：系统弹出警告对话框，提示用户该操作将移除曲面的参数，生成非参的片体。
- 替换边：重新定位曲面的边缘，生成的结果也是无参的。

在"编辑片体边界"对话框中选择"替换边"按钮，弹出如图8-87所示的"类选择"对话框，提示选择所要替换的边，选择曲面上的边，如图8-88所示，单击"确定"按钮，弹出如图8-89所示的"编辑片体边界"对话框，单击"指定平面"按钮。

图8-87　"类选择"对话框　　　　　图8-88　片体　　　　　图8-89　"编辑片体边界"对话框

在弹出的如图8-90所示的"平面"对话框中，选择"X平面"按钮，设置"距离"为0，单击"确定"按钮。

在弹出的两个对话框中单击"确定"按钮，弹出如图8-91所示的对话框，提示在如图8-92所示的曲面中选择曲面，单击"确定"按钮，完成曲面编辑，如图8-93所示。

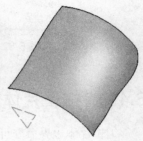

图8-90 "平面"对话框　　　图8-91 对话框　　　图8-92 曲面　　　图8-93 完成曲面编辑

8.4.5 更改阶次

增加阶次，不改变片体的形状，却可以增加U、V向的控制点个数，使得利用控制点调整曲面更为方便。降低阶次，有时会导致片体的形状发生剧烈变化，一般不建议采用。

单击"编辑曲面"工具栏中的"更改阶次"按钮，弹出如图8-94所示的"更改阶次"对话框，选择片体，该对话框中的参数说明如下。

● 编辑原先的片体：选择该单选按钮，系统将在原片体上进行编辑。

● 编辑副本：选择该单选按钮，系统将根据后面的操作产生一个新的片体，并保留原有的片体。

选择一种编辑方式后，选择如图8-95所示的曲面，系统弹出如图8-96所示的"更改阶次"对话框。"U向阶次"和"V向阶次"选项分别用来输入U向和V向的阶数。在文本框中分别输入"U向阶次"为20、"V向阶次"为20，单击"确定"按钮。曲面控制点如图8-97所示。

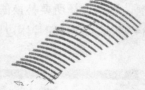

图8-94 "更改阶次"对话框　　　图8-95 曲面　　　图8-96 "更改阶次"对话框　　　图8-97 控制点完成

8.4.6 更改边缘

更改边命令是用来编辑片体的边缘的。它可以令片体的边缘与一曲线重合进行边缘匹配，或者使片体的边缘延至一平面上。本命令还可以编辑边缘的法向、曲率和横向切线。

单击"编辑曲面"工具栏中的"更改边"按钮，弹出如图8-98所示的"更改边"对话框，选择如图8-99所示的曲面。

选择曲面后，弹出如图8-100所示的对话框，选择该曲面上需要更改的边缘线，如图8-101所示，弹出如图8-102所示的"更改边"对话框，单击"边和法向"按钮。

图8-98 "更改边"对话框　　图8-99 曲面　　图8-100 "更改边"对话框　图8-101 形成曲面

弹出如图8-103所示的"更改边"对话框，选择"匹配到平面"按钮，在继续弹出的"平面"对话框中选择"X平面"，如图8-104所示，单击"确定"按钮，继续在弹出的"更改边"对话框中选择"取消"按钮，即可完成曲面的编辑，如图8-105所示。

图8-102 "更改边"对话框1

图8-103 "更改边"对话框2　　图8-104 "平面"对话框　　图8-105 生成曲面

8.4.7 法向反向

选择如图8-106所示的对象，单击"编辑曲线"工具栏中的"法向反向"按钮，系统提示选择需要反向的片体，选择片体对象后，弹出如图8-107所示的"法向反向"对话框，并在图形区中的片体上显示其法向方向，单击"确定"按钮即可，生成的曲面如图8-108所示。

该命令可以将曲面的法向反转180度。该对话框仅有一个按钮，用来显示当前选中片体的法线方向。

图8-106 曲面　　图8-107 "法向反向"对话框　　图8-108 生成曲面

8.4.8 片体变形

单击"自由曲面成形"工具栏中的"片体变形"按钮，弹出如图8-109所示的"使曲面变形"对话框，提示用户选择曲面，该对话框中的参数说明如下。

● 编辑原先的片体：在原片体上进行编辑。

● 编辑副本：系统根据后面的操作产生一个新的片体，同时保留原有的片体。

选择曲面如图8-110所示，确定后系统弹出"使曲面变形"对话框，在"中心控制点"选项组中选择"竖直"单选按钮，如图8-111所示，单击"确定"按钮，完成编辑，如图8-112所示。

图8-109 "使曲面变形"对话框

图8-110 生成曲面

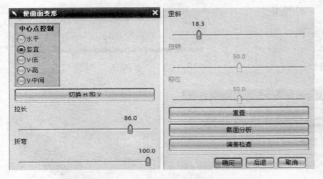

图8-111 "使曲面变形"对话框

图8-112 生成曲面

提示·

在新的"使曲面变形"对话框中，单击"切换H和V"按钮，可变换方位坐标系，从而改变曲面的方位。

8.4.9 X-成形

打开曲面如图8-113所示，单击"自由曲面成形"工具栏中的"X成形"按钮，弹出如图8-114所示的"X成形"对话框。

图8-113 曲面

图8-114 "X成形"对话框

"X成形"的类型不同，编辑的方式也有所不同。

（1）平移方向

选择"方法"为"移动"时，对话框中间部分将变化成如图8-115所示的平移操作的各项选项。

单击"移动"选项卡中的"视图"单选按钮，选择曲面，显示控制点如图8-116所示，调整控制点如图8-117所示，完成调整后，单击"确定"按钮，完成效果如图8-118所示。

图8-115　移动

图8-116　显示控制点

图8-117　调整控制点

图8-118　效果图

（2）旋转

当变换方式设置为"旋转"时，对话框的中间部分将变成如图8-119所示的旋转操作的各项选项。"枢轴中心"下拉列表中的选项用来定义旋转中心，其主要选项如下。

● 绕WCS：以工作坐标系作为旋转中心。

● 绕选定的目标：以选择的所有对象的几何中心作为旋转中心。

● 绕点：选择该选项后，系统将弹出"点"对话框，要求选择一个点作为旋转中心。

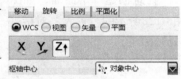

图8-119　旋转

单击"旋转"选项卡中的"视图"单选按钮，选择曲面，显示控制点如图8-120所示，调整控制点如图8-121所示，完成调整后，单击"确定"按钮，完成效果如图8-122所示。

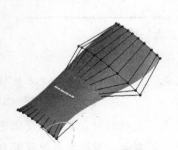

图8-120　显示控制点

图8-121　调整控制点

图8-122　效果图

（3）比例

当变换方式设置为"比例"时，对话框的中间部分将变成如图8-123所示的比例操作的各项选项。

"缩放中心"下拉列表中的选项用来定义比例变换中心，其中主要选项如下。

● 关于WCS比例：以工作坐标系为调整中心。

● 绕选定的目标调整：以选择的所有对象的几何中心作为比例变换中心。

● 绕点调整：选择该选项后，系统将弹出"点"对话框，要求选择一个点作为比例变换中心。

单击"比例"选项卡中的"视图平面"按钮，选择曲面，显示控制点如图8-124所示，调整控制点如图8-125所示，完成调整后，单击"确定"按钮，完成效果如图8-126所示。

图8-123 比例

图8-124 显示控制点

图8-125 调整控制点

图8-126 生成曲面

8.4.10 扩大曲面

任意创建一个曲面，如图8-127所示。单击"编辑曲面"工具栏中的"扩大"按钮，弹出如图8-128所示的"扩大"对话框。

图8-127 曲面

图8-128 "扩大"对话框

下面介绍最常用的"调整大小参数"选项组中的选项功能。

● 全部：选择该复选框后，"U起点"、"U终点"、"V起点"、"V终点"4个文本框将同时增加同样的比例。

● U起点：输入U向最小处边缘变化的比例，当扩大类型设置为"线性"时，数值的变化范围是0%～100%，即只能在这个边缘上生成一个比原曲面大的曲面；当扩大类型设置为"自然的"时，数值的变化范围是-99%～100%。其他3个选项与"U起点"的操作类似。

● 重置调整大小参数：系统自动恢复设置。

在"设置"选项组中设置"类型"为"自然"，设置"调整大小参数"选项组中的参数如图8-129所示，调整完成后，单击"确定"按钮，完成效果如图8-130所示。

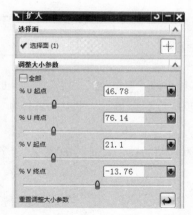

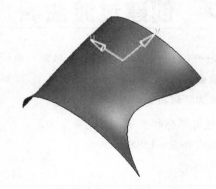

图8-129　"扩大"对话框　　　　　　　　　　图8-130　生成曲面

8.5　创建水壶

本例利用通过曲线网格、样式扫掠、缝合、修剪片体等命令，创建如图8-131所示的水壶。

①　打开随书光盘中的文件"8-23.prt"，利用曲面"通过曲线网格"功能创建如图8-132所示的片体，并镜像所生成的片体，如图8-133所示。

②　利用样式扫掠命令，设置扫掠线为圆弧，截面为圆，创建如图8-134所示的片体。

③　创建水壶底面如图8-135所示，修剪水壶把手如图8-136所示。缝合各片体，完成水壶创建。

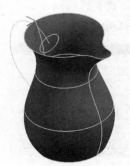

图8-131　水壶　　　　　　图8-132　通过曲线网格　　　　图8-133　镜像生成的片体

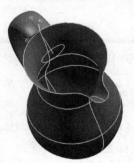

图8-134　扫掠后　　　　　图8-135　创建水壶底面　　　　图8-136　缝合后

8.6 创建过渡曲面

① 打开UG，进入建模环境，单击"曲线"工具栏中的"圆弧/圆"按钮 ，弹出如图8-137 所示的"圆弧/圆"对话框，设置圆弧类型为"从中心开始的圆弧/圆"，中心点坐标为（0,0,0），圆的半径为20，指定平面为XC-YC平面。

② 应用同样的步骤，创建半径为20，中心坐标为（0,0,0），且分别在XC-ZC、YC-ZC平面的圆，生成圆如图8-138所示。

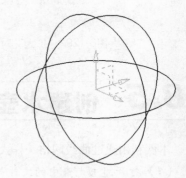

图8-137 "圆弧/圆"对话框   图8-138 生成圆

③ 单击"曲线"工具栏中的"点集"按钮 ，弹出如图8-139所示的"点集"对话框，单击"曲线上的点"按钮，弹出如图8-140所示的"曲线上的点"对话框。

④ 设置"间隔方法"为"等圆弧长"，"点数"为9，选择YC-ZC平面的圆，生成的点集如图8-141所示。

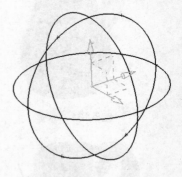

图8-139 "点集"对话框   图8-140 "曲线上的点"对话框   图8-141 生成点集

⑤ 在XC-YC圆所在的平面上创建草图，生成的草图如图8-142所示。要求所生成的圆弧，通过XC-YC圆的8分点，通过YC-ZC圆的6分点。

⑥ 单击"曲线"工具栏中的"直线"按钮，创建长度为20的垂直于XC-YC平面的直线，直线位置如图8-143所示。单击"曲面"工具栏中的"扫掠"按钮 ，弹出如图8-144所示的"扫掠"对话框。

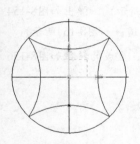

图8-142 生成草图

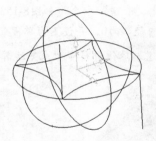

图8-143 直线位置图

图8-144 "扫掠"对话框

⑦ 选择草图中的一条曲线作为截面曲线，选择一条直线作为引导线。生成曲面，如图8-145所示。应用同样的步骤，创建如图8-146所示的曲面。

⑧ 创建一个直径为40的球体，设置中心坐标为（0,0,0）。单击"特征"工具栏中的"球"按钮 ○，弹出如图8-147所示的"球"对话框，单击"直径，圆心"按钮，弹出如图8-148所示的"球"对话框，设置直径为40，单击"确定"按钮。

⑨ 在继续弹出的"点"对话框中设置中心坐标为（0,0,0），在弹出的如图8-149所示的"布尔运算"对话框中单击"创建"按钮，生成如图8-150所示的特征。

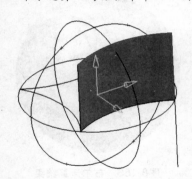

图8-145 选择引导线

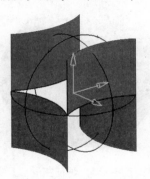

图8-146 生成曲面

图8-147 "球"对话框1

图8-148 "球"对话框2

图8-149 "布尔运算"对话框

图8-150 生成图

⑩ 抽取球体与曲面的相交线。单击"曲线"工具栏中的"相交曲线"按钮 ，选择第一组为曲面，第二组为球，单击"确定"按钮，生成的相交线如图8-151所示。应用同样的步骤，生成其余3个曲面与球体的相交线。隐藏参考线与参考面，如图8-152所示。

⑪ 选择菜单栏中的"插入"│"扫掠"│"管道"命令（如图8-153所示），弹出如图8-154 所示的"管道"对话框，设置"外径"为3、"内径"为0，并设置为单段管道，如图8-154所示。

⑫ 生成的管道特征如图8-155所示。对管道与球体进行布尔求差运算，生成的特征如图8-156 所示。

图8-151　生成交线

图8-152　隐藏参考线

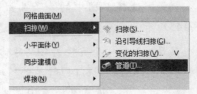

图8-153　"扫掠"菜单

图8-154　"管道"对话框

图8-155　特征图

图8-156　布尔运算结果

8.7 叶轮零件造型工程设计

　　叶轮主要由叶片和基体构成。其中叶片造型尤为复杂，需要给出叶片的几个截面的轮廓，然后通过网格扫掠命令来实现叶片模型的形成。对于基体，由于它是一个回转体，可以通过创建回转体截面图形来实现模型的成形。

- 叶轮主要由叶片和基体两部分组成，由于基体属于回转体，所以只需创建回转体的截面草图，即可快捷地完成基体的特征生成。
- 由于叶轮的3条曲线截面中，有一条在基体特征内部，所以要先完成叶片的创建。
- 在叶片的创建过程中，有两点需要注意：一是在选择"通过曲线组"命令后，鼠标要停留在3条曲线的同侧；二是需要使用鼠标的中键进行确定特征体的成型。

　　创建步骤如下。

① 创建草图文件。首先创建叶轮模型，新建"ex8-3.prt"文件，进入建模模块后，在菜单

栏中选择"插入"｜"草图"命令,此时程序自动弹出"创建草图"对话框,选择XC-YC平面作为草绘平面,在"在草图任务环境中"中单击"确定"按钮,然后画出草图,如图8-157所示。

② 单击"回转"按钮,弹出如图8-158所示的"回转"对话框,选择上面的草图,指定矢量为坐标轴的z轴,指定点为原点,开始为0°,结束为360°,单击"确定"按钮,最终效果如图8-159所示。

③ 新建平面,单击"基准平面"按钮 ,建立距xoy平面85mm距离的平面,然后画出草图,即4条直线,具体约束如图8-160所示,完成的草图如图8-161所示。

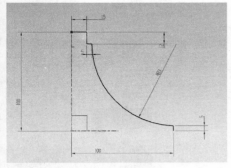

图8-157　叶轮草图

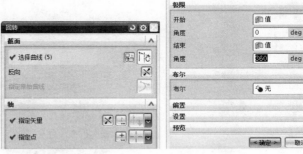

图8-158　"回转"对话框

图8-159　回转效果

图8-160　"基准平面"对话框

图8-161　草图

④ 选择菜单栏中的"插入"｜"草图"命令,此时程序自动弹出"创建草图"对话框,选择YC-ZC平面作为草绘平面,在草图任务环境中单击"确定"按钮,选择"艺术样条",如图8-162所示,选择5点,然后画出草图,如图8-163所示。

图8-162　"艺术样条"对话框

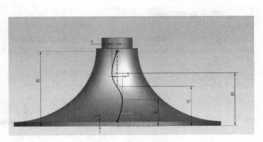

图8-163　草图

⑤ 选择菜单栏中的"插入"│"扫掠"│"沿引导线扫掠"命令，截面选择图8-161中的草图，引导线选择图8-163中的曲线，布尔运算选择"无"，如图8-164所示。单击"确定"按钮，最终效果如图8-165所示。

⑥ 在菜单栏中选择"插入"│"草图"命令，此时程序自动弹出"创建草图"对话框，选择YC-ZC平面作为草绘平面，在草图任务环境中单击"确定"按钮，然后绘制草图，如图8-166所示。完成后单击"完成草图"按钮，选择"拉伸"，如图8-167所示，选择上一步骤的曲线，进行求差处理，最终效果如图8-168所示。

图8-164 "沿引导线扫掠"对话框

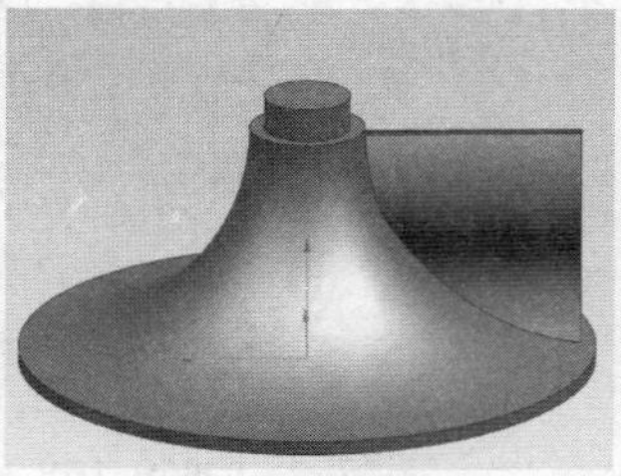

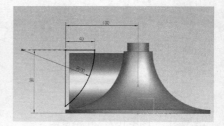

图8-165 效果图

图8-166 草图

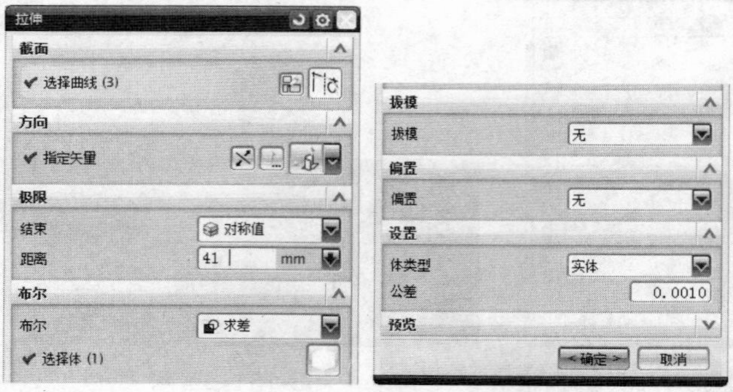

图8-167 "拉伸"对话框

图8-168 效果图

⑦ 在"编辑"菜单栏中选择移动对象或者按Ctrl+T键，弹出如图8-169所示的对话框，选择叶片为移动对象，设置"运动"为"角度"、矢量为z轴、"角度"为15°、"非关联副本数"为23，最终效果如图8-170所示。

图8-169 "移动对象"对话框

图8-170 最终效果图

UG装配过程是在装配中建立部件之间的链接关系，它是通过关联条件在部件间建立约束关系，进而来确定部件在产品中的位置，形成产品的整体机构。在UG装配过程中，部件的几何体是被装配引用，而不是复制到装配中。因此无论在何处编辑部件和如何编辑部件，其装配部件保持关联性。如果某部件修改，则引用它的装配部件将自动更新。本章将在前面章节的基础上，讲述如何利用UG NX 8.0的强大装配功能将多个部件或零件装配成一个完整的组件。

9.1 装配概述

装配建模是产品设计中的一个重要方面。一个产品往往由若干零部件组成，常规的装配设计是将零部件通过配对条件在产品各零部件之间建立合理的约束关系，确定相互之间的位置关系和连接关系等。

在学习装配操作之前，首先要熟悉UG NX 8.0中的一些装配术语和基本概念，以及如何进入装配模式，本节主要介绍上述内容。

1. 装配术语及定义

在UG NX 8.0中进行产品设计时，其中心认为是保证产品设计各个零部件尺寸和结构，以及整个产品整体设计符合设计要求。在完成零部件设计后，后续的工作就是产品装配，对于UG初学者而已，了解并掌握产品装配的基本概念和专业术语是学习产品装配的基础。

装配表示一个产品的零件及子装配的集合，在UG NX 8.0中，一个装配就是一个包含组件的部件文件。在UG NX 8.0中的装配基本概念包括组件、组件特性、多个装配部件和保持关联性等。

- 装配部件：是指由零件和子装配构成的部件。在UG中可以向任何一个prt文件中添加部件构成装配，因此任何一个prt文件都可以作为装配部件。在UG装配学习中，零件和部件不必严格区分。需要注意的是，当存储一个装配时，各部件的实际几何数据并不是存储在装配部件文件中，而存储在相应的部件或零件文件中。

- 子装配：是指在高一级装配中被用作组件的装配，子装配也拥有自己的组件，这是一个相对的概念，任何一个装配部件可在更高级装配中用作子装配。

- 组件部件：是指装配中的组件指向的部件文件或零件，即装配部件链接到部件主模型的指针实体。

- 组件：是指按特定位置和方向使用在装配中的部件。组件可以是由其他较低级别的组件组成的子装配。装配中的每个组件仅包含一个指向其主几何体的指针。在修改组件的几何体时，会话中使用相同主几何体的所有其他组件将自动更新。

提示·

组件的某些显示特性，如半透明、部分着色等，可选择"编辑"｜"对象显示"命令，然后选取单个或多个对象，通过"编辑对象显示"对话框直径选择组件进行修改。

- 主模型：是指供UG模块共同引用的部件模型。同一主模型可同时被工程图、装配、加工、机构分析和有限元分析等模块引用，当主模型修改时，相关应用自动更新。
- 自顶向下装配：是指在上下文中进行装配，即在装配部件的顶级向下产生子装配和零件的装配方法。先在装配结构树的顶部生成一个装配，然后下移一层，生成子装配和组件。
- 自底向上装配：自底向上装配是先创建部件几何模型，再组合成子装配，最后生成装配部件的装配方法。
- 混合装配：是将自顶向下装配和自底向上装配结合在一起的装配方法。

2. 进入装配模式

在装配前先切换至装配模式，切换装配模式有两种方法。一种是直接新建装配，另一种是在打开的部件中新建装配，下面分别介绍。

（1）直接新建装配

单击"新建"按钮，如图9-1所示，选择"装配"选项即可。

（2）在打开的部件中新建装配

在打开的模型文件环境即建模环境条件下，在工作窗口的主菜单工具栏中单击图标，并在下拉菜单中选择"装配"命令，系统自动切换到装配模式，如图9-2所示。

图9-1 新建装配文件

图9-2 添加组件

3. 装配工具栏

在装配模式下，在视图窗口内会出现"装配"工具栏，如图9-3所示。这里包含了查找组件、打开组件、添加组件等接近所有的装配操作。

4. 部件工作方式

在一个装配件中部件有种不同的工作方

图9-3 "装配"工具栏

式，用于显示部件和工作部件。显示部件是指在屏幕图形窗口中显示的部件、组件和装配；工作部件是指正在创建或编辑的几何对象的部件工作部件可以是显示部件，也可以是包含在显示部件中的任一部件。如果显示部件是一个装配部件，工作部件是其中一个部件，此时工作部件以其自身颜色加强。其他显示部件变灰以示区别，如图9-4所示。

将一个部件变成工作部件的方法有以下几种。

● 通过双击，选择是否设置为工作部件或者显示部件，如图9-4所示。

● 打开"设置工作部件"对话框，如图9-5所示，通过对话框设置工作部件。

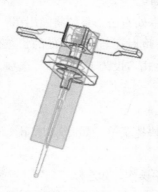

图9-4　工作部件　　　　　　　　图9-5　"设置工作部件"对话框

提示·

　　工作部件即用户正在创建或编辑的部件，它可以是显示部件或包含在显示的装配部件中的任何组件部件。当显示单个部件时，工作部件就是显示部件。

9.2　装配导航器

装配导航器是一种装配结构的图形显示界面，又被称为装配树。在装配树形结构中，每个组件作为一个节点显示。它能清楚反映装配中各个组件的装配关系，而且能让用户快速便捷选取和操作各个部件。例如，用户可以在装配导航器中改变显示部件和工作部件、隐藏和显示组件。下面介绍装配导航器的功能及操作方法。

1. 打开装配导航器

在UG NX 8.0装配环境中，单击资源栏左侧的"装配导航器"按钮，打开装配导航器，如图9-6所示。其中包含了部件名、信息、数量等信息。

装配导航器有两种不同的显示模式，即浮动模式和固定模式。其中在浮动模式下，装配导航器以窗口形式显示，在鼠标离开导航器区域时，导航器将自动收缩，并在该导航器左上方显示图标，单击该图标，它将变为，装配导航器固

图9-6　装配导航器

定在绘图区域不再收缩。

2. 窗口右键操作

在UG NX 8.0装配导航器的窗口中右键操作分为两种：一种是在相应的组件上右击，另一种是在空白区域上右击。

（1）组件右键操作

在装配导航器中任意组件上右击，可对装配导航树的节点进行编辑，并能够执行折叠或展开相同的组件节点，以及将当前组件转换为工作组件等操作。

具体操作方法是：将鼠标定位在装配模型树的节点处右击，系统将弹出图9-7所示的快捷菜单。该菜单中的选项随组件和过滤模式的不同而不同，同时还与组件所处的状态有关，通过这些选项对所选的组件进行各种操作。例如选组件名称，右击"设为工作部件"选项，则该组件将转换为工作部件，其他所有的组件将以灰显示方式显示。

（2）空白区域右键操作

在装配导航器的任意空白区域右击，将弹出一个快捷菜单，如图9-8所示。该快捷菜单中的选项与"装配导航器"工具栏中的按钮是一一对应的。

在该快捷菜单中选择指定的选项，即可执行相应的操作。如选择"列"｜"配置"命令，在打开的"装配导航器属性"对话框中可设置隐藏或显示指定选项，并允许修改项目的显示顺序。

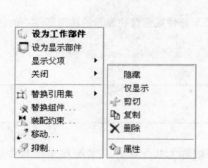

图9-7 节点快捷菜单

图9-8 空白区域快捷菜单

9.3 引用集

在装配中，由于各部件含有草图、基准平面及其他辅助图形数据。如果要显示装配中所有的组件或子装配部件的所有内容，由于数据量大，需要占用大量内存，不利于装配操作和管理。通过引用集能够限定组件装入装配中的信息数据量，同时避免了加载不必要的几何信息，提高机器的运行速度。本节将介绍引用集的操作方法。

1. 基本概念

引用集是在组件部件中定义或命名的数据子集或数据组，其可以代表相应的组件部件装入装配。引用集可以包含下列数据。

- 名称、原点和方位。
- 几何对象、坐标系、基准、图样体素。
- 属性。

在系统默认状态下，每个装配件都有两个引用集，包括全集和空集，如图9-9所示。全集表示整个部件，即引用部件的全部几何数据。在添加部件到装配时，如果不选择其他引用集，默认状态使用全集。空集是不含任何几何数据的引用集，当部件以空集形式添加到装配中，装配中看不到该部件。

"模型"和"轻量化"引用集：在系统装配时，系统还会增加这两种引用集，从而定义实体模型和轻量化模型。

2. 创建引用集

组件和子装配都可以建立引用集，组件的引用集既可以在组件中建立，也可以在装配中建立。要在装配中为某组件建立引用集，首先要使其成为工作组件。

要使用引用集管理装配数据，就必须首先创建引用集，并且指定引用集是部件或子装配，这是因为部件的引用集可以在部件中建立，也可以在装配中建立。如果要在装配中为某部件建立引用集，应先使其成为工作部件，"引用集"对话框中将增加一个引用集名称。

要创建引用集，可单击□按钮，打开"添加新引用集"对话框，在"引用集名称"文本框中输入引用集的名称，其名称不得多余30个字符且不能有空格，如图9-10所示。

3. 删除引用集

用于删除组件或子装配中已经建立的引用集。选择"删除"命令，在弹出的"引用集"对话框中选中需要删除的引用集后，单击"删除"按钮后即可将该引用集删除。

4. 编辑属性

用于引用集属性进行编辑属性操作。选中某一引用集并单击□按钮，打开"引用集属性"对话框，如图9-11所示。在该对话框中输入属性的名称及属性值，单击"确定"按钮即可执行属性编辑操作。

图9-9 "引用集"对话框

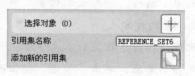

图9-10 添加新引用集命令

图9-11 引用集属性

9.4 自底向上装配

自底向上装配是指先设计好了装配中的部件，再将该部件的几何模型添加到装配中。所创建的装配体将按照组件、子装配体和总装配的顺序进行排列，并利用关联约束条件进行逐级装配，最后完成总装配模型。装配操作可以在"装配"｜"组件"菜单中选择，也可以通过单击"装配"工具栏中的按钮实现。

1. 添加组件

在装配过程中，一般需要添加其他组件，将所选组件调入装配环境中，再在组件与装配体之间建立相关约束，从而形成装配模型。

一般添加组件的操作如下。

单击"装配"工具栏中的"添加组件"按钮 ，弹出"添加组件"对话框，如图9-12所示。该对话框由多个选项组组成，主要用于指定已创建的文件、设置定位方式和多重添加方式。

图9-12 "添加组件"对话框

（1）指定现有组件

在对话框如图9-12所示的"部件"选项组中，可以通过4种方式指定现有组件，第一种是单击"选择部件"按钮 ，直接在绘图区选取执行装配操作；第二种是选择"已加载的部件"列表框中的组件名称执行装配操作；第三种是选择"最近访问的部件"列表框中的组件名称执行装配操作；第四种是选择"打开"命令，然后在打开的"部件名"对话框中指定路径选择部件。

（2）设置定位方式

在该对话框的"放置"选项组中，可指定组件在装配中的定位方式。其设置方法是：单击"定位"列表框右方的小三角按钮 ，在弹出的下拉列表中包含执行定位操作的4种方式。

- 绝对原点：选择"绝对原点"选项，将按照绝对原点定位的方式确定组件在装配中的位置，执行定位的组件将与原坐标系位置保持一致，即首先选取一个组件为目的组件设置该定位方式将其固定在装配环境中，这种固定并不是真正的固定，仅仅是一种定位方式。

- 选择原点：选择"选择原点"选项，将通过指定原点定位的方式确定组件在装配中的位置，这样该组件的坐标系原点将与选取的点重合。

通常情况下添加第一个组件都是通过选择该选项确定组件在装配体中的位置，即选择该选项并单击"确定"按钮，在打开的"点"对话框中指定点位置确定其位置。

- 通过约束：选择"通过约束"选项，将按照配对条件确定组件在装配中的位置，包括设置配对、中心、对齐和距离等约束方式。

- 移动：将组件加载到装配中后相对于指定的基点移动，并将其定。选择该选项，将打开"点"对话框，此时指定移动基点，单击"确定"按钮确认操作，在打开的对话框中进行组件移动定位操作。

（3）多重添加组件

对于装配体中重复使用的相同组件，可设置多重添加组件方式添加该组件，这样将避免重复使用相同的添加和定位方式，节省大量的设计时间。

要执行多重添加组件操作，可单击"多重添加"列表框右方的小三角按钮，在弹出的下拉列表中包含"无"、"添加后重复"、"添加后生成阵列"3个列表项。其中选择"添加后重复"选项，在装配操作后将再次弹出相应的对话框，然后单击即可执行定位操作，而无需重新添加；选择"添加后生成阵列"选项，在执行装配操作后打开"创建组件阵列"对话框，设置阵列参数即可。

2. 装配约束

该选项用于定义或设置两个组件之间的约束条件，其目的是确定组件在装配中的相对位置。选择"添加组件"后单击"确定"按钮，系统弹出如图9-13所示的对话框。在"类型"下拉列表中有"角度"、"中心"等很多约束类型。

在"添加组件"对话框的"定位"下拉列表中选择"通过约束"选项，单击"确定"按钮（或单击"装配"工具栏中的"装配约束"按钮），进入"装配约束"对话框，如图9-14所示。

图9-13　装配约束类型

图9-14　"装配约束"对话框

（1）接触

"接触"属于"接触对齐"定位类型中的一个子选项，这种约束类型用于定位两个同类对象相一致。对于平面，两组件共面并且方向相反；对于圆柱面，要求直径相等才能对齐轴线；对于圆锥面，首先看角度是否相等，如果相等则对齐轴线，如图9-15所示。

（2）对齐

"对齐"是"接触对齐"命令下的子命令，这种约束可对齐相关对象。当对齐平面时，使两个平面法线方向相同或相反；当对齐圆柱、圆锥或者圆环面等对称实体时，将轴线保持一致；当对齐边缘和线时，使二者共线，如图9-16所示。

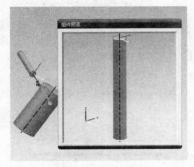

图9-15　接触约束

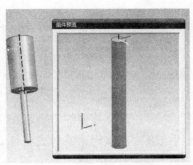

图9-16　对齐约束

（3）角度

这种定位方式可以定义两个组件之间的角度尺寸，从而约束组件，装配到合适的方位上。如图9-17所示为选取两个平面设置为60°，从而确定组件的相对位置。

（4）平行

此种约束类型与"对齐"较为相似，它是使被约束的两个面相互平行。与其不同的是，"对齐"是使两个受约束的面在同一个平面上，如图9-18所示。

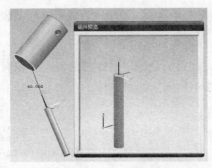

图9-17　角度约束

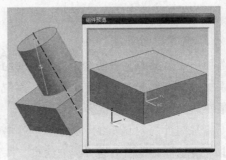

图9-18　平行约束

（5）垂直

"垂直"约束与"角度"类似，只是相对于，垂直约束的两个平面的角度被设置为了90°，如图9-19所示。

（6）中心

"中心"约束是使被约束的两对象的中心重合，如图9-20所示。

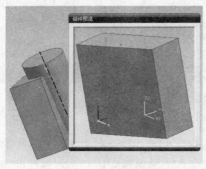

图9-19　垂直约束

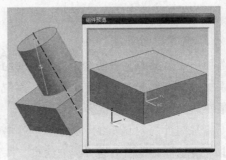

图9-20　中心约束

（7）距离

"距离"约束可以使指定的两个相关联对象间具有最小距离，可以设置正负值，通过符号的改变相对于改变在目标对象的哪一边，如图9-21所示。

（8）固定

"固定"约束是配合其他约束一起使用，它是将某个组件进行固定限制，来约束其他或者移动其他组件，如图9-22所示。

图9-21　距离约束

（9）同心

"同心"约束是使被约束的两圆的中心重合。它只针圆类部件或面，如图9-23所示。

图9-22　固定约束

图9-23　同心约束

9.5 自顶向下装配

自顶向下装配建模是工作在装配上下文中建立新组件的方法。上下文设计指在装配中参照其他零部件对当前工作部件进行设计。在进行上下文设计时，其显示部件为装配部件，工作部件为装配中的组件，所作的工作发生在工作部件上，而不是在装配部件上，利用链接关系建立其他部件到工作部件的关联。利用这些关联，可链接拷贝其他部件几何对象到当前部件中，从而生成几何体。UG NX 8.0支持多种自顶向下的装配方式，其中最常用的装配方法有以下两种。

1. 第一种自顶向下装配方法

该装配方法是先在装配中建立一个几何模型，然后创建一个新组件，同时将该几何模型链接到新建组件中。

（1）打开一个文件

执行该装配方法，首先打开的是一个含有组件或装配件的文件，或先在该文件中建立一个或多个组件。

（2）新建组件

单击"装配"工具栏中的"新建组件"按钮，打开"新建组件"对话框，如图9-24所示。此时如果单就"选择对象"命令，可选取图形对象为新建组件。但由于该装配方法只创建一个空的组件文件，因此该处不需要选择几何对象。

接着展开该对话框中的"设置"选项组，其中包含多个列表框、文本框和复选框，其含义和设置方法如下所述。

● 组件名：用于指定组件名称，默认为组件的存盘文件名。如果新建多个组件，可修改该组件名便于区别其他组件。

● 引用集：在该下拉列表中可指定当前引用集的类型，如果在此之前已经创建了多个引用集，则该下拉列表中将

图9-24　"新建组件"对话框

包括模型、仅整个部件和其他选项。如果选择"其他"选项，可指定引用集的名称。
- 图层选项：用于设置产生的组件加到装配部件中的哪一层。选择"工作"选项表示新组件加到装配组件的工作层；选择"原先的"选项表示新组件保持原来的层位置；选择"按指定的"选项表示将新组建加到装配组件的指定层。
- 组件原点：用于指定组件原点采用的坐标系。如果选择WCS选项，设置零件原点为工作坐标系；如果选择"绝对"选项，将设置零件原点为绝对坐标系。
- 删除原对象：启用该复选框，则在装配中删除所有的对象。设置新组件的相关信息后，单击该对话框中的"确定"按钮，即可在装配中产生一个含所选部件的新组件，并把几何模型加入到新组件中。

> **提示·**
>
> 采用自底向上方法添加组件时，可以在列表中选择在当前工作环境中现存的组件，但处于该环境中现存的三维实体不会在列表中显示，不能被当作组件添加，它只是一个几何体，不含有其他的组件信息，若要使其也加入到当前的装配中，就必须采用自顶向下的装配方法进行创建。

2. 第二种自顶向下装配方法

这种装配方法是指建立一个空白的新组件，它不含任何几何对象，然后使其成为工作部件，再在其中建立几何模型。与上一种装配方法不同之处在于：该装配方法打开一个不包含任何组件和部件的新文件，也可以是一个含有部件或装配部件的文件，并且使用链接器将对象链接到当前装配环境中，其设置方法如下所述。

（1）打开一个文件并创建新组

打开一个文件，该文件可以是一个不含任何几何体和组件的新文件，也可以是一个含有几何体或装配部件的文件，然后按照上述创建新组建的方法创建一个新的组件，新组件产生后，由于其不含任何几何对象，因此装配图形没什么变化。完成上述步骤以后，类选择器对话框重新出现，再次提示选择对象到新组件中，此时可选择取消对话框。

（2）新组件几何对象的建立和编辑

新组件产生后，可在其中建立几何对象，首先必须改变工作部件到新组件中，然后执行建模操作。此种方法首先建立装配关系，但不建立任何几何模型，然后在其中的组件成为工作部件，并在其中建立几何模型，即在上下文中进行设计，边设计边装配。

9.6 部件间建模

部件间建模技术是指利用链接关系建立部件间的相互关联，实现相关参数化设计。用户可以在基于另一个部件的几何体和/或位置去设计一个部件。

1. WAVE几何链接器

WAVE几何链接器提供在工作部件中建立相关或不相关的几何体。如果建立相关的几何体，它必须被链接到在同一装配中的其他部件。链接的几何体相关到它的父几何体，改变父几何体引起在所有其他部件中链接的几何体自动地更新。

单击"装配"工具栏中的"WAVE几何链接器"按钮，进入"WAVE几何链接器"对话框，如图9-25所示。

在该对话框的"类型"下拉列表中提供了9种链接的几何体类型，选择不同的类型，对应的选项各不相同，下面分别介绍。

图9-25　"WAVE几何链接器"对话框

- 复合曲线：用于从装配体中另一部件链接一曲线或线串到工作部件。选择该选项，并选择需要链接的曲线后，单击"确定"按钮即可将选中的曲线链接到当前工作部件。
- 点：用于链接在装配体中另一部件中建立的点或直线到工作部件。
- 基准：用于从装配件中另一部件链接一基准特征到工作部件。
- 草图：用于从装配体中另一部件链接一草图到工作部件。
- 面：用于从装配体中另一部件链接一个或多个表面到工作部件。
- 面区域：用于在同一配件中的部件间创建链接区域（相邻的多个表面）。
- 体：用于链接一实体到工作部件。
- 镜像体：用于将当前装配体中的一个部件的特征相对于指定平面的镜像体链接到工作部件。在操作时，需要先选择特征，再选择镜像平面。
- 管线布置对象：用于从装配体中另一部件链接一个或多个管道对象到工作部件。

2. WAVE关联性管理器

该选项用于控制组件之间链接的几何对象、部件间表达式以及装配约束等关联条件的更新。利用"WAVE关联性管理器"可以更新因设置更新延迟而导致未更新的部件，也可以编辑过时的已冻结部件的冻结状态。

选中如图9-26所示的对话框中"设置"选项组下的"关联"复选框即可。

图9-26　"关联"复选框

9.7　编辑组件

组件添加到装配以后，可对其进行抑制、阵列、镜像和移动等编辑操作。通过上述方法来实现编辑装配结构、快速生成多个组件等功能。本节主要介绍常用的几种编辑组件方法。

1. 抑制组件

该选项用于从视图显示中移除组件或子装配，以方便装配。选择"装配"｜"组件"｜"抑制组件"命令（或单击"装配"工具栏中的"抑制组件"按钮），弹出"类选择"对话框，选择需要抑制的组件或子装配，单击"确定"按钮，即可将选中的组件或子装配从视图中移除。

2. 组件阵列

在装配过程中，除了重复添加相同组件可以提高装配效率以外，对于按照圆周或线性分布的组件，以及沿一个基准面对称分布的组件，可使用"组件阵列"工具一次获得多个特征，并且阵列的组件将按照原来的约束进行定位，可极大提高产品装配的准确性和设计效率。

在装配中组件阵列是一种对应装配约束条件快速生成多个组件的方法。选择"装配"｜"组件"｜"创建阵列"命令（或单击"装配"工具栏中的"创建阵列"按钮），弹出"类选择"对话框。选择需阵列的组件，单击"确定"按钮后，会弹出"创建组件阵列"对话框，如图9-27所示。选择"线性"和"圆形"会弹出如图9-28和9-29所示的对话框。

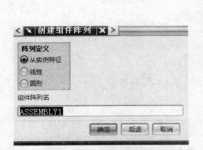

图9-27　组件阵列类型

图9-28　阵列方向定义

图9-29　轴定义

（1）线性阵列

设置线性阵列用于创建一个二维组件阵列，即指定参照设置行数和列数创建阵列组件特征，也可以创建正交或非正交的组件阵列。

要执行该操作，可以单击"装配"工具栏中的"创建组件阵列"按钮 ，打开"类选择"对话框，选取要执行阵列的对象，单击"确定"按钮，即可打开"创建组件阵列"对话框，在这种装配选择中，共有4种方法创建线性阵列。

- 面的法向：使用与所需要放置面垂直的面来定义X和Y参考方向，选取两个法向面设置线性阵列。
- 边：使用与所需要放置面共面的边来定义X和Y参考方向。
- 基准轴：使用与所需要放置面共面的基准轴来定义X和Y参考方向，选取两个方向的基准轴线即可创建线性组件。
- 基准平面法向：使用与所需要放置面垂直的基准平面来定义X和Y参考方向。选取两个方向的基准面，并设置偏置参数即可创建线性阵列组件。

（2）圆形阵列

设置圆形阵列同样用于创建一个二维组件阵列，也可以创建正交或者非正交的主组件阵列，与线性阵列不同之处在于：圆形阵列是将对象沿轴线执行圆形均匀阵列操作。

要执行该操作，可选中"创建组件阵列"对话框中的"圆形"单选按钮，并单击"确定"按钮，打开"创建圆形阵列"对话框，如图9-29所示。从该图中可以发现有3种创建圆形阵列的方式。

① 圆柱面

使用与所放置面垂直的圆柱面来定义沿该面均匀分布的对象。选取圆柱表面并设置阵列数量和角度值，即可执行圆形阵列操作。

② 边

使用与所放置面上的边线或与平行的边缘来定义沿该面均匀分布的对象。选取边缘并设置阵列数量和角度值，即可执行圆形阵列操作。

③ 基准轴

使用基准轴来定义对象使其沿该轴线形成均匀分布的阵列对象。

3. 镜像装配

组件镜像功能是UG NX 6.0版本以后新增的功能，该功能主要用于处理左右对称的装配情况，类似单个实体的时候对于特征的镜像，因此特别适合像汽车底座等这样对称的组件装配，仅仅需要完成一边的装配即可。

在装配过程中，如果窗口有多个相同的组件，可通过镜像装配的形式创建新组件。选择"装配"｜"组件"｜"镜像装配"命令（或单击"装配"工具栏中的"镜像装配"按钮），弹出"镜像装配向导"对话框，如图9-30所示。

在该对话框中单击"下一步"按钮，然后在打开的对话框中选择待镜像的组件，其中组件可以是单个或者多个。接着单击"下一步"按钮，并

图9-30　镜像装配向导

在打开的对话框中选取基准面为镜像平面，也可以单击"创建基准面"来创建镜像平面。

如此按照系统提示操作，最后即可完成镜像操作，镜像装配如同创建组件阵列一样，都可以大大提高设计效率和准确性。

4. 移动组件

在装配过程中，如果之前的约束关系并不是当前所需的，可对组件进行移动。重新定位包括点到点、平移、绕点旋转等多种方式。

选择"装配"｜"组件"｜"移动组件"命令（或单击"装配"工具栏中的"移动组件"按钮），弹出"移动组件"对话框，如图9-31所示。单击"确定"按钮，进入"移动组件"对话框，如图9-32所示。图9-33所示为原图，图9-34为执行"移动组件"命令后的效果。

图9-31　"移动组件"对话框

图9-32 "移动组件"对话框

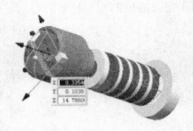

图9-33 显示动态手柄

图9-34 动态移动组件

5. 装配顺序

装配顺序主要用于为产品的设计和制造提供方便查看装配过程的工具。利用该选项可以建立不同的装配顺序，包括拆卸顺序，也可以给一个组件、组件组或子装配建立装配次序，同时还可以模拟和回放排序的信息。

选择"装配"｜"顺序"命令（或在"装配"工具栏中单击"装配序列"按钮），视图窗口出现装配顺序工具栏，标题栏也变为"nX9-Sequencing"。装配顺序工具栏包括"装配次序和运动"工具栏（如图9-35所示）、"装配次序回放"工具栏（如图9-36所示）、"动态碰撞检测"工具栏（如图9-37所示）。

图9-35 "装配次序和运动"工具栏

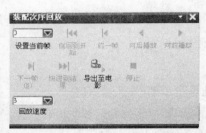

图9-36 "装配次序回放"工具栏

图9-37 "动态碰撞检测"工具栏

9.8 装配爆炸图

装配爆炸图是指在装配环境下将装配体中的组件拆分开来，目的是为了更好地显示整个装配的组成情况。同时可以通过对视图的创建和编辑，将组件按照装配关系偏离原来的位置，以便观察产品内部结构以及组件的装配顺序。

1. 爆炸图概述

爆炸图同其他用户定义视图一样，各个装配组件或子装配已经从它们的装配位置移走。用户可以在任何视图中显示爆炸图形，并对其进行各种操作。爆炸图有如下特点。

● 可对爆炸视图组件进行编辑操作。

- 对爆炸图组件操作影响非爆炸图组件。
- 爆炸图可随时在任一视图显示或不显示。

选择菜单栏中的"装配"｜"爆炸图"｜"显示工具栏"命令（或单击"装配"工具栏中的"爆炸图"按钮），弹出"爆炸图"工具栏，如图9-38所示。

2. 创建爆炸图

要查看装配体内部结构特征及其之间的相互装配关系，需要创建爆炸视图。通常创建爆炸视图的方法是，选择"装配"｜"爆炸图"｜"创建爆炸图"命令（或单击"爆炸图"工具栏中的"创建爆炸图"按钮），弹出"创建爆炸图"对话框，如图9-39所示。

> **提示**
>
> 如果视图已经有一个爆炸视图，可以使用现有分解作为起始位置创建新的分解，这对于定义一系列爆炸图来显示一个被移动的不同组件很有用。

3. 编辑爆炸图

在完成爆炸视图后，如果没有达到理想的爆炸效果，通常还需要对爆炸视图进行编辑。选择"装配"｜"爆炸图"｜"编辑爆炸图"命令（或单击"爆炸图"工具栏中的"编辑爆炸图"按钮），弹出"编辑爆炸图"对话框，如图9-40所示。

图9-38 "爆炸图"工具栏

图9-39 "创建爆炸图"对话框

图9-40 "编辑爆炸图"对话框

4. 自动爆炸组件

该选项用于按照指定的距离自动爆炸所选的组件。选择"装配"｜"爆炸图"｜"自动爆炸组件"命令（或单击"爆炸图"工具栏中的"自动爆炸组件"按钮），弹出"类选择"对话框，选择需要爆炸的组件，单击"确定"按钮，弹出"爆炸距离"对话框，在该对话框的"距离"文本框中输入偏置距离，单击"确定"按钮，将所选的对象按指定的偏置距离移动。如果勾选"添加间隙"选项，则在爆炸组件时，各个组件根据被选择的先后顺序移动，相邻两个组件在移动方向上以"距离"文本框输入的偏置距离隔开，如图9-41所示。

图9-41 自动爆炸组件

> **注意**
>
> 自动爆炸只能爆炸具有关联条件的组件，对于没有关联条件的组件，不能使用该爆炸方式。

9.9 液压千斤顶的装配

要装配千斤顶组件，可采用自底向上的方式，首先通过"添加组件"工具将组件的零件添加到装配环境中去，然后通过"定位"面板中的各种约束方式，由底向上依次约束组件之间的位置关系即可。

① 新建一个"ex9-1"的文件名称为"QianJinDing-asm.prt"装配的文件，进入装配模块后，打开"添加部件"对话框，在该对话框中单击"打开"按钮，打开随书光盘中的文件"Qian-07.prt"，并设置定位方式，即可定位组件1，如图9-42所示。

② 定位组件2。按照上述方法打开随书光盘中的文件"Qian-05.prt"，单击"应用"按钮后系统弹出如图9-43所示的"装配约束"对话框，在"类型"中选择"接触对齐"，并选择图示的两个平面进行对齐，同时选择第二个组件的外圆柱面和第一个组件的内圆柱面作为接触面，单击"确定"按钮完成第二组件的添加。

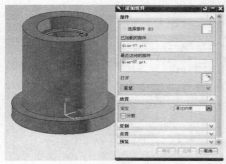

图9-42　定位组件1

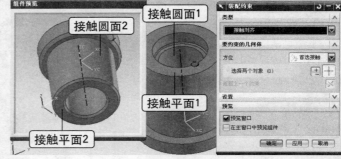

图9-43　添加组件2

③ 添加组件3。在绘图区右击组件1，将其隐藏。采用同样的方法打开随书光盘中的文件"Qian-04.prt"，单击"OK"按钮后在弹出的对话框中单击"应用"按钮，弹出"装配约束"对话框，在"要约束的几何体"选项组的"方位"下拉列表中选择"接触"，分别选择部件中如图9-44所示的小柱面及部件三的上圆柱面为接触面，然后将"方位"设置为"对齐"，分别选择两件的上表面为对齐平面，单击"确定"按钮完成组件3的添加。

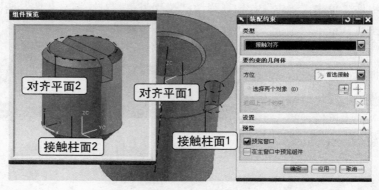

图9-44　组件3的添加

④ 添加组件4。同以上添加方式，添加随书光盘中的文件"Qian-06.prt"，单击"OK"按

钮后，在弹出的对话框中单击"应用"按钮，"类型"选择"接触对齐"，其余选择默认，分别选择组件4的圆柱下表面和组件2的上表面为对齐平面，然后设置"方位"为"自动判断中心/轴"，如图9-45所示，分别选择组件4及组件2的图示圆柱面的中心线为轴，单击"确定"按钮完成组件4的添加。

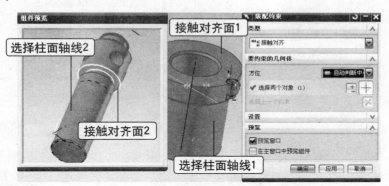

图9-45　组件4的添加

⑤ 添加组件5。单击"添加组件"按钮，类似于以上添加"Qian-01.prt"，单击"OK"按钮后，在弹出的对话框中单击"应用"按钮，弹出"装配约束"对话框，在"类型"下选择"接触对齐"，分别选择组件5的内球面和组件4的外圆面为接触对齐面，如图9-46所示，再将"方位"设置为"自动判断中心/轴"，分别通过选择两组件的外圆柱面来选择中心线作为轴，单击"确定"按钮完成组件5的添加。

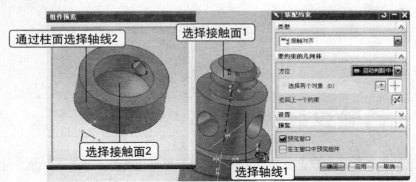

图9-46　组件5的添加

⑥ 添加组件6。单击"添加组件"按钮，类似于以上添加"Qian-02.prt"，单击"OK"按钮后，在弹出的对话框中单击"应用"按钮，并在弹出的"装配约束"对话框的"类型"中选择"接触对齐"，"方位"选择"对齐"，分别选择组件6的上面和组件5的外圆面为接触对齐面，产生相切的效果，如图9-47所示，再将"方位"设置为"自动判断中心/轴"，分别通过选择两组件的外圆柱面来选择中心线作为轴，单击"确定"按钮完成组件6的添加。

⑦ 添加组件7。单击"添加组件"按钮，类似于上面添加"Qian-03.prt"，单击"OK"按钮后在弹出的对话框中单击"应用"按钮，并在弹出的"装配约束"对话框的"类型"中选择"接触对齐"，分别选择组件7的外圆柱面及组件4的一个内圆面为接触对齐面，如图9-48所示，再将"类型"设置为"距离"，分别通过选择组件7的一端面及组件6的面来创建，并输入距离为120，单击"确定"按钮完成组件7的添加。

8 打开装配导航器，右键单击"Qian-07.prt"，选择"显示"命令，完成最终装配，效果如图9-49所示。

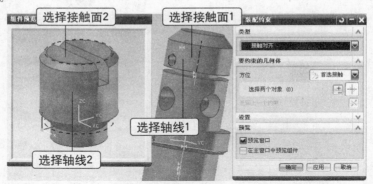

图9-47　组件6的添加

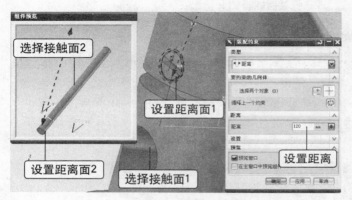

图9-48　组件7的添加

图9-49　千斤顶装配效果图

9.10 齿轮泵装配设计

在进行齿轮泵装配设计时，首先要添加一个现有组件将其准确定位到当前位置，而其他的组件都是围绕该组件设置约束，设置其相对位置，在执行多次添加和设置约束后，即可获得完整的装配效果。

1 添加泵体。新建一个"ex9-2"的文件名称为"Chilunbeng-asm.prt"装配的文件，进入装配模块后，打开"添加部件"对话框，然后在该对话框中单击"打开"按钮，打开随书光盘中的文件"geometry_bengti.prt"，并设置定位方式为系统默认，连续单击"确定"按钮，即可定位组件泵体，如图9-50所示。

2 添加齿轮轴。单击"添加组件"按钮，选择随书光盘中的文件"geometry changchilunzhou.prt"，单击"OK"按钮后系统弹出"装配约束"对话框，在该对话框中选择"类型"为"接触对齐"，并选择齿轮轴一个面与泵体的一个面作为相互接触面，然后选择齿轮轴的轴线以及泵体下侧的孔的轴线作为接触对象，如图9-51所示，单击"确定"按钮，完成齿轮轴的添加。

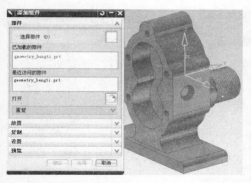

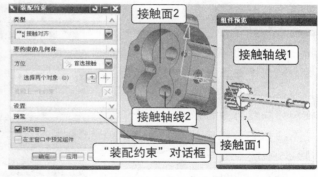

图9-50 添加泵体

图9-51 齿轮轴的添加

(3) 添加端齿轮轴。单击"添加组件"按钮 ⁺，选择随书光盘中的文件"geometry_duanchilunzhou.prt"，单击"OK"按钮后系统弹出"装配约束"对话框，在该对话框中选择"类型"为"接触对齐"，与步骤2类似，分别选择端齿轮轴的一个面与泵体的一个面作为接触配对面，选择泵体孔轴线及端齿轮轴轴线为接触线，单击"确定"按钮，完成端齿轮轴的添加，如图9-52所示。

(4) 添加泵盖。单击"添加组件"按钮 ⁺，选择随书光盘中的文件"geometry_benggai.prt"，单击"OK"按钮后单击"确定"按钮，系统弹出"装配约束"对话框，在该对话框中选择"类型"为"接触对齐"，选择泵盖的内面与泵体的外面为接触面，然后选择泵体上方的小螺纹孔轴线与泵盖上方的孔轴线为接触对象，单击"确定"按钮完成泵盖的添加，效果如图9-53所示。

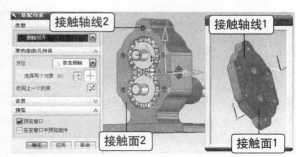

图9-52 端齿轮轴的添加

图9-53 泵盖的添加

(5) 添加压环。单击"添加组件"按钮 ⁺，选择随书光盘中的文件"geometry_tianliaoyahuan.prt"，单击"OK"按钮后系统弹出"装配约束"对话框，在该对话框中选择"类型"为"接触对齐"，选择压环上方的底面与泵体一个端面为接触面，然后选择压环的轴线与齿轮轴轴线作为接触线，单击"确定"按钮完成压环的添加，效果如图9-54所示。

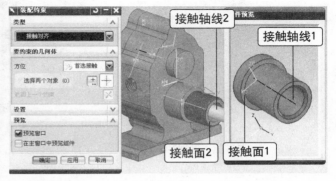

图9-54 压环的添加

(6) 添加螺套。单击"添加组件"按钮 ⁺，选择随书光盘中的文件"geometry_luotao.prt"，单击"OK"按钮后系统弹出"装配约束"对话框，在该对话框中选择"类型"为"接触对齐"，选择螺套的内平面与压环的外平面作为接触面，然后选择螺套的轴线与齿轮轴的轴线作为接触线，单击"确定"按钮完成螺套的添加，效果如图9-55所示。

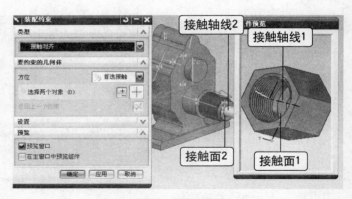

图9-55　螺套的添加

⑦ 添加螺钉。单击"添加组件"按钮，选择随书光盘中的文件"geometry_luoding.prt"，单击"OK"按钮后系统弹出"装配约束"对话框，在该对话框中选择"类型"为"接触对齐"，选择螺钉的下表面与泵盖螺纹孔的外表面作为接触面，然后选择螺钉的轴线与对应泵盖上的螺纹孔的轴线作为接触线，单击"确定"按钮完成螺钉的添加，效果如图9-56所示。

图9-56　螺钉的添加

⑧ 添加其余螺钉。单击"添加组件"按钮，弹出"添加组件"对话框，在"复制"|"多重添加"中选择"添加后重复"选项，如图9-57所示。选择刚才添加的螺钉文件作为添加对象，按照上一步的添加方式添加其余5个螺钉，最终完成所有螺纹的添加，齿轮泵的最终装配效果如图9-58所示。

图9-57　"复制"选项组

图9-58　齿轮泵装配效果图

第10章
工程图设计

在实际工作过程中，零件的加工和制造一般都是以二维工程图为标准来完成的。因此，零件在三维建模环境中设计完成后，一般要为零件模型创建二维工程图并为其添加标注，以作为加工部门传递工程信息的标准。在UG NX 8.0中，利用工程制图模块可以方便地得到与实体模型一致的二维工程图。工程图尺寸会随着实体模型的改变而自动更新，这样就可以减少因三维模型改变而引起的二维工程图更新所需的时间，而且正确性也可以得到保证。

本章重点介绍UG工程图的建立和编辑方法，具体包括工程图管理、添加视图、编辑视图、标注尺寸、形位公差、表面粗糙度及输出工程图等内容。

10.1 工程图入门

对于UG工程图设计的初学者来说，如何进行工程图环境设置以及工程图的管理是首先遇到的难题。读者一定要明确地知道选用或定制哪种图框，并且要知道所创建工程图的图幅、比例、单位、投影视角以及工程图的尺寸等。只有首先明确了这些问题，才能为熟练地掌握工程图设计打下坚实的基础。

1. 工程图的特点

工程图是传递设计思路和模型参数的重要载体，它是由设计好的三维模型直接生成的二维图形。由于工程图是基于三维模型生成的，因此工程图与三维实体模型是完全关联的，实体模型的尺寸、形状和位置的任何改变，都会引起二维工程图进行适时变化，总的说来，工程图有以下显著特点。

- 工程图与三维模型之间具有完全相关性，三维模型改变会反映在二维工程图上。
- 可以通过制图命令快速建立具有完全相关的多个剖视图，并可以自动生成剖面线。
- 具有视图对齐功能，此功能允许用户在图纸中快速放置视图，而不必考虑它们的对应关系。
- 具有可以隐藏不可见线的功能。
- 可以在同一对话框中编辑大部分如尺寸、符号等工程标注。
- 操作简单，视图清晰。

了解了工程图的特点之后再介绍一下工程图创建的基本思路及步骤。一般创建工程图的核心是添加基本视图，在核心之外需要做三项工作：选定合适的工程图纸、编辑工程图（如标注等）、管理视图（文本标注等）。

2. 工程图界面

在UG NX 8.0中，想建立工程图首先要进入工程图界面，熟悉工程图环境。在工程图环境中，创建好的三维实体模型利用工程图环境中提供的工程图操作及设置工具，可以迅速地创建出平面图、各种剖视图等二维工程图。

在"标准"工具栏中单击"起始"按钮，在弹出的菜单中选择"制图"命令，程序随即进入工程图模块，该模块的工作界面如图10-1所示，包含了图纸导航器、图纸界面等条目。

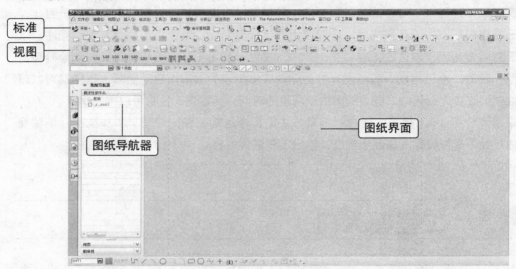

图10-1　工程图工作界面

3. 工程图参数的首选项

进入制图模块后，为了提高制图的效率，还要进行参数首选项设置，在菜单栏中选择"首选项"｜"制图"命令，将弹出如图10-2所示的"制图首选项"对话框，该对话框中包括"常规"、"预览"、"图纸页"、"视图"、"注释"和"断开视图"6个选项卡，分别介绍主要选项的含义。

图10-2　"制图首选项"对话框

（1）"常规"选项卡

主要用于设置在创建视图时视图的预览形状以及注释时注释尺寸的预览形式。

（2）"视图"选项卡

其选项区域如图10-2所示，各选项组含义如下。

- 更新：一般进入制图模块后，系统会初始化图纸并根据三维模型的变化自动更新各个视图。如果选择"延迟视图更新"复选框时，则图纸初始化时允许视图延迟更新，主要延迟了视图中的隐藏线、轮廓线、视图边界、剖视图等对象的更新，从而提高了操作速度。如果选择"创建时延迟更新"复选框，则系统在初始化图纸时将自动更新已经修改的视图。

● 边界：如果选择"显示边界"复选框，则当前图纸中所有视图的边界线按照设置的边界颜色显示，图10-3是选择"显示边界"复选框前后图片的样式。

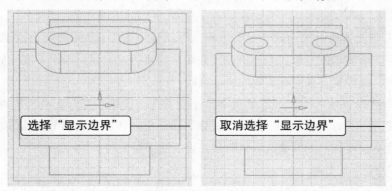

图10-3　选择和取消选择"显示边界"复选框的效果

● 显示已抽取边的面：用于控制抽取边缘和表面的显示状态，如果选择"显示和强调"单选按钮，则强调显示边缘线。如果选择"仅曲线"单选按钮，则仅仅呈现曲线，这是系统默认的选项。

● 加载组件：用于控制小平面组件在图纸所有视图中的表示方法。如果选择"小平面化视图选择时"复选框，则在选择视图进行操作时装载小平面组件；如果选择"小平面化视图更新时"复选框，则在更新视图时装载小平面组件。

（3）"注释"选项卡

注释是指制图中所有关联到的三维模型对象，包括尺寸、符号、文本标记等。有时修改三维模型对象，包括尺寸、符号等。有时修改三维模型会引起与之相关的注释自动删除，而选择"保留的注释"复选框，则在实体修改之后，可以保留与之相关联的注释。单击"删除保留的注释"按钮，系统将会弹出"删除留下的对象"对话框，如图10-4所示，单击"是"按钮，则会删除当前显示中所有保留的制图对象。

图10-4　提示信息

10.2　工程图操作与视图管理

在UG NX 8.0中，任何一个利用实体建模创建的三维模型都可以采用不同的投影方法、不同的图样尺寸和不同的比例建立多张二维工程图。这些工程图的创建基于对工程图的合理操作，具体操作包括新建工程图、打开工程图、删除工程图及编辑工程图。

1. 工程图操作

工程图操作主要包括新建工程图、打开和删除工程图、编辑工程图等。用户可以根据实际情况及命令安排自己的工程图。

（1）新建工程图

建模完成后，在"标准"工具栏中单击"起始"按钮，在弹出的菜单中选择"制图"命令，系统弹出如图10-5所示的"片体"对话框，在该对话框中输入图纸页的名称，设置图纸的图幅及比例、单位制，指定视图的投影方式，最后单击"确定"按钮，建立一个新的工程图页，程序转入制图模块。

如果在进入制图模块时采用默认设置，将自动新建一张工程图，则系统生成的工程图中的设置不一定适合于所要求的三维模型比例，因此用户需要通过工程图操作来进行新建、打开、删除、编辑工程图，以设置符合实际需要的图纸空间。

在菜单栏中选择"插入"｜"图纸页"命令或者在"图纸布局"工具栏中单击"新建图纸页"按钮 ，系统将弹出如图10-5所示的"片体"对话框，在该对话框中输入图纸页名称、指定图样尺寸、高度、长度和单位等参数后，即可完成新建工程图的操作。

注意 ·

　　在进行编辑工程图操作时，其中投影视图只能在没有产生投影视图的情况下修改，若已经产生了投影视图，则需要将所有的投影视图删除后才能执行编辑工程图的操作。

（2）打开和删除工程图

在UG NX 8.0中，对于同一个实体模型，可以创建很多工程图，如果采用了不同的投影方法、不同的图幅尺寸及比例建立了很多工程图，当需要对其中的一张进行编辑或浏览时，这时即可在绘图区将其打开。

要打开某一工程图，可在绘图区左侧的图纸导航器中右键单击所需图纸名，在弹出的快捷菜单中选择"打开"命令，此时即可在绘图区中打开对应的工程图，如图10-6所示，继续在此图纸名称上右击，即可弹出如图10-6示的列表菜单，如果要删除工程图，选择"删除"命令即可。

图10-5　"片体"对话框

图10-6　工程图操作选项

注意 ·

　　一旦从工程图中删除了视图对象，所有与此相关联的视图对象和视图更改都将随删除对象一起删除。若删除的是一个剖视图的父视图，则该删除操作不能被执行。

2. 视图管理

生成各种投影视图是创建工程图最核心的问题，在建立的工程图中可能会包含许多视图，UG的制图模块中提供了各种视图管理功能，如添加视图、移除视图、移动或复制视图、对齐视图和编辑视图等视图操作。

（1）创建基本视图

在菜单栏中选择"插入"｜"基本视图"命令或者在"图纸布局"工具栏中单击"基本视图"按钮，系统弹出如图10-7所示的"基本视图"对话框，当光标移到绘图工作区时，将显示为矩形图框，将其移动到合适位置后，程序随即自动创建一个视图，将光标移到该视图的对应位置后单击鼠标左键，系统会自动创建对应视图，如图10-8所示。

● 部件："部件"选项组中的内容如图10-9所示，通过选择加载部件来创建相应部件的工程图。

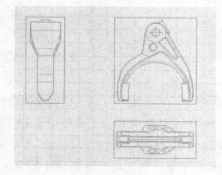

图10-7 "基本视图"对话框　　　图10-8 视图　　　图10-9 "部件"选项组

● 模型视图：模型视图一般用来选择第一个视图作为工程图的基本视图，并可通过正交投影生成其他视图，包括俯视图、前视图、右视图、后视图、左视图、正等测视图和正二测视图，如图10-10所示。

● "视图样式"按钮：单击该按钮，系统将弹出如图10-11所示的"视图样式"对话框。

● 比例：用于设置图纸和实际片体的比例，系统不仅提供了多种比例供选择，还提供了比率以及利用表达式定制比例两种方式，如图10-12所示，可以根据需要选择某一视图比例。

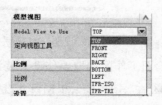

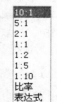

图10-10 视图类型　　　图10-11 视图样式　　　图10-12 比例

（2）创建投影视图

UG NX 8.0软件提供了强大的视图投影功能，操作简单、快捷，用户能够快速创建任意方向的视图。在"图纸布局"工具栏中单击"添加投影视图"按钮，系统将在屏幕上方弹出如图10-13所示的"投影视图"对话框，单击"投影视图"按钮后，在图形工作区拖动光标绕原视图旋转，程序会自动判断该方向投影形状，在需要的位置单击后即可得到该视图，示例如图10-14所示。

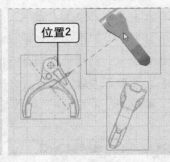

(a) 位置1   (b) 位置2

图10-14 视图

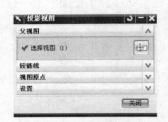

图10-13 "投影视图"对话框

（3）创建局部放大视图

局部放大视图用于表达视图的细小结构，用户可以对任何视图进行局部放大。在菜单栏中选择"插入视图局部放大视图"命令或在"图纸布局"工具栏中单击"添加局部放大图"按钮，系统弹出如图10-15所示的"局部放大图"对话框，单击"局部放大视图"按钮后，根据系统提示在需要进行局部放大的区域选择参考点，然后拖动鼠标创建如图10-16所示的圆形区域，该区域即为局部放大区域，其放大结果如图10-16所示。

（4）移动或复制视图

在菜单栏中选择"编辑" | "视图" | "移动" | "复制视图"命令或者在"图纸布局"工具栏中单击"移动/复制视图"按钮，系统将弹出如图10-17所示的"移动/复制视图"对话框。

图10-15 "局部放大图"
对话框

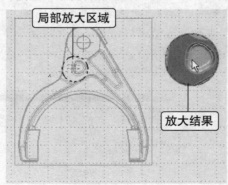

图10-16 局部放大图

图10-17 "移动/复制
视图"对话框

如果选择"复制视图"复选框，即可进行视图复制。在绘图工作区选取要移动或复制的视图，再在对话框中选取一种移动方式，将光标移动到绘图工作区后，该视图会根据设置进行移动或复制，视图位置确定后单击鼠标中键确认，最后在对话框中单击"取消"按钮，结束命令，示例如图10-18所示。

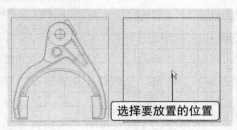
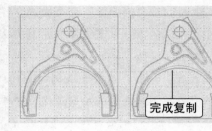

选择要放置的位置

完成复制

(a) 位置

(b) 完成

图10-18　复制视图

（5）对齐视图

在菜单栏中选择"编辑"｜"视图"｜"对齐视图"命令或者在"图纸布局"工具栏中单击"对齐视图"按钮，系统将弹出如图10-19所示的"对齐视图"对话框。

其操作步骤为：首先在弹出的"对齐视图"对话框中选择基准点对齐选项，并用点创建功能选项或矢量功能选项在视图中指定一个视图或者一个点作为对齐视图的基准点；再在对齐方式中选择一种视图的对齐方式，则选择的视图会按照所选的对齐方式自动与基准点对齐。当选择视图错误时，可以单击"取消选择视图"按钮，以取消选择的视图。示例如图10-20所示，选择对齐方式为"自动判断"，设置对齐点为"视图中心"，选择完成后单击鼠标中键，系统完成对齐操作，如图10-21所示。

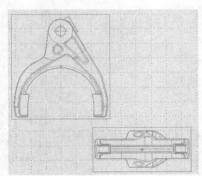
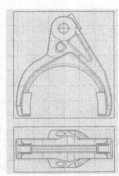

图10-19　"对齐视图"对话框　　　　图10-20　视图　　　　图10-21　中心对齐

10.3　剖视图应用

建立基本视图后，为了清楚地表达零件的内部特征，往往需要使用剖视的方法对某些复杂部分建立剖视图，主要包括添加如半剖、阶梯剖、旋转剖和局部剖等常用的剖视图。

1. 简单剖视图

当零件的内部结构较为复杂时，视图中就会出现较多的虚线，致使图形不够清晰，给绘图、尺寸标注等带来很大不便。此时，创建工程图的剖视图显得非常重要，这样可以更清晰、更准确地表达零件内部的结构特征。

要创建简单剖视图可按照以下简单的步骤操作：在菜单栏中选择"插入"｜"视图"｜"剖视图"命令或者在"图纸布局"工具栏中单击"添加剖视图"按钮，系统弹出如图10-22所示的"剖视图"对话框。

图10-22 设置剖视图

- "基本视图"按钮：当要生成剖视图时，选择基本视图（父视图）步骤按钮，将自动激活用户可在视图列表框或绘图工作区中单击要剖切的父视图。
- "样式"按钮：对剖面线样式进行设置，单击该按钮，系统将弹出"剖切线首选项"对话框，该对话框是"视图首选项"对话框的一个子集，用于设置视图显示。
- "移动"按钮：单击该按钮可以移动制图区域的视图。

具体的操作步骤为：首先选择要进行剖视的视图，然后根据命令提示选择剖视图的方向及位置，如图10-23所示，选择完成后在图形区单击鼠标左键确定剖视图的放置位置，系统自动生成如图10-24所示的剖视图。

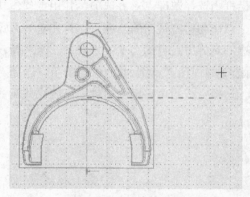

图10-23 剖视图方向

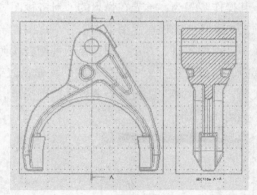

图10-24 剖视图

2. 半剖视图

半剖视图是剖视图的一种。当零件的内部结构具有对称性特征时，向垂直于对称平面的投影面上投影所得的视图即为剖视图。在UG NX 8.0中，可以利用"半剖视图"工具以中心线为界，创建剖视图。

在菜单栏中选择"插入"｜"视图"｜"半剖视图"命令或者在"图纸布局"工具栏中单击"半剖视图"按钮，系统弹出如图10-25所示的"半剖视图"对话框，然后进行半剖视图位置设置及放置，图10-25所示为半剖视图效果，包括剖切位置及半剖视图。

3. 旋转剖视图

使用两个成一定角度的剖切面（两个成一角度的平面的交线垂直于某一基本投影面）剖开模型，以表达具有回转特征模型的内部形状的视图，称为旋转剖视图。旋转剖视图的操作包括选择父视图、指定折叶线、旋转点、剖切位置、折弯位置与箭头位置等几个步骤。

在菜单栏中选择"插入"｜"视图"｜"旋转剖视图"命令或者在"图纸布局"工具栏中单击"旋转剖视图"按钮，系统弹出如图10-26所示的"旋转剖视图"对话框，分别设置旋转点、旋转位置等项目，并且选择剖切的角度及两个平面，最终完成如图10-26所示的效果图。

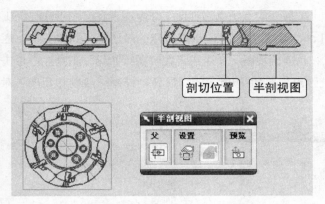

剖切位置　半剖视图

第一平面

视图

旋转点

第二平面

图10-25　"半剖视图"对话框及视图效果　　　图10-26　"旋转剖视图"对话框及视图效果

4. 局部剖视图

局部剖视图是剖视图中的一种。用剖切面局部地剖开模型，所得到的视图称为局部剖视图。在菜单栏中选择"插入"｜"视图"｜"局部剖视图"命令或者在"图纸布局"工具栏中单击"局部剖视图"按钮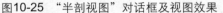，系统弹出如图10-27所示的"局部剖"对话框。

该对话框中包括如下选项。

- 视图操作选项组中有如下3个选项。
  - ◆ 创建：创建局部剖视图的步骤包括选择视图、指出基点、指出拉伸矢量、选择曲线和修改边界曲线5个步骤。
  - ◆ 编辑：编辑过程基本和创建过程类似。
  - ◆ 删除：选择该项后，系统将弹出如图10-28所示的对话框。用户在绘图工作区中选择已建立的局部剖视图，则系统会删除所选的局部剖视图。
- 视图名称列表框：用于选择可以编辑的视图。
- "切透模型"复选框：如果选中该复选框，可以将局部剖视边界以内的图形部分清除。

图10-27　"局部剖"对话框　　　　　图10-28　"删除"选项

5. 展开剖视图

使用具有不同角度的多个剖切面（所有平面的交线垂直于某一基准平面）对视图进行剖切操作，所得到的剖视图即为展开剖视图。该剖切方法适用于多孔的板类模型，或内部结构复杂的且不对称类模型的剖切操作。

在菜单栏中选择"插入"｜"视图"｜"展开的点到点剖视图"命令或者在"图纸布局"工具栏中单击"展开的点到点剖视图"按钮▣，系统弹出如图10-29所示的对话框。同样在菜单栏中选择"插入"｜"视图"｜"展开的点和角度剖视图"命令或者在"图纸布局"工具栏中单击"展开的点和角度剖视图"按钮▣，系统弹出如图10-30所示的"展开剖视图－线段和角度"对话框。

图10-29　设置选项

图10-30　线段和角度选项

10.4　工程图的标注

视图建立完成后，需要进行尺寸标注、添加注释、插入符号等操作，尺寸标注用于表示对象的大小。由于UG工程图模块和三维实体造型模块是完全关联的，因此在工程图中进行标注尺寸就是直接引用三维模型真实的尺寸，具有实际的含义。

1. 尺寸标注

尺寸标注用于表达实体模型尺寸值的大小。在UG NX 8.0中，工程图模块和建模模块是相关联的，在工程图中标注的尺寸就是所对应的模型的真实尺寸，所以在工程图环境中无法任意修改尺寸，只有在实体模型中将某些参数修改才能将对应的工程图的尺寸更新，它们相互对应，相互关联，具有一致性。

在对工程图标注以前，首先应对标注时的相关参数进行设置。如标注时的样式、尺寸公差以及标注的文本注释等，然后即可进行尺寸、文本等标注。

需要建立尺寸标注时，在菜单栏中选择"插入"｜"尺寸"菜单下的命令或者单击打开如图10-31所示的"尺寸"工具栏，选择要标注的项目。

该工具栏中各种标注方式的用法如下。

● 自动判断：该选项由系统自动推断出选用哪种尺寸标注类型进行尺寸标注。

● 水平：用于标注工程图中所选对象的水平尺寸。

图10-31　"尺寸"工具栏

- 竖直：用于标注工程图中所选点到直线（或中心线）的垂直尺寸。
- 平行：用于标注工程图中所选对象的平行尺寸。
- 垂直：用于标注工程图中所选对象的垂直尺寸。
- 倒斜角：用于标注倒角尺寸。
- 角度：用于标注工程图中所选两直线之间的角度。
- 圆柱：用于标注工程图中所选圆柱对象之间的直径尺寸。
- 孔：用于标注工程图中所选孔特征尺寸。
- 直径：用于标注工程图中所选圆或圆弧的直径尺寸。
- 半径：用于标注工程图中所选圆或圆弧的半径尺寸，但标注不过圆心。
- 过圆心的半径：用于标注工程图中所选圆或圆弧的半径尺寸，标注过圆心。
- 带折线的半径：用于标注工程图中所选大圆弧的半径尺寸，并用折线来缩短尺寸线的长度。
- 厚度：用于标注工程图中所选两个不同半径的同心圆弧之间的距离尺寸。
- 圆弧长：用于标注工程图中所选圆弧的弧长尺寸。
- 水平链：用来在工程图中生成一个水平方向上的尺寸链，即生成一系列首尾相连的水平尺寸。
- 竖直链：用来在工程图中生成一个垂直方向上的尺寸链，即生成一系列首尾相连的垂直尺寸。
- 水平基线：用来在工程图中生成一个水平方向上的尺寸系列，该尺寸系列分享同一条直线。
- 竖直基线：用来在工程图中生成一个垂直方向上的尺寸系列，该尺寸系列分享同一条直线。
- 坐标：用于标注工程图中定义一个原点的位置，作为一个距离的参考点位置，进而可以明确给出所选对象的水平或垂直坐标。

2. 形位公差标注

形位公差标注是将几何符号和公差符号组合在一起的标注形式。在菜单栏中选择"插入"│"形位公差参数"命令或单击"制图注释"工具栏中的"形位公差参数"按钮，系统弹出"注释"工具栏，在工具栏中单击"注释编辑器"按钮，即可打开"注释编辑器"对话框。

单击"文本编辑器"对话框中的"形位公差符号"标签，将打开如图10-32所示的选项卡，其中包含了各类公差符号。

当要在视图中标注形位公差时，首先要选择公差标准，接着选择公差框格式，可根据需要选择单个框架或组合框架，然后选择形位公差项目符号，并输入公差数值和选择公差的标准。

设置后的公差框会在预览窗口显示，如果不符合要求，可在编辑窗口中进行修改，完成公差框设置后，在"注释编辑器"对话框底部选择一种定位方式，将形位公差框定位在视图中。

3. 文本标注

一张完整的工程图纸，不但要包括表达实体零件的基本形状及尺寸的各类视图和基本尺寸，还需要技术说明等相关的文本标注，以及用于表达特殊结构尺寸、各装配及定位部分的有关文本及技术要求等。

文本标注主要用于对图纸相关内容做进一步的说明，如零件的说明、标题栏的有关文本以及技术要求等。在"注释"工具栏中单击"注释"按钮，打开"注释"对话框，如图10-33所示，其中包含了很多栏目，包括文本输入、编辑文本、插入符号类型等选择。

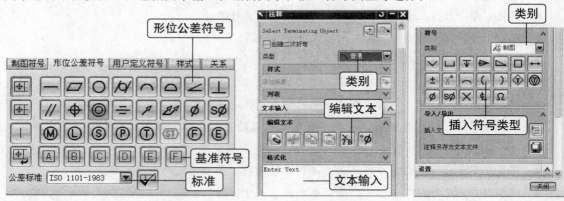

图10-32 "形位公差符号"选项卡　　　　　　　图10-33 "注释"对话框

在标注文本注释时，根据标注内容，首先设置这些文本注释的参数选项，如对齐方式、形位公差框高因子、字符大小、字母角度、字体和颜色等，设置完成后，在编辑窗口中输入文本的内容，输入文本注释后，在工程视图区利用"注释放置"工具栏即可放置文字。

提示

要编辑现有的制图符号或文本标注，可在视图中双击文本标注或符号，在打开的"注释"对话框中，可对原有的文本和符号进行编辑。如果要修改已存在的文本注释内容，可先在视图中选择要修改的文本。所选文本会显示在文本编辑器中，然后再根据需要修改相应的文本内容、字体、字形等参数。

10.5 插入功能

为了清楚地表达视图含义和便于尺寸标注，在绘制工程图的过程中，经常需要向工程图中插入一些对象，如中心线、用户自定义标记和标识符号等。

1. 插入表格

插入表格是指在工程视图中建立表格并显示在图纸上。在菜单栏中选择"插入"｜"表格注释"命令，或在"表格与零件明细表"对话框中单击"插入表格注释"按钮，单击视图某位置系统将在视图区域放置表格，如图10-34所示。用鼠标右键单击表格左上角的方框，在弹出的快捷方式菜单中选择"使用电子表格编辑"，如图10-35所示，打开Excel电子表格编辑器，进入表格编辑状态，如图10-36所示。

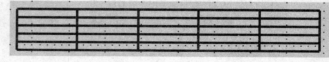

图10-34 表格

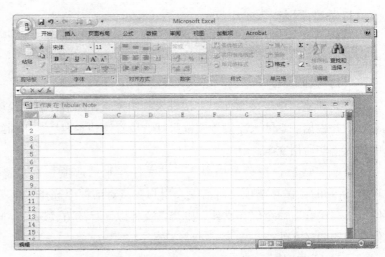

图10-35 表格编辑 　　　　　　　　　图10-36 表格编辑器

编辑完成后，退出电子表格编辑，系统将弹出如图10-37所示的"警告"对话框，提示是否更新表格。

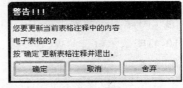

图10-37 警告信息

2. 插入图像

在菜单栏中选择"插入"｜"图像"命令或者在"制图注释"工具栏中单击"图像"按钮，系统弹出如图10-38所示的对话框，单击"打开"按钮，选择要打开的图像的存放路径，如图10-39所示。在其中选择要插入的图像后单击"确定"按钮，选取的图像被插入到绘图工作区中，如图10-40所示。同时将弹出"注释放置"对话框，用于控制图形的手柄位置，双击中键后完成操作，图片被插入到绘图工作区中，选中该图像可以随意缩放和移动。

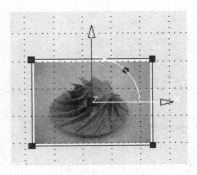

图10-38 "插入图像"对话框　　图10-39 选择图像　　　　图10-40 插入视图

10.6 添加图框和输出工程图

在工程图的绘制中通常要向其中添加工程图图框，以使其更加符合国家的制图标准，另外，在完成了工程图的绘制之后，也可以将其输出到绘图仪上进行打印输出。

1. 添加图框

当绘制完成一张完整的工程图后，图框是必不可少的，为了节省时间，减少重复性工作，将图框制作成图样文件，在需要时，将其引入到工程图中。

（1）绘制图框

首先新建一个部件文件，直接进入制图模块，然后在制图模块中先设置颜色、线型和图层等参数，并根据图框的大小设置图幅尺寸，设置这些参数后，用曲线功能绘制图框，并在相关栏目中插入一些通用文本。

绘制完成后，在菜单栏中选择"文件"｜"选项"｜"储存选项"命令，系统弹出如图10-41所示的"保存选项"对话框。用户在该对话框中选择"仅图样数据"选项，然后选择"文件"｜"保存"命令保存文件，则当前文件以图样的方式进行存储，就建立了一个可以供其他部件引用的图样文件。

（2）添加图框

在添加图框时，首先选择菜单栏中的"格式"｜"图样"命令，然后在弹出的如图10-42所示的"图样"对话框中单击"调用图样"按钮，系统将弹出"调用图样"对话框，设置参数如图10-43所示，包含"WCS"和"菜单"两个选项。参数设置完成后，单击"确定"按钮在文件夹中选择图样文件，选择完成后在系统打开的"点构造器"对话框中，设置图样左下角的插入点，即可将图样插入到工程视图区。

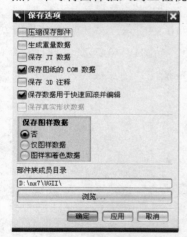

图10-41 保存选项

图10-42   选择样式

图10-43 "调用图样"对话框

2. 输出工程图

模型的二维工程图设计及标注全部完成以后就需要导出。导出为类似于CAD的二维图，这样才算最终完成工程图的创建，具体操作步骤如下所述。

在菜单栏中选择"文件"｜"打印"命令，系统将弹出如图10-44所示的"打印"对话框，单击"属性"按钮，系统弹出如图10-45所示的对话框，通过该对话框设置打印属性，设置完毕后，则可以打印出图。

图10-44 "打印"对话框

图10-45 打印页面定义

10.7 创建连接件工程图

本实例通过创建一个连接件，来大体了解一下工程图创建的入门知识，其中用到的知识比较浅显易懂，如图纸创建及选择、视图的添加等。

① 打开随书光盘中的文件"10-1.prt"，其模型如图10-46所示，进入制图模块，在弹出的"插入图纸页"对话框中选用默认的视图名称，图幅采用"A3"，投影方式指定为第一象限角，单击"确定"按钮。

② 在弹出的"视图创建向导"对话框中单击"下一步"按钮，如图10-47所示，在出现的设置视图中显示选项，"视图边界"选择"自动"，其余默认即可，如图10-48所示，单击"下一步"按钮，选择右视图，如图10-49所示，然后选择如图10-50所示。

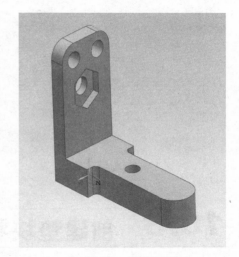

图10-46 模型视图

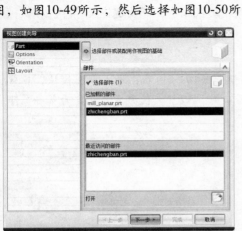

图10-47 视图创建向导

图10-48 设置显示选项

图10-49 视图方位

图10-50 视图样式

③ 单击鼠标左键，可看到其平面构造如图10-51所示，最终效果如图10-52所示。

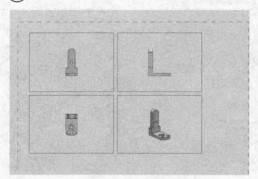

图10-51 平面构造

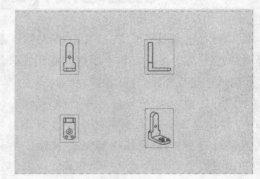

图10-52 完成视图

10.8 创建垫块零件工程图

本例将创建某垫块零件的工程图。在机械设计中，垫块属于支撑及定位类零件。在机械领域中的应用非常广泛。本例应用了本章的大部分知识，如新建图纸、视图添加、尺寸标注等，以下为操作步骤。

① 打开随书光盘中的文件"10-2.prt"，其模型如图10-53所示，进入制图模块，在弹出的"插入图纸页"对话框中选用默认的视图名称，图幅采用"A2"，投影方式指定为第一象限角，单击"确定"按钮，进入制图模块。

② 在"制图布局"工具栏中单击"基本视图"按钮 ，并单击鼠标左键创建主视图，然后单击"剖视图"按钮 创建剖视图，剖视图创建完成后，再单击"局部剖视图"按钮 创建局部剖视图，如图10-54所示。

③ 在菜单栏中选择"首选项"｜"制图"

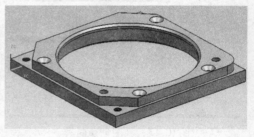

图10-53 视图模型

命令，在弹出的"制图首选项"对话框中取消"显示边界"复选框的选择，然后在菜单栏中选择"首选项"｜"工作平面"命令，在弹出的"工作平面首选项"对话框中，取消"显示栅格"复选框的选择，工程图界面如图10-55所示。

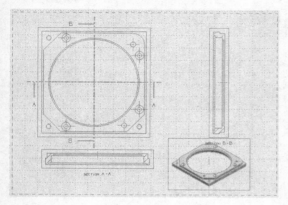

图10-54　创建局部剖视图

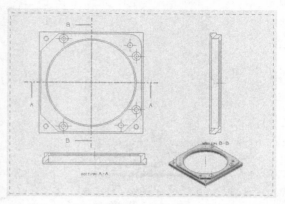

图10-55　局部剖视图剖切线

4　在"尺寸"工具栏中单击"水平"按钮，依次标出视图中水平方向的尺寸，然后在"尺寸"工具栏中单击"直径"按钮，依次标出视图中直径部分的尺寸，如图10-56所示。

5　在菜单栏中选择"插入"｜"特征参数"命令，系统弹出如图10-57所示的"特征参数"对话框，在局部剖视图中选择沉头孔特征，如图10-58所示，然后根据系统提示选择标注视图位置，如图10-59所示，单击"确定"按钮完成沉头孔标注。

6　采取步骤5中的操作标注其他沉头孔和螺纹孔的尺寸，如图10-60所示。

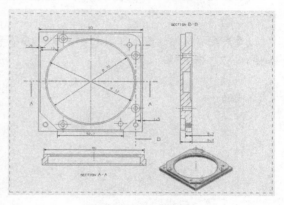

图10-56　剖视图

图10-57　特征参数

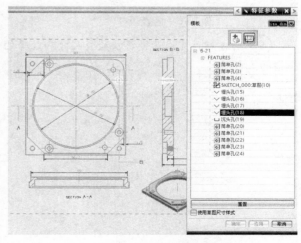

图10-58　参数编辑

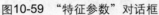

图10-59 "特征参数"对话框

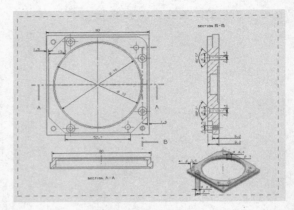

图10-60 尺寸标注

⑦ 在"尺寸"工具栏中单击"竖直"按钮，依次标出视图中竖直方向的尺寸，如图10-61所示。

⑧ 在"制图注释"工具栏中单击"ID符号"按钮和"特征控制框"按钮，标注形位公差，如图10-62所示。

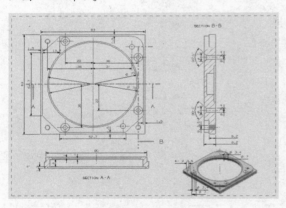

图10-6 竖直尺寸

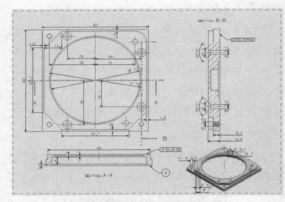

图10-62 形位公差标注

⑨ 公差标注完成后，再次检查尺寸和注释的合理性，检查有无错误、遗漏等，修改后得到合格的工程图。

第11章
GC工具箱

NX中国工具箱（NX for China）是Siemens PLM Software为了更好地满足我国用户，针对GB的要求，缩短NX导入周期，专为我国用户开发使用的工具箱，提供了GB标准定制和GC工具箱。

11.1 GB标准定制

GB即"国标"的汉语拼音缩写，为中华人民共和国国家标准的意思。国标编码就是中华人民共和国信息交换汉字编码标准（如GB2312-80），在此标准中制定了每一个汉字及非汉字符号的编码。规定将汉字字符分为87个区，每个区有94个汉字（94位），因此共制定了87×94＝8178个汉字、字符。现在介绍GB的标准定制。

1. 中文字体

在以前版本GC Toolkits中提供的仿宋（chinesef_fs）、黑体（chinesef_ht_filled）和楷体（chinesef_kt）3种常用的中文字体的基础上，UG NX 8.0全面支持中文环境和中文字体。用户在UG NX 8.0中既可以使用中文对NX文件进行命名，也可以在中文文件夹下保存NX文件。另外在使用NX制图过程中，也可以方便对Windows中文字体以及NX字体进行选取，如图11-1所示为显示的中文字体。

图11-1 中文字体

2. 定制的模型模板和工程图模板

工具箱中提供的模型模板和工程图模板是针对我国用户的建模和制图规范专门定制的。模型模板文件中提供了模型和装配两个公制模板，并在模板中定制了常用的部件属性、规范的图层设置和引用集设置等，建模模板如图11-2所示。

工程图模板中提供了图幅为A0++、A0+、A0、A1、A2、A3、A4的零件制图模板和装配制图模板。在每个模板文件中都按GB定制了图框、标题栏、制图参数预设置等。在装配制图模板中还按GB定制了明细栏，制图模板如图11-3所示。

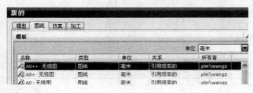

图11-2 建模模板

图11-3 制图模板

3. 定制的用户默认设置

工具箱中按照我国用户使用NX的规范，对基本环境、建模、装配、制图等常用模块的用户默认设置（Customer Default）内容进行了定制，为用户提供了一个符合我国用户需求的三维CAD规范环境。

4. GB制图标准

工具箱中提供了一个为我国用户单独定制的GB制图标准，如图11-4所示。在这个标准中对常用的制图元素均按对应的国标标准进行了设置，用户进入NX环境，无需任何的设置就可以绘制出符合我国国标要求的工程图纸，最大限度减少用户制图预设置所需时间。

5. GB标准件库

工具箱中提供了GB标准件库，库中一共提供了轴承、螺栓、螺钉、螺母、销钉、垫片、结构件等共280个常用零件，标准件库如图11-5所示。

图11-4　GB制图标准

图11-5　GB标准件库

提示

详细列表请参考：%UGII_BASE_DIR\LOCALIZATION\PRC\GB Standard Parts \GB.txt.

6. GB螺纹

工具箱中提供了GB螺纹数据，具体的数据有如下内容。

GB193：普通螺纹；GJB3.4：结构件MJ螺纹；GJB3.2：MJ螺栓和螺母螺纹；GJB3.3：管路件MJ螺纹；GB5796：梯形螺纹；HB243：过盈螺纹；GB1415：米制锥螺纹；HB247：锥螺纹；GJB119.3：安装钢丝螺套用内螺纹；Q_9D176：直九专用安装钢丝螺套用内螺纹。

用户在NX中创建螺纹特征时，可以方便选取这些螺纹类型，如图11-6所示为GB螺纹。

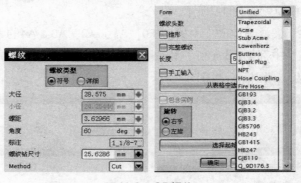

图11-6　GB螺纹

11.2 GC工具箱

UG NX GC工具箱（GC Toolkits）为用户提供了一系列的工具，用于提升模型质量，提高用户的设计效率，内容覆盖了GC数据规范、齿轮建模、制图工具、视图工具、注释工具、尺寸工具和弹簧工具。

11.2.1 GC数据规范

GC数据规范包括模型质量检查工具、属性工具、标准化工具和其他工具，如图11-7所示。

图11-7 "GC数据规范"菜单和工具栏

1. 质量检查工具

工具箱提供的检查工具是在NX check-Mate的基础上根据我国客户的具体需求定制的检查工具，检查器菜单如图11-8所示，内容包含模型检查器、制图检查器和装配检查器。用户可以通过菜单或工具栏快速执行检查。

运行之后，可以在"HD3D工具"资源栏中查看验证结果，如图11-9所示为质量检查结果显示，用户可以动态地查看问题。

图11-8 "检查器"菜单

图11-9 质量检查结果显示

2. 属性工具

GC工具箱提供的属性工具为属性填写、属性同步，适用于建模和制图应用环境。中文界面下通过"GC工具箱"｜"GC数据规范"｜"属性工具"命令进行访问，如图11-10所示。

（1）"属性填写"选项卡

用于编辑或增加当前工作部件的属性。主要实现以下功能：修改或添加当前部件的属性；从配置文件中加载属性项到当前部件；从当前装配中的其他部件继承属性到当前部件；从外部件文件（part）继承属性到当前部件；比例（Scale）属性列表可以从配置文件读取；材料（Material）属性列表可以从NX材料库中读取；赋值重量（Weight）属性可以通过读取名称为Weight的引用集中所有对象的重量。在中文界面下通过"GC工具箱"｜"GC数据规范"｜"属性工具"命令进行访问，"属性填写"选项卡如图11-11所示。

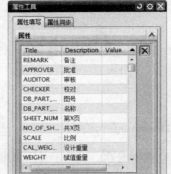

图11-10 "属性工具"命令　　　　　　　　　　　　图11-11 属性填写

① 属性

- 属性列表：原始状态下显示当前部件的所有属性的标题和值，用户通过新建的属性也自动添加到列表下方。用户还可以选择列表顶端的列标题，对列表中属性列表的项目项进行排序。用户可以直接在列表中添加属性或对属性进行修改。

- 比例（Scale）：默认属性列表可以在配置文件"gc_tool.cfg"中修改"ATTRIBUTE_TOOL_SCALE_START"的值设置。

- 材料（Material）属性：当属性名为Material时，自动读取NX材料库。

- 赋值重量（Weight）属性：当用户定义了一个名为Weight的引用集时，该属性会自动计算Weight引用集下所有对象的重量。

- 删除：删除选定的属性项。

注意·

如果所删除的属性被制图中的对象引用，将不会在部件的属性中删除。

② 继承属性

- 从组件继承：用户可以从图形界面或者装配导航栏上选择需要继承的组件，一旦选中组件，系统自动将其组件添加到属性列表，如果原先的属性存在并且值为空，则更新其值；如果不存在，则自动创建相同的属性项到列表。

- 从部件继承：用户可以从弹出的对话框中选择外部的部件文件，系统自动将其组件添加到属性列表，如果原先的属性存在并且值为空，则更新其值；如果不存在，则自动创建相同的属性项到列表。

③ 配置文件

从配置文件加载：系统读取指定位置的配置文件"%UGII_BASE_DIR%\Localization\prc\gc_tools\configuration\ gc_tool.cfg"中定义的属性内容。如果对应的属性项目不存在，则自动添加，如果已存在的，则不考虑。

（2）"属性同步"选项卡

用于对主模型和图纸间的指定属性进行同步，可以实现属性的双向传递。此功能不能在TC环境下使用。主要实现将选定的属性从主模型同步到图纸，或将选定的属性从图纸同步到主模型。

图11-12　属性同步

注意

使用此功能前，请确认当前显示的是图纸文件，并且对应的主模型被加载。

属性工具选项如表11-1所示。

表11-1　属性工具选项

入口	
主要检测模型	系统进入时该功能自动检测主模型环境，如果有多个主模型则弹出如下提示。 **警告** ⚠ 零件中有多个主模型存在！请打开带有一个主模型的图纸文件！ 确定
主模型属性	
属性列表	显示当前主模型部件属性，列表可通过Ctrl或Shift键进行多选
图纸属性	
属性列表	显示当前图纸文件部件属性，列表可通过Ctrl或Shift键进行多选
同步方式	
主模型到图纸	当选择该选项时，将主模型属性同步到图纸部件
图纸到主模型	当选择该选项时，将图纸属性同步到主模型部件
对话框操作	
应用	单击"应用"按钮后，系统根据同步方式执行同步操作，如果没有选中对应的属性，则系统提示如下。 **警告** ⚠ 请选择属性进行同步！ 确定 如果已经选择了要同步的属性，单击"应用"按钮可以将选中的属性根据选择的同步方式进行同步
确定	同应用操作，只是"确定"按钮在传递完属性后退出当前对话框
取消	退出当前对话框

3. 标准化工具

"创建标准引用集"对话框如图11-13所示。

读取配置文件中企业标准关于引用集的定义，自动创建引用集；如果定义的标准引用集已存在，可以根据选项，自动删除并重新创建根据引用集与图层对应关系，自动将对应图层中的对象添加到引用集中；提供报告功能，用户可以查看工作部件的引用集中对象的数量以及创建信息。

说明如下。

图11-13 "创建标准引用集"对话框

- 对于工作部件中已经存在的，并在配置文件中定义的引用集，如果没有选择重新创建选项，则不执行创建操作；选择重新创建，则删除该引用集并重新创建。
- 对于工作部件中不存在的引用集，执行创建操作。
- 对于配置文件中规定的引用集，有如下几种情况。
  - ◆ 如果原引用集中已经有对象，则应该将对应层中不在当前引用集中的其余对象添加到对应引用集。
  - ◆ 如果原引用集中没有对象，则应该将对应层中的所有对象添加到对应引用集中；对于配置文件中规定的引用集，但没有对应图层定义，无论原先引用集是否存在对象，均不对该引用集执行添加对象的操作。
  - ◆ 对于重新创建的引用集，原先的引用集将被删除，重新创建的引用集等同于第2种情况。
- 关于配置文件（位于"%UGII_BASE_DIR%\Localization\prc\gc_tools\configuration\ gc_tool.cfg"）中对应的引用集格式如下。

Body	|1.4
Mate	|1.5
Simplified	|
Drawing	|1.4
Alternate	|2

标准化工具选项如表11-2所示。

表11-2 标准化工具选项

引用集	
工作部件引用集	显示当前工作部件中存在的引用集。"应用"或创建完成后则在其中显示的即是创建完成后工作部件中所有的引用集
设置	
重新创建	选择此复选框，系统将删除已经存在的、并在配置文件中定义的引用集，重新创建该引用集
自动分配对象	选择此复选框，系统将根据引用集与图层对应关系，自动将对应图层中的对象添加到引用集中
显示创建信息	选择此复选框，单击"确定"或"应用"按钮后显示创建相关引用集结果的信息

4. 创建层分类

用于规范企业标准图层分类的创建与使用过程，"创建层分类"对话框如图11-14所示。读取配置文件中企业标准关于图层分类的定义，自动创建图层分类，删除原有图层分类。

图11-14　"创建层分类"对话框

> **注意**
>
> 配置文件中层分类名称和包含的图层信息可以参照现有GC Toolkits模板中的层分类定义。默认的配置文件（位于"%UGII_BASE_DIR%\Localization\prc\gc_tools\configuration\gc_tool.cfg"中）。

分类设置如下，用户可以直接根据实际的企业要求和标准进行更改。

```
KEY_WORD: CATEGORY_LAYER_START
00_FINAL_DATA,00_FINAL_BODY                    | 1
        00_FINAL_DATA,00_ALT_SOLID             | 2
        00_FINAL_DATA,00_FINAL_SHEET           | 3
        00_FINAL_DATA,00_FINAL_CURVE           | 4
        00_FINAL_DATA,00_MATE_DATUM            | 5
        00_FINAL_DATA                          | 6-10
        01_BODY                                | 11-20
        02_SKETCH                              | 21-60
        03_DATUM,03_FIXED_DATUM                | 61
        03_DATUM                               | 62-80
        04_CURVE                               | 81-90
        05_SHEET                               | 91-110
        06_ANNOTATION                          | 111-115
        07_FLATPATTERN,07_SHEET_METAL          | 116
        07_SHEET_METAL                         | 117-120
        08_WAVE                                | 121-130
        09_ELECTRIC                            | 131-140
        10_CAM                                 | 141-150
        11_MOTION                              | 151-160
        12_CAE                                 | 161-169
        13_DRAWING_PATTERN                     | 170
        13_DRAWING_DIMENSION                   | 171
        13_DRAWING_SYMBOL                      | 172
        13_DRAWING_SPECIFICATION               | 173
        RESERVED                               | 174-255
        TEMPORARY                              | 256
```

创建层分类选项如表11-3所示。

表11-3　创建层分类选项

层分类	
图层分类信息	在创建前显示当前工作部件的图层分类信息。"应用"后则显示创建后的图层分类信息
☑删除原有层分类	删掉当前文件中已经存在的层分类，默认为打开状态

5. 图层存档状态设置

用于规范用户保存时企业标准的图层显示与可选状态，"存档状态设置"对话框如图11-15所示。

主要实现以下功能。

- 各图层状态按标准进行设置，确保存档状态的一致，便于数据交互。
- 选中报告图层状态，完成设置后系统弹出窗口显示当前图层设置状态。

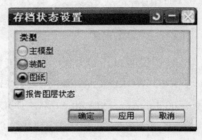

图11-15　"存档状态设置"对话框

说明如下。

配置文件（位于"%UGII_BASE_DIR%\Localization\prc\gc_tools\configuration\ gc_tool.cfg"中）格式：以下显示的是默认的配置文件信息，用户可以根据企业规定实际的图层状态进行更改与设置。值得注意的是配置文件中仅列出特别要求的类型：工作图层和可选图层，其余均为不可见。

```
MasterModelWorklayer        |   1
MasterModelSelectable       |   2-5
MasterModelVisibleOnly      |
DraftingWorklayer           |   171
DraftingSelectable          |   1-4,6-10,172,173
DraftingVisibleOnly         |   170
AssemblyWorklayer           |   1
AssemblySelectable          |   2-10
AssemblyVisibleOnly         |
```

存档状态设置如表11-4所示。

表11-4　存档状态设置

类型	提供用户保存时企业标准的图层显示与可选状态的类型
☑报告图层状态	如果勾选，在单击"确定"或"应用"按钮后显示当前图层设置状态

6. 其他工具

在装配文件中更改部件名称，当前UG中使用"Save as（另存为）"的方式，但会引起零件版本的混乱，使用该功能主要能达到如下要求。

- 选择组件并改名。
- 根据要求自动删除被改名称的原文件。
- 自动将某个装配（包括装配下的所有零件以及图纸文件）输出到另一个目录，用户既可以选择某个目录中的装配，也可以从装配导航器中选择装配，如图11-16所示。

零组件更名及导出如表11-5所示。

图11-16　零组件更名及导出

表11-5　零组件更名及导出

重命名组件	
选择组件	选择装配导航树中的装配节点，原组件名自动放置到新零组件名中
新名称	指定重命名后的文件名称
删除原零件	重命名后删除原先的零部件
装配导出	
目录	从目录中选择装配
装配导航器	从装配导航器中选择
选择装配⊞	从装配导航器中选择装配
输出目录	在该目录放置导出的装配文件
选择装配📂	从某个目录中选择装配文件
装载文件选项	存在两种方式搜索查询装配子部件，即"从文件夹"和"搜索路径"
从文件夹	从装配文件所在的文件夹装载装配子部件和零件
输出图纸文件	激活时，系统自动查找装配文件中对应的图纸文件，并同时自动输出到导入文件夹；当使用导出图纸文件开关打开时，需要指定后缀文件的名称。后缀名称默认为_dwg

11.2.2　制图工具

工具箱中提供了一些制图工具，包括替换模板、图纸拼接、导出零件明细表、编辑零件明细表和装配序号排序，如图11-17所示。

1．替换模板

用于对当前图纸的模板进行替换，"工程图模板替换"对话框如图11-18所示。

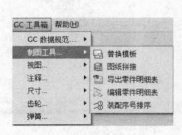

图11-17 制图工具

图11-18 "工程图模板替换"对话框

注意

替换模板以及模板对象所在的图层在配置文件中定义：

%UGII_BASE_DIR%\Localization\prc\gc_tools\configuration\gc_tool.cfg

替换模板选项如表11-6所示。

表11-6 替换模板选项

选择要替换的图纸页	
图纸中的图纸页	显示当前部件文件中的图纸页，显示图纸编号及其纸张大小，显示模式为"图纸名称（图纸大小）"，诸如"A0_1（A0-841x1189）"
选择替换模板	
新名称	显示当前配置文件中指定的图纸模板的列表
添加标准属性	当选择该复选框时，如果当前部件中不存在配置文件中的属性，则自动创建。如已存在，则不考虑
预览	
显示结果🔍	当选择该复选框时，系统将对选定的图纸根据替换模板进行替换预览，如果选择的模板小于当前视图空间，则系统出现如下提示。

2. 图纸拼接打印

图纸拼接是通过选择文件加载的方式选择图纸文件，如图11-19所示。

（1）图纸拼接

用户可以通过选择单一文件或文件夹中所有文件的方式加载图纸文件，根据选择的打印图幅的大小，可以实现智能的自动图纸拼接，根据需要可以输出CGM、PDF、DXF等格式，如图11-20所示。

注意

本工具只支持公制的图纸。

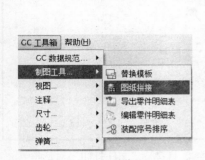

图11-19 图纸拼接

图11-20 "图纸拼接"对话框

主要实现以下功能。

● 在拼图列表中添加图纸文件。

● 从列表中删除不需要拼图的图纸文件。

● 调整列表中图纸文件的拼图顺序。

● 添加文件夹中的图纸文件到拼图列表，系统自动过滤掉非图纸文件。

● 设定输出图纸大小（滚筒或自定义）。

● 灵活的输出格式（DXF、PDF、CGM）。

● 根据间隙智能的优化图样排列，节省纸张。

图纸拼接选项如表11-7所示。

表11-7 图纸拼接选项

源	
列表	用于显示需要打印的图纸文件
添加图纸文件 ☐	单击后系统弹出文件选择对话框，只可以单选
添加图纸文件夹 ☐	单击后系统弹出选择对话框，如下图所示。 ▲ 选择 文件夹 D:\GB\test case\MergeSheet\\ 确定 应用 取消
向上移动 ⬆	将列表中选中的图纸文件向上移动一列
向下移动 ⬇	将列表中选中的图纸文件向下移动一列
删除列 ⊠	删除选中的列表行

（2）图纸打印

用户可以将拼接后的图纸直接输出到打印机，此功能可以在UG内部和外部运行，如图11-21和图11-22所示，图纸内外部拼接所示。注意：本工具只支持公制的图纸。

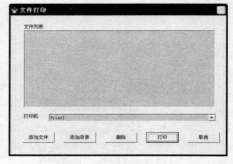

图11-21 "图纸拼接"对话框　　　　　　　　图11-22 "文件打印"对话框

用户在使用打印功能前，需配置好打印机相关功能，具体步骤如下。

① 启动UG NX 8.0。

② 选择"文件"|"实用工具"|"打印机管理"命令，在打开的"打印机管理"对话框中选择"创建并编辑"，设置打印机组目录"C:\Temp\ print"，打印机组单位为"公制"，单击"确定"按钮。

③ 在弹出的"SD打印专家：打印机管理员"对话框（如图11-23所示）中单击"添加"按钮，然后在打开的"打印机设定"对话框中配置打印机如图11-24所示。

图11-23 配置打印机1　　　　　　　　图11-24 配置打印机2

④ 单击"确定"按钮，确认"Print1"加入到打印机列表中，单击"确定"按钮。

⑤ 设置环境变量"UGII_SDI_SERVER_CFG_DIR=C:\Temp\ print"外部模式打印图纸。

● 添加环境变量ugii_print_dir = D:\Print(任意位置)。

● 设置正确的NX安装路径 UGII_BASE_DIR。

● 设置UGII_SDI_SERVER_CFG_DIR到上文配置好打印机的位置。

● 运行%ugii_base_dir% \localization\standalone下的run.bat文件。

● 保存run.bat，双击运行run.bat。

● 用户可以通过"添加目录"、"添加文件"来选择一个目录下的所有文件或者单个文件打印。

3. 明细表输出

本功能用于辅助用户将零件图中的明细表内容输出为指定格式的Excel文件。用户可配置文件指定零件明细表中属性名称与Excel模板之间的映射关系，如图11-25所示，通过不同模板的应用，可以满足不同要求明细表（如组件明细表、标准件明细表、外协件明细表等）的输出。

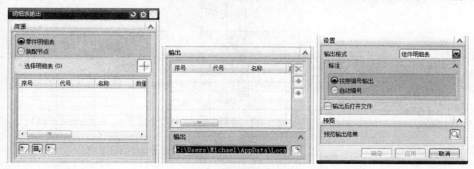

图11-25　"明细表输出"对话框

主要实现以下功能。

- 让用户从明细表中选择所需要输出的行。
- 允许用户从装配结构树中的装配节点选择需要输出的明细栏，并且允许用户选择层级别。
- 输出空行及新页。
- 灵活地输出格式（组件明细表、标准件明细表）。
- 为输出的明细表自动编号。
- 自动打开输出的Excel文件。

明细表输出选项如表11-8所示。

表11-8　明细表输出选项

资源	
零件明细表	从装配图纸上选择需要加载的明细表
装配节点	从装配导航器中选择装配节点，既可以是总装配节点，也可以是子装配节点
选择明细表 (0)	选择一个明细表
源内容列表	显示所选明细表中的内容，显示的方式与明细表相同，可以在列表中选中相应的属性对明细表进行升序或降序排列
添加到列表中	将所选内容顺序添加到输出内容列表，同时将这部分内容移出于源内容
添加空行	在输出内容列表中选中行位置插入一个空行标志
添加新页	在输出内容列表中选中行位置插入一分页标志

4. 编辑零件明细表

此功能主要用于对明细表进行编辑，以及更新明细表中零件的件号，如图11-26所示。

主要实现以下功能。

- 将明细表显示到界面中。
- 编辑明细表的内容。
- 更新明细表的件号。

零件明细表选项如表11-9所示。

表11-9　零件明细表选项

输出	
编辑零件明细表 序号　代号　名称 1　613068　前板盖	系统会将明细表显示在对话框中，单击列名可以进行排序
上下调整顺序	选择表中的一列和多列，可以单击向上或者向下按钮调整行序
删除空行	选择表中的一行，在选择行下面添加空行
添加空行	删除用户添加的表中的空行
更新件号	单击此按钮，根据当前列的排列顺序更新件号
对齐件号	选中后打开对齐件号的功能
输入距离　距离　20.0000	输入对齐件号的距离值
单击"确定"	根据用户调整后的明细表的内容，更新选中的明细表

5. 装配序号排序

在装配图纸上对装配件号进行标注时，件号的显示较为混乱，本功能的作用即提供快捷的功能实现快速地自动对齐件号并按照序号进行排列，"装配序号排序"对话框如图11-27所示，装配序号排序前后如图11-28所示。

图11-26　编辑零件明细表

图11-27　"装配序号排序"对话框

主要实现以下功能。

- 对装配图纸上的零件号实现快速排序。
- 设定件号与视图边界的距离。

装配序号选项如表11-10所示。

表11-10　装配序号选项

选择	
初始装配序号	选择需要排序的起始装配序号
设置	
顺时针	选择该复选框，排序按照顺时针进行；否则按照逆时针进行
距离	控制零件序号与视图间的距离

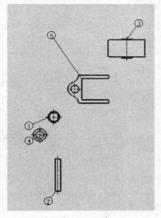

(a) 排序前　　　　　　　　　(b) 排序后

图11-28　装配序号前后

11.2.3　视图工具

工具箱中提供了大量的视图工具，包括曲线编辑、图纸对象3D-2D转换、编辑剖视图边界、局部剖切、曲线剖，如图11-29所示。

1. 曲线编辑

此功能主要进行视图曲线相关的编辑，对需要更改对象的过滤选择功能，要求针对图纸视图中的线条类型进行过滤，以帮助选择，"曲线编辑"对话框如图11-30所示。

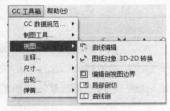

图11-29　"视图"菜单

图11-30　"曲线编辑"对话框

主要实现以下功能。

● 对需要进行编辑的曲线进行筛选和过滤。

- 擦除曲线。
- 编辑曲线。
- 恢复擦除的曲线。

曲线编辑选项如表11-11所示。

表11-11　曲线编辑选项

选择	
类型	选择需要操作的类型，包括"擦除"、"编辑"、"恢复"3种类型，"擦除"是指对选择的视图曲线执行擦除操作；"编辑"是指编辑选择的视图对象，包括编辑选择对象的颜色、线性、线宽等；"恢复"是指恢复擦除的曲线。
选择视图	选择需要进行操作的视图
选择曲线	单个选择需要操作的曲线
全选	视图上所有符合过滤条件的曲线全部被选中
反向选择	选择视图中没有被选中的曲线
过滤器	
颜色	根据指定的颜色对视图上的曲线进行过滤
线型	根据指定的线性对视图上的曲线进行过滤
线宽	根据指定的线宽对视图上的曲线进行过滤
重置	对过滤器的设置恢复到默认状态下的操作
编辑（注意：此部分界面只有在操作类型为"编辑"时才会出现在界面上）	
颜色	选择希望编辑后的视图对象的颜色
线型	选择希望编辑后的视图对象的线型

2. 图纸对象3D-2D转换

该功能可以快捷地将视图上的空间曲线或边自动投影转化为平面的草图曲线，以方便用户对平面视图进行编辑和修改。

注意

　　此功能为一个按钮，只要在界面上按下该功能按钮，就会执行如下操作：为当前图纸上所有的视图创建草图视图，并将视图中所有的边和曲线投影到草图视图上创建草图曲线。编辑或修改某一视图的草图曲线时，先将该视图设定为活动草图视图。

3. 编辑剖面边界

UG原有的剖面线创建与编辑功能较为烦琐，该功能的主要目的是提供快速的编辑剖面线边界的方法。"编辑剖视图边界"对话框如图11-31所示。

在该对话框中，可以快速改变剖面线的边界，实现剖面线的编辑与修改，设置剖面线边界的线宽与线型，如图11-33所示。

编辑剖视图边界选项如表11-12所示。

图11-31　"编辑剖视图边界"对话框

表11-12　编辑剖视图边界选项

编辑剖面线边界	
选择视图	选择需要编辑的剖视图。
选择边界	向剖面线边界中添加或删除边界曲线，对于已经高亮的边界线，按Shift键即可取消选择

4. 局部剖切

使用普通剖切功能往往是将所选择位置的结构"切透"，使用该功能能够局部选取剖面线做工艺图，剖面的宽度、深度均可由用户自定义，并且可自动将剖切面的截面边曲线转化为圆弧线。而UG的局部剖则需要绘制剖切的范围，相对比较麻烦，"局部剖切"对话框如图11-32所示。

图11-32　"局部剖切"对话框

在该对话框中，可选择父视图和剖切范围，在指定的方向上创建局部剖切视图，将截面样条曲线转化为圆弧线。

局部剖切选项如表11-13所示。

表11-13　局部剖切选项

定义	
选择视图	选择需要部分剖切视图的父视图
指定剖切点	指定详细的剖切位置，注意该点既决定了剖切的具体位置，又是剖切的起始点。工具以该点和矢量作为剖切的铰链线
定义铰链线	指定剖切方向
剖切宽度定义	该按钮决定了剖切视图的宽度，并不是像普通视图那样只要选中点和方向及对父亲视图完全剖切，而是对父视图中剖切方向的某一段进行剖切
指定起点位置	即直接选取视图中点的位置来指定剖切的第一端位置。如果该点不在铰链线上，则投影到铰链线的位置即为另一端点位置

（续表）

指定终点位置	即直接选取视图中点的位置来指定剖切的另一段点位置。如果该点不在铰链线上，则投影到铰链线的位置即为另一端点位置
指定剖切宽度	输入宽度值来指定剖切的另一端的具体位置。该选项初始为不可选，当选中该选项时，"剖切宽度"选项将会显示并提示输入剖切宽度，并且"指定终点位置"将会Disable不用
参数	
背景偏置	在进行剖切时，该参数值决定了沿着剖面方向在指定深度范围内进行背投影。当背景深度=0时，为只显示剖切的截面状态
向外剖切高度	在进行剖切时，在深度方向对剖切进行深度定义，此参数为向外方向
向内剖切高度	在进行剖切时，在深度方向对剖切进行深度定义，此参数为向内方向

5. 曲线剖

如果剖面存在非圆弧的截面边曲线，可自动使用"simplify"命令将这些线条转化为圆弧，即预览功能。在创建图纸时，该功能可以按照定义的曲线进行视图剖切并展开，如图11-33所示。

在该对话框中，选择父视图和曲线，按选定的曲线剖切组件并展开剖面，对已经存在的曲线剖切视图进行编辑、删除和更新。

曲线剖选项如表11-14所示。

图11-33 "曲线剖"对话框

表11-14 曲线剖选项

定义	
类型	选择需要操作的类型，包括"创建"、"编辑"、"删除"和"更新"4种状态。"创建"是指创建新的曲线剖面图；"编辑"是指编辑已经创建的曲线剖面图；"删除"是指删除创建的曲线剖面图；"更新"是指更新创建的曲线剖面图，当模型改变时，曲线剖面图无法自动更新，需要使用该更新功能
选择	
选择剖视图	在编辑、删除、更新状态时，选择已经创建的曲线剖面图
选择父视图	在创建和编辑时，选择需要进行曲线剖切的父视图
选择截面线	选择剖切曲线，可以选择多条曲线，并须连续且不能封闭
指定光标位置	指定曲线剖面图的放置位置
自动计算角度	选择该复选框时，会根据剖切曲线两个端点间的直线角度，计算剖面图的旋转角度；如果不选择，则按照输入的角度计算剖面图的旋转角度
设置	
隐藏组件	指定剖面图中需要隐藏的组件
自动标签	指定剖面图中的标签

11.2.4 注释工具

工具箱中提供了注释工具，包括必检符号、方向箭头、孔基准符号、网格线、点坐标标注、点坐标更新、坐标列表和技术要求库，"注释"菜单如图11-34所示。

1. 必检符号

用于对选定的尺寸标注添加必签符号前缀，对其内容或规格进行编辑，如图11-35所示。

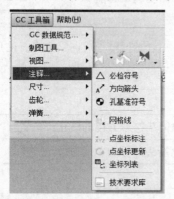

图11-34 "注释"菜单

图11-35 "必检符号"对话框

主要实现以下功能。

- 在尺寸线上添加必检符号。
- 编辑现有必检符号的文本进行填写和修改。
- 必检符号的文本可设置为自动累加模式。
- 编辑现有必检符号的大小"高度"。

必检符号选项如表11-15所示。

表11-15 必检符号选项

要编辑的尺寸标注	
选择尺寸⊞	选择要添加必检符号的尺寸标注
文本	
不包含编号	用于控制必检符号中的标识文本，如果选择该复选框，则必检符号中不包含文本标识，文本输入框自动处理抑制状态。默认情况下为包含文本状态
编号	用于输入必检符号中的文本标识，通常为数字
设置	
高度	用于控制必检符号的大小

2. 方向箭头

该功能主要用于创建图纸中经常需要使用的箭头符号，如图11-36所示。在"方向箭头"对话框中，可辅助用户创建箭头及注释，箭头方位可以通过输入角度或者拾取两点确定。

方向箭头选项如表11-16所示。

表11-16 方向箭头选项

选项	
方式	存在两种方式，即"创建"和"编辑"方式。"创建"是指新建箭头符号；"编辑"是指对已经存在的箭头符号进行编辑
选择标签	只在"编辑"状态下起作用，用于选择需要编辑的箭头
位置	
类型	创建箭头的方式有两种，即"与XC成一角度"和"两点"方式。使用"角度"方式要求用户输入创建箭头所要求的起点和角度方位；而"两点"方式则只需要用户定义箭头的起始点和终止点即可
起点	输入创建箭头符号方位的起始点位置
终点	只在"两点"方式时起作用，输入创建箭头符号方位的终止点位置
角度	只在"角度"方式时起作用，输入创建箭头符号的角度方位
文本	输入创建箭头符号时附带的文字文本
设置	
样式	指定箭头的形式
箭头长度	指定箭头符号的总长度，可以参考对话框中的示意图表示的意义
箭头头部长度	指定箭头符号箭头部分的长度，可以参考对话框中的示意图表示的意义
箭头头部角度	指定箭头符号箭头部分的角度大小，可以参考对话框中的示意图表示意义
高度	输入附属的尺寸文本的大小
字体设置	输入附属的尺寸文本的字体样式

3. 孔规格符号

用于对选定的视图上的孔对象进行相应的符号标记和标注，如图11-37所示。

图11-36 "方向箭头"对话框　　　　图11-37 "孔基准符号"对话框

主要实现以下功能。

● 创建视图内指定孔的象限标识符号。

● 创建视图内相同孔径的孔的象限标识符号。

- 设置不同孔象限符号。

孔规格符号选项如表11-17所示。

表11-17　孔规格符号选项

类型	
（图标）	从4种标设符号中选择一种标设的类型
选择孔	
选择视图	选择需要标设符号的孔所在的视图
选择孔	选择需要添加标设符号的孔
孔径	"孔径"处于不可用状态。当选择视图，再选择"孔"后，"孔径"栏将显示选择孔的直径值
添加相同直径的孔	从选择的视图中添加与"孔径"栏中直径相同的孔
设置	
公差	设置孔直径之间的公差，如果不同孔径尺寸大小在公差范围内，系统将他们看作是相同直径的孔而被选择上

4. 网格线

本功能主要用于在需要的视图上添加坐标栅格线，并且标注栅格线相应的坐标，如图11-38所示。

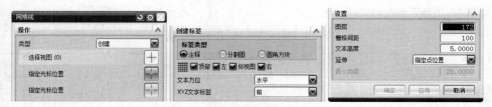

图11-38　网格线

主要实现以下功能。

- 在视图上添加栅格坐标线。
- 添加删格相对应的坐标。

网格线选项如表11-18所示。

表11-18　网格线选项

操作	
类型	选择操作的类型，主要包括3种，即"创建"、"编辑"和"删除"。"创建"即在没有栅格的视图上创建栅格线；"编辑"实现对现有的栅格线参数进行编辑；"删除"操作则实现删除视图上已经存在的栅格线
选择视图	指定需要添加栅格线的视图
指定光标位置	指定栅格线范围及位置的第一点
指定光标位置	指定栅格线范围及位置的第二点，位于第一点的斜对角，系统将根据输入的两斜对角点进行计算，从而制定出栅格线在视图中的范围

（续表）

设置	
图层	指定栅格线所放置的图层。当用户选择的层在所选的视图中不可见时，栅格线也会不可见，用户要设置"格式-图层在视图中可"选项使栅格线可见
栅格间距	指定栅格线的间距距离
文本高度	指定标注文字的高度
延伸	存在两种方式，即"指定点位置"和"最小距离"。"指定点位置"方式即在任何情况下都只在指定点的范围内创建栅格线。而在通常情况下，栅格线文字与栅格线之间的距离太小会影响到视图的直观性，使用"最小距离"的方式可以保证栅格线文字与栅格线间的距离不小于最小距离
最小距离	当延伸方式为"最小距离"时有效，控制栅格线文字与栅格线间的距离

5. 点坐标标注&点坐标更新

本功能主要用于对选择的点的坐标进行坐标标注。点坐标更新工具用于控制标注和坐标点的关联性，以保证标注值随着点位置的更改而更新，如图11-39所示。

主要实现以下功能。

- 对选择的点进行坐标标注。
- 定义放置坐标值的放置方式。
- 实现点坐标数值的更新。

点坐标标注选项如表11-19所示。

表11-19　点坐标标注选项

选择	
选择视图	选择标注点所在的视图
指定点	选择需要进行坐标标注的点
指定光标位置	指定点坐标标注放置的位置，存在两种方式，即工作坐标系和绝对坐标系
坐标系	
坐标系	指定该点坐标需要参考的坐标系
设置	
箭头类型	指定标注的箭头类型
标注方向	指在X、Y、Z三个方向的放置方式，有水平放置和竖直放置两种
线型	指定线条的类型
精度	指定坐标数值的精确度，即精确到小数点后的位数
大小	设定坐标标注字体的高度

6. 坐标列表

选择需要进行坐标标注的点。指定点坐标标注放置的位置，存在两种方式，即工作坐标系和绝对坐标，如图11-40所示。

图11-39 "点坐标标注"对话框

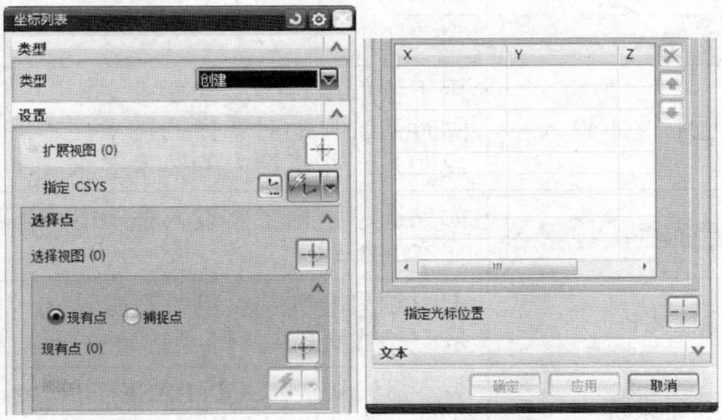

图11-40 "坐标列表"对话框

主要实现以下功能。

- 定义输出坐标的参考坐标系。
- 以表格形式显示点坐标。
- 标注点在列表中的对应序号。
- 应用不同的表格模板。
- 修改坐标表格的样式及内容。

创建坐标列表默认表格如图11-41所示。

7. 技术要求

从技术要求库中添加技术要求条目，或者对已有的技术要求进行编辑，如图11-42所示。

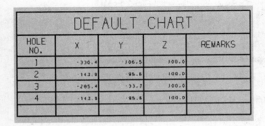

图11-41 默认表格

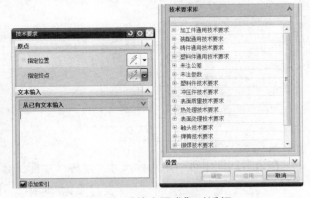

图11-42 "技术要求"对话框

主要实现以下功能。

- 从技术要求库中添加技术要求项目。
- 编辑现有的技术要求文本，系统可以自动地处理掉原先技术要求中存在的序号。
- 自动从第二行起添加序号，可以自动过滤掉空白行，或者用户主动换行的情况。

技术要求选项如表11-20所示。

表11-20　技术要求选项

原点	
指定位置	指定技术要求文本的放置位置
文本输入	
从已有文本输入	用于拾取现有的技术要求文本，一旦拾取了文本则系统自动清空文本输入框，同时系统自动对选择的技术文本序号进行处理（处理规则见"添加索引"规则说明），并将选中的技术要求文本放置到文本输入框中
☑替换已有技术要求	如果选中则用文本输入框中的内容替换原先的内容，从而实现对原有技术要求文本的编辑
添加索引	索引编号准则是：第一行默认为"技术要求"文本，第二行起如果第一个字符是空格或为空白行，则忽略。反之读入文本时也遵循此规则
技术要求库	分类显示从"%UGII_BASE_DIR%\Localization\prc\gc_tools\configuration\ gc_tool.cfg"中读入的技术要求，用户可以单选或多选技术要求子节点，根节点不允许选择
添加技术要求	将技术要求库中选择的子节点内容依次追加到文本输入框中，每个条目为一行，只有当用户选择对象为子节点时，该选项才会自动激活
字体设置	用户控制技术要求文本的字体，默认情况下为中文仿宋

11.2.5　尺寸工具

工具箱中提供了尺寸工具，包括尺寸标注格式、对称尺寸标注、尺寸线下注释、尺寸排序、坐标尺寸对齐和尺寸/注释查询，尺寸工具如图11-43所示。

1. 对称尺寸标注

本功能主要用于创建图纸中的对称尺寸，"对称尺寸"对话框如图11-44所示。

图11-43　尺寸工具　　　　　　　　图11-44　"对称尺寸"对话框

在该对话框中可创建对称尺寸。对称尺寸标注选项如表11-21所示。

表11-21　对称尺寸标注选项

选择对象	
类型	选择对称尺寸的类型，包括水平、竖直、平行、垂直、柱坐标系等类
选择中心线	选择对称尺寸的中心线
指定终点	标注对称尺寸一端的端点或起始位置
继承	
选择尺寸	选择需要进行属性匹配和继承的其他尺寸

2. 尺寸线下注释

本功能主要用于标注尺寸线以下的文本以及尺寸其他方位的文本，"尺寸线下注释"对话框如图11-45所示。

主要实现以下功能。

- 标注尺寸线下文字的注释。
- 标注尺寸文本其他方位的文字。

尺寸线下注释选项如表11-22所示。

图11-45　"尺寸线下注释"对话框

表11-22　尺寸线下注释选项

选择尺寸	
选择尺寸	选择需要进行文字标注的尺寸
位置	
上面	输入尺寸文本上方的文字
下面	输入尺寸文本下方的文字
之前	输入尺寸文本前面的文字
之后	输入尺寸文本后面的文字
符号	向输入框中添加特殊符号
设置	
文本高度	输入的文本高度设置

3. 尺寸排序

用于对同一方位的尺寸线自动进行空间布局的调整，系统根据尺寸值的大小从小到大、从里到外自动进行空间布局的调整，以减少或消除尺寸线间的干涉，如图11-46所示。

图11-46　"尺寸排序"对话框

在该对话框中，对选定的尺寸线，以基准尺寸为参照，根据尺寸值的大小，从小到大、从里到外进行空间的布局调整。

尺寸排序选项如表11-23所示。

表11-23　尺寸排序选项

基准尺寸		
选择尺寸	选择尺寸作为基准尺寸，该尺寸作为其他尺寸调整的参照。如果选择的基准尺寸与被排序尺寸相关联，则系统提示：	**信息** 此基准尺寸与被排序尺寸有关联！ 请选择新的基准尺寸或去除关联的被排序尺寸！ 是
对齐尺寸		
选择尺寸	选择要对齐的尺寸，系统获取尺寸值的大小，按照从小到大、从里到外的原则对尺寸线的空间按照指定的尺寸间隙进行调整。如果选择的被排序尺寸与基准尺寸相关联，则系统提示： 如果选择的被排序尺寸与其他尺寸关联，则系统提示：	**信息** 此工具不对关联的尺寸进行排序！ 是 **信息** 此尺寸与基准尺寸有关联！ 请选择新的需排序尺寸或重选基准尺寸！ 是
设置		
尺寸间距	用于控制尺寸相对于基准尺寸调整的间距大小	

4. 尺寸/注释查询

本功能主要用于通过输入尺寸的数值和相应的附属文字或者输入注释文本，对图纸上的尺寸和注释进行相应的搜索，查询出符合要求的尺寸和注释并在图纸上进行显示，如图11-47所示。

图11-47　尺寸/注释查询

主要实现以下功能。

- 根据输入的尺寸和附属文字进行准确查询。
- 根据定义的尺寸范围值进行查询。
- 根据输入的注释文本进行查询。
- 显示查询到的尺寸和注释到图纸。

尺寸排序选项如表11-24所示。

表11-24　尺寸排序选项

尺寸大小	
搜索类型	选择查询尺寸的两种方式，包括"等于"和"范围"两种。使用"等于"方式即根据输入的数值进行准确查询 输入"范围尺寸"为在指定的数值区间进行查询
值	使用"等于"方式而需要输入的具体的尺寸数值
最小值	使用"范围"方式需要输入的区间数值的最小值
最大值	使用"范围"方式需要输入的区间数值的最大值
附加文本	
上面	输入尺寸上方的文字，可输入的尺寸数值做组合查询，其他选项略去。
注释查询	
文本	输入要查询的注释文本
查询	
查询	执行查询操作
显示结果	
列表框	将在此框列出进行尺寸搜索后得到的结果，单击某个搜索的尺寸，则该尺寸将高亮显示
充满视图	使列表框中选择的尺寸高亮并最大化显示在图纸中央

5. 尺寸快速格式

本功能主要对尺寸标注中经常使用的形式进行总结，并针对这些常用标注形式进行快速设置，上面有各种公差可以选择，尺寸快速格式如图11-48所示。样式继承可以与上一个样式保持一样，如图11-49所示。格式刷可以把尺寸的样式和长度大小保持与被测目标一致，如图11-50所示。

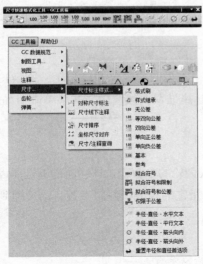

图11-48　尺寸快速格式

图11-49　"样式继承"对话框

图11-50　"格式刷"对话框

主要实现以下功能。

- 注释格式刷。
- 样式继承工具；尺寸公差样式标注。
- 直径／半径样式标注。
- 快速复位设置。

格式刷选项如表11-25所示。

表11-25　格式刷选项

格式刷	
工具对象	选择需要继承的样式对象，只能选择一个
目标对象	选择被继承样式的对象，可以多选
设置	用来控制继承样式时是否改变尺寸公差形式与等级

6. 坐标尺寸对齐

该功能主要实现对坐标尺寸的位置对齐和格式对齐，如图11-51所示。坐标尺寸对齐选项如表11-26所示。

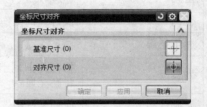

图11-51　"坐标尺寸对齐"对话框

表11-26　坐标尺寸对齐选项

坐标尺寸对齐	
基准尺寸	作为对齐的基准尺寸
对齐尺寸	要对齐的尺寸

11.2.6　齿轮出图工具

工具箱提供的齿轮建模工具为用户提供了生成以下类型的齿轮：圆柱齿轮、锥齿轮、格林森锥齿轮、奥林康锥齿轮、格林森准双曲线齿轮、奥林康准双曲线齿轮，其菜单命令如图11-52所示。

1. 齿轮参数表

在绘制齿轮二维工程图时，往往需要根据要求生成齿轮的参数表，该功能能够选择齿轮，如图11-53所示为齿轮参数表，提取该齿轮的参数，选取指定的模板，并将参数自动传递到模板中对应的项中，在图纸上形成齿轮参数明细表。

主要实现以下功能。

- 选择齿轮按照模板格式自动实现在图纸中添加齿轮参数表。

- 根据齿轮的类型自动判断并选取相对应的参数表模板。
- 预览参数输出结果。

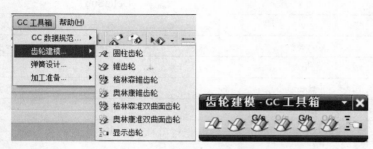

图11-52　齿轮建模菜单及工具栏　　　　图11-53　"齿轮参数"对话框

齿轮参数表选项如表11-27所示。

表11-27　齿轮参数表选项

齿轮列表	
（图标）	选择需要输出参数表的齿轮，包括柱齿轮、锥齿轮等
模板 gear_1	指定对应齿轮类型的参数输出模板
指定点 Template1	指定输出表在图纸中的放置位置
预览	
（图标）	根据选择的齿轮及输出参数对应的模板，可预览对应的齿轮参数输出结果

图11-54所示为某锥齿轮参数输出的结果。

图 11-54　齿轮参数输出结果

齿轮参数与字符串对应关系如表11-28所示。

表11-28　齿轮参数与字符串对应关系

参数说明	参数表中字符串	配置文件中对应字符串
齿形角	α	Alpha
大端模数	m_e	me
齿数	z	z
齿宽	b	b
法向压力角	α	AlphaN

（续表）

参数说明	参数表中字符串	配置文件中对应字符串
中点螺旋角	βm	BetaM
节锥角	δ'	DeltaSub
刀盘刀片组数	zw	zw
刀盘轴线倾斜角	Δa	DeltaA
齿根圆角半径	r'e	r'e
大端基圆直径	rbe	rbe
大端顶圆直径	dae	dae
大端根圆直径	dfe	dfe
小端节圆直径	r	i r'i
小端顶圆直径	dai	dai
小端根圆直径	df	dfi
大端齿顶高	hae	hae
大端齿根高	he	he
小端齿顶高	hai	hai
小端全齿高	hi	hi
基锥角	δ	Delta
顶锥角	δa	DeltaAA
根锥角	δf	DeltaF
齿顶角	θa	ThetA
齿根角	θf	ThetF
外锥距	Re	Re
参考点锥距	R	R
内锥距	R	Ri
中点锥距	Rm	Rm

2. 齿轮简化

在国标的制图过程中，某些特殊类型的零件如弹簧、齿轮等其图纸画法按照投影的方式很难达到要求，使用该功能可以将制图中这些零件的表达方式改为符合国标要求的简化画法，"齿轮简化"对话框如图11-55所示。

主要实现以下功能。

● 根据齿轮三维模型自动提供齿轮在图纸上的简化画法。

● 根据齿轮类型、视图类型及齿轮与视图的方位自动判断简化画法。

● 可对简化后的视图进行部分关键尺寸的自动标注。

● 编辑功能可使齿轮简化视图根据齿轮三维模型的改变而更新。

图11-55 "齿轮简化"对话框

齿轮简化选项如表11-29所示。

表11-29　齿轮简化选项

设置	
类型	分为创建和编辑两种功能。创建：可根据视图的类型，齿轮的类型简化成符GB要求的视图，并自动生成齿轮部分关键尺寸。编辑：简化视图可根据齿轮三维模型的改变而更新。齿轮三维模型的更新包括利用齿轮工具进行同类型齿轮的更新、删除等
模板	指定对应齿轮类型的参数输出模板
选择视图	选择需要简化的视图，包括导入视图、投影视图及截面视图
gear_1	选择要简化的齿轮，包括柱齿轮、锥齿轮

图11-56与图11-57是某锥齿轮简化前后对比。

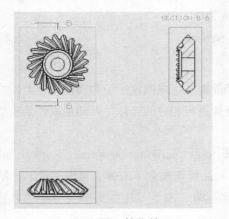

图11-56　简化前

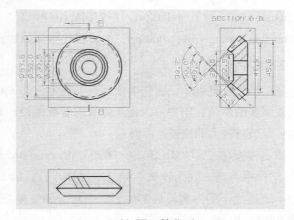

图11-57　简化后

11.2.7　弹簧工具

GC工具箱提供了弹簧设计、弹簧删除、弹簧简化画法。在建模环境中为弹簧设计、弹簧删除，在制图环境中为弹簧简化画法。弹簧建模提供了两种模式：弹簧设计和重用库，工具箱中的弹簧工具如图11-58所示。

1.弹簧模板

弹簧模板提供了10个部件，可以通过重用库添加"spring_template"文件夹，如图11-59所示。

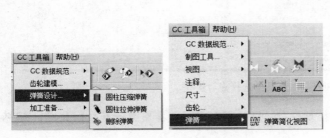

图11-58　工具箱弹簧工具

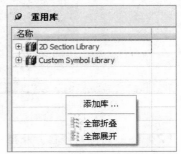

图11-59　添加弹簧库

compression_spring_closed_left.prt，左旋圆柱压缩弹簧，端部压紧（spring_ground=1为磨平，spring_ground=0 为不磨）

compression_spring_closed_right.prt，右旋圆柱压缩弹簧，端部压紧（spring_ground=1为磨平，spring_ground=0 为不磨）

compression_spring_open_left.prt，左旋圆柱压缩弹簧，端部不压紧

compression_spring_open_right.prt，右旋圆柱压缩弹簧，端部不压紧

tension_spring_cross_center_left.prt，左旋圆柱拉伸弹簧，圆钩环压中心

tension_spring_cross_center_right.prt，右旋圆柱拉伸弹簧，圆钩环压中心

tension_spring_half_ring_left.prt，左旋圆柱拉伸弹簧，半圆钩环

tension_spring_half_ring_right.prt，右旋圆柱拉伸弹簧，半圆钩环

tension_spring_ring_left.prt，左旋圆柱拉伸弹簧，圆钩环

tension_spring_ring_right.prt，右旋圆柱拉伸弹簧，圆钩环

2. 弹簧设计

在产品设计过程中经常需要使用到弹簧零件，该功能提供生成圆柱压缩和圆柱拉伸类型的弹簧以及弹簧的删除。用户可以按照弹簧的参数或设计条件进行相应的选择，自动生成弹簧模型，这样可以节省较多的建模产品时间。

弹簧模板在 "%UGII_BASE_DIRlocalization\prc\gc_tools\configuration\spring_template_table. csv" 文件中，第一列为弹簧名称（不可修改），第二列为管理模式下的弹簧模板部件名，第三列为本地模式下的弹簧模板部件名。当更改弹簧模板名称时，需要同时更改csv文件中的名称，使其名称保持一致。

圆柱压缩弹簧和圆柱拉伸弹簧操作步骤如下。

（1） 弹簧设计分为两种模式："输入参数"和"设计向导"。如果选择"输入参数"，则"初始条件"、"弹簧材料与许用应力"不可用，如图11-60所示为弹簧设计初始方案。

图11-60　弹簧设计选择设计类型

（2） 给出载荷、行程、外径（中径或内径）、端部形式、支持圈数等参数，如图11-61所示为弹簧初始设计条件。

图11-61 弹簧设计初始条件

③ 输入弹簧丝直径、材料及受载类型，单击估算许用应力范围，给出建议范围。用户更改抗拉强度与许用应力系数，如图11-62所示为弹簧设计材料与许用应力对比。

④ 如果是设计向导模式，页面上各参数的默认值为根据设计的输入条件进行计算得出。如图11-63弹簧设计输入参数，同时用户可以在页面上对这些参数进行修改。

图11-62 弹簧材料与许用应力

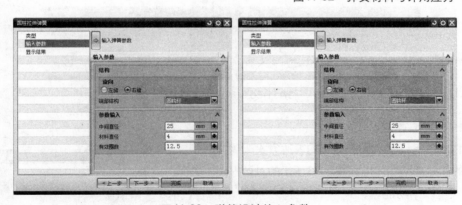

图11-63 弹簧设计输入参数

⑤ 显示输入参数与设计结果，如果为设计向导模式，可以查看强度验算值。

⑥ 输入弹簧名称，选择创建方式，单击生成弹簧模型，设计完成效果如图11-64所示。

注意

（1）当对弹簧部件进行编辑后，如果弹簧部件是组件，请更新在父节点下的更新变形组件。通过单击鼠标右键，在弹出的快捷菜单中选择"弹簧组件"｜"变形"命令，弹出如图11-65所示的对话框，单击"更新"按钮。

（2）在设计完成页面后，再单击"完成"按钮，否则弹簧不能生成。

图11-64 弹簧设计完成

图11-65 "变形组件"对话框

主要实现以下功能。

- 根据设计参数计算出弹簧几何参数。
- 在当前工作部件中生成弹簧或者编辑已有模型。
- 生成新的弹簧部件并装配到当前工作部件。

3. 删除弹簧

由于创建时生成了表达式、特征组等，手动删除可能造成不能彻底删除，导致再生成弹簧失败，使用该功能可以将工作部件中的弹簧彻底删除，如图11-66所示。其主要功能是彻底删除工作部件中的弹簧。

图11-66 删除弹簧后

4. 弹簧简化画法

使用该功能可以将制图中弹簧的表达方式改为符合国标要求的简化画法，弹出如图11-67所示的对话框。

主要实现以下功能。

- 根据弹簧三维模型自动提供弹簧在图纸上的简化画法。
- 可对简化后的视图进行部分关键尺寸的自动标注。

图11-67 "弹簧简化视图"对话框

> **说明**
>
> 为了用户可以生成单个弹簧部件的视图与主模型视图，需要用户为每一个弹簧部件手工创建图纸或主模型图纸，导入图纸模板，然后调用简化视图功能。系统自动按照部件中的弹簧参数画出弹簧简化视图。

　　下面介绍不同类型弹簧的简化图（如果弹簧是通过设计向导创建的，则简化图上有工作载荷符号）。图11-68所示为压缩弹簧，图11-69所示为拉伸弹簧。

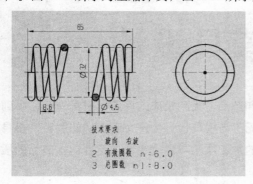
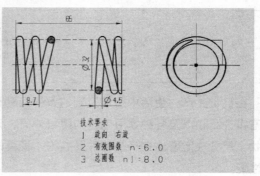

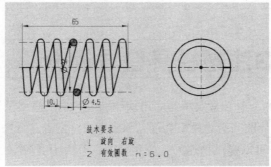

图11-68　圆柱压缩弹簧（依次为：压紧磨平、压紧不磨平、不压紧不磨平）

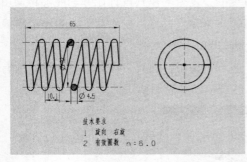
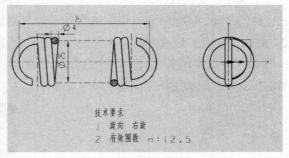

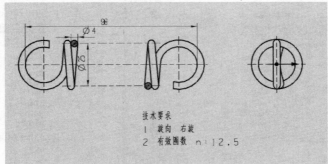

图11-69　圆柱拉伸弹簧（依次为：半圆钩环、圆钩环、圆钩环压中心）

第12章

模具设计

Chapter

12

在日常生产、生活中所涉及到的各种工具和产品，大到机床的底座、机身外壳，小到一个笔帽、纽扣以及各种家用电器的塑料外壳，无不与模具设计生产有着密切的联系。模具的形状、尺寸决定着这些产品的外形结构，模具的加工质量与精度也就决定着这些产品的质量与性能。

12.1 UG注塑模具模块简介

注塑模向导是UG中的一个非常实用的应用软件模块，主要应用于塑胶注射模具设计及其他类型模具设计。注塑模向导的高级建模工具可以创建型腔、型芯、滑块、斜顶以及镶件，而且非常容易使用。注塑模向导可以提供快速的、全相关的、3D实体的解决方案。注塑模向导借助了UG NX 8.0的全部功能，并用到了UG/WAVE及主模型技术。

注塑模向导提供设计工具和程序来自动进行高难度的、复杂的模具设计任务，能够帮助用户节省设计的时间，同时能够提供完整的3D模型用来加工。如果产品设计发生变更，也不会再浪费多余的时间，因为产品模型的变更是同模具设计完全相关的。

打开UG NX 8.0后，新建一个模型，然后单击"起点"按钮，在其下拉菜单中选择"所有应用模块"命令，然后选择"注塑模向导"命令，进入注塑模向导应用模块，如图12-1所示。

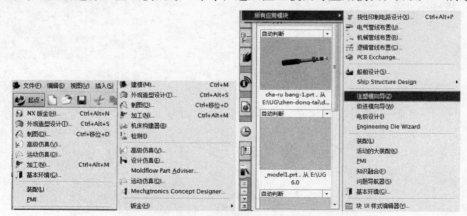

图12-1 "注塑模向导"的选择

此时将打开"注塑模向导"工具栏，如图12-2所示。工具栏中的按钮下方即为该按钮的功能名称，各按钮的功能简述如下。

图12-2 "注塑模向导"工具栏

- "初始化项目"按钮 ：该按钮用来载入需要进行模具设计的产品零件，载入零件后，系统将生成用于存放布局、型腔、型芯等一系列文件。所有用于模具设计的产品三维实体模型都是通过单击该按钮进行产品装载的功能实现的。如果要在一副模具中放置多个产品时则需要多次单击该按钮。

- "模具设计验证"按钮 ：验证喷射产品模型和模具设计详细信息。

- "多腔模设计"按钮 ：在一个模具中可以生成多个塑料制品的型芯和型腔。单击该按钮，可以选择模具设计当前产品模型，只有被选作当前产品才能对其进行模坯设计和分模等操作。需要删除医家载产品时，也可单击该按钮进入产品的删除界面。

- "模具CSYS"按钮 （又称坐标系统）：该按钮用来设置模具坐标系统，模具坐标系统主要用来设定分模面和拔模方向，并提供默认的定位功能。在UG NX 8.0的注塑模向导系统中，坐标系统的XC-YC平面定义在模具动模和定模的接触面上，模具坐标系统的ZC轴正方向指向塑料熔体注入模具主流道的方向上。模具坐标系统设计是模具设计中相当重要的一步，模具坐标系统与产品模型的相对位置决定了产品模型在模具中的放置位置和模具结构，是模具设计成败的关键。

- "收缩率"按钮 ：单击该按钮设定产品收缩率，以补偿金属模具模腔与塑料熔体的热胀冷缩差异，UG NX 8.0注塑模向导按设定的收缩率对产品三维实体模型进行放大并生成一个为缩放体的三维实体模型，后续的分型线选择、补破孔、提取区域、分型面设计等分模操作均以此模型为基础进行操作。

- "工件"按钮 （又称作模具模坯）：单击该按钮设计模具模坯，UG NX 8.0注塑模向导自动识别产品外形尺寸并预定义模坯的外形尺寸，其默认值在模具坐标系统6个方向上比产品外形尺寸大25mm。

- "型腔布局"按钮 ：单击该按钮设计模具型腔布局，注塑模向导模具坐标系统定义的是产品三维实体模型在模具中的位置，但它不能确定型腔在XC-YC平面中的分布。注塑模向导模块提供该按钮设计模具型腔布局，系统提供了矩形排列和圆形排列两种模具型腔排布方式。

- "注塑模工具"按钮 ：单击该按钮使用注塑模向导"注塑模工具"工具栏，使用UG NX 8.0注塑模向导提供的实体工具和片体工具，可以快速、准确地对分模体进行实体修补、片体修补、实体分割等操作。

- "模具分型工具"按钮 （又称作分模，UG NX 8.0以前的版本叫做分型）：单击该按钮打开注塑模向导"分型管理器"对话框，利用注塑模向导提供的分型功能，可以顺利完成提取区域、自动补孔、自动搜索分型线、创建分型面、自动生成模具型芯、型腔等操作，方便、快捷、准确地完成模具分模工作。

- "模架库"按钮▦：模架库是用来安放和固定模具的安装架，并将模具系统固定在注塑机上。单击该按钮调用UG NX 8.0注塑模向导提供的电子表格驱动标准模架库，模具设计工作人员也可在此定制非标准模架。

- "标准部件库"按钮▮：单击该按钮调用UG NX 8.0注塑模向导提供的定位环、主流道衬套、导柱导套、顶杆、复位杆等模具标准件。

- "推杆后处理"按钮▦：单击该按钮利用分型面和分模体提取区域对模具推杆进行修剪，使模具推杆的长度尺寸和头部形状均符合要求。

- "滑块和浮升销库"按钮▦：单击该按钮调用UG NX 8.0注塑模向导提供的滑块体、内抽芯二维实体模型。

- "子镶块库"按钮▦：单击该按钮对模具子镶块进行设计。子镶块的设计是对模具型腔、型芯的进一步细化设计。

- "浇口库"按钮▦：单击该按钮对模具浇口的大小、位置以及浇口形式进行设计。

- "流道"按钮▦：单击该按钮对模具流道的大小、位置、排布形式进行设计。

- "模具冷却工具"按钮▦：单击该按钮对模具冷却水道的大小、位置、排布形式进行设计，同时可按设计人员的设计意图在此选用模冷却水系统用密封圈、堵头等模具标准件。

- "电极"按钮▮：单击该按钮对模具型腔或型芯上形状复杂、难于加工的区域设计加工电极。UG NX 8.0注塑模向导提供了两种电极设计方式：标准件方式和包裹体方式。

- "修剪模具组件"按钮▦：单击该按钮利用模具零件三维实体模型或分型面、提取区域对模具进行修剪，使模具标准件的长度尺寸和形状均符合要求。

- "腔体"按钮▦：单击该按钮对模具三维实体零件进行建腔操作。建腔即是利用模具标准件、镶块外形对目标零件型腔、型芯、模板进行挖孔、打洞，为模具标准件、镶块安装制造空间。

- "物料清单"按钮▦：单击该按钮对模具零部件进行统计汇总，生成模具零部件汇总的物料清单。

- "装配图纸"按钮▦：单击该按钮进行模具零部件二维平面出图操作。

- "视图管理器"按钮👁：单击该按钮打开"视图管理器浏览器"窗口，显示了所设计模具的电极、冷却系统和固定部件等构件的显示状态和属性，以便于模具的设计。

- "概念设计"按钮▦：按照已经定义的信息配置并安装模架和标准件。

12.2 初始设置

产品模型装载后，要进行模具设计的准备工作及模具设计项目初始化，包括定义模具坐标系、设置收缩率、定义成型镶件和型腔布局。

1. 项目初始化

"初始化项目"其实是一个模具总装配体TOP的初始化克隆过程。它分为两个阶段：产品模型加载阶段和初始化阶段，图12-3为"初始化项目"对话框。

图12-3 "初始化项目"对话框

（1）加载产品模型

加载产品模型是UG自动分模的第一步，初始化项目加载之前需要做一些基本工作，如建立文件夹、新建文件、调出设计相关设计工具栏及打开模型文件等。

（2）初始化项目

"初始化项目"就是指创建或克隆一个产品的模具装配结构。设计者随后在这个模具装配结构的引导和控制下逐一创建模具的相关部件。

在初始化项目过程中，可对模型文件的路径、模型名进行重设置，并根据MW模块提供的产品材料、收缩率参数、单位等进行适当的选择，同时还提供了材料数据库等编辑功能。依次单击"开始" | "所有应用模块" | "注塑模向导"按钮，然后单击弹出的对话框中的第一个"初始化项目"按钮，程序会弹出"初始化项目"对话框，如图12-4所示。

图12-4 "初始化项目"对话框

下面对该对话框中选项的含义进行简要的介绍。

（1）产品

"选择体"按钮用于在当前图形窗口中选择模具设计时的参考零件。

（2）项目设置

用于设置与注塑模设计项目相关的一些属性，各选项含义如下。

- 路径：用于设置项目中各种文件的存放路径，模具设计项目的默认路径与参考零件路径相同，可以单击"浏览"按钮，设置其他路径。
- Name（名称）：项目默认名称与参考零件相同。选择项目名称时需要注意：在模具设计项中，项目名称包含在项目的每一个文件名中。例如"4-Radio_comb-core_016.prt"，其中"4-Radio_comb"为项目名称，"core"表示型芯。推荐项目名称的长度最少为10个字符。

- 材料：设置参考零件的材料，如ABS等。在该下拉列表中选择材料后，系统自动将该材料对应的收缩率添加到"收缩率"文本框中。
- 收缩率：设置材料的收缩率。各种材料的收缩率可以查阅塑料手册。
- 配置：设置模板目录。在安装目录"MoldWizard\pre-parElsnetri"下面存在一些零件模板，例如"Mnld.V1"，这些零件模板用于初始化模具项目。

（3）设置

单击"设置"选项组，则对话框如图12-5所示。该选项用于设置项目单位等选项，各选项的含义如下。

- 项目单位：默认的单位与参考零件的单位相同。我们一般用的都是mm。
- 重命名组件：管理模具设计项目中的文件名。
- 编辑材料数据库：单击该按钮，会弹出一个Excel表格。表格的第一列为材料名称，第二列为对应的收缩率。用户可以在表格的尾部添加自定义的材料。当然，也可以直接设定收缩率，而不必选择材料。
- 编辑项目配置：修改项目配置中的"配置"选项。
- 编辑定制属性：设置自定义的一些属性值。

2. MW的装配结构

当创建模具设计项目后，系统将会自动创建大量的文件，并自动命名，模具"装配导航器"如图12-6所示。

图12-5 "设置"选项

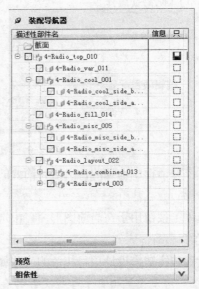

图12-6 装配导航器

各节点的名称和含义如表12-1所示。

表12-1　节点的名称和含义

节点名称	描　述
Layout Node	该节点用于安排"prod"节点的位置，该节点包括型芯和型腔，如果是多型腔，则在layout Node节点中有多个分支，用于安排每一个"prod"节点
Misc Node	Misc节点用于安排标准件，例如螺钉、定位环等。Misc节点分为Slde_a和size_b，Slde_a用于a侧的所有部件，Side_b用于b侧的所有部件，这样允许两个设计人员同时工作
Fill Node	Fill节点用于创建流道和浇口，流道和浇口用于在模板上创建切口
Cool Node	Cool节点用于创建冷却部件。冷却零件用于在模板上创建切口，冷却标准件也使用该目录作为默认父部件
Prod Node	Prod（产品）节点用于将指定的零件组成在一起，指定的零件包括收缩、型芯、型腔、顶出等。Prod节点也包括顶针、滑块、斜导柱等零件
Product Model	产品模型与参考零件联系在一起
Molding Part	模具零件是产品模型的一个副本，模具特征（拔模斜度、分割面等）被添加到该零件中。如果改变收缩率将不会影响到这些模具特征
Shrink Part	收缩部件也是产品模型的一个副本。收缩部件是产品摸型应用收编率后产生的
Parting Part	分型部件包含毛坯和收缩部件的副本，用于创建型芯和型胶，分型面创建于分型部件中
Cavity Part	型腔部件
Core Part	型芯部件
Trim Part	修纳节点包含用于模具修剪的各种儿何体，这些几何体用于创建电极、镶块和滑块等
Var Part	该部件包含模架和标准件的各种公式，例如缘栓的螺距等参数都存放在该部件中

3. 模具坐标系

模具坐标系就是在MW模块中进行模具设计的工作坐标系。模具坐标系在整个模具设计过程中起着非常重要的角色，它直接影响到模具模架的装配及定位，同时它也是所有标准件加载的参照基准。在UG的MW中，规定模具坐标系的ZC轴矢量指向模具的开模方向，前模（定模）部分与后模（动模）部分是以XY平面为分界平面。

单击工具栏中的"模具CSYS"按钮，弹出如图12-7所示的对话框，该对话框用于设置模具装配模型的坐标系。

（1）当前WCS

模具装配模型的坐标系与参考模型的坐标系相同。

（2）产品实体中心

模具装配模型的坐标系位于零件中心。

图12-7　"模具CSYS"对话框

（3）选定面的中心

将模具装配模型的坐标系原点设置在指定曲面上，并且位于曲面的中心。

> **注意**·
>
> 1）任何时候都可以重新单击"模具CSYS"按钮，重新编辑模具坐标系。
>
> 2）定义模具坐标系时，必须要打开原产品模型。当重新打开装配文件时，产品模型是以空引用集的方式被加载，因此在定义模具坐标系前，必须先打开原模型。
>
> 3）当在一个多腔模中设置模具坐标系时，显示部件和工作部件必须都是Layout。
>
> 4）当使用"产品体中心"和"边界面中心"命令时，必须先取消锁定选项，然后选取产品模型或边界面后再选取锁定选项，否则模具坐标系不会应用到产品体的中心或边界面的中心。

4. 收缩率设定

收缩率是指注塑模塑件在冷却过程中的收缩比率。设置收缩率后，将会按收缩率扩大参考模型的尺寸。

一般在项目初始化时，在设定材料后软件会自动显示出塑件的收缩率，当然，也可以自己调出收缩率库，自行添加新的材料及收缩率。

当然，如果在项目初始化时没有设置塑件材料，则需要设置塑件收缩率。单击工具栏中的"收缩率"按钮 📱，弹出如图12-8所示的对话框。

收缩率类型有3个选项，如图12-8所示。

图12-8 "缩放体"对话框

5. 毛坯及其布局

这里所说的毛坯布局又常称为模腔布局，模腔指模具闭合时用来填充塑料成型制品的空间。模腔总体布置主要涉及两个方面：模型数目的确定和模腔的排列。

技术和经济因素是确定模具、模腔数目的主要因素，将这两个主要因素具体化到设计和生产环境中后，它们即转换为具体的影响因素，这些因素包括注塑设备、模具加工设备、注塑产品的质量要求、成本及批量、模具的交货日期和现有的设计制造技术能力等。这些因素主要与生产注塑产品的用户需求和限制条件有关，是模具设计工程师在设计之前必须掌握的信息资料口。

同时，为了以最经济可靠的手段制造模具零部件，在模具设计的早期阶段，就应考虑模具的加工方式和制造成本，而模型数目的确定和模腔的排列是影响成本的本质因素。

6. 模腔数目的确定

（1）单型腔

在一副模具中只有一个型腔，也就是在一个模塑成型周期内只能生产一个塑件的模具。这种模具通常情况下结构简单，制造方便，造价较低。但其生产效率不高，不能充分发挥设备的潜力。它主要用于成型较大的塑件、形状复杂或嵌件较多的塑件，也用于小批量生产或新产品试制的场合。

（2）多型腔

在一副模具中有两个以上的型腔，也就是在一个模塑成型周期内可同时生产两个以上塑件的模具。这种模具的生产效率高，设备的潜力能充分发挥，但模具的结构比较复杂，造价较高。它主要用于生产批量较大的场合或成型较小的塑件。

① 影响型腔数目的因素

● 塑件尺寸精度：超精密级塑件只能一模一腔，精密级塑件最多一模四腔。

● 模具制造成本：多腔模高于单腔模，但不是简单的倍数比。

● 注塑成形的生产效益：从最经济的条件上考虑一模的腔数。

● 制造难度：多腔模比单腔模大。

型腔数目的多少原则上由需求方决定，但有时却要求模具制造者决定。

② 型腔数目的确定方法

● 根据生产效率和制件的精度要求确定型腔数目，然后确定注射机。

● 先定注射机型号，根据注射机技术参数确定型腔数目。

◆ 根据锁模力确定型腔数n。

$$n = \frac{\dfrac{Q}{P} - A_2}{A_1} \tag{1}$$

其中：

Q——注射机锁模力，单位为N。

P——型腔内熔体的平均压力，单位为MPa。

A_2——浇注系统在分型面上的投影面积，单位为mm^2。

A_1——每个塑件在分型面上的投影面积，单位为mm^2。

◆ 根据注射量确定型腔数n。

$$n = \frac{0.8 \cdot G - m_2}{m_1} \tag{2}$$

其中：

G——注射机最大注射量，单位为g。

m_1——单个塑件的质量，单位为g。

m_2——浇注系统的质量，单位为g。

7. 型腔布局的确定

（1）单型腔模具

单型腔模具型腔一般在模具中心，塑件在动模、定模或同时在动模和定模，如图12-9所示。

（2）多型腔模具

好的模具设计可以给公司带来丰厚的利润，因此仅仅是结构上的熟悉还不够，如何在条件允许的情况下，缩小投入才是重要的。因此在此引进了多模腔，其意思是一套模具中有多个型腔，从而实现大批量生产，缩短周期，提高效率。

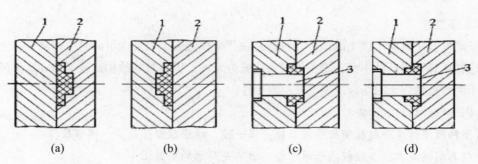

1－动模板； 2－定模板； 3－动模型芯

图12-9 塑件在单腔模具中的位置

多腔模布局是在一套模架中包含两个以上的成型镶件的布局方式，也可以将多腔模布局解释为在模具中放置同一产品的几个模腔。多腔模布局的功能是确定模具中模腔的个数和模腔在模具中的排列。

多型腔模具包括平衡式与非平衡式。无论是平衡式还是非平衡式，在设计的过程中主要包括圆周布置以及矩形布置两种方式。用户可以根据产品的需求以及实际的生产加工条件来确定多型腔模具的布局形式。

● 平衡式排布，多型腔模具平衡式排布如图12-10所示。

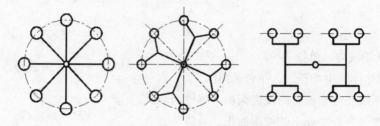

图12-10 多型腔模具平衡式排布

● 非平衡式排布，多型腔模具非平衡式排布如图12-11所示。

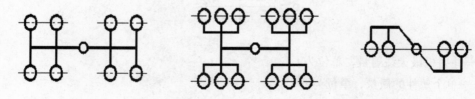

图12-11 多型腔模具非平衡式排布

12.3 修补破孔

注塑模修补工具是模具设计过程中非常重要的一个环节，修补工具运用得正确与否将直接关系到分型能否成功。因为在实际的应用过程中，即使分型面做得再好，如果破空孔修补得不好，也没办法做出前后模。

1. 修补破孔概述

注塑模工具具有强大的实体和片体的构建与编辑功能，用户可以使用注塑模工具来完成产品的靠破孔修补、模坯工件的分割等操作，极大地方便了模具设计工作，并有效地提高了工作效率。因此，本章将对修补工具进行较为详细的介绍，尤其是利用注塑模向导模块自动修补功能修补破孔。

注塑模修补工具是与分型功能紧密结合的，用户所进行的修补工作就是为了进行分型的顺利，这样可以用来完成各种复杂模具的设计。

打开UG NX 8.0后，依次单击"开始"｜"所有应用模块"｜"注塑模工具"｜"注塑模向导"按钮，打开如图12-12所示的"注塑模工具"工具栏。

图12-12　"注塑模工具"工具栏

"注塑模工具"工具栏中包含了UG公共建模工具，如创建方块、分割实体、修剪实体工具、替换实体以及参考圆角等，适用于模具总装配体意外的特征，即当工作环境中的TOP装配模型为当前工作部件时，公共建模的工具不可用；当单个建模工具的零部件设定为工作部件或显示部件时，则可以使用。

在UG NX 8.0中，"注塑模工具"工具栏上的修补功能工具是按使用范围的不同可以分成3个部分，分别为：实体修补工具、片体修补工具以及辅助工具。

下面就按这3种修补工具的先后顺序进行讲解。

2. 创建方块

单击"注塑模工具"工具栏中的"创建方块"按钮，调出如图12-13所示的"创建方块"对话框，这是用"包容体"的方式创建的方块，而图12-14所示是用"一般方块"的方式创建的方块。

图12-13　"创建方块"对话框1

图12-14　"创建方块"对话框2

在这里虽然有两种创建方块的方式，但是不管采用哪一种方式，最终得到的都是一个长方体，并且此长方体的长、宽、高都与WCS的三轴保持一致。两种创建方式的区别如图12-15所示。

注意 •

1）"容块"命令是通过选择单个面或多个面，并对单方向的距离或者三方向的距离进行输入，以此来创建方块，此处输入的数值为与指定面的偏移距离。

2）"一般方块"命令是首先指定一个参考坐标系作为所要创建的方块的中心，然后在分别指定三方向的距离进行创建。此处输入的数值为长方体的总长、宽或者是高。

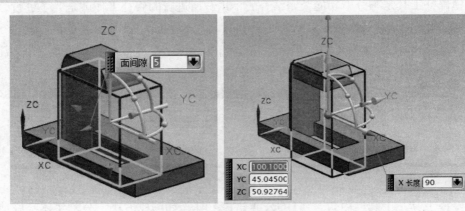

图12-15　两种方块创建方法

一般情况下，创建完方块之后都要对其进行修剪以获得符合要求的破孔修补。当然，也可以在建模的状态下创建符合要求的实体，然后添加一个链接即可。

3. 分割操作

执行"分割实体"命令允许对目标体（此处的目标体是实体或片体均可）进行拆分或修剪，这与在建模状态下的"修剪体"、"拆分体"命令类似，常用于从型腔或型芯中分割出一个镶件或滑块。

注意 •

1）"分割实体"命令与"修剪体"、"拆分体"命令均用于布尔求差运算。

2）在运用"拆分体"命令时，分割工具必须与目标实体形成完整相交，而"分割实体"命令则没有这个要求。

3）"分割实体"命令对分割后的实体保留所有的参数，包括父子关系等，而"拆分体"命令在分割实体结束后，所有实体的参数会被自动地移除。

单击"注塑模工具"工具栏中的"分割实体"按钮 ，会弹出如图12-16所示的"分割实体"对话框。

下面对"分割实体"对话框中的各选项进行简要的介绍。

- 目标：目标是指要进行"分割"或者"修剪"的实体。激活此命令后，在图形区域选择目标体。

- 刀具：在"工具选项"下拉列表中有"现有对象"和"新平面"两个选项可供选择。"现有对象"是指在选择图形区域中已有的实体、面、片体或者基准面作为拆分或者修剪的刀具平面，"新平面"则是指通过"基准平面"对话框进行创建的平面。

● 反向：只有在激活"修剪"命令后才会显示"反向"按钮，在应用"修剪"命令过程中，单击"反向"按钮✕，可以改变修剪实体的修剪方向。

(a) "分割"　　　　　　　(b) "修剪"

图12-16 "分割实体"对话框

（1）分割

"分割实体"中的"分割"类型是将一个实体分割成两个相互独立的实体，拆分后的两个实体将会各自保留全部的设计参数，如图12-17所示。

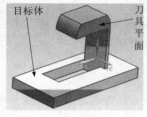 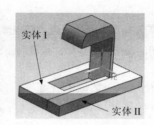

(a) "分割实体"前　　　　　　(b) "分割实体"后

图12-17 分割实体效果

（2）修剪

"修剪"类型是通过一个刀具平面将一个实体进行修剪，即使布尔的求差运算，只是此处的刀具是一个平面而非实体，用户可以根据自己的需要选择所要保留的实体部分，同样修剪后的实体将会保留所有的参数，如图12-18所示。在修剪的过程中，通过单击如图"修剪3"所示的"反向"按钮，可以调整所要保留的部分，进而得到如图"修剪4"所示的结果实体图。

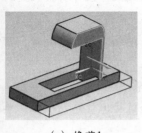 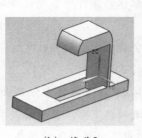  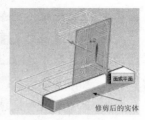

(a) 修剪1　　　(b) 修剪2　　　(c) 修剪3　　　(d) 修剪4

图12-18 "修剪体"命令

4. 片体修补

"实体补片"（Solid Patch Up）是一种在parting部件上构造实体来填补开口区域的方法。在大多数情况下，实体补片比构造曲面进行补片更有用，对于大的、复杂的缺口更能体现实体补片的方便性。

使用实体补片的过程是在parting部件上创建一个适合开口形状的实体模型，该实体的面也同样需要有正确的斜度。使用此功能后会将这些封闭的实体模型合并到parting部件模型上，并复制封闭模型，以备后用。

单击"注塑模工具"工具栏上的"实体补片"按钮，会弹出如图12-19所示的"实体补片"对话框。

由图12-19中可看到在"补片"选项组的"类型"下拉列表中有两个选项，分别为"实体补片"和"链接体"。"链接体"是将具有实体补片特征的实体模型链接到其他模具组件中去。而位于第一位的"实体补片"则是以位于parting部件下的实体模型作为补片合并到产品模型中。

图12-19 "实体补片"对话框

> **注意**
>
> 无论是进行"实体补片"操作还是"链接体"操作，都可以通过"目标组件"下面的组件列表来选取组件，从而使封闭的模型（即实体）被复制到选中的组件中。

下面对"实体补片"对话框中各选项的含义进行简要的介绍。

● 实体补片：选择"实体补片"类型，可将women所创建的一般实体转换成MoldWizard默认的补片。

● 链接体：对除模具总装配体部件以外的所有实体选择"连接体"命令，可以将实体补片链接到模具组件中，例如在修补侧凹或侧孔时，该实体补片可以链接到滑块组件中变为滑块头。

● 选择产品实体：选择产品模型作为补片的目标体。

● 选择补片体：选择所创建的实体作为补片的工具体。

● 目标组件：在选择"实体补片"时，"目标组件"会帮用户快速选择；而在选择"链接体"类型时，将要链接的补片链接到装配体的组件中，所选择的装配体组件将被收集到"目标组件"选项组的列表中。

● 编辑属性定义：在"设置"选项组中会看到"编辑属性定义"按钮，单击该按钮，可通过打开的Excel表格来编辑装配体组件的属性。

● 对工具体求差：若选择此复选框，补片体将从产品实体中分离出来。

● 显示补片和链接体信息：在"结果"选项组下有"显示补片和链接体信息"按钮，单击此按钮，可以打开信息窗口来查看实体补片或链接体的信息。

12.4 创建分型曲面

合理的模具设计主要体现在以下几个方面。

- 成型的塑料制品的品质（外观质量及尺寸稳定性）。
- 使用时的安全可靠性和便于维修。
- 在注射成型时有较短的成型周期和较长的使用寿命。
- 具有合理的模具制造工艺等。

以上所体现的各个方面，都与模具设计有着非常密切的关系。而选择合理的分型（模）面又是模具设计的基础，它不但能满足制品各方面的性能要求，且使模具结构简单，成本也会降低。

分型面通常称为PL面，它是动模与定模的分界面，是取出塑件或浇注系统凝料的面，分为主分型面和次分型面。

1. 区域分析

单击"模具分型工具"对话框中的"区域分析"按钮，弹出如图12-20所示的对话框，该对话框中有4个选项卡，分别为："计算"、"面"、"区域"和"信息"。下面简要介绍一下各选项卡的功能。

图12-20　"Check Regions"对话框

（1）计算分析

利用计算分析可进行以下功能的设定。

- 定义产品实体的脱模方向。
- 编辑产品实体的脱模方向。
- 重新设置脱模方向和型芯型腔区域。

（2）面分析

利用面分析可进行以下工作。

- 分析面是否具有足够的拔模斜度。
- 发现底切区域和底切边，底切区域是指在型腔或型芯侧均不可见的面。
- 发现交叉面，交叉面是指既位于型芯侧，也位于型腔侧的曲面。
- 发现拔模角度为0的垂直面。
- 列出拔模角度为正或者负的曲面的数量。
- 列出型芯或型腔侧补丁环的数量。
- 改变特定面组的颜色，例如正负面、底切区域、交叉区域。
- 利用引导线、基准面或者曲线分割曲面。
- 进行面的拔模分析。

（3）面域分析

利用面域分析可进行以下操作。

- 发现型芯和型腔区域，为型芯和型腔面分配颜色。
- 发现分型线。
- 发现补丁环。
- 将产品中的面分成型芯面和型腔面，以及显示分型线环。
- 利用其中的设置选项可以显示内环、分型边和不完整的环。

（4）产品模型信息

利用产品模型信息可进行以下操作。

● 获取面的性质，例如角度、面积等。

● 获取模型性质，例如总体尺寸、体积面积等。

● 发现尖角，例如锐边和小面等。

2. 设计分型面

打开UG NX 8.0的"模具分型工具"对话框，单击
"设计分型面"按钮🔍，会显示如图12-21所示的对话框，
"设计分型面"主要用于模具分型面的主分型面设计。用
户可以使用此工具来创建主分型面、编辑分型线、编辑分
型段和设置公差等。

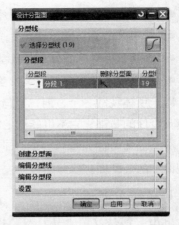

图12-21 "设计分型面"对话框

注意·

有时在打开"设计分型面"对话框时我们看不到"创建分型面"选项卡，这是由于没有创建分型线
的关系，当创建完成分型线后，该选项卡会自动地显示出来。

"设计分型面"对话框中有5个功能选项组，分别介绍如下。

（1）分型线

"分型线"选项组用来收集在"区域分析"过程中抽取的分型线。如果之前没有抽取分型
线，则"分型段"列表框中不会显示分型线的分型段、删除分型面和分型线数量等信息。

在这里要注意，如果要删除已有的分型线，可以通过分型管理器将分型线显示，然后在图形
区中用鼠标单击要删除的分型线，并执行"删除"命令即可，

（2）创建分型面

正如刚才提醒的那样，只有在选择了分型线之后，"创建分型面"选项卡才会显示出
来。该选项卡中提供了如图12-22所示的3种主分型面的创建方法：拉伸🔍、有界平面🔲和条
带曲面🔍。

● "拉伸"方法：该方法适合产品分型线不在同一平面中的主分型面的创建。"拉伸"方
    法的选项设置如图12-23所示。

● "有界平面"方法："有界平面"指以分型段（整个产品分型线的其中一段）、引导线
    及UV百分比控制形成的平面边界，通过自修剪而保留需要的部分有界平面。若产品底部
    为平面，或者产品拐角处的底部面为平面，可使用此方法来创建分型面。"有界平面"
    方法的选项设置如图12-24所示。

图12-22 "创建分型面"的3种方法

图12-23 "拉伸"方法创建平面

图12-24 "有界平面"方法创建平面

- "条带曲面"方法："条带曲面"是无数条平行于XY坐标平面的曲线沿着一条或多条相连的引导线排列而生成的面。若分型线已设计了分型段，则"条带曲面"类型与"扩大曲面补片"工具相同。若产品分型线在一平面内，且没有设计引导线，可创建"条带曲面"类型的主分型面。"条带曲面"方法如图12-25所示。

（3）编辑分型线

"编辑分型线"选项组主要用于手工选择产品分型线或分型段。该选项组的选项设置如图12-26所示。

单击"选择分型线"按钮，即可在产品中选择分型线，然后单击对话框中的"应用"按钮，所选择的分型线将列于"分型线"选项组中的"分型段"列表框中。

若单击"遍历分型线"按钮，可通过弹出的"遍历分型线"对话框遍历分型线，如图12-27所示，这有助于产品边缘较长的分型线的选择。

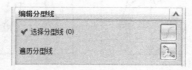

图12-25　"条带曲面"方法　　　图12-26　"编辑分型线"选项组　　图12-27　"遍历分型线"选项组

（4）编辑分型段

"编辑分型段"选项组的功能是选择要创建主分型面的分型段，以及编辑引导线的长度、方向和删除等。"编辑分型段"选项组的选项设置如图12-28所示，各选项的含义如下。

- 选择分型或引导线：激活此命令，在产品中选择要创建分型面的分型段和引导线，则引导线就是主分型面的截面曲线。
- 选择过渡曲线：过渡曲线指主分型面某一部分的分型线。过渡曲线可以是单段分型线，也可以是多段分型线。在选择过渡曲线之后，主分型面将按照指定的过渡曲线进行创建。
- 编辑引导线：引导线是主分型面的截面曲线，其长度及方向决定了主分型面的大小和方向。单击"编辑引导线"按钮，可以通过弹出的"引导线"对话框来编辑引导线。

（5）设置

"设置"选项组用来设置各段主分型面之间的缝合公差以及分型面的长度，如图12-29所示。

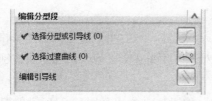

图12-28　"编辑分型段"选项组　　　　　图12-29　"设置"选项组

12.5 分模

模具分模的一般流程如下，如图12-30所示为模具分模。

1) 建立产品的模具状态模型（对注塑模具而言，大多是添加产品的收缩率和拔模斜度）。

2) 决定模具的开模方向。

3) 设计模具的型腔（型芯）的模块，如图12-30（a）所示。

4) 分析产品，寻找分模线并区分内、外分模线，如图12-30（b）所示。

5) 对内分模线包含的部分即擦穿区进行补面。

6) 对外分模线采用拉伸和桥接等方法建立外分模面。

7) 从产品上抽取型腔（型芯）的成型表面，如图12-30（c）所示。

8) 缝补型腔（型芯）的成型表面、分模面和擦穿的补面为一体，如图12-30（d）所示。

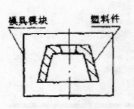 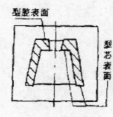 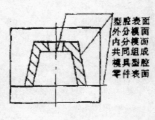

| (a) 产品模型和模块 | (b) 寻找分模线，创建分模面 | (c) 抽取型腔成型表面 | (d) 缝补型腔各个表面 |

图12-30　模具分模

9) 修剪型腔（型芯）模块，获得模具型腔（型芯）。

10) 对于需要滑块、镶块成型部分，相当于模具的开模方向产生变化，以借助以上方法来实现，下面也不再单独说明，将之归结于型腔或型芯。

分模之前，可以将产品的表面区分为以下两种：只属于模具型腔（型芯）的表面、一个不同部分分属型腔型芯或滑块的表面。在分模时需要增加两类分模面：产品的擦穿区域补面后形成的内分模面、常规所说的分模面即外分模面二分模的基本原理就是分别找分模线，创建内、外分模面，分离只属于型腔（型芯）的单一表面，分割共同属于型腔、型芯的表面，最后分别组合形成型腔（型芯）零件表面。

1. 定义区域

在创建型芯和型腔之前创建型芯区域以及型腔区域，同时为了创建分型面还必须先创建分型线。分型线可以在抽取区域时创建，也可以手工创建。

分型线为区域的边界，提取区域将被分给型芯或者型腔，然后用于修剪型芯和型腔。一般说来，如果修补得正确，系统会自动识别区域，但是对于一些竖直交叉面软件则无法识别，此时需要用户自己指定这些面属于哪一区域。

单击"模具分型工具"对话框中的"定义区域"按钮，弹出如图12-31所示的对话框。现简要介绍一下以下各选项的含义。

- 定义区域：在"定义区域"选项组中，"所有面"选项用于显示所有面的数量；"未定义的面"选项显示的是无法确定属于哪一个区域的曲面；"型腔区域"选项用于显示型腔面的数量；"型芯区域"选项用于显示型芯的数量。当然也可以自行设定自定义的区域。

- 创建新区域  ：单击该按钮就可以自行创建一个新区域，可以通过双击"定义区域"选项中的"新区域"选项来对新建的区域进行重命名，如图12-32所示。

图12-31　"定义区域"对话框

图12-32　定义新区域

- 选择区域面 ：为区域指定曲面。
- 搜索区域 ：单击该按钮，会弹出相应的对话框，通过设置参数来便捷选择大量的曲面。但是一定要注意，该方法只可以用于所选的区域中没有孔的凹的或凸的零件。
- 创建区域：选择该复选框创建区域。
- 创建分型线：选择该复选框来创建分型线。

2. 创建型腔或型芯

在"模具分型工具"工具栏中单击"定义型腔和型芯"按钮，程序将弹出"定义型腔和型芯"对话框，该对话框中各选项的含义如下。

- 所有区域：选择此选项，可同时创建型腔和型芯。
- 型腔区域：选择此选项，可自动创建型腔。
- 型芯区域：选择此选项，可自动创建型芯。
- 选择片体：当程序不能完全拾取分型面时，用户可手动选择片体或曲面来添加或取消多余的分型面。
- 抑制分型：撤销创建的型腔与型芯部件（包括型腔与型芯的所有部件信息）。
- 检查几何体：选择此复选框，程序将自动检查分型面的边界数，以及是否有缝隙、交叉等问题。
- 检查重叠：选择此复选框，程序将自动检查分型面是否有重叠现象。
- 缝合公差：为主分型面与补片缝合时所取的公差范围值，若间隙大，此值可取大一些；

若间隙小，此值可取小一些，一般情况下保留默认值。有时型腔、型芯分不开，这与缝合公差的取值有很大关系。

（1）分割型腔成型芯

若用户没有对产品进行项目初始化操作，而直接进行型腔或型芯的分割操作，则需要手工添加或删除分型面。

若用户对产品进行了初始化项目操作，则在"选择片体"选项组的列表中选择"型腔区域"选项，然后单击"应用"按钮，程序会自动选择并缝合型腔区域面、主分型面和型腔侧曲面补片。如果缝合的分型面没有间隙、重叠或交叉等问题，程序会自动分割出型腔部件。

当MoldWizard的模具设计流处于分型面完成阶段时，可以使用"定义型腔和型芯"工具来创建模具的型腔和型芯零部件。

（2）分型面的检查

当缝合的分型面出现问题时，可选择"分析"｜"检查几何体"命令，通过弹出的"检查几何体"对话框对分型面中存在的交叉、重叠或间隙等问题进行检查。

在"检查几何体"对话框的"操作"选项组中单击"信息"按钮，程序会弹出"信息"窗口。通过该窗口，用户可以查看分型面检查的信息。

> **注意**
>
> 在一般情况下，若几何体检查的结果中出现了边界数为1，则说明该分型面没有问题；若出现了多个边界数，则说明该分型面存在问题，需要修复。

12.6 设计剃须刀壳体

男士常用的剃须刀是一种生活中常见的用具，它同样是塑料制品经注塑而成。在处理的过程中一定要注意分型线的创建，这里是一个易出现问题的地方。

12.6.1 模具特点分析

从图12-33和图12-34所示的刀立体示意图中可以发现，该立体图的修补比较简单，但是在分型的过程中就比较麻烦。分型线的选取、分型面的创建都相对来说比较复杂。

在本节中将对一模多出的模具设计制造过程中遇到的各种问题进行详细的讲解。

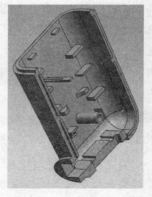
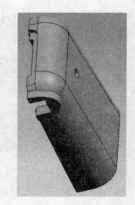

图12-33　剃须刀立体图1　　　图12-34　剃须刀立体图2

12.6.2 模具初始化设置

模具初始化是模具设计的第一步，要想完成初始化的设置，需要了解产品的材料以及现在手上可用的毛坯的尺寸等信息，有了这些信息就可以进行模的初始化设置。

1.初始化项目

①打开随书光盘中名称为"tixudao\tixudao.prt"的文件。

②依次选择"开始"│"所有应用模块"│"注塑模向导"命令。

③单击"注塑模向导"工具栏中的"初始化项目"按钮，在弹出的"初始化项目"对话框中将"材料"设置为"ABS"，此时系统会自动地设置系统预设的收缩率数值1.006，其余的使用默认设置，如图12-35所示。

④单击对话框中的"确定"按钮，完成项目的初始化工作。

2.设置坐标系

①单击工具栏中的"WCS"按钮，弹出如图12-36所示的对话框。

②选择YOZ平面绕XC轴旋转-90度，让z轴指向剃须刀壳体的反面，以方便后面的模具坐标系的创建，如图12-37所示。

图12-35 初始化参数

图12-36 "CSYS"对话框

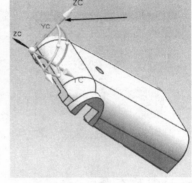

图12-37 WCS设定

③单击"注塑模向导"工具栏中的"模具CSYS"按钮，系统会弹出如图12-38所示的对话框，选择"选定面的中心"单选按钮，这时"模具CSYS"对话框如图12-39所示。

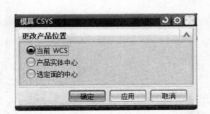

图12-38 "模具CSYS"对话框

图12-39 模具CSYS参数设置

④ 由于图示的ZC轴方向与我们所需的开模方向正好相同，因此选择"锁定Z位置"复选框，选择如图12-40所示的面。

⑤ 单击对话框中的"应用"按钮，并单击"取消"按钮，得到设置坐标系之后的实体如图12-41所示。

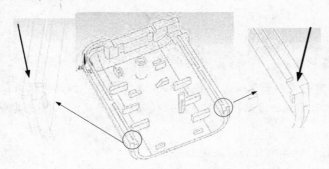

图12-40　选择面

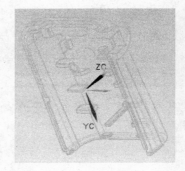

图12-41　坐标系

3. 创建毛坯

① 单击"注塑模向导"工具栏中的"工件"按钮⬦，设置如图12-42中箭头所示的参数。

② 单击对话框中的"确定"按钮，创建出的毛坯如图12-43所示。

图12-42　参数设置

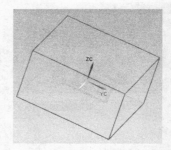

图12-43　毛坯示意图

4. 型腔布局

① 选择"型腔布局"命令，弹出"型腔布局"对话框，将该对话框中的参数设置如图12-44所示。

② 指定矢量方向，选择如图12-45所示的方向。

图12-44　"型腔布局"对话框

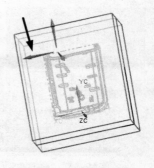

图12-45　矢量的选择

③ 单击该对话框中的"反向"按钮▨，并单击对话框中的"开始布局"按钮▣，生成如图12-46所示的型腔布局图。

④ 单击对话框中的"自动对准中心"按钮▦，生成的最终毛坯布局如图12-47所示。

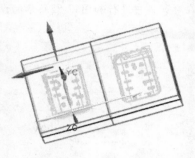
图12-46　型腔布局图

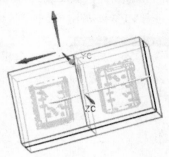
图12-47　最终毛坯布局图

12.6.3　分型

1. 边缘修补

在该实体图形中，我们发现只有一个破孔需要修补，因此模具的修补工作就显得比较容易了。

① 单击工具栏中的"模具分型工具"按钮▦，单击关闭"模具分型工具"及"分型导航器"。

② 单击"注塑模工具"工具栏中的"边缘修补"按钮▣，在"边缘修补"对话框中设置"类型"为"面"，如图12-48所示。

③ 选择图12-49中箭头所示的曲面，这时在"环列表"中只显示有一个环，且还是我们需要修补的环，无需进行剔除操作。

④ 单击"确定"按钮，修补后的图形如图12-50所示。

图12-48　"边缘修补"对话框

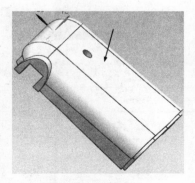
图12-49　面的选择

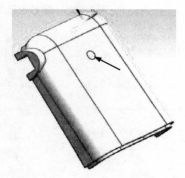
图12-50　"边缘修补"结果图

2. 区域分析

① 单击"模具分型工具"按钮，关闭"分型导航器"。

② 单击"区域分析"按钮，弹出"检查区域"对话框，单击如图12-51中箭头所示的"计算"按钮，进行MPV初始化。选中"区域"选项卡，在对话框中进行如图12-52所示的设置。

图12-51 计算

图12-52 参数设置

③ 单击"应用"按钮，再单击"设置区域颜色"按钮，这时可以看到还有20个交叉竖直面没有定义。通过观察分析，可知道这20个未定义的面中都属于型腔区域。

④ 在对话框中进行如图12-53所示的参数设置，单击"应用"按钮，之后可以发现有两个面被错误地定义到型腔中。为此，对该对话框进行如图12-54所示的参数设置，并选择图12-55中箭头所指示的高亮曲面。

⑤ 单击"应用"按钮，将选中的两个面定义到型芯当中，单击"取消"按钮，退出编辑。这时可以看到对话框中的"未定义的区域"数量为图12-56所示的"0"时，说明已经完全并正确地定义了。

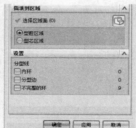

图12-53 参数设置1

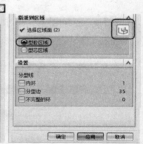

图12-54 参数设置2

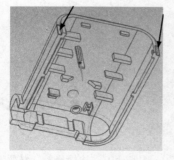

图12-55 高亮曲面的选择

图12-56 "检查区域"对话框

⑥ 单击"确定"按钮，完成区域分析；单击"取消"按钮，退出区域分析。

3. 定义区域

① 单击"定义区域"按钮 ，在弹出的"定义区域"对话框中设置如图12-57所示的参数。

② 单击"应用"按钮，这时可以看到对话框显示如图12-58所示。图中箭头所示的部分均以对号显示，则表示区域定义成功；如果此处未以对号显示，则说明区域定义不成功，那么就该回过头来检查型芯以及型腔的定义。

③ 选中图12-59中所示的"创建分型线"复选框，单击"确定"按钮，创建出的分型线如图12-60所示。

图12-57 "定义区域"对话框

图12-58 定义区域成功

图12-59 创建分型线

4. 创建分型面

① 单击对话框中的"创建分型面"按钮 ，弹出如图12-61所示的对话框，选择"编辑分型段"选项下的"选择过渡曲线"选项，选择如图12-62所示的曲线。

② 单击"应用"按钮，单击"分型导航器"按钮，显示出"工件边框"。

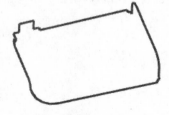

图12-60 分型线

③ 单击"设计分型面"按钮，得到拉伸预览图，如图12-63所示。

图12-61 "设计分型面"对话框

图12-62 过渡曲线的选择

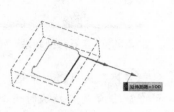

图12-63 拉伸预览图

④ 此时会发现图示的预览分型面在边框的范围外，满足毛坯的边界要求。

> **注意**
>
> 若拉伸的分型面没有超出毛坯的边界，可以通过拖动圆球来扩大边界，直至超出毛坯边界。若没有超出边界，就无法进行型芯型腔的创建。

⑤ 单击"确定"按钮，之后系统的默认拉伸方向完全符合我们的要求，为此只需要依次单击"确定"按钮即可。

⑥ 单击"取消"按钮，退出分型面的创建，创建完成的分型面如图12-64所示。

5. 创建型芯和型腔

① 单击"分型导航器"按钮，将"工件"、"线框"、"产品实体"、"曲面补片"、"修补实体"都显示出来。

② 单击关闭"分型导航器"按钮，单击"定义型腔和型芯"按钮 ，进行如图12-65所示的参数设置。

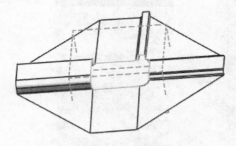

图12-64　分型面

图12-65　参数设置

③ 单击"应用"按钮，看到如图12-66所示的"查看分型结果"对话框，系统默认的型腔型芯预览图与实际的不符时，通过该按钮来调整型芯型腔的定义，在这里使用默认的即可，得到如图12-67所示的型腔的预览图形。

图12-66　"查看分型结果"对话框

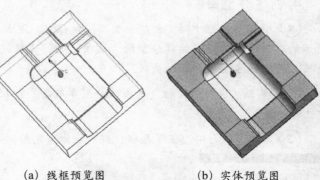

(a) 线框预览图　　　　　　(b) 实体预览图

图12-67　型腔预览图

④ 在该对话框中进行如图12-68所示的参数设置，单击"应用"按钮，得到如图12-69所示的型芯预览图，这时看到的对话框如图12-70所示。

⑤ 因为"型腔区域"和"型芯区域"前面均以"对号"显示，则表示其正确地被定义。

⑥ 单击"取消"按钮，退出定义型腔和型芯的定义。

图12-68　参数设置

(a) 线框预览图

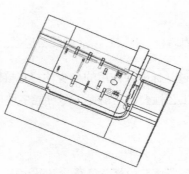

(b) 实体预览图

图12-69　型芯预览图

图12-70　"定义型腔和型
芯"对话框

12.6.4　创建和修改模架

1. 设计分析

● 分型设计已经完成，且成型零件（模仁）的尺寸为220mm×125mm×50mm，型腔厚30mm、型芯厚20mm。

● 根据模具的基础知识，模架的规格可选3535。

● 根据模具的"模仁尺寸与模架A、B板厚度取值关系"得出。

A板厚度：型腔厚度+F=30+30=60mm

B板厚度：型芯厚度+F=20+40=60mm

● 在此处我们的模件没有测拔芯的机构，因此直接使用默认的DME模架即可。

2. 模架创建

在进行模架的创建之前，首先将视图调至"剃须刀壳体_top_010.prt"下。

① 单击工具栏中的"模架库"按钮🔲，设置如图12-71所示的参数设置，单击该对话框中的"应用"按钮，创建出如图12-72所示的模架。

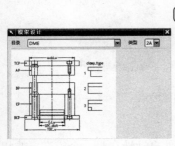

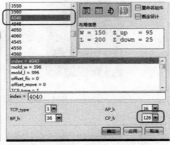

图12-71　参数设置

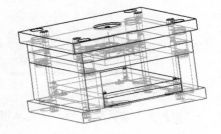

图12-72　模架

注意

有时用户会发现所创建的支撑板的规格并不符合要求，这时就需要通过"模架管理"对话框来增加顶出的距离，以使所创建的模架符合要求。

②▶ 选择菜单栏中的"文件"｜"全部保存"命令，保存所有的文件。

12.6.5 创建标准件 ┃··□

在前面的章节中已经讲过，标准件使用的多少往往直接影响到模具设计制造的成本，一个好的模具设计者一定会在满足工艺性要求的前提下尽可能多地应用标准件以降低成本。

1. 创建顶出装置

（1）创建基准点

①▶ 按下Ctrl+B键，然后将所有的模架隐藏，只显示零件的模型，如图12-73所示。

②▶ 选择两个零件中的一个，鼠标右键单击，将其转换为"工作部件"。单击工具栏中的"草图"按钮▦，弹出如图12-74所示的对话框。

③▶ 选择如图12-75所示的平面作为草绘平面，单击该对话框中的"确定"按钮。单击工具栏中的"点"按钮十，并在对话框中进行如图12-76所示的参数设置。

④▶ 创建如图12-77所示的4个点，尺寸及位置要求不高，在大致位置即可。

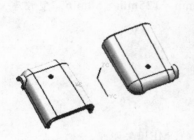

图12-73　零件模型

图12-74　"创建草图"对话框

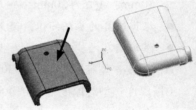

图12-75　草绘平面

图12-76　"点"对话框

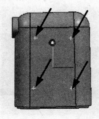

图12-77　创建的点

⑤▶ 单击工具栏中的"完成草图"按钮。

此时可以发现，虽然只在其中的一个模型上创建了点，但是软件自动地在另一个模型上的相同位置也创建了4个点。

（2）创建顶杆

①▶ 单击工具栏中的"标准件"按钮▦，再设置如图12-78所示的参数。在此尽量地将

"CATALOG_LENGTH"的长度设置得长一点，这样能防止进行二次修改，以简化操作。

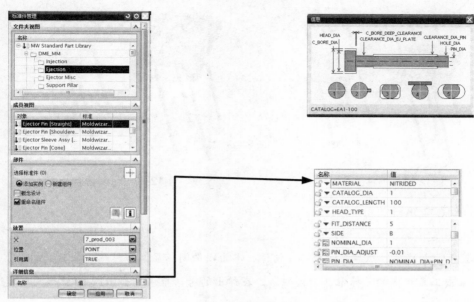

图12-78　参数设置

②　单击该对话框中的"应用"按钮，系统弹出如图12-79所示的"点"对话框，并选择图中箭头所示的类型。

③　依次选择刚刚创建的和图12-77所示的4个点。创建完毕后单击"点"对话框中的"取消"按钮。单击"标准件管理"对话框中的"取消"按钮。创建完成的顶杆如图12-80所示。

（3）修剪顶杆

①　单击工具栏中的"修边模具组件"按钮，弹出"修边模具组件"对话框，进行如图12-81所示的参数设置。

图12-79　"点"对话框

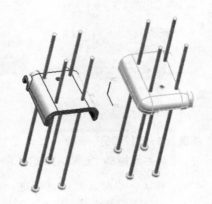

图12-80　顶杆

图12-81　"修边模具组件"对话框

②　选择如图12-82所示的顶杆，单击该对话框中的"应用"按钮。

③　单击"选择方向"对话框来选择要切割的方向，选中方向后单击对话框中的"确定"按钮，最后的结果如图12-83所示。

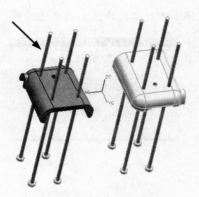

图12-82　顶杆的选择

图12-83　修剪结果

2. 创建浇口组件

（1）创建定位环

1 按下Ctrl+W键，然后显示全部几何体，单击以关闭"显示和隐藏"对话框。

2 单击工具栏中的"标准件"按钮，在弹出的对话框中对如图12-84所示的参数进行设置。

3 单击对话框中的"应用"按钮，创建的定位环如图12-85所示。

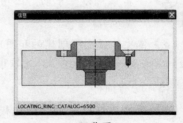

预览图

图12-84　参数设置

图12-85　定位环

（2）创建浇口套

1 对"标准件管理"对话框进行如图12-86所示的参数设置，在这里浇口套的长度要设置得长一点，单击"尺寸"选项卡，然后单击里面的"CATALOG_LENGTH"选项。

2 将其长度改为100，按回车键确认，以防止所创建的浇口套的长度不够，如图12-87所示、单击对话框中的"应用"按钮。

> **注意**
>
> 如果此处所创建的浇口套的长度还是不够，可以将浇口套选中，然后单击"标准件管理"对话框，并选中"尺寸"选项卡，将"CATALOG_LENGTH"的数值设置到合理的长度，再确定。

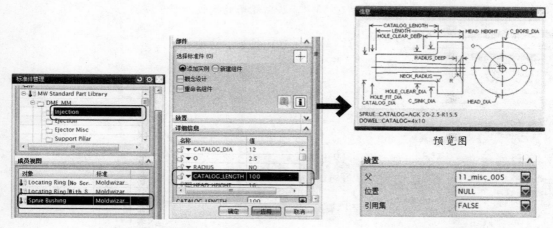

图12-86 参数设置1

图12-87 参数设置2

③ 单击"取消"按钮，完成浇口套的创建工作。

（3）修剪浇口套

① 单击工具栏中的"修边模具组件"按钮，对弹出的对话框进行如图12-88所示的参数设置。

② 选择浇口套，单击该对话框中的"应用"按钮。

③ 通过调整如图12-89所示的"翻转方向"选项来改变修剪的方向，以修剪得到合适的浇口套。修剪结果如图12-90中的高亮线条所示。

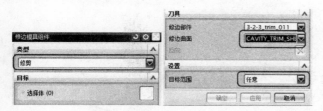

图12-88 参数设置

图12-89 选择方向

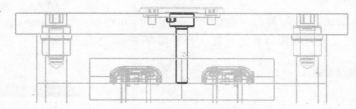

图12-90 修剪后的浇口套

3. 修剪动模板和定模板

① 单击工具栏中的"腔体"按钮，弹出"腔体"对话框，对该对话框进行如图12-91所示的参数设置。

② 选择如图12-92所示的模板，单击该对话框中的"查找相交"按钮，并单击"应用"按钮，完成该模板的修剪。

③ 使用同样的方法，修剪如图12-93中箭头所指示的模板。

图12-91　参数设置　　　　图12-92　模板的选择1　　　　图12-93　模板的选择2

④ 完成后单击"取消"按钮，退出腔体修剪。

12.6.6　浇注系统设计

本节将创建浇口和流道，浇口位置、形状以及流道的结构对成型质量产生很大影响，在设计的过程中要将理论知识与实际的经验结合起来，必要时要使用有限元软件进行热分析，以便确定浇口的位置。

1. 浇口设计

（1）定义浇口位置

① 隐藏导柱、模板等组件，结果如图12-94所示。

② 单击工具栏中的"浇口库"按钮 ，弹出"浇口设计"对话框，单击该对话框中的"浇口点表示"按钮，并在弹出的对话框中单击如图12-95所示的"点在面上"按钮。

③ 选择如图12-96所示的面，弹出Point Move on Face（点在面上）对话框，采用默认的参数设置，如图12-97所示。

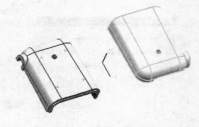

图12-94　隐藏后的模型

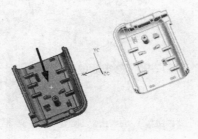

图12-95　"浇口点"对话框　　　图12-96　选择面　　　图12-97　设置参数

④ 单击该对话框中的"确定"按钮，完成操作并返回到"浇口点"对话框。

⑤ 单击"浇口点"对话框中的"后退"按钮。

（2）放置浇口

①设置如图12-98所示的参数，单击"浇口设计"对话框中的"应用"按钮。

②选择刚刚创建的点，此时显示如图12-99所示的矢量方向，在"类型"下拉列表中选择"-ZC轴"，最终的矢量方向如图12-100所示。

③单击对话框中的"确定"按钮，创建的浇口如图12-101所示。

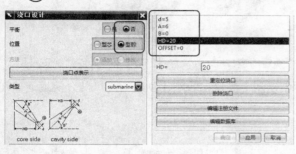

图12-98 设置参数

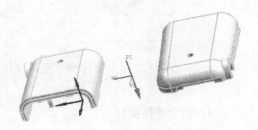

图12-99 矢量方向1

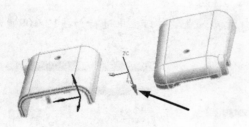

图12-100 矢量方向2

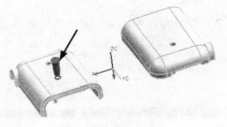

图12-101 浇口

（3）重定位浇口

①单击对话框中的"重定位浇口"按钮，弹出如图12-102所示的"重定位"对话框，单击该对话框中的"从点到点"按钮，弹出"点"对话框，在其中选择"圆弧中心"选项，如图12-103所示。

②选择如图12-104所示的圆弧，并选择如图12-405所示的圆弧，单击"确定"按钮，完成浇口的重定位。

③此时浇口的位置变为如图12-106所示，使用同样的方法创建另一个浇口，结果如图12-107所示。

图12-102 "重定位"对话框

图12-103 "点"类型

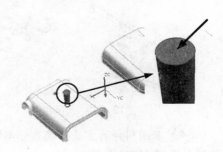

图12-104 选择圆弧1

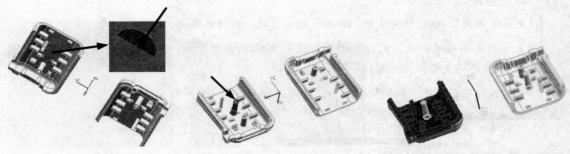

图12-105 选择圆弧2　　　图12-106 变换后的浇口　　　图12-107 最终的浇口模型

上面创建的浇口埋在塑件的下面，下面再创建两个浇口，将刚才创建的浇口与分流道连接在一起。

(4) 创建连接浇口

① 单击工具栏中的"浇口库"按钮 ，设置如图12-108所示的参数，单击该对话框中的"应用"按钮。

② 在工具栏中单击"象限点"按钮 ，在打开的"点"对话框中进行如图12-109所示的设置。

图12-108 设置参数　　　　　　　　　图12-109 "点"对话框

③ 选择如图12-110所示的点，选择恰当的矢量方向，最终创建的浇口如图12-111所示。

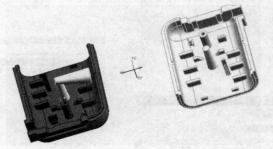

图12-110 选择点　　　　　　　　　　图12-111 浇口

④ 采用同样的方法创建另一侧的浇口，选择点时要选择如图12-112所示的点，创建的最终结果如图12-113所示。

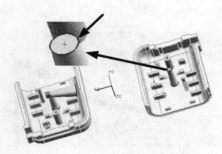

图12-112　选择点

图12-113　浇口结果图

2. 分流道设计

（1）创建分流道曲线

① 单击工具栏中的"流道"按钮，弹出如图12-114所示的对话框，单击该对话框中的"引导线"按钮，进入草绘环境。

② 单击工具栏中的"直线"按钮，选择如图12-115所示的圆弧。

图12-114　"流道"对话框

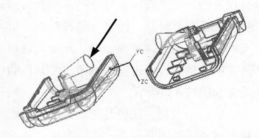

图12-115　选择圆弧

③ 选择如图12-116所示的圆弧，此时在这两个圆弧的中心创建一条直线，如图12-117所示。

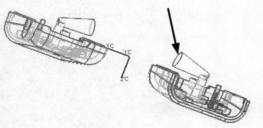

图12-116　选择圆弧

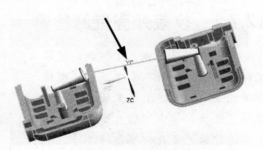

图12-117　直线

（2）创建流道

① 选择"截面类型"为"圆形"，双击对话框中"参数"下的直径D按钮，设置如图12-118所示的参数。

② 单击对话框中的"确定"按钮，创建的流道如图12-119所示。

图12-118　设置参数

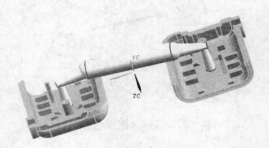

图12-119　流道

③ 单击工具栏中的"保存"按钮，保存所有的文件。

12.7 设计仪表外壳

仪表是很多行业中经常见到的，除了少部分仪表的外壳是金属材质之外，其他大部分的外壳都是塑料材质，而在这些塑料制品中的绝大部分又都是经注塑而成的。本章来讲解仪表外壳的注塑模设计过程。本节将要制作的仪表外壳如图12-120所示。

由图中看出，该模具无论是从外形还是建模角度来讲都不是很难，但是在讲解该实例时

图12-120　零件图

会用到一些比较实用的工具，有些工具的应用会大大地减轻用户的工作量，提高工作效率。

12.7.1 仪表外壳壁厚检查

① 打开随书光盘中提供的模具文件，单击"分析"菜单下的"塑模部件验证"选项，选择里面的"检查壁厚"选项，调出"检查壁厚"对话框，这时软件会自动地选择工件，单击对话框中的"计算厚度"按钮，如图12-121所示。

② 由图中可看出，系统会自动地计算壁厚，并根据壁厚程度加上相应的颜色，此时会看到系统处理后的如图12-122所示的壁厚颜色显示。

图12-121　"检查壁厚"对话框

③ 单击对话框中的"保存结果"按钮，将壁厚检查的结果保存起来，这时下面的"删除已保存的结果"选项☒为可选择状态。

④ 单击"总体结果"后面的倒三角选项，系统显示出处理后的壁厚信息，如图12-123所示。图中的"总体结果"显示出"平局厚度：1.85；最大厚度：2.79"。

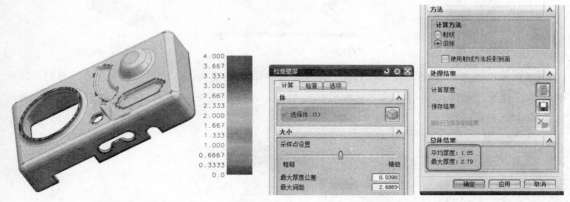

图12-122　壁厚颜色显示　　　　　　　　　图12-123　壁厚信息

12.7.2　项目初始化及设置坐标系

1. 项目初始化

① 依次单击"开始"｜"所有应用模块"｜"注塑模向导"按钮，然后单击"初始化项目"按钮，设置如图12-124所示的初始化参数。

② 单击"确定"按钮，完成项目的初始化。

2. 坐标系设置

① 由图12-125所示的零件图看出，模具的拔模方向与我们所期望的不相符，在此需要进行修改。

图12-124　参数设置

> **注意**
>
> 当模具的现在拔模方向与我们实际所期待的不一致时，完全可以在"模具CSYS"或者"区域分析"时修改过来，但是这样操作起来会比较麻烦，为此，在此推荐使用"WCS定向"工具按拔模方向设置好坐标系。

② 单击"WCS定向"工具，弹出如图12-126所示的对话框，使用默认的参数设置。

③ 设置的坐标系方向如图12-127所示，只需保证z轴方向指向脱模方向即可，单击"确定"按钮，完成坐标系的变换。

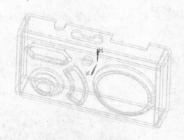

图12-125 零件图

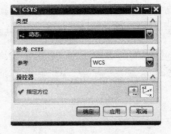

图12-126 "CSYS"对话框

图12-127 设置方向

④ 单击工具栏中的"模具CSYS"按钮,对弹出的"模具CSYS"对话框进行如图12-128所示的参数设置,选择如图12-129中箭头所指向的面,单击"确定"按钮,得到如图12-130所示的创建模具CSYS后的图形。

图12-128 参数设置

图12-129 面的选择

图12-130 模具CSYS

12.7.3 型腔布局

在大多数情况下,系统默认的参数设置即可满足要求,无论是壁厚还是加工余量都已经是最优的了,如果和我们手头的毛坯尺寸没有什么出入的话,一般都是采用系统默认的毛坯尺寸,以减少不必要的麻烦,但是在实际的生产中有既定的毛坯时,则必须采用以降低加工成本的原则来按实际的生产条件设置毛坯。

1. 创建毛坯

① 单击"注塑模向导"工具栏中的"工件"按钮⬡,弹出如图12-131所示的对话框,可以自行设定毛坯的大小。

② 在此选择系统默认的数值,单击"确定"按钮,得到如图12-132所示的图。

图12-131 "工件"对话框

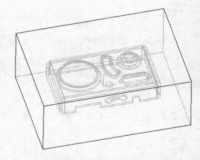

图12-132 设定毛坯后的模型

2. 型腔布局

①单击工具栏中的"型腔布局"按钮⌷，设置如图12-133所示的参数。

②单击该对话框中的"指定矢量"按钮，选择"自动判断的矢量"选项，选择如图12-134所示的矢量方向，即"Y轴正向"。

图12-133 "型腔布局"参数

图12-134 矢量选择

③单击对话框中的"开始布局"按钮⌷，得到如图12-135所示的毛坯型腔布局示意图。

④单击对话框中的"自动对准中心"按钮⊞，得到如图12-136所示的毛坯型腔布局示意图，单击"关闭"按钮。

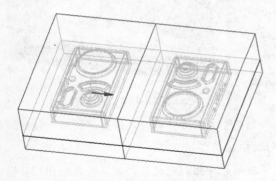

图12-135 毛坯型腔布局示意图

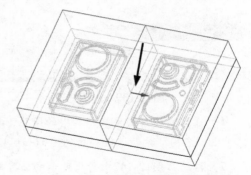

图12-136 型腔布局最终图

12.7.4 分型

模具的分型是模具设计制造过程中的关键一步，分型的成功与否及好坏直接影响到整个模具制造的难易程度及成本的高低，因此在设计分型线的时候，一定要注意分型线及分型面的设计优化问题，在这部分一定要付出较多的时间思考最佳的分型。

1. 模具修补

（1）边缘修补

①单击工具栏中的"分型"按钮，取消选中"工件线框"复选框，以免影响我们的观测以及操作，单击"分型管理器"对话框中的"关闭"按钮。

②单击工具栏中的"注塑模工具"按钮，单击工具栏中的"边缘修补"按钮⌷，程序会弹出"边缘修补"对话框，将"环类型"调成"面"，如图12-137所示，然后选择图12-138所

示的面。

图12-137 环类型

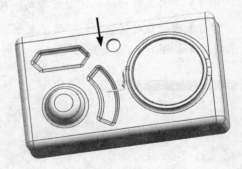

图12-138 选择面

③ 软件会自动地选中上面的3个封闭曲线，如图12-139和图12-140所示。

图12-139 对话框显示

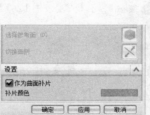

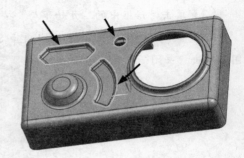

图12-140 图形显示

④ 在此发现只需要修补其中的圆孔，将其余的两个不需要修补的孔通过"删除"按钮⊠删除，单击"应用"按钮，修补后的图形如图12-141所示。

⑤ 再选择图12-142中箭头所示的面，单击"应用"按钮，完成后的曲面补片如图12-143中的箭头所示，单击"取消"按钮退出边缘修补。

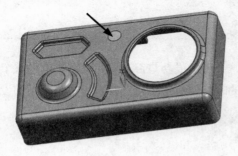

图12-141 修补孔

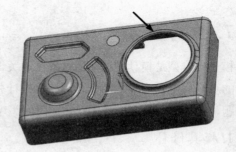

图12-142 面的选择

（2）实体修补

① 单击对话框中的"拉伸"按钮，弹出如图12-144所示的对话框，选择图12-145所示的封闭曲线，使用软件默认的拉伸方向，结束值选择"直到延伸部分"选项，布尔运算选择"无"，如图12-146所示。

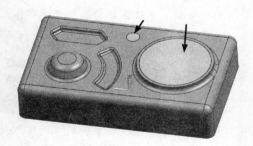

图12-143　曲面补片

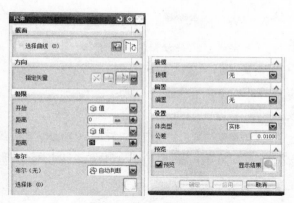

图12-144　"拉伸"对话框

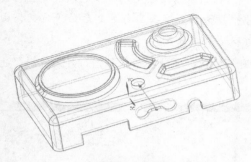

图12-145　封闭曲线

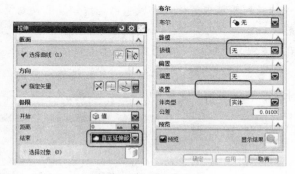

图12-146　参数设置

②　选择如图12-147所示的面，单击"应用"按钮，创建完成的拉伸体如图12-148所示。

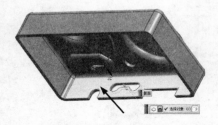

图12-147　选择对象

图12-148　拉伸体

③　单击"实体补片"工具，弹出如图12-149所示的对话框，选择图12-148中箭头所示的创建好的实体，然后单击"确定"按钮，完成实体补片的修补工作。

④　这时发现实体修补的对象与被修补的实体已经融为一体，如图12-150所示，这表明已经完成了实体的修补。

图12-149　"实体补片"对话框

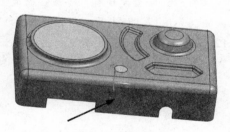

图12-150　实体修补

2. 区域分析

① 单击"模具分型工具"按钮，取消选择"工件线框"复选框，然后关闭分型导航器。

② 单击"区域分析"按钮，会弹出如图12-151所示的对话框，系统会自动选择产品实体并显示预览，单击"计算"按钮。

注意·

> 本例中系统默认的脱模方向与实际的脱模方向一致，无需修改，若不符合要求，可单击"指定脱模方向"按钮重新指定脱模方向，然后单击"计算"按钮 以进行初始化设置。

③ 为了方便看图，可将图12-152中"区域"选项卡中的"设置"选项组里面的"内环"、"分型边"、"不完整的环"全部取消勾选，然后单击"应用"按钮。

④ 再单击"设置区域颜色"按钮 来设置型芯和型腔颜色，以方便检查型芯以及型腔的设置有无错误。从图12-152中可见，有10个面系统无法准确地分配，需要自行判断后给予定义，由图中看出，这10个交叉竖直面属于型腔区域，为此进行以下的设置操作。

⑤ 进行如图12-153所示的参数设置，单击"应用"按钮，这时对话框如图12-154所示，此时显示未定义的区域数为0，表示已经完全地定义各面。

图12-151 "检查区域"
对话框

图12-152 "区域"
选项卡

图12-153 参数设置

图12-154 "检查区域"
对话框

⑥ 但是检查发现有一个圆柱面被错误地定义在了型腔区域，如图12-155中箭头所示。选中"型芯"选项，如图12-156中箭头所示。然后选择图12-155中箭头所指向的面，单击"应用"按钮，这时所有的面都已经被正确地定义，如图12-157所示。

图12-155 误定义的面

图12-156　参数设置　　　　　　图12-157　定义区域

注意

　　由于模型的面较多，因此在该步骤中一定要仔细检查每一个面，保证每一个面都准确地定义于型芯或型腔。如果定义的有错误，那么后续的操作将无法完成。

3. 定义区域

1 单击"定义区域"按钮，对该对话框进行如图12-158所示的参数设置，单击"应用"按钮，如果区域定义成功，则在"型腔区域"及"型芯区域"前会以"对号"显示，如图12-159所示。

图12-158　"定义区域"对话框　　　　图12-159　定义区域成功

2 如果定义区域不成功，那么就返回来检查型芯以及型腔的定义，然后重新进行区域的定义。

3 选择"创建分型线"复选框，如图12-160所示，单击"确定"按钮，完成分型线的创建。

4. 分型面设计

1 单击"分型导航器"按钮，将"产品实体"及"曲面补片"前面的对号去掉，并选中"工件线框"复选框，如图12-161所示。

图12-160　创建分型线

2 单击关闭"分型导航器"，单击"设计分型面"按钮，弹出如图12-162所示的"设计分型面"对话框。

图12-161　分型导航器　　　　　　　　　　图12-162　"设计分型面"对话框

3 由于分型线并不位于同一平面内，因此需要添加过渡曲线，选择对话框中的"选择过渡曲线"选项，如图12-163所示。

4 选择分型线上的4处圆弧拐角作为过渡曲线，如图12-164所示，单击"应用"按钮。

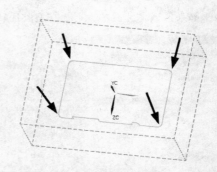

图12-163　选择过渡曲线　　　　　　　　　　图12-164　过渡曲线

5 此时系统默认的选择以"拉伸"的方式创建分型面，如图12-165所示。

6 此处拉伸的距离已经超过毛坯的边界，但是为了防止拐角过渡处的边界太小，需要加大拉伸的长度，以保证拉伸距离的可靠性。

7 双击图12-165所示的"延伸距离"选项，输入100，如图12-166所示，按回车键确认。

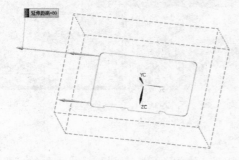

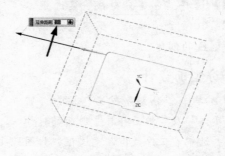

图12-165　拉伸　　　　　　　　　　　　　图12-166　数值修改

8 这时会看到图12-167中箭头所示的拉伸效果图，并且系统自动显示出下一步要拉伸的曲线及方向。

⑨ 由于参数均符合我们的要求，直接单击"应用"按钮，得到如图12-168所示的效果。

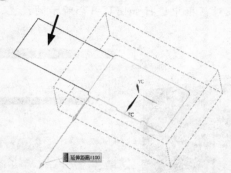

图12-167　拉伸预览

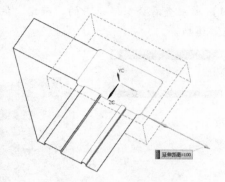

图12-168　效果图

⑩ 系统选择的下一步的拉伸参数均符合需要，因此直接单击"应用"按钮，得到如图12-169所示的效果图。再次单击"应用"按钮，得到如图12-170所示的完整的分型面。

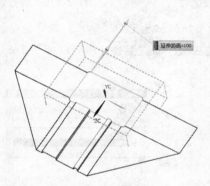

图12-169　效果图

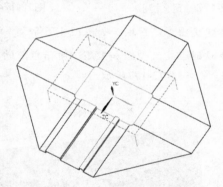

图12-170　分型面完整图

5. 创建型芯和型腔

① 单击"分型导航器"按钮，对分型导航器进行如图12-171所示的设置。

② 将所有的图形显示出来，如图12-172所示，便于后面的操作。

图12-171　分型导航器

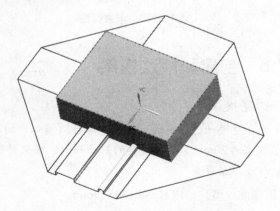

图12-172　所有图形显示

③ 单击"定义型腔和型芯"按钮 🔳,在弹出的对话框中进行如图12-173所示的设置,单击"应用"按钮,得到如图12-174所示的型腔区域。

④ 单击查看分型结果中的"确定"按钮,在对话框中进行如图12-175所示的设置,单击"应用"按钮。

图12-173　定义型腔

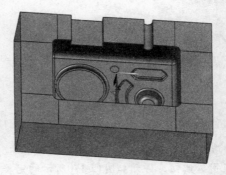
图12-174　型腔区域

图12-175　参数设置

⑤ 定义出型芯区域,如图12-176所示。单击查看分型结果中的"确定"按钮。

⑥ 这时"定义型腔和型芯"对话框前的"型芯区域"和"型腔区域"以对号显示,表示已正确定义了,如图12-177所示。

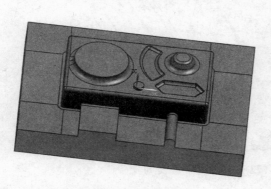
图12-176　型芯区域

图12-177　完全定义

12.7.5　创建和修改模架

1. 创建模架

① 分型设计已经完成,且成型零件(模仁)的尺寸为220 mm×150 mm×60 mm、型腔厚40mm、型芯厚20mm。根据模具的基础知识,模架的规格可选3535,据模具的"模仁尺寸与模架A、B板厚度取值关系"得出。

A板厚度:型腔厚度+F=40+30=70mm。

B板厚度:型芯厚度+D=20+20=40mm。

②　在此处模架机构选择默认的DME模架，单击"注塑模向导"工具栏中的"模架库"按钮▦，对弹出的"模架设计"对话框进行如图12-178所示的参数设置，单击"应用"按钮，得到如图12-179所示的加载后的模架。

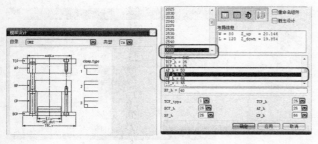 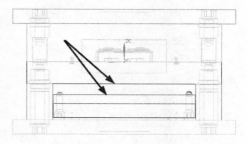

图12-178　加载模具　　　　　　　　　图12-179　加载后的模架

2.修改模架

由图12-179中可发现两个箭头之间的平面间隙太小，这样的模架不便于创建好的模架的散热以及拆卸，因此需要将其间隙值调大，以满足实际的需求。

①　单击"模架库"按钮，再单击绘图区中的模架，这时模架的参数变成刚刚创建好的模架的参数。

②　对"模架设计"对话框进行如图12-180所示的参数修改，单击"应用"按钮，修改好的模架如图12-181所示。

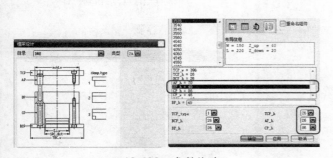 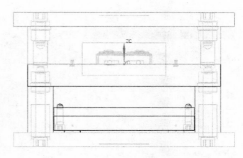

图12-180　参数修改　　　　　　　　　图12-181　修改后的模架

这时，修改加载完成的模架没有问题时，就可以单击"取消"按钮退出模架的编辑工作。

12.7.6　创建标准件

在工业较为发达的国家，全部对标准化工作都较为重视，因为这能给工业带来质量、效率和效益。模具是一种工业产品，所以标准化工作十分重要。模具标准化工作主要包括模具技术标准的指定和执行、模具标准件的生产和应用以及有关标准的宣传、贯彻和推广工作。无论在何行业，标准件的使用都有十分重要的意义，下面将讲解一下标准件的创建。

1.添加定位环

①　单击"注塑模向导"中的"标准部件库"按钮↓，程序弹出如图12-182所示的"标准件

管理"对话框，在该对话框中选择"DME_MM"|"Injection"|"Locating Ring[With Screws]"，预览效果如图12-183所示。

图12-182 "标准件管理"对话框

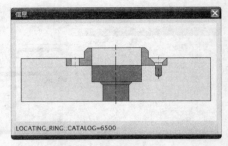

图12-183 "信息"窗口

② 保留对话框中的其余选项的设置，单击"确定"按钮，系统自动加载带螺纹的定位环，如图12-184所示。

2. 添加浇口套

① 在"标准件管理"对话框中进行如图12-185所示的参数设置，系统会自动显示如图12-186所示的浇口套的模型预览。

图12-184 定位环

图12-185 浇口套

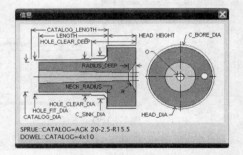

图12-186 参数设置

② 在此将浇口的长度设置得尽可能长一些，本例中设置为160，如图12-187所示。这样做的目的是防止进行浇口的二次加长修改。长的部分可以通过后面的"修剪模具组件"命令来切除。

注意

如果此处发现所创建的浇口套的长度还是不够，可以将浇口套选中，然后单击"标准件管理"对话框，将"CATALOG_LENGTH"的数值设置到合理的长度，再确定即可更改长度值。

③ 单击"取消"按钮，完成浇口套的创建工作，创建后的浇口套如图12-188中箭头所示。

图12-187 长度修改

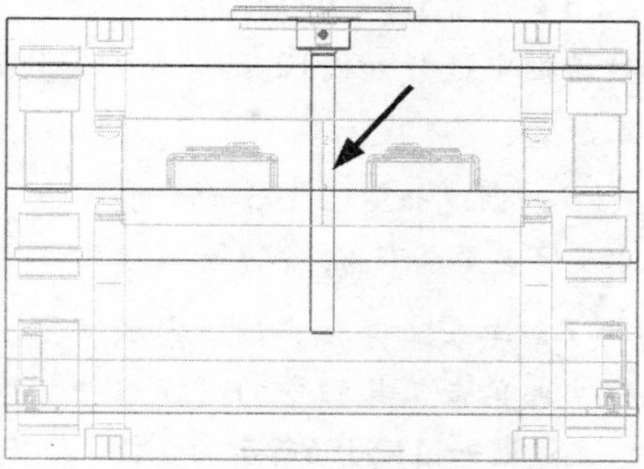

图12-188 浇口套图

④ 单击工具栏中的"修边模具组件"按钮 🔟，对弹出的对话框进行如图12-189所示的参数设置。选择浇口套，单击对话框中的"应用"按钮。

⑤ 通过调整如图12-189所示的"反向"按钮来改变修剪的方向，这样就可以修剪得到合适的浇口套，单击"取消"按钮，修剪结果如图12-190中的高亮线条所示。

图12-189 参数设置

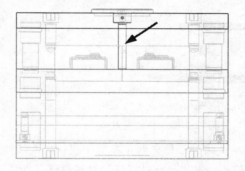

图12-190 选择方向

3.添加顶杆

① 按下Ctrl+B键，然后将所有的模架隐藏，只显示零件的模型，如图12-191所示。

② 选择两个零件中的一个，鼠标右键单击，将其转换为"工作部件"。

③ 单击工具栏中的"草图"按钮 🔲，弹出如图12-192所示的对话框。

④ 选择如图12-193所示的平面作为草绘的平面，单击对话框中的"确定"按钮。

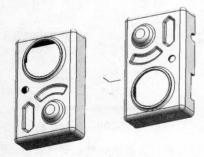

图12-191 零件模型

图12-192 "创建草图"对话框

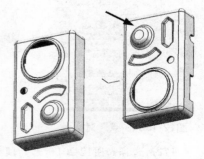

图12-193 草绘平面

⑤ 单击工具栏中的"点"按钮十，在对话框中进行如图12-194所示的参数设置。

⑥ 创建如图12-195所示的6个点，尺寸及位置要求不高，在大致位置即可。

⑦ 单击工具栏中的"完成草图"按钮，再单击工具栏中的"标准件"按钮，设置如图12-196所示的参数。

⑧ 在此尽量将"CATALOG_LENGTH"的长度设置得长一点，设置

图12-194 "点"对话框

图12-195 创建的点

数值为160，如图12-197所示。这样能够防止进行二次的修改，以简化操作。

图12-196 参数设置

图12-197 参数设置

⑨ 单击该对话框中的"应用"按钮，系统弹出如图12-198所示的"点"对话框，前面已经创建好这些点，因此此处对"点"对话框进行如图12-198所示的参数设置。

⑩ 依次选择刚刚创建的图12-195所示的4个点，创建的顶杆如图12-199所示。

⑪ 单击"标准件管理"对话框中的"取消"按钮，并单击工具栏中的"修边模具组件"按钮，弹出"修边模具组件"对话框，在其中进行如图12-200所示的参数设置。

图12-198 "点"对话框

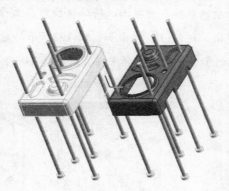

图12-199 顶杆

图12-200 参数设置

⑫ 选择如图12-201所示的顶杆，单击该对话框中的"应用"按钮。如果系统默认的修剪方向不符合要求的时候，可根据所需要的修剪后的结果、通过单击"反向"按钮来选择要保留的部分。

13 选中方向后，单击对话框中的"确定"按钮，最后的结果如图12-202所示。

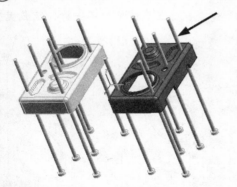

图12-201　顶杆的选择

图12-202　修剪结果

4. 创建滑块

（1）修剪实体

1 将产品的顶杆等隐藏，最后的结果如图12-203所示。

2 单击工具栏中的"分型"按钮，设置如图12-204所示的参数，这时图形区域显示的图形如图12-205所示。

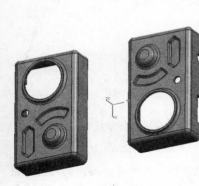

图12-203　结果图

图12-204　参数设置

图12-205　图形显示

3 单击对话框中的"关闭"按钮，并单击"建模"工具栏中的"求差"按钮，设置如图12-206所示的参数。

> **注意**
>
> 这里一定要选择"求差"工具栏中的"保持工具"复选框，否则在创建时将无法连接该零件，这一点一定要多加注意，尤其是初学者。

4 选择壳体作为目标体，选择如图12-207所示的刀具体，单击"应用"按钮，这时会发现已经将前面进行的实体补片修剪出来了，单击"取消"按钮。

图12-206　参数设置

（2）显示镶块

①选择"菜单"｜"仪表外壳_top_010.prt"命令，注意后缀可能不一样。隐藏模型，最后显示的结果如图12-208所示。

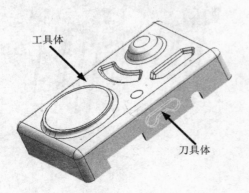

工具体

刀具体

图12-207　刀具体的选择

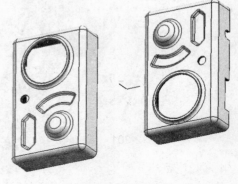

图12-208　显示零件

②单击"部件导航器"按钮，在模型树中选择图12-209中箭头所示的对象并单击右键，在弹出的快捷菜单中选择"显示"命令，显示后的实体结果如图12-210所示。

图12-209　部件导航器

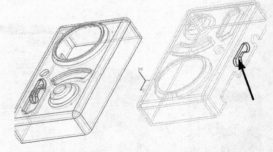

图12-210　显示结果

（3）创建坐标系

①单击工具栏中的"WCS方向"按钮，对弹出的"CSYS"对话框设置如图12-211所示的参数。

②选择图12-212中箭头所示的圆的中心。调整坐标系的方向，结果如图12-213所示。

图12-211　坐标系

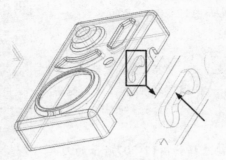

图12-212　坐标系设置

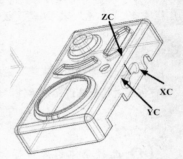

图12-213　坐标系调整

③单击对话框中的"应用"按钮，完成坐标系的设置。

（4）创建滑块

① 单击工具栏中的"滑块和浮生销"按钮 ，设置如图12-214所示的参数。

② 单击该对话框中的"应用"按钮，并单击该对话框中的"取消"按钮，创建的滑块如图12-215所示。

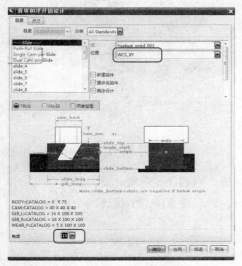

图12-214　参数设置　　　　　　　　图12-215　创建的滑块

（5）修改滑块

① 选择图12-216中箭头所指示的零件，右键单击鼠标，在弹出的快捷菜单中选择"设为工作部件"命令。

② 单击工具栏中的"WAVE几何链接器"按钮，弹出相应的对话框，设置如图12-217所示的参数。

③ 选择如图12-218所示的镶块，单击该对话框中的"确定"按钮，将镶块连接到滑块中。

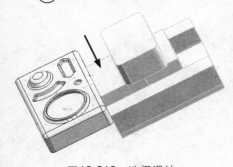

图12-216　选择滑块　　　　　图12-217　参数设置　　　　图12-218　镶块的选择

④ 单击工具栏中的"求和"按钮 ，选择如图12-219所示的目标体和工具体。

⑤ 单击对话框中的"确定"按钮，完成滑块头的创建。将所有的零部件全部显示，显示后的图形如图12-220所示。

当完成滑块创建之后，需要对滑块进行模具的修剪，这样创建完成的模架才是完整的、能够镶嵌滑块的，是我们所需要的模架。

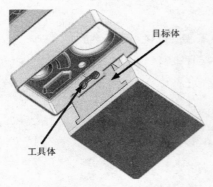

目标体

工具体

图12-219 选择目标体和工具体

图12-220 模型显示

12.7.7 浇注系统设计

浇注系统的设计操作其实很简单，但是要想真正设计出合理的浇注系统，就必须对模具的知识有深入的了解或是建立在一定的经验上。本节将从浇口设计以及分流道的设计两个方面讲解浇注系统。

1. 浇口设计

① 首先显示所有的零部件，然后隐藏导柱、模板等组件，结果如图12-221所示。

> **注意**
>
> 前面我们说过，此处的交口点也可以通过创建草图的方法创建点，这样就可以避免初学者在创建交口点时位置确定不明的问题。本例中就用草图的方式进行创建，这样方便后来交口的创建，也能拓宽模具创建方面的知识。

② 在图12-222中箭头所示的平面上创建草图。

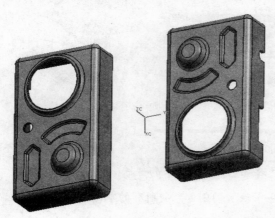

图12-221 隐藏后的模型

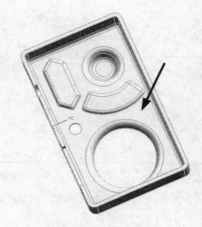

图12-222 平面的选择

③ 在草图上创建图12-223中箭头所示的点，设置如图12-224所示的参数。

图12-223 创建的点

图12-224 参数设置

4 单击"浇口设计"对话框中的"应用"按钮,选择刚刚创建的点,选择如图12-225所示的矢量方向,在"类型"下拉列表中选择"-ZC轴",单击"应用"按钮,创建出如图12-226所示的浇口。

5 单击对话框中的"重定位浇口"按钮,弹出如图12-227所示的对话框,单击该对话框中的"从点到点"按钮,单击"点"对话框中的"圆弧中心"按钮,如图12-228所示。

6 选择如图12-229和图12-230所示的圆弧,单击"确定"按钮,完成浇口的重定位。

图12-225 矢量方向

图12-226 浇口

图12-227 "重定位"对话框

图12-228 "点"类型

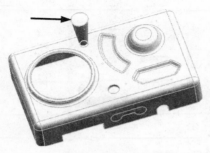

图12-229 圆弧中心的选择

图12-230 圆弧中心的选择

7 此时浇口的位置变为如图12-231所示。使用同样的方法创建另一个浇口,结果如图12-232所示。

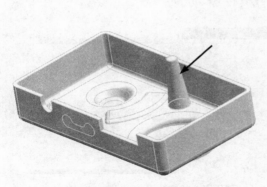

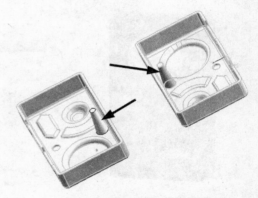

图12-231 变换后的浇口　　　　　　　　　　　图12-232 最终的浇口模型

⑧ 上面创建的浇口会埋在塑件的下面，下面再创建两个浇口，将刚才创建的浇口与分流道连接在一起。单击工具栏中的"浇口库"按钮，设置如图12-233所示的参数，在工具栏中选择"象限点"选项，如图12-234所示。

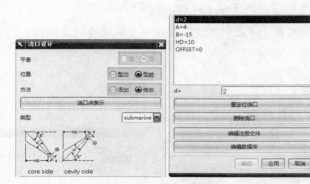

图12-233 设置参数　　　　　　　　　　　　图12-234 选择"象限点"选项

⑨ 单击对话框中的"应用"按钮，选择如图12-235所示的点，选择图12-236所示的矢量方向，创建出的浇口如图12-237所示。

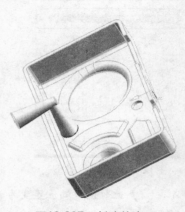

图12-235 选择点　　　　　　　图12-236 浇口　　　　　　　图12-237 创建的浇口

⑩ 采用同样的方法创建另一侧的浇口，一定要注意浇口点及旋转方向的选择确定，如果选择的点或旋转方向不合乎要求，可以直接单击"重定位浇口"选项，创建的最终结果如图12-238所示。

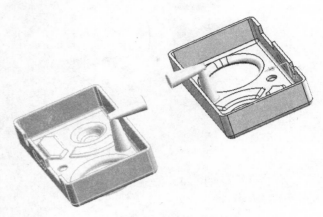

图12-238 浇口结果图

2. 分流道设计

① 单击工具栏中的"流道"按钮 ，弹出如图12-239所示的对话框，单击对话框中的"引导线"按钮，进入草绘环境，单击工具栏中的"直线"按钮，选择如图12-240所示的圆弧，然后再选择与之呈轴对称位置处的圆弧，此时在这两个圆弧的中心创建一条直线，如图12-241所示。

② 设置"截面类型"为"圆形"。双击对话框中"参数"下的直径D按钮，按图12-242所示的方法设置参数，输入数值为14，按回车键确认，单击对话框中的"确定"按钮，创建的流道如图12-243所示。显示所有的模型，如图12-244所示。

图12-239 "流道"对话框

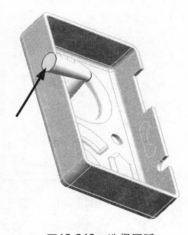

图12-240 选择圆弧

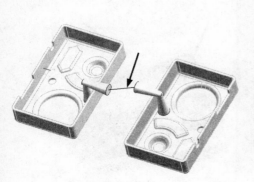

图12-241 直线

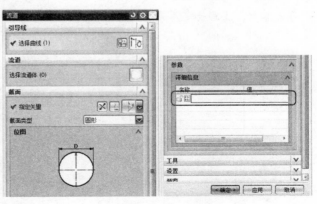

图12-242 设置参数

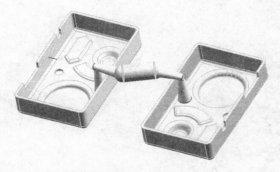

图12-243　流道

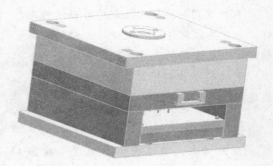

图12-244　模型显示

12.7.8　模板修剪

本例中模板的修剪可分为两部分进行修剪，一是毛坯模板的修剪，这时所有的模具都需要进行修剪，还有就是有滑块部分的修剪，下面就以这两部分进行修剪。

1. 修剪毛坯模板

① 打开"装配导航器"，进行如图12-245所示的设置。在"装配导航器"中将定模板部分隐藏，这样在图形区中仅显示动模板，如图12-246所示。

图12-245　隐藏定模板

图12-246　模板显示

② 在"注塑模向导"工具栏中单击"腔体"按钮 ⬚，对弹出的对话框进行如图12-247所示的设置，并选择如图12-248所示的工具体和目标体。其中，目标体包括毛坯的型芯、型腔以及产品体本身，注意一定不要少选。

图12-247　参数设置

图12-248　参数选择

③ 单击对话框中的"应用"按钮,创建好的型腔区域如图12-249所示。

④ 按照相同的步骤创建出定模上的型腔空腔,如图12-250所示。显示所有的部件。

图12-249 动模的型腔区域

图12-250 定模的型腔区域

2. 修剪滑块模板

① 调出"装配导航器",将动模板隐藏,如图12-251所示。单击工具栏中的"腔体"按钮 ⚙,弹出"腔体"对话框,对弹出的"腔体"对话框进行如图12-252所示的参数设置。

图12-251 装配导航器

图12-252 参数设置

② 选择图12-253中所指示的目标选择体,单击"查找相交"按钮,单击"应用"按钮,创建完成的模板如图12-254所示。

图12-253 目标选择体

图12-254 模板显示

③ 将定模板隐藏，将动模板显示出来，如图12-255所示。

④ 再应用腔体命令对图12-256中箭头所示的模板进行步骤1~3同样的操作，得到图12-257所示的修剪后的模板。

⑤ 这时完成了凸模和凹模的修剪，显示如图12-258所示的全部模具，单击工具栏中的"保存"按钮，保存所有的文件。

图12-255　模板显示

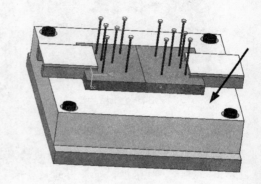

图12-256　模板选择

图12-257　模板修剪结果

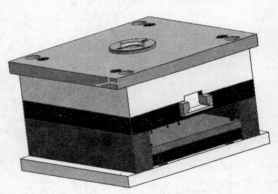

图12-258　模具显示

数控加工

UG NX 8.0是一种面向先进制造行业、紧密集成的CAID/CAD/CAE/CAM软件系统，提供了产品设计、分析、仿真、数控程序生成等一整套解决方案。该软件采用主模型结构，即UG NX的各个模块（例如工程图、产品装配和加工等）引用共同的部件模型，开发过程中对主模型的任何修改，相关模块将自动更新数据。采用主模型结构确保了UG NX CAM模块直接根据最新的CAD数据进行加工规划，从而获得准确、有效的NC程序。

13.1 数控加工基础知识

数控技术起源于航空工业的需要，20世纪40年代后期，美国一家直升机公司提出了数控机床的初始设想。1952年美国麻省理工学院研制出三坐标数控铣床。50年代中期这种数控铣床已用于加工飞机零件。60年代，数控系统和程序编制工作日益成熟和完善，数控机床已被用于各个工业部门，但航空航天工业始终是数控机床的最大用户。一些大的航空工厂配有数百台数控机床，其中以切削机床为主。数控加工的零件有飞机和火箭的整体壁板、大梁、蒙皮、隔框、螺旋桨，航空发动机的机匣、轴、盘、叶片的模具型腔以及液体火箭发动机燃烧室的特型腔面等。数控机床发展的初期是以连续轨迹的数控机床为主，连续轨迹控制又称轮廓控制，要求刀具相对于零件按规定轨迹运动，以后又大力发展点位控制数控机床。点位控制是指刀具从某一点向另一点移动，只要最后能够准确地到达目标而不管移动路线如何。

UG CAM是UGS的一套集成化的数字化制造和数控加工应用解决方案。UG CAM是把虚拟模型变成真实产品很重要的一步，即把三维模型表面所包含的几何信息自动进行计算，编程数控机床加工所需要的代码，从而精确地完成产品设计的构想。

1. 初始化加工环境

UG加工环境是指系统弹出UG加工模块后进行编程操作的软件环境，在该环境中可以实现平面铣、型腔铣、固定轴曲面轮廓铣、多轴铣等不同的加工类型，并且提供了创建数控加工工艺、创建数控加工程序和车间工艺文件的完整过程和工具，可以自动创建数控程序、检查、仿真等。

在实际设计加工过程中，对于每个编程员面对的加工对象可能比较固定，不一定用到UG CAM的所有功能，比如一个三轴铣加工编程员，在日常编程中可能不会涉及数控车和电火花线切割编程，那么编程功能就可以屏蔽。UG提供了这样的功能，即可以定制和选择UG的编程环境，只将自己工作中用到的功能调用出来，这就需要首先掌握进入该模块的方法，尽快熟悉编程界面和加工环境。

启动UG NX 8.0，进入到UG基本环境中，然后从浏览的文件夹中导入要进行CAM加工的模型。在基本环境界面的"标准"工具栏中依次选择"起点"｜"加工"命令，如图13-1所示，即可进入到UG CAM加工环境中，如图13-2所示。

图13-1 "加工"命令　　　　图13-2　加工环境下的布局

当加工模型没有配置CAM环境（或者初次进入加工环境），程序会弹出"加工环境"对话框，如图13-3所示。

在"加工环境"对话框的"CAM会话配置"选项组中为用户提供了多种加工类型，这些加工类型确定了车间资料、后处理、CLS文件的输出格式，确定所用库的文件，包括刀具、机床、切削方法、加工材料、刀具材料、进给率和转速等文件库。

在"要创建的CAM设置"选项组中，确定当用户选择"加工类型"后何种操作类型可用，也确定生成的程序、刀具、几何、加工方法的类型。

表13-1列出了各加工类型所包含的设置和可创建的内容。

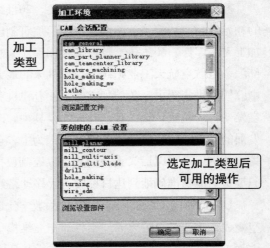

图13-3 "加工环境"对话框

表13-1　CAM加工环境配置内容

设置	初始设置的内容	可以创建的内容
mill_planar	包括MCS、工件、程序，以及用于钻、粗铣、半精铣加工和精铣的方法	进行钻、平面铣的操作、刀具和组
mill_contour	包括MCS、工件、程序，以及用于钻、粗铣、半精铣加工和精铣的方法	进行钻、平面铣和固定轴轮廓铣的操作、刀具和组

（续表）

设置	初始设置的内容	可以创建的内容
mill_multi-axis	包括MCS、工件、程序，以及用于钻、粗铣、半精铣加工和精铣的方法	进行钻、平面铣、固定轴轮廓铣和可变轴轮廓铣的操作、刀具和组
drill	包括MCS、工件、程序，以及用于钻、粗铣、半精铣加工和精铣的方法	进行钻的操作、刀具和组
machining_knowledge	包括一个可使用基于特征的加工创建的操作子类型、操作子类型的默认程序父项以及默认加工方法的列表	进行钻孔、锪孔、铰、埋头孔加工、沉头孔加工、镗孔、型腔铣、面铣削和攻丝的操作、刀具和组
hole_making	包括MCS、工件、若干进行钻孔操作的程序，以及用于钻孔的方法	钻的操作、刀具和组，包括优化的程序组，以及特征切削方法几何体组
turning	包括MCS、工件、程序	进行车的操作、刀具和组
wire_edm	包括MCS、工件、程序和线切割方法	用于进行线切割的操作、刀具和组，包括用于内部和外部修剪序列的几何体组
die_sequences	包括mill_contour中的所有内容，以及常用于进行冲模加工的若干刀具和方法。工艺助理将引导用户完成创建设置的若干步骤。这可确保系统将所需的选择存储在正确的组中	几何体按照冲模加工的特定加工序列进行分组。工艺助理每次都将引导用户完成创建序列的若干步骤。这可确保系统将所需的选择存储在正确的组中
mold_sequences	包括mill_contour中的所有内容，以及常用于进行冲模加工的若干刀具和方法。工艺助理将引导用户完成创建设置的若干步骤。这可确保系统将所需的选择存储在正确的组中	几何体按照模具加工的特定加工序列进行分组。工艺助理每次都将引导用户完成创建序列的若干步骤。这可确保系统将所需的选择存储在正确的组中
probing	包括MCS、工件、程序和铣削方法	使用此设置来创建探测和一般运动操作、实体工具和探测工具

提示·

用户所选择的CAM会话配置和设置将保存在"角色"资源板中。

其中最常用的加工方式介绍如下。

（1）平面铣削（Mill-Planar）

平面铣用于平面轮廓或平面区域的精、粗加工，刀具平行于工件底面进行多层铣削。每个切削层均与刀轴垂直，各加工部位的侧壁与底面垂直。平面铣的特点是：刀轴固定，底面是平面，各侧壁垂直于底面，加工效果如图13-4所示。

平面铣提供加工2~2.5轴零件的所有功能，设计更改通过相关性而自动处理。该模块包括多次走刀轮廓铣、仿型内腔铣和Z字型走刀铣削，用户可规定避开夹具和进行内部移动的安全余量。此外，还提供了型腔分层切削功能和凹腔底面小岛加工功能，以及提供一些操纵机床辅助运动的指令，如冷却、刀具补偿和夹紧等。

提示•

UG提供了强大的默认加工环境，也允许用户自定义加工环境。用户在创建加工操作的过程中，可继承加工环境中已定义的参数，不必在每次创建新的操作时重新定义，从而避免了重复劳动，提高了操作效率。

（2）型腔铣削（Cavity-Mill）

型腔铣根据型腔的形状，将要切除的部位在深度方向上分成多个切削层进行切削。每个切削层可指定不同的切削深度，切削时刀轴与切削平面垂直。型腔铣可用边界、平面、曲线和实体定义要切除的材料。型腔铣的特点是：卫轴固定，底面可以是曲面，侧壁可以不垂直于底面，加工效果如图13-5所示。

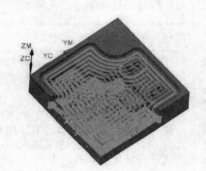

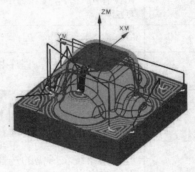

图13-4 平面铣削　　　　　　　　　图13-5 型腔铣削

型腔铣模块对加工汽车和消费品工业中普遍使用的注塑模具和冲压模特别有用，它提供粗加工单个或多个型腔、沿任意类似型芯的形状进行粗加工大余量去除的全部功能。其最突出的功能是对非常复杂的形状产生刀具运动轨迹，确定走刀方式。通过容差型腔铣削可加工设计精度低、曲面之间有间隙和重叠的形状，而构成型腔的曲线可达数百个。当该模块发现型面异常时，它可以自行更正，或者在用户规定的公差范围内加工出型腔。

（3）固定轴曲面轮廓铣削（Fix-Contour）

固定轴曲面轮廓铣简称固定轴铣，它将空间驱动几何体投射到零件表面上，驱动刀具以固定轴形式加工曲面轮廓。该铣削方式主要用于曲面的半精加工和精加工，也可以进行多层铣削。固定轴铣的特点是：刀轴固定，具有多种切削形式和进刀退刀控制，可投射空间点、曲线、曲面和边界等驱动几何体进行加工，可作边界切削、区域切削及清根切削，加工效果如图13-6所示。

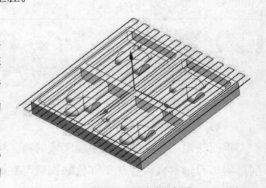

图13-6 固定轴铣削

该模块提供完全和综合的功能，用于产生三轴联动加工刀具路径，基本上能够造型出来的任何曲面和实体它都能加工。它具有强大的加工区域选择功能，有多种驱动方法和走刀方式可供选择，如沿边界切削、放射状切削、螺旋切削及用户定义方式切削。此外，它还提供逆铣、顺序铣控制以及螺旋进刀方式，还可以很容易地识别前道工序未能切除的加工区域和陡峭区域，以便用户进一步清理这些地方。

（4）点位加工（Drill）

点位加工在多数情况下都指钻孔加工，包括钻孔、镗孔、沉孔、扩孔、电焊和铆接等。该加工类型的特点是：用点作为驱动几何，可根据需要选择不同的固定循环，加工效果如图13-7所示。

创建一个点位的加工操作，其刀具路径的运动由三部分组成，首先刀具快速定位在指定的加工位置上，然后切入零件，完成切削后再退回。点位加工的刀具路径如图13-7所示。点位加工可产生钻、扩、镗、铰和攻螺纹等操作的刀具路径，也可用于点焊和铆接等。

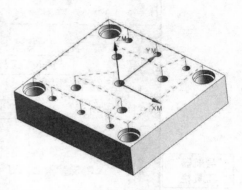

图13-7 点位加工

提示·

除了上述在当前环境中进入加工环境的方法以外，还可以直接使用Ctrl+Alt+M键，同样能够打开"加工环境"对话框，并在该对话框中选择加工类型进入相应的操作环境，或者新建加工文件，同样可进入相应的加工环境。

2. 加工环境的其他操作

进入UG NX 8.0操作环境后，除了在当前环境选择加工模板类型和单位，以及设置新加工文件的名称和保存路径进入加工外，还可通过指定加工所引用的部件，然后新建加工文件，同样可进行各种铣削加工和点位加工设计。

启动UG NX 8.0后，单击"新建"按钮，将打开"新建"对话框，此时展开"加工"选项卡，"模板"列表框中将显示常用加工模板，可在该列表框中选择加工类型，并在"单位"下拉列表中选择文件单位，然后可按照如图13-8所示的步骤设置，最后单击"确定"按钮，即可进入该模板对应的操作环境。

无论是新建加工文件还是切换至加工模块，系统都将进入数控编程操作环境。如果想灵活使用该模块进行数控编程，这就要首先熟悉该操作界面，如图13-9所示。

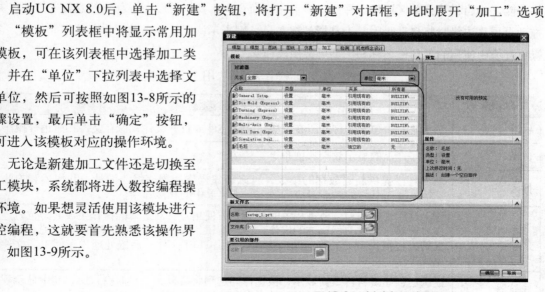

图13-8 新建加工文件

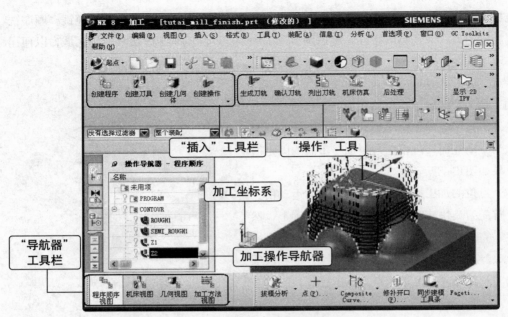

图13-9　UG CAM 设计界面

　　UG NX CAM工作界面与其他操作界面一样，都可以根据需要进行定制，即按照个人喜好和操作习惯进行设定，例如工具栏的内容和位置，并且打开的对话框可在屏幕的任意位置移动。

　　（1）菜单栏

　　主菜单中包含了UG NX 8.0软件所有主要的功能，它是一种下拉式菜单，单击主菜单栏中的任何一项功能时，系统将会弹出下拉菜单。

　　（2）工具栏

　　工具栏以简单直观的按钮来表示每个工具的作用。单击相应按钮，即可启动相对应的UG软件功能，相当于从菜单区逐级选择到的最后一级命令。工具栏可以在屏幕上任意位置放置，并且拖动至屏幕边缘时将自动吸附。工具栏按钮灰显，则表示该工具在当前工作环境不能使用。在该操作环境中使用的工具栏名称和类型可参照表13-2。

表13-2　"加工"操作环境常用工具栏类型

工具栏名称	工具类型
标准	该工具栏中包含了打开所有模块、新建文件或打开文件、保存文件和撤销等操作
试图	包含了产品的显示效果和视角等工具按钮
插入	该工具栏提供新建数据的模板，可以新建操作、程序组、刀具、几何体和方法。"插入"工具栏的功能对应"插入"主菜单中的相应命令
操作	该工具栏提供与刀位轨迹相关的功能，方便用户针对选取的操作生成其刀位轨迹，或者针对已生成刀位轨迹的操作，进行编辑、删除、重新显示或切削模拟。此外该工具栏也提供对刀具路径的操作，如输出CLSF文件、后置处理或车间工艺文件的生成等
导航器	提供已创建资料再重新显示，被选择的选项将会显示于导航窗口中，其中显示视图的类型有程序组视图、加工刀具视图和几何体视图等

（3）加工操作导航器

在UG NX 8.0的CAM环境中，学习CAM数控编程的操作，就要从了解CAM环境的基本功能开始，这些基本功能包括操作导航器、创建对象及程序操作等。

操作导航器是一个树形图形用户界面，说明组与操作之间的关系，用来管理当前加工模型的操作及刀具路径。操作导航器具有强大的编辑功能，通过操作导航器，用户几乎可以完成90%以上的工作，例如可以执行以下操作。

- 在部件的设置内或在不同部件的设置之间剪切或复制并粘贴操作。
- 在部件的设置内拖放组操作。
- 在一个组位置（如工件几何体组）指定公共参数。参数在组内向下传递（继承）。
- 打开特定参数继承。
- 在图形窗口中显示操作的刀轨和几何体，以快速查看定义的内容和加工的区域。
- 显示铣削或车削操作的"处理中的工件"（IPW）。

13.2 创建父节点组

创建父节点组是执行数控编程的第一环节，也是非常关键的一个环节，这是因为在该操作环节中需要定义父节点组包含程序、刀具、方法和几何体这4部分数据内容。凡是在父节点组中指定的信息都可以被操作所继承，因此这些参数决定加工点、范围和成败。

1. 创建程序

程序组主要用来管理各加工操作和排列各操作的次序，在操作很多的情况下，用程序组来管理程序会比较方便。如果要对某个零件的所有操作进行后处理，可以直接选择这些操作所在的父节点组，系统就会按照操作在程序组中的排列顺序进行后处理。

单击"导航器"工具栏中的"程序顺序视图"按钮，可将当前操作导航器切换至程序视图。然后单击"插入"工具栏中的"创建程序"按钮，打开"创建程序"对话框，此时按照如图13-10所示的步骤创建程序父节点，新创建的节点将位于导航器中。

在指定新创建的程序名称时，不能使用数字表示，只能使用字母表示，并且字母之间不能有空格。如果在创建时未指定父节点组，可以使用鼠标拖动其至某个想继承其参数的父节点组下面，来继承父节点组的所有参数。当然，若零件包括操作较少时，可以不创建程序组，而直接使用系统初始化默认的程序组。

2. 创建加工坐标系

加工坐标系用于指定加工几何在数控机床的加工工位，即加工坐标系MCS，采用右手直角笛卡尔坐标系，该坐标系的原点称为对刀点，大拇指的方向为x轴的正方向，食指为y轴的正方向，中指为z轴的正方向，如图13-11所示。

定义加工坐标系其作用是定义加工几何体在数控机床上的加工方位。它的原点就是对刀点，创建的刀具路径以其为基准，它的3个坐标轴分别为XM、YM、ZM。在系统初始化进入加工环境时，加工坐标默认在绝对坐标系上。

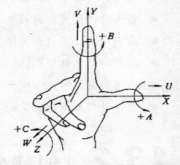

图13-10　创建程序父节点组　　　　　　　　图13-11　右手直角笛卡尔坐标系

在资源栏中单击 ⏹ 按钮，这样可将导航器切换到"操作导航器"窗口，然后单击"导航器"工具栏中的"几何视图"按钮 🔲，导航器中将显示坐标系按钮，然后双击"机床坐标系"标签 🔲，并在打开的Mill Orient对话框中定义安全间隙和指定坐标系。

（1）安全设置

可在"安全设置选项"下拉列表中选择"自动"选项，可按系统内定的尺寸进行安全操作。该项为默认选项，内定安全平面距离为10mm；选择"使用继承的"选项，将按内定的设定安全操作；选择"平面"选项，用户自己定义一个安全平面操作，偏置高度可自己定义，如图13-12所示，选取面为参照面，输入偏置距离来定义安全平面。

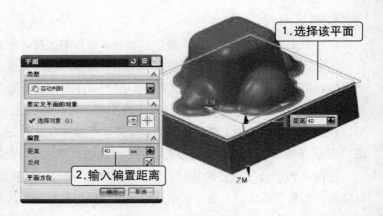

图13-12　定义安全平面

（2）定义加工坐标系

单击"CSYS对话框"按钮，在打开"CSYS"对话框后，绘图区中的加工坐标系也将动态显示，可直接拖动坐标系控制点进行定义，也可以选择其中一种坐标系构造方法来建立新的加工坐标系，如图13-13所示。

在确定加工坐标系后，工件原点位置是由操作者自己设定的，它在工件装夹完毕后，通过分中与对刀确定，如图13-14所示。它反映的是工件与机床原点之间的距离便置关系，加工坐标系一旦固定，一般不作改变。

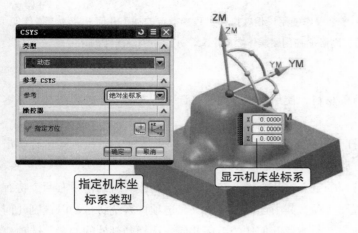

图13-13　选择或设置坐标

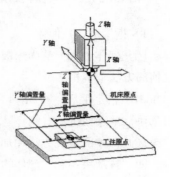

图13-14　工件原点与机床原点

在定义机床坐标系时，可以建立多个加工坐标系对同一零件进行多方位的加工，但是为了减少出错的几率，一般只用一个加工坐标系。

> **提示**
>
> 　　坐标系是加工的基准，将坐标系定位于适合机床操作人员确定的位置，同时保持坐标系的统一。机床坐标一般在工件顶面的中心位置，所以创建机床坐标时，最好先设置好当前坐标，然后在CSYS对话框中选择"参考CSYS"选项组中的"WCS"选项。

3. 创建几何体

部件几何体是加工后所保留的材料，也就是产品的CAD模型，其中在平面铣和型腔铣中，部件几何表示零件加工后得到的形状；在固定轴铣和变轴铣中，部件几何表示零件上要加工的轮廓表面，部件几何和边界共同定义切削区域，可以选择实体、片体、面、表面区域等作为部件几何体。

单击"铣削几何体"对话框中的"指定部件"按钮，然后在打开的"部件几何体"对话框中指定部件几何体，如图13-15所示。

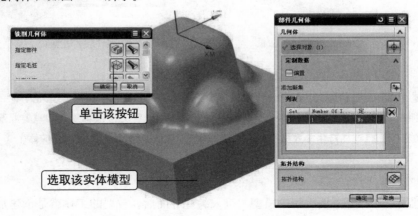

图13-15　"铣削几何体"对话框

　　（1）指定毛坯几何体

　　毛坯几何体为加工前尚未被切除的材料，使用实体方式进行选取。定义毛坯的方法与定义零件几何的方法基本相同。

　　单击"指定毛坯"按钮，在打开的"毛坯几何体"对话框中可指定毛坯几何体。若单击"自动块"单选按钮，右侧将显示自动块箭头，如图13-16所示。

　　毛坯几何体的定义方法和加工几何的定义方法一样，在"毛坯几何体"对话框中有两个特有选项，即"自动块"和"部件的偏置"选项。其中选择"自动块"选项，系统将自动以铣削几何在加工坐标系（MCS）中的极值来确定一个方块几何作为毛坯几何；选择"部件的偏置"选项，用于加工一些铸件，其特征是以铣削几何所有平面的均匀余量为毛坯几何。

　　（2）检查几何体

　　检查几何用于定义在加工过程中刀具要避开的几何对象，可以定义为检查几何的对象有零件侧壁、凸台、装夹零件的夹具等。它的定义方法也与定义零件几何相同。定义在加工过程中要避开的几何对象，防止过切零件。

　　单击"指定检查"按钮，将打开"检查几何体"对话框，可指定几何的对象为检查几何体，如图13-17所示，该对话框中各个选项的使用方法同定义的铣削几何相同，这里不再赘述。

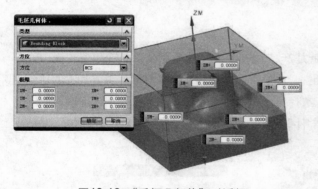
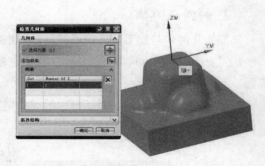

图13-16　"毛坯几何体"对话框　　　　　　图13-17　"检查几何体"对话框

4. 创建刀具

　　在加工过程中，打开需要编程的模型并进入编程界面后，首要的工作就是创建加工过程所需的全部刀具。刀具是从毛坯上切除材料的工具，因此在创建操作之前必须创建刀具或从刀具库中选取刀具，否则将无法进行后续的编程加工操作。

（1）数控加工中常用刀具的类型

数控加工刀具必须适应数控机床高速、高效和自动化程度高的特点，一般应包括通用刀具、通用连接刀柄及少量专用刀柄，刀柄要连接刀具并装在机床动力头上，因此已逐渐标准系列化，数控刀具的分类有如下几种方法。

① 按刀具结构分类

可分为整体式、镶嵌式、采用链接或机夹式连接。中机夹式又可分为不转位和可转位两种。此外还有特殊形式，如复合式刀具、减振式刀具等。

② 按制造刀具所用的材料分类

可分为高速钢刀具、硬质合金刀具、金刚石刀以及其他材料刀具，如立方氮化硼刀具、陶瓷刀具等。

③ 按切削工艺分类

可分为车削刀具（分外圆、内孔、螺纹、切割刀具等多种）、钻削刀具（包括钻头、铰刀、丝锥、镗削等）和铣削刀具等。

④ 按刀具形状分类

数控铣刀从形状上主要分为平底刀（端铣刀）、圆鼻刀和球刀，如图13-18所示。其中平底刀主要用于粗加工、平面精加工、外形精加工和清角加工，其缺点是刀尖容易磨损，影响加工精度；圆鼻刀主要用于模胚的粗加工、材料平面精加工和侧面精加工，特别适用于材料硬度高的模具开粗加工；球刀主要用于非平面的半精加工和精加工。

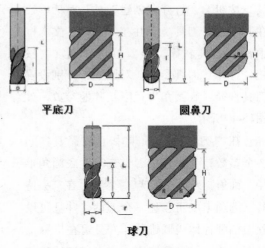

平底刀　　　圆鼻刀

球刀

图13-18　按刀具形状分类

（2）数控加工中常用刀具的特点

为了适应数控机床对刀具耐用、稳定、易调、可换等要求，近几年机夹式可转位刀具得到了广泛的应用，在数量上达到了整个数控刀具总量的30%~40%，金属切除量占总数的80%~90%，数控刀具与普通机床上所用的刀具相比，有许多不同的要求，主要有以下特点。

● 刚性好（尤其是粗加工刀具）、精度高、抗振及热变形小。
● 互换性好，便于快速换刀。
● 寿命高，切削性能稳定、可靠。
● 刀具的尺寸便于调整，以减少换刀调整时间。
● 刀具应能可靠地断屑或卷屑，以利于切屑的排出。
● 系列化、标准化，以利于编程和刀具管理。

（3）数控加工刀具的选择原则

刀具的选择直接影响着模具零件的加工质量、加工效率和加工成本，因此根据不同结构形状正确选择刀具有着十分重要的意义。例如在模具铣削加工中，常用的刀具有平底立铣刀、圆角立铣刀、球头刀和锥度铣刀等。

在经济型数控机床的加工过程中，由于刀具的刃磨、测量和更换多为人工手动进行，占用辅助时间较长，因此，必须合理安排刀具的排列顺序，一般应遵循以下原则。

● 尽量减少刀具数量。

● 一把刀具装夹后，应完成其所能进行的所有加工步骤。

● 粗精加工的刀具应分开使用，即使是相同尺寸规格的刀具。

● 先铣后钻。

● 先进行曲面精加工，后进行二维轮廓精加工。

● 在可能的情况下，应尽可能利用数控机床的自动换刀功能，以便提高生产效率。

（4）在UG NX CAM中创建刀具

刀具是从毛坯上切除材料的工具以在其他操作中应用，刀具的创建可以在创建操作之前，也可以在创建操作时进行，前者可以在其他操作中应用，后者只能在本操作中应用。用户可以根据需要创建不同尺寸类型的刀具，也可以在刀库里选择已有的刀具。

在"插入"工具栏中单击"创建刀具"按钮，打开"创建刀具"对话框，在其中选择刀具类型并在"名称"文本框中输入刀具名称。接着单击"确定"按钮，打开"刀具参数"对话框，分别设置刀具直径、底圆角半径以及其他参数，如图13-19所示。

在"刀具"选项卡中可设置刀具的各个参数，其中包括刀具直径、底圆角半径、锥角、刃数、长度L等参数；在"夹持器"选项卡中可创建一个刀柄，并且可设置刀柄圆柱体或圆锥体，并且可在屏幕上以图形的方式显示出来，定义刀柄的目的是在刀具运动过程中检查刀柄是否与零件或夹具碰撞。

图13-19 "创建刀具"对话框

在定义刀具参数时，只需要设置刀具直径和底圆角半径即可，并且在输入刀具名称时，只要输入小写字母，系统会将字母转为大写状态。例如直径为30，圆角半径为5的飞刀，其名称定义为d20r5；直径为40的平底刀，其名称定义为d40。

5. 定义加工余量

零件加工时，为了保证其加工精度，需要进行粗加工、半精加工和精加工等多个步骤。创建加工方法其实就是给这几个步骤指定统一的公差、余量和进给量等。在操作导航器中切换到加工方法视图，如图13-20所示，可以看到系统默认给出的4种加工方法：粗加工（MILL_ROUGH）、半精加工（MILL SEMI_FINISH）、精加工（MILL_FINISH）和钻孔（DRILL_METHOD）。用户可以使用这些默认的加工方法，也可以自己创建加工方法。

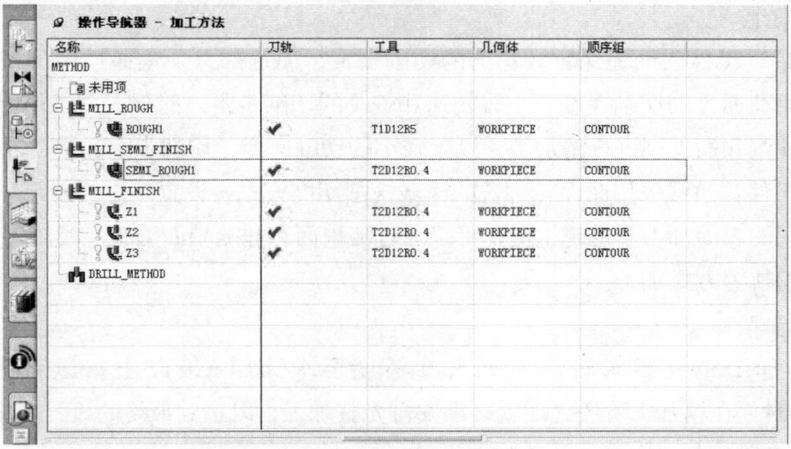

图13-20 加工方法视图

在执行数控编程加工过程中，当零件的加工质量要求较高时，为了合理使用设备，及时发现毛坯的缺陷，保证零件的加工质量，应把整个数控加工过程划分为几个阶段，并且对各个加工阶段指定相应的部件余量。

（1）划分加工阶段

模具部件形状复杂，加工要求也多种多样，复杂工件的加工可能涉及平面铣削、型腔铣削、曲面轮廓铣和钻孔加工等多种操作。要把握好这些操作，往往需要在实际加工中多体会和总结，从中找到一定的经验和方法。工件无论多么复杂，使用了多少刀具和操作，都要经过粗加工、半精加工到精加工的过程，而且各有各的特点。

在定义加工阶段时，通常划分为粗加工、半精加工和精加工3个阶段。如果零件的精度要求很高，还需要安排专门的光整加工阶段。必要时，如果毛坯表面比较粗糙，余量也较大，还需要安排先进行初始基准加工或其他加工方式。

① 粗加工阶段

粗加工应选用直径尽量大的刀具除工件材料，设定尽可能高的加工速度，粗加工的目标是尽可能去除材料，并加工至与模具部件相似。但必须综合考虑刀具性能、工件材料、机床负载和损耗等，从而决定合理的切削深度、进给速度、切削速度和刀具转速等参数。

一般来说，粗加工的刀具直径、切削深度和步进的值较大，而受机床负载能力的限制，切削速度和刀具转速较小。UG粗加工大多情况下使用型腔铣削，选择"跟随工件"或"跟随周边"的切削方式，也可以使用面铣削和平面铣削进行局部的粗加工。

② 半精加工阶段

半精加工是在精加工之前进行的准备工作，目的是保证在精加工之前，工件上所有需要精加工区域的余量基本均匀。如果在粗加工之后，工件表面的余量比较均匀，则不必进行半精加工。半精加工阶段一般安排在热处理之前进行，在这个阶段，可以将不影响零件使用性能和设计精度的零件次要表面加工完毕。

在实际工作中，复杂工件往往是多种情况并存，此时可先采用型腔铣削的残留毛坯进行半精加工，然后用型腔铣削参考刀具加工，最后根据具体情况，使用等高轮廓铣或曲面轮廓铣进行加工。

③ 精加工阶段

半精加工后，工件表面还保留较均匀的切削余量，而这部分余量通过精加工方式加工。通常，曲面都使用曲面大的切削速度、主轴转速和较小的切削步距。而平面型工件则不同，粗加工之后使用平面铣削和面铣削进行精加工，设置较小的切削速度、切削步距和较高的主轴转速。

对于曲面工件，通常采用曲面轮廓铣的区域铣削切削方式，设置一定的步距和加工角度进行加工，但越陡峭的表面加工质量越粗糙，可以通过陡峭面和非陡峭面刀轨、螺旋刀轨、3D等距刀轨和优化等高刀轨等方式加工。

④ 光整加工阶段

当零件的加工精度要求较高，如尺寸精度要求为IT6级以上，以及表面粗糙度要 (Ra≤0.2μm)时，在精加工阶段之后就必须安排光整加工，以达到最终的设计要求。

（2）定义各阶段加工余量、公差和进给率

在执行数控编程过程中，为了保证加工的精度，可将整个加工阶段依次进行。通常情况下系统默认将加工阶段分为粗、半精和精加工，可分别定义各阶段的加工公差、加工余量、进给量等参数。

在加工方法导航器中双击对应的加工方法按钮 🐛，将打开"铣削方法"对话框，此时可分别设置部件余量、内公差和外公差，如图13-21所示。

图13-21 定义加工公差和余量

① 余量

设置部件余量为当前所创建的加工方法指定加工余量，即零件加工后剩余的材料。这些材料在后续加工操作中被切除。余量的大小应根据加工精度要求来确定，一般粗加工余量大，半精加工余量小，精加工余量为0，余量参数还可以单击"继承"按钮 🔲，沿用其他数值，引用之后，余量参数与原引用处数值保持相关性，并且引用该加工方法的所有操作都有相同的余量。

② 公差

内外公差指定了在加工过程中刀具偏离零件表面的最大距离，其值越小则表示加工精度越高，其中内公差限制刀具在加工过程中越过零件表面的最大过切量；外公差显示刀具在加工过程中没有切至零件表面的最大间隙量。

③ 刀轨设置

在该选项组中可设置进给量和切削方式，其中单击"切削方法"按钮 ，可在打开的对话框中选择加工方式作为当前加工方法的切削方式；单击"进给"按钮 ，即可在打开的对话框中设置切削深度、进刀和退刀等参数，如图13-22所示。此外还可以根据需要定义对象颜色和显示方式，其方式与前两种工具定义方法完全相同，这里不再赘述。

注意

在加工模具时，其中粗加工余量多设为0.5，但如果是加工铜公余量则不能这样设置，因为铜公最后的结果将保留负余量。然后分别设置半精加工、精加工的余量和公差，其中模具加工要求越高时，其对应的公差值将越小。

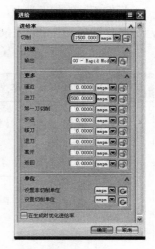

图13-22 刀轨设置

13.3 创建操作

创建操作包含了所有产生刀具路径的信息，如几何体、所用刀具、加工余量、进给量和切削深度等。创建一个操作相当于产生一个工步。前面创建程序、创建刀具、创建几何体和创建加工方法最终都是为了操作服务。

1.定义加工方式

创建操作的第一个步骤是指定操作子类型，即首先指定加工的类型，其中包括铣削、车削和钻削等类型，选择不同的类型对应的子类型将随之更新，然后选择加工子类型和其他参数类型。

在"插入"工具栏中单击"创建操作"按钮，打开"创建操作"对话框，如图13-23所示，首先在该对话框中选择主要加工类型。

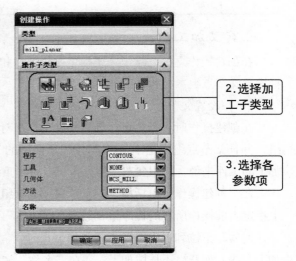

图13-23 "创建操作"对话框

指定不同的加工类型，对应的子加工类型将自动更新，然后选择程序名称、刀具、几何体和方法。以数控加工常用的铣削加工类型为例，表13-3所示，分别对常用铣削操作子类型作辅助说明。

表13-3　常用的操作子类型及说明

序号	操作子类型	加工范畴	图解
1	平面铣加工（face_milling）👆	适用于平面区域的精加工，使用的刀具多为平底刀	
2	表面铣加工（planar_mill）👆	适用于加工阶梯平面区域，使用的刀具多为平底刀	
3	型腔铣加工（caxity_mill）👆	适用于毛坯的开粗和二次开粗加工，使用的刀具多为飞刀（圆鼻刀）	
4	等高轮廓铣（zlevel_profile）👆	适用于模具中陡峭区域的半精加工和精加工，使用的刀具多为飞刀（圆鼻刀），有时也会使用合金刀或白钢刀	
5	固定轴区域轮廓铣（contour_area）👆	适用于模具中平缓区域的半精加工和精加工，使用的刀具多为球刀	

2. 定义加工参数

在创建操作之前，除了上述指定操作类型和子类型以外，还需要设置各种操作参数，其中包括设置父节点组参数和加工类型参数。

（1）设置父节点组参数

在创建操作时可指定已经创建的父节点组对象，也可以在"创建操作"对话框中创建父节点组，并且父节点组设定不是CAM编程所必须的工作，可以跳过。对于需要建立多个程序来完成加工的工件来说，使用父节点组方式可以减少重复性工作。

在"创建操作"对话框下的"位置"选项组中定义父节点组参数，首先在"程序"下拉列表中指定当前操作所在的程序组，然后在"工具"下拉列表中指定当前操作对应的加工刀具，并在"几何体"下拉列表中选择不同的加工几何体。接着在"方法"下拉列表中指定当前操作对应的加工方法，如开粗还是精加工，并在"名称"文本框中输入当前操作名称。

（2）设置操作参数

执行创建操作的第二步是指定操作参数，在定义加工方法后，必须对该加工方法定义切削模式、步距、切削参数、进给率和主轴切削速度等参数，这些参数都决定后续产生的刀具轨迹。

在"创建操作"对话框中单击"确定"按钮，即可在打开的新对话框中进一步设置加工参数如图13-24所示。

图13-24　操作对话框

创建操作时，在操作对话框中指定参数，这些参数都将对刀轨产生影响，不同的操作其需设定的操作参数也有所不同，同时也存在很多的共同选项。以铣削加工为例，在设置操作参数时主要修改以下内容。

① 加工对象的定义

在"几何体"选项组中分别定义加工几何体、检查几何体、毛坯几何体、边界几何体、区域几何体、底面几何体等几何体对象，如果前序已经设置，这里可省略操作。

② 基本参数的设置

在"刀轨设置"选项组中进行最常用参数的设置，包括走刀方式的设定，切削行距、切深的设置，加工余量的设置、进退刀方式设置等。

③ 操作

为生成和检验上述参数设置效果，在"操作"选项组中单击"生成"按钮 生成刀具轨迹，还可单击其他按钮进行刀轨检验和重播等操作。

13.4　刀轨仿真

刀具路径仿真就是对前续所有参数设置生成刀具轨迹，查看加工结果是否满意或对其进行进一步优化，并进行刀具仿真检验，查看加工结果是否正确。数控编程的核心工作是生成刀具运动轨迹，然后将其离散成刀位点，并对创建的刀具轨迹进行检验，经后处理产生数控加工程序。也就是说执行仿真刀具路径分为两个步骤，其一是依据前序设置生成刀具轨迹，其二是对所创建轨迹进行检验，从而确定刀具的有效性。

1. 生成刀轨

当设置了所有必需的操作参数后，为检验这些参数和定义的路径参照是否正确，必须通过生成刀轨进行检验，如果无法生成刀具，则需要重新定义这些参数，直到生成刀具轨迹，才能进行后续的操作。

在每一个操作对话框中，都有一个"生成"按钮用来生成刀轨，也可以在导航器中选择一个操作，然后单击"操作"工具栏中的"生成刀轨"按钮，系统将重新生成刀轨，如图13-25所示，并打开"刀轨生成"对话框。

在该对话框中分别取消选择"显示后暂停"和"显示前刷新"复选框，将快速生成该操作刀具轨迹，从而避免在生成过程中重复暂停和刷新等烦琐操作。

图13-25　生成刀轨

2. 刀轨检验

为确保程序的安全性，必须对生成的刀轨进行检查校验，检查刀具路径有无明显过切或者加工不到位，同时检查是否会发生与工件及夹具的干涉。校验的方式有以下两种。

（1）直接查看

通过对视角的转换、旋转、放大、平移直接查看生成的刀具路径，适于观察其切削范围有无越界，以及有无明显异常的刀具轨迹。

生成刀路时，系统就会自动显示刀具路径的轨迹。当进行其他操作时，这些刀路轨迹就会消失，如想再次查看，则可在导航器中选择该程序，右击选择"重播"选项，或单击"重播导轨"按钮，进行回放以确认刀轨的正确性，如图13-26所示。

（2）模拟实体切削

刀具路径的仿真主要用于在加工过程中进行切削仿真检查。

图13-26　重播刀路轨迹

直接在计算机屏幕上观察加工效果，这个加工过程与实际机床加工十分类似。对检查中发现问题的程序，应调整参数设置重新进行计算，再作检验。如果对生成的刀轨不满意，则可以在当前的操作对话框中进行参数的重新设置或者几何体的重新选择，再次进行生成和检验，直到生成一个合格的刀轨。

单击"操作"工具栏中的"确认刀轨"按钮，打开"刀轨可视化"对话框。仿真方式有重播、3D动态、2D动态3种方式。其中使用"重播"方式，将只显示二维路径，而不能单刀实际切削；使用"3D动态"方式，在动态仿真时，可进行放大、缩小或旋转操作；而使用"2D动态"方式，在动态仿真时，只能够观察仿真效果操作，而不能进行放大、缩小或旋转操作。单击"播放"按钮，系统开始进行实体模拟验证，这3种仿真方式的对比如图13-27所示。

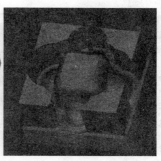

图13-27　刀轨可视化效果对比

> **提示·**
>
> 　　在进行实体模拟验证前，必须设置加工工件和毛坯，否则无法进行实体模拟，并且在使用仿真选项时，一定要有预先创建好的刀路，否则验证图标为灰色。

3. 碰撞和过切检查

过切检查主要用于对加工过程是否存在过切进行检查。在进行刀轨可视化操作时，可根据需要设置过切和碰撞检查功能，这样在进行刀轨仿真过程中将及时发现问题，便于及时进行刀轨修改。

在导航器中选择加工刀轨，然后单击"确认刀轨"按钮![icon]，打开"刀轨可视化"对话框，如图13-28所示。

在该对话框的3个选项卡中可分别设置碰撞和过切检查功能，例如在"重播"选项卡中选择"检查选项"，将打开"过切检查"对话框，如图13-29所示。在该对话框中选择"过切检查"复选框，这样在进行刀轨仿真过程中同时进行过切检查。

在"3D动态"和"2D动态"选项卡

图13-28　"刀轨可视化"对话框

中，可分别启用"IPW碰撞检查"和"检查刀具夹持器碰撞"复选框，这样在刀具仿真过程同时进行碰撞检查。此外，还可单击"选项"按钮，将打开"IPW碰撞检查"对话框，如图13-30所示。可选择"碰撞时暂停"复选框，这样在发生碰撞时将暂停仿真操作。

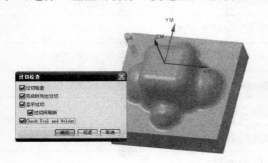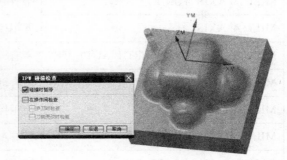

图13-29　"过切检查"对话框　　　　　　　图13-30　"IPW碰撞检查"对话框

13.5 后处理和输出车间文档

执行前续操作最终的目的是生成车间文档，并创建后处理文件。后处理实际上是一个文本编辑处理过程，其作用是将计算出的刀轨（刀位运动轨迹）以规定的标准化格式转化为NC代码并输出保存。该后置处理是CAD/CAM集成系统的重要组成部分，它直接影响CAD/CAM软件的使用效果及零件的加工质量。

1. 生成NC程序

生成零件的加工路径后，机床还无法立即进行零件的加工操作，由于此时还没有生成控制机床工作的数控程序，这就要求用户利用系统提供的后置处理功能将刀路或刀位源文件转化为机床可识别的数控程序。

NC文件是由G、M代码所组成并用于实际机床上加工的程序文件。该文件是数控加工最终所得到的结果，也是直接用于实际生产的程序文件。应用UG软件直接生成的NC程序一般都需要经过人为的修改。

首先将导航器切换到"程序视图"模式，然后单击"操作"工具栏中的"后处理"按钮 ，打开"后处理"对话框，如图13-31所示。

此时在该对话框中选择对应列表项，并在"输出文件"选项组中设置保存路径。NX后处理参数说明如表13-4所示。

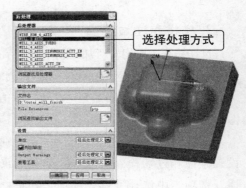

图13-31　后处理设置

表13-4　后处理格式说明

后处理器	说明
WIRE_EDM_4_AXIS	带有Mitsubishi控件的4轴线切割
MILL_3_AXIS	使用控制器的三轴立铣床
MILL_3_AXIS_TURBO	带有Turbo控件的三轴立铣床
MILL_4_AXIS	使用控制器的四轴立铣床
MILL_5_AXIS_SINUMERTK_ACTT_IN	带有Sinumertk控件的ACTT标准英制五轴立铣床
MILL_5_AXIS_SINUMERTK_ACTT_MM	带有Sinumertk控件的ACTT标准米制五轴立铣床
MILL_5_AXIS	使用控制器的五轴立铣床
MILL_5_AXIS_ACTT_IN	带有ACTT标准英制五轴立铣床
LATHE_2_AXIS_TOOL_TIP	使用刀尖编程的车床

（续表）

后处理器	说明
LATHE_2_AXIS_TURRET_REF	使用转塔参考点编程的车床
MILLTURN	使用控制器，带有XYZ或XZC运动，用车刀刀尖编程的车铣加工中心，根据操作类型变换模式
MILLTURN_MULTI_SPINDLE	使用控制器的加工中心，与3种后处理器关联，它们分别为LATHE_2_AXIS_TOOL_TIP、带有z主轴的XZC铣和带有x主轴的XZC铣

完成上述操作后，单击该对话框中的"确定"按钮确认操作，系统将以窗口的形式显示粗加工和精加工操作NC程序，如图13-32所示。

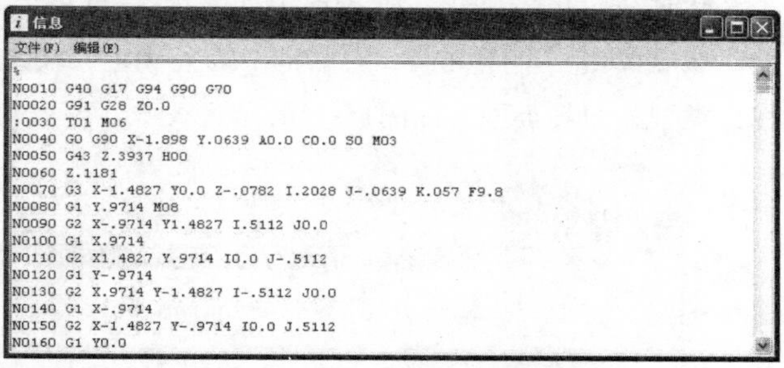

在后处理生成数控程序之后，还需要检查这个程序文件，特别对程序头及程序尾部分的语句进行检查。如有必要可以修改。这个文件可以通过传输软件传输到数控机床的控制器上，由控制器按程序语句驱动机床加工。

图13-32　输出NC程序

在上述过程中，编程人员的工作主要集中在加工工艺分析和规划、参数设置这两个阶段，其中工艺分析和规划决定了刀轨的质量，参数设置则构成了软件操作的主体。这是一个转换过程，它把UG输出的刀具路径文件转换成机床可用的标准格式。

提示

　在进行后处理时，可以单独对一个操作进行后处理，也可以选择一个程序父节点组，对该程序组下面的所有操作同时进行后处理。

2. 生成并输出车间文档

车间工艺文件也就是数控加工程序单，是编程人员与机床操作员之间的交流平台，当编程人员每编完一个模型零件的程序后，在数控加工程序单上填入文件编号、日期、程序名、刀具类型、装夹长度、加工方式、余量和分中方式等参数，一些特殊的工艺还需要编程人员与机床操作员相互交流，以求达到共识。

在导航器中选择程序父节点组，然后单击"特征"工具栏中的"车间文档"按钮 ，打开"车间文档"对话框，如图13-33所示。

选择其中的一个工艺文件模板，可以生成包含特定信息的工艺文件。标有"HTML"的模板生成超文本链接语言网页文件，标有"TEXT"的模板生成纯文本文件风格的网页文件。这些定制的模板以ASCⅡ和HTML的方式输出各种信息。表13-5所示为各报告格式对应的中文含义。

图13-33　"车间文档"对话框

表13-5 "车间文档"对话框中报告格式对应的中文含义

报告格式	说 明
Operation List Select (HTML/Excel)	工步选择列表（HTML/Excel格式）
Operation List Select (TEXT)	工步选择列表（TEXT格式）
Tool List Select (HTML/Excel)	刀具选择列表（HTML/Excel格式）
Tool List Select (TEXT)	刀具选择列表（TEXT格式）

此时在"报告格式"列表框中如果选择"Operation List（HTML）"选项，并指定文件路径，然后单击"车间文档"对话框中的"确定"按钮，系统将以HTML格式显示所创建的操作名称、类型和刀具类型，如图13-34所示。

图13-34 显示车间工艺文档

13.6 连接杆模具型腔加工

本节将详细介绍连接杆模具型腔的加工过程，其加工效果如图13-35所示。通过分析模型结构特征，可以了解到它不能直接编程清除毛坯上的残料，必须通过分析测量该模具型腔的结构形状和大小，从而确定其加工顺序、刀具（包括刀具直径、类型和刀具圆角半径等参数）和加工方式，然后根据加工顺序和加工方式等因素进行刀具路径程序编制。在指定该编程加工方案时，根据型腔的结构特点主要以创建三维刀路轨迹为主导，以二维刀具加工做辅助，从而能够快速、准确、有效地获得编程加工效果。

图13-35 连接杆模具型腔加工效果

13.6.1　设置父节点组

在进行数控加工编程之前首先需要设置父节点组，其中包括程序、加工方法、刀具和几何体的指定或创建，首先创建程序，即可在该程序中创建刀具和设置几何体。本例模型模具复杂，因此在指定各粗、半精和精加工时精度各不相同，因此不设置加工方法，而是针对各加工指定加工精度。

① 启动UG NX 8.0，单击"打开文件"按钮，然后在弹出的对话框中选择随书光盘中的文件"13.1.prt"，单击"OK"按钮打开该文件。

② 在"导航器"工具栏中单击"几何视图"按钮，切换视图模式为"几何视图"模式，然后双击导航器中的按钮，指定坐标系如图13-36所示。

③ 双击WORKPIECE图标，在"铣削几何体"对话框中单击"指定部件"按钮，并在新弹出的对话框中选取如图13-37所示的模型为部件几何体。

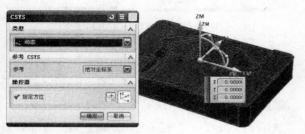

图13-36　坐标系设置

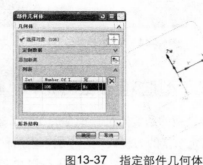

图13-37　指定部件几何体

④ 选取部件几何体后返回"铣削几何体"对话框，此时单击"指定毛坯"按钮，并在弹出的对话框中选择Bounding Block，自动创建如图13-38所示的毛坯模型。

⑤ 在"导航器"工具栏中单击"机床视图"按钮，切换至导航器中的视图模式，然后在"创建"工具栏中单击"创建刀具"按钮，弹出"创建刀具"对话框。按照如图13-39所示的步骤新建名称为"D16R0.8"的刀具，并设置刀具参数。按照同样的方法创建刀具D5和D16，参数设置如图13-40所示。

图13-38　指定毛坯几何体

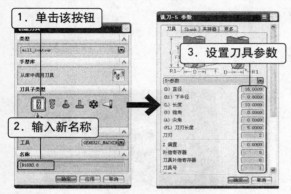

图13-39　创建D16R0.8刀具

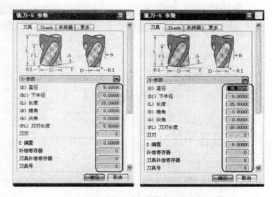

图13-40　创建D5、D16刀具

⑥ 在"导航器"工具栏中单击"机床视图"按钮，切换导航器中的视图模式，然后在"创建"工具栏中单击"创建刀具"按钮，弹出"创建刀具"对话框，按照如图13-41所示的步骤新建名称为"D10R5"的刀具，并设置刀具参数。按照同样的方法创建刀具D6R3和D4R2，参数设置如图13-42所示。

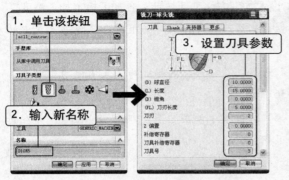

图13-41 创建D10R5刀具

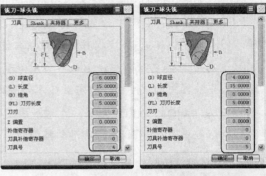

图13-42 创建D6R3、D4R2刀具

13.6.2 型腔粗加工

针对模型的结构特征，模型的粗加工就是制定单个或多个刀路快速去除大量的毛坯残料，以获得指定余量的刀轨效果。本例采用两种型腔铣削加工方式，首先对大部分成型部位进行粗加工，然后对未粗加工的直柄部位进行粗加工，从而获得粗加工效果。

1. 成型部分粗加工

根据加工工艺分析，首先使用D16R0.8的涂层硬质合金圆鼻刀进行挖槽（轮廓走刀）粗加工，结合选用的刀具、工件材料和刀具类型确定编程基本参数。创建该刀路轨迹，可一次切削模型大部分的残料，极大地提高加工效率和速度。

① 在"插入"工具栏中单击"创建操作"按钮，弹出"创建操作"对话框，然后按照如图13-43所示的步骤设置加工参数。

② 设置完以上参数后，接着单击该对话框中的"指定修剪边界"按钮，弹出"修剪边界"对话框，选择如图13-44所示的表面为修剪边界。

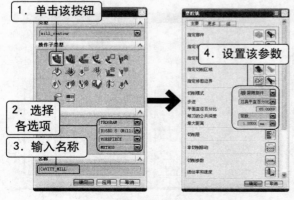

图13-43 设置加工参数

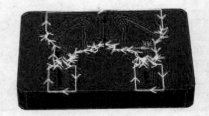

图13-44 指定修剪边界

③ 在"型腔铣"对话框中单击"切削层"按钮，将弹出"切削层"对话框，此时按照如图13-45所示设置切削层参数。

④ 单击"非切削移动"按钮，在弹出的对话框中分别对"进刀"选项卡和"转移/快速"选项卡中的参数进行设置，效果如图13-46所示。

图13-45 设置切削层参数　　　　　图13-46 设置非切削移动参数（进刀、转移/快速）

⑤ 在该对话框的"刀轨设置"选项组中单击"切削参数"按钮，在弹出的"切削参数"对话框中分别设置"策略"选项卡及"余量"选项卡中的参数，如图13-47所示。

⑥ 切换至"连接"选项卡，并按照如图13-48所示的参数值分别设置各切削参数。

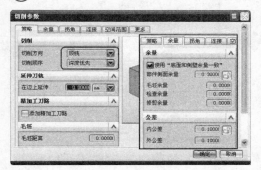
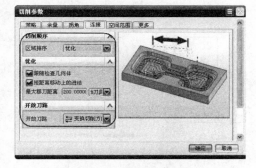

图13-47 设置切削参数（策略、余量）　　　　图13-48 设置切削参数（连接）

⑦ 单击"进给率和速度"按钮，弹出"进给率和速度"对话框，按照如图13-49所示设置进给率和速度参数。

⑧ 在"操作"选项组中单击"生成"按钮，系统将自动生成加工刀具路径，效果如图13-50所示。

⑨ 单击该选项组中的"确认刀轨"按钮，在弹出的"刀轨可视化"对话框中展开"2D动态"选项卡，并单击"确定"按钮确认操作，接着单击"播放"按钮，系统将以实体的方式进行切削仿真，效果如图13-51所示。

图13-49 设置进给率和速率参数

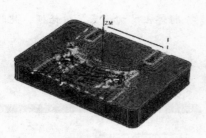

图13-50 生成刀轨

图13-51 仿真操作切削效果

2. 直柄部分粗加工

根据加工工艺分析,首先使用D5的平底刀进行直柄部位挖槽(可采用双向走刀方式)粗加工,结合选用的刀具、工件材料和刀具类型确定编程基本参数。创建该刀路轨迹,可快速清除上一步加工后残留的余量,这样将完成型腔主要部位的粗加工刀轨的创建。

①在"插入"工具栏中单击"创建操作"按钮,弹出"创建操作"对话框,然后按照如图13-52所示的步骤设置加工参数。

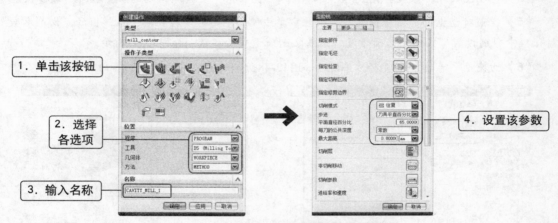

图13-52 设置加工参数

②设置完以上参数后,接着单击该对话框中的"指定切削区域"按钮,弹出"切削区域"对话框,选择如图13-53所示的表面为切削区域。

③在"型腔铣"对话框中单击"切削层"按钮,将弹出"切削层"对话框,此时按照如图13-54所示设置切削层参数。

图13-53 指定切削区域

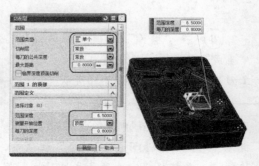

图13-54 设置切削层参数

④ 单击"非切削移动"按钮 █ ，在弹出的对话框中分别对"进刀"选项卡和"转移/快速"选项卡中的参数进行设置，效果如图13-55所示。

⑤ 在该对话框的"刀轨设置"选项组中单击"切削参数"按钮 █ ，在弹出的"切削参数"对话框中分别设置"策略"选项卡及"余量"选项卡的参数，如图13-56所示。

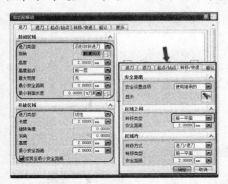

图13-55 设置非切削移动参数（进刀、转移/快速）

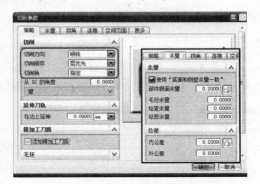

图13-56 设置切削参数（策略、余量）

⑥ 单击"进给率和速度"按钮 █ ，弹出"进给率和速度"对话框，按照如图13-57所示设置进给率和速度参数。

⑦ 在"操作"选项组中单击"生成"按钮 █ ，系统将自动生成加工刀具路径，效果如图13-58所示。

⑧ 单击该选项组中的"确认刀轨"按钮 █ ，在弹出的"刀轨可视化"对话框中展开"2D动态"选项卡。接着单击"播放"按钮 █ ，系统将以实体的方式进行切削仿真，效果如图13-59所示。

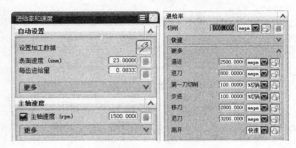

图13-57 设置进给率和速率参数

图13-58 生成刀轨

图13-59 仿真操作切削效果

13.6.3 型腔半精加工

在完成模型粗加工刀轨后，后续的工作就是使用固定轴铣削方式，分别对直柄部位和主杆部位半精加工，以获得0.1mm加工余量效果。分析这两个凹谷部位，可采用区域铣削驱动方式设置驱动参数，以获得往复铣削方式的加工刀路。

1. 主杆部分半精加工

根据加工工艺分析，可使用D10R5的圆球刀进行主杆部平行铣削（双向走刀）半精加工，并结合选用的刀具、工件材料和刀具类型确定编程基本参数。创建该刀路轨迹，可将主杆部位铣削至0.1mm的余量范围之内，便于后续进行该部位的精加工。

① 在"插入"工具栏中单击"创建操作"按钮，弹出"创建操作"对话框，然后按照如图13-60所示的步骤设置加工参数。

② 设置完以上参数后，接着单击该对话框中的"指定切削区域"按钮，弹出"切削区域"对话框，选择如图13-61所示的表面为切削区域。

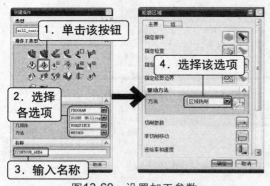

图13-60 设置加工参数   图13-61 指定切削区域

③ 在"驱动方法"选项组中选择"区域铣削"选项，在弹出的"区域铣削驱动方法"对话框中设置相关参数，如图13-62所示。

④ 在该对话框的"刀轨设置"选项组中单击"切削参数"按钮，在弹出的"切削参数"对话框中分别设置"策略"及"余量"选项卡中的参数，如图13-63所示。接着切换到"更多"选项卡，按照如图13-64所示设置各参数。

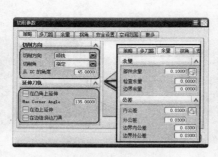
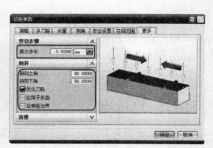

图13-62 设置驱动方法参数   图13-63 设置切削参数（策略、余量）   图13-64 设置切削参数（更多）

⑤ 单击"非切削移动"按钮，在弹出的对话框中分别对"进刀"选项卡和"转移/快速"选项卡中的参数进行设置，效果如图13-65所示。

⑥ 单击"进给率和速度"按钮，弹出"进给率和速度"对话框，按照如图13-66所示设置进给率和速度参数。

⑦ 在"操作"选项组中单击"生成"按钮，系统将自动生成加工刀具路径，效果如图13-67所示。

8 单击该选项组中的"确认刀轨"按钮 █️，在弹出的"刀轨可视化"对话框中展开"2D 动态"选项卡，接着单击"播放"按钮 ▶️，系统将以实体的方式进行切削仿真，效果如图13-68 所示。

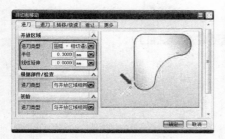

图13-65　设置非切削移动参数（进刀、转移/快速）

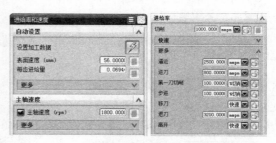

图13-66　设置进给率和速度参数

图13-67　生成刀轨

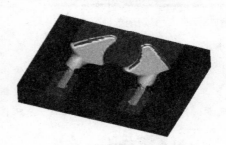

图13-68　仿真操作切削效果

2.直柄部分半精加工

根据加工工艺分析，可使用D6R3的圆球刀进行主杆部平行铣削（双向走刀）半精加工，结合选用的刀具、工件材料和刀具类型确定编程基本参数。创建该刀路轨迹，可将主杆部位铣削至0.1mm的余量范围之内，便于后续进行该部位的精加工。

1 将刀路"CONTOUR_AREA"复制一份，并粘贴重命名为"CONTOUR_AREA_ COPY"，然后编辑该新刀路，在弹出的对话框中单击"指定切削区域"按钮 █️，弹出"切削区域"对话框，选择如图13-69所示的表面为切削区域。

2 在"驱动设置"选项组中选择"区域铣削"选项，在弹出的"区域铣削驱动方法"对话框中设置相关参数，如图13-70所示。

3 返回"轮廓区域"对话框后，切换到"组"选项卡，在"刀具"列表框中选择"D6R3"，如图13-71所示。

图13-69　指定切削区域

图13-70　设置驱动方法参数

图13-71　切削刀具

（4）在该对话框的"刀轨设置"选项组中单击"切削参数"按钮，在弹出的"切削参数"对话框中设置"余量"选项卡的参数，如图13-72所示。

（5）单击"进给率和速度"按钮，弹出"进给率和速度"对话框，按照如图13-73所示设置进给率和速度参数。

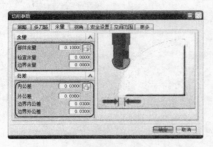
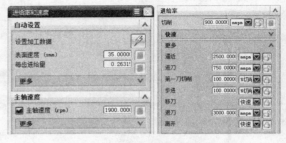

图13-72 设置切削参数（余量）　　　　图13-73 设置进给率和速度参数

（6）在"操作"选项组中单击"生成"按钮，系统将自动生成加工刀具路径，效果如图13-74所示。

（7）单击该选项组中的"确认刀轨"按钮，在弹出的"刀轨可视化"对话框中展开"2D动态"选项卡。接着单击"播放"按钮，系统将以实体的方式进行切削仿真，效果如图13-75所示。

图13-74 生成刀轨　　　　　　　　　图13-75 仿真操作切削效果

13.6.4　型腔精加工

在完成模型半精加工刀轨之后，后续的工作就是使用固定轴铣削，分别对直柄部位和主杆部位精加工，以保证这些部位0mm的加工精度。仍然可采用区域铣削驱动方法设置驱动参数，以获得往复铣削方式的加工刀路。

1. 主杆部分精加工

根据加工工艺分析，可使用D6R3的圆球刀进行主杆部平行铣削（双向走刀）精加工，并结合选用的刀具、工件材料和刀具类型确定编程基本参数。创建该刀路轨迹，可将主杆部位铣削至0mm余量范围之内，从而保证该部位的加工精度。

（1）将刀路"CONTOUR_AREA"复制一份，并粘贴重命名为"CONTOUR_AREA_COPY"，然后编辑该新刀路，在弹出的"轮廓区域"对话框中，切换到"组"选项卡，在"工具"列表框中选择"D6R3"，如图13-76所示。

（2）在"驱动设置"选项组中选择"区域铣削"选项，在弹出的"区域铣削驱动方法"对话框中设置相关参数, 如图13-77所示。

③ 在该对话框的"刀轨设置"选项组中单击"切削参数"按钮，在弹出的"切削参数"对话框中设置"策略"选项卡中的参数, 如图13-78所示。

图13-76 切削刀具   图13-77 设置驱动方法参数

④ 切换到"余量"选项卡和"更多"选项卡, 分别设置参数如图13-79、图13-80所示。

⑤ 单击"进给率和速度"按钮，弹出"进给率和速度"对话框, 按照如图13-81所示设置进给率和速度参数。

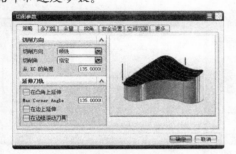

图13-78 设置切削参数（策略）

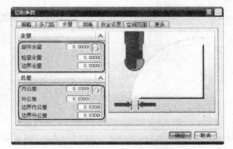

图13-79 设置切削参数（余量）

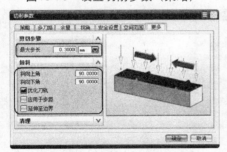

图13-80 设置切削参数（更多）

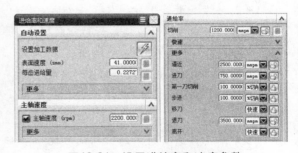

图13-81 设置进给率和速度参数

⑥ 在"操作"选项组中单击"生成"按钮，系统将自动生成加工刀具路径, 效果如图13-82所示。

⑦ 单击该选项组中的"确认刀轨"按钮，在弹出的"刀轨可视化"对话框中展开"2D动态"选项卡。接着单击"播放"按钮，系统将以实体的方式进行切削仿真, 效果如图13-83所示。

图13-82 生成刀轨

图13-83 仿真操作切削效果

2. 直柄部分精加工

根据加工工艺分析，可使用D4R2的圆球刀进行直柄部平行铣削（双向走刀）精加工，并结合选用的刀具、工件材料和刀具类型确定编程基本参数。可将直柄部位铣削至0mm余量范围之内，从而保证该部位的加工精度。

（1） 将刀路"CONTOUR_AREA_COPY"复制一份，并粘贴重命名为"CONTOUR_AREA_COPY_COPY"，然后编辑该新刀路，在弹出的"轮廓区域"对话框中，切换到"组"选项卡，在"工具"下拉列表中选择"D4R2"，如图13-84所示。

（2） 在"驱动设置"选项组中选择"区域铣削"选项，在弹出的"区域铣削驱动方法"对话框中设置相关参数，如图13-85所示。

（3） 在该对话框的"刀轨设置"选项组中单击"切削参数"按钮，在弹出的"切削参数"对话框中设置"余量"选项卡中的参数，如图13-86所示。

图13-84 切削刀具

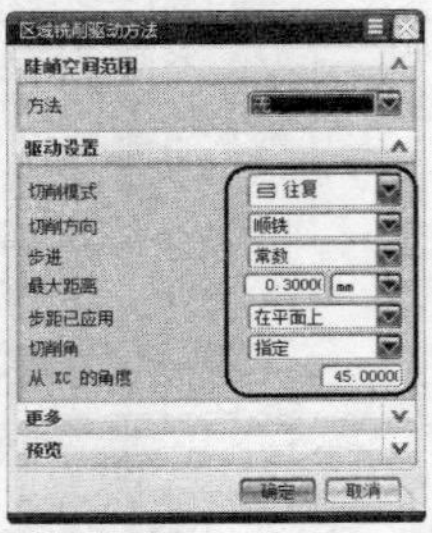

图13-85 设置驱动方法参数

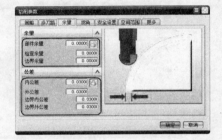

图13-86 设置切削参数（余量）

（4） 单击"进给率和速度"按钮，弹出"进给率和速度"对话框，按照如图13-87所示设置进给率和速度参数。

（5） 在"操作"选项组中单击"生成"按钮，系统将自动生成加工刀具路径，效果如图13-88所示。

（6） 单击该选项组中的"确认刀轨"按钮，在弹出的"刀轨可视化"对话框中展

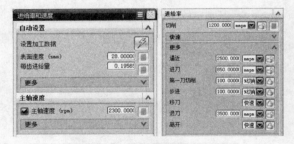

图13-87 设置进给率和速度参数

开"2D动态"选项卡。接着单击"播放"按钮，系统将以实体的方式进行切削仿真，效果如图13-89所示。

图13-88 生成刀轨

图13-89 仿真操作切削效果

13.6.5　辅助面加工

通过上述加工刀路的创建，模具型腔的主要部位已经达到指定精度，此外还需要对型腔的上表面（主平面和陡坡）进行精加工，可分别使用等高轮廓铣削方式和表面铣削方式获得。对于模型型腔4个侧面的加工可分为两步进行获得，即分别使用平面铣削方式进行两次加工，以获得指定精度的侧面加工效果。

1. 陡峭曲面精加工

根据加工工艺分析，为保证模具加工精度，可使用D5的平底刀进行该陡峭部位（轮廓走刀方式）等高精加工，结合选用的刀具、工件材料和刀具类型确定编程基本参数。本次创建刀具轨迹是依据成型部位型腔铣削保留3mm余量进行加工，使其获得加工余量为0mm的加工精度方法。

(1) 在"插入"工具栏中单击"创建操作"按钮，弹出"创建操作"对话框，然后按照如图13-90所示的步骤设置加工参数。

(2) 设置完以上参数后，接着单击该对话框中的"指定切削区域"按钮，弹出"切削区域"对话框，选择如图13-91所示的表面为切削区域。

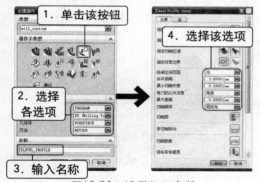
图13-90　设置加工参数

图13-91　指定切削区域

(3) 单击"非切削移动"按钮，在弹出的对话框中分别对"进刀"选项卡和"转移/快速"选项卡中的参数进行设置，效果如图13-92所示。

(4) 在该对话框的"刀轨设置"选项组中单击"切削参数"按钮，并在弹出的"切削参数"对话框中分别设置"策略"选项卡和"余量"选项卡中的参数，如图13-93所示。

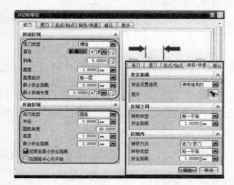
图13-92　设置非切削移动参数（进刀、转移/快速）

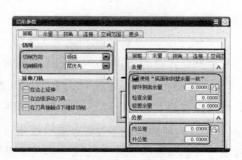
图13-93　设置切削参数（策略、余量）

⑤ 切换到"连接"选项卡和"空间范围"选项卡，分别设置相关参数，如图13-94所示。

⑥ 单击"进给率和速度"按钮🔣，弹出"进给率和速度"对话框，按照如图13-95所示设置进给率和速度参数。

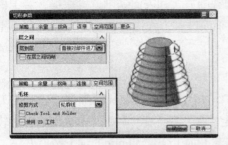 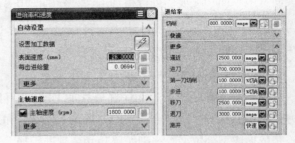

图13-94 设置切削参数（连接、空间范围）　　　图13-95 设置进给率和速度参数

⑦ 在"操作"选项组中单击"生成"按钮🔣，系统将自动生成加工刀具路径，效果如图13-96所示。

⑧ 单击该选项组中的"确认刀轨"按钮🔣，在弹出的"刀轨可视化"对话框中展开"2D动态"选项卡，接着单击"播放"按钮▶，系统将以实体的方式进行切削仿真，效果如图13-97所示。

图13-96 生成刀轨　　　　　　　图13-97 仿真操作切削效果

2. 台阶平面精加工

根据加工工艺分析，为保证模具加工精度，可使用D16R0.8的圆鼻刀进行平面（轮廓走刀）精加工，结合选用的刀具、工件材料和刀具类型确定编程基本参数。本次创建刀具轨迹是依据成型部位型腔铣削保留3mm余量进行加工，使其获得加工余量为0mm的加工精度方法。

① 在"插入"工具栏中单击"创建操作"按钮🔣，弹出"创建操作"对话框，然后按照如图13-98所示的步骤设置加工参数。

② 设置完以上参数后，接着单击该对话框中的"指定切削区域"按钮🔣，弹出"切削区域"对话框，选择如图13-99所示的表面为切削区域。

③ 单击"非切削移动"按钮🔣，在弹出的对话框中分别对"进刀"选项卡和"转移/快速"选项卡中的参数进行设置，效果如图13-100所示。

④ 在该对话框的"刀轨设置"选项组中单击"切削参数"按钮🔣，在弹出的"切削参数"对话框中分别设置"策略"选项卡和"余量"选项卡的参数，如图13-101所示。接着切换到"连接"选项卡，设置相关参数，如图13-102所示。

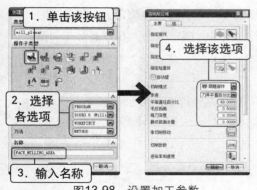

图13-98　设置加工参数

图13-99　指定切削区域

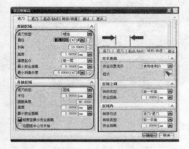

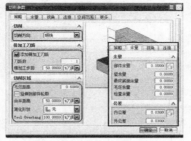

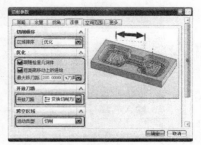

图13-100　设置非切削移动参数　　　　图13-101　设置切削参数　　　　图13-102　设置切削参数（连接）
（进刀、转移/快速）　　　　　　　　（策略、余量）

⑤　单击"进给率和速度"按钮 ，弹出"进给率和速度"对话框，按照如图13-103所示设置进给率和速度参数。

⑥　在"操作"选项组中单击"生成"按钮 ，系统将自动生成加工刀具路径，效果如图13-104所示。

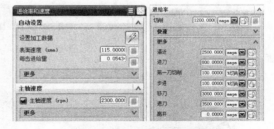

图13-103　设置进给率和速度参数

⑦　单击该选项组中的"确认刀轨"按钮 ，在弹出的"刀轨可视化"对话框中展开"2D动态"选项卡。接着单击"播放"按钮 ，系统将以实体的方式进行切削仿真，效果如图13-105所示。

图13-104　生成刀轨　　　　　　　　　图13-105　仿真操作切削效果

3. 型腔侧面粗加工

在前续操作后，需要对模型的4个侧面进行平面铣削粗加工，通过该加工方式铣削大量残料，使其加工余量保证为0.5mm，可使用D16R0.8的圆鼻刀进行平面（轮廓走刀）铣削加工，结合选用的刀具、工件材料和刀具类型确定编程基本参数，以保证创建准确、有效的加工刀路。

① 在"插入"工具栏中单击"创建操作"按钮 ，弹出"创建操作"对话框，然后按照如图13-106所示的步骤设置加工参数。

② 设置完以上参数后，接着单击该对话框中的"指定部件边界"按钮 ，弹出"边界几何体"对话框，选择如图13-107所示的边界线为部件边界。

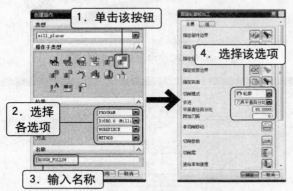

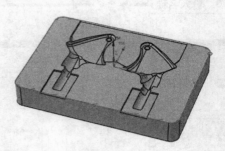

图13-106　设置加工参数　　　　　　　　　图13-107　指定切削区域

③ 单击"指定底面"按钮 ，弹出"平面构造器"对话框，然后选择如图13-108所示的面作为铣削的底面。

④ 单击"非切削移动"按钮 ，在弹出的对话框中分别对"进刀"选项卡和"转移/快速"选项卡中的参数进行设置，效果如图13-109所示。

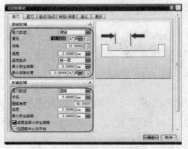

图13-108　指定底面　　　　　图13-109　设置非切削移动参数（进刀、转移/快速）

⑤ 在该对话框的"刀轨设置"选项组中单击"切削参数"按钮 ，在弹出的"切削参数"对话框中分别设置"策略"选项卡中的参数，如图13-110所示。

⑥ 切换到"余量"选项卡和"连接"选项卡，并按照如图13-111所示分别设置参数。

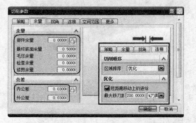

图13-110　设置切削参数（策略）　　　　　图13-111　设置切削参数（余量、连接）

⑦ 在"型腔铣"对话框中单击"切削层"按钮▦，将弹出"切削层"对话框，输入参数如图13-112所示。

⑧ 完成上述切削参数的设置后，返回上一级对话框，单击"进给率和速度"按钮▦，弹出"进给率和速度"对话框，按照如图13-113所示设置进给率和速度参数。

图13-112 设置切削层参数

图13-113 设置进给率和速度参数

⑨ 在"操作"选项组中单击"生成"按钮▦，系统将自动生成加工刀具路径，效果如图13-114所示。

⑩ 单击该选项组中的"确认刀轨"按钮▦，在弹出的"刀轨可视化"对话框中展开"2D动态"选项卡。接着单击"播放"按钮▶，系统将以实体的方式进行切削仿真，效果如图13-115所示。

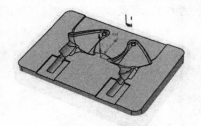
图13-114 生成刀轨

图13-115 仿真操作切削效果

4. 型腔侧面精加工

在侧平面粗加工后，即可铣削0.5mm的加工余量，以获得侧面精加工刀路效果。可使用D16的平底刀再次进行侧面平面铣削（轮廓走刀）铣削加工，并结合选用的刀具、工件材料和刀具类型确定编程基本参数，以保证创建准确、有效的加工刀路。

① 将刀路"ROUGH_FOLLOW"复制一份，并粘贴重命名为"ROUGH_FOLLOW_COPY"，然后编辑该新刀路，在弹出"跟随轮廓粗加工"对话框后，切换到"组"选项卡，在"工具"下拉列表中选择"D16"，如图13-116所示。

② 切换到"主要"选项卡，在"平面直径百分比"文本框中输入65，然后单击"非切削移动"按钮▦，在弹出的对话框中分别对"进刀"选项卡中的参数进行设置，效果如图13-117所示。

③ 在该对话框的"刀轨设置"选项组中单击"切削参数"按钮▦，在弹出的"切削参数"对话框中设置"余量"选项卡中的参数，如图13-118所示。

④ 单击"进给率和速度"按钮▦，弹出"进给率和速度"对话框，按照如图13-119所示设置进给率和速度参数。

图13-116　切削刀具

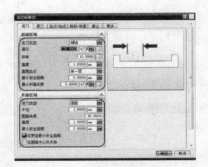

图13-117　设置非切削移动参数（进刀）

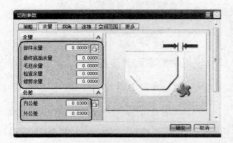

图13-118　设置切削参数（余量）

图13-119　设置进给率和速度参数

⑤ 在"操作"选项组中单击"生成"按钮![icon]，系统将自动生成加工刀具路径，效果如图13-120所示。

⑥ 单击该选项组中的"确认刀轨"按钮![icon]，在弹出的"刀轨可视化"对话框中展开"2D动态"选项卡，接着单击"播放"按钮![icon]，系统将以实体的方式进行切削仿真，效果如图13-121所示。

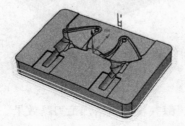

图13-120　生成刀轨

图13-121　仿真操作切削效果

13.7　汽车后视镜模具型腔加工

本节将综合运用表面铣削、型腔铣削、等高轮廓铣削和固定轴铣削加工方法创建汽车后视镜模具型腔，仿真加工效果如图13-122所示。针对该模型，可首先采用两次型腔铣削切削大量材料，并对后视镜模具的中间凹谷进行型腔铣削粗加工。然后分别使用表面铣、型腔铣、等高轮廓铣和固定轴铣方式对各主要

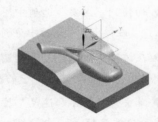

图13-122　汽车后视镜模具型腔加工效果

部位进行半精和精加工，从而能够快速获得准确、有效的加工刀轨效果。创建该型腔刀路轨迹时需要重点关注切削区域和修剪区域的指定方法。

13.7.1　设置父节点组

在进行数控加工编程之前首先需要设置父节点组，其中包括程序、加工方法、刀具和几何体的指定或创建。为了便于查看和修改各个刀轨，可分别创建粗加工、半精加工刀轨和精加工刀轨，并且分别对粗加工、半精加工和精加工方法设置加工余量和进给率，这样操作将在后续各刀轨设置时省去很多相同参数的设置，从而提高设计速度和工作效率。

① 启动UG NX 8.0，选择随书光盘中的文件"13.2.prt"，打开该文件进入加工环境，然后切换至"程序视图"模式，并按照如图13-123所示的步骤分别创建粗、半精、精加工程序。

图13-123　创建程序父节点组

② 切换视图模式为"几何视图"模式，并双击导航器中的 按钮，将弹出如图13-124所示的对话框，接着单击 按钮，并在弹出的对话框中选择坐标系参考方式为"绝对坐标系"。

图13-124　定义坐标系设置

③ 返回上一级对话框，在"安全距离"选项组中选择"平面"选项，并单击 按钮弹出"平面"对话框，然后选取如图13-125所示的面为参照面，并输入偏置距离为100，从而定义安全平面。

④ 双击WORKPIECE图标，然后在弹出的对话框中单击"指定部件"按钮 ，并在弹出对话框后选取如图13-126所示的模型为几何体。

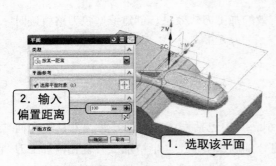

图13-125 定义安全平面　　　　　　　图13-126 指定部件几何体

（**5**）选取部件几何体后返回"铣削几何体"对话框，此时单击"指定毛坯"按钮，并在弹出的对话框中选择Bounding Block选项，右侧将显示自动块箭头，如图13-127所示。

（**6**）在"导航器"工具栏中单击"机床视图"按钮，切换导航器中的视图模式，然后在"创建"工具栏中单击"创建刀具"按钮，弹出"创建刀具"对话框。

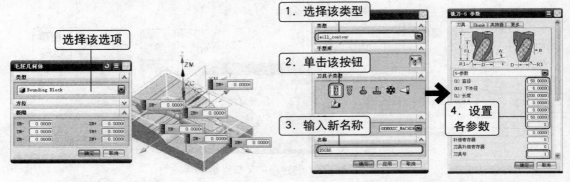

图13-127 指定毛坯几何体　　　　　　图13-128 新建刀具"D50R6"

（**7**）按照如图13-128所示的步骤新建名称为"D50R6"的刀具，并设置刀具参数。按照同样的方法创建刀具"D25R5"、"D16R0.8"、"D12R0.4"、"B12"、"D6"、"D3"和"B2"，各刀具的参数设置如图13-129所示。

（**8**）设置粗加工公差。单击"加工方法视图"按钮，切换视图模式为"加工方法视图"，此时在导航器中双击"MILL_ROUGH"图标，并在弹出的对话框中按照如图13-130所示的步骤设置参数值。

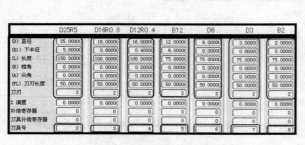

图13-129 新建的刀具

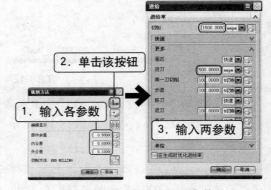

图13-130 指定粗加工参数

9 设置半精加工公差。双击"MILL_SEMI_FINISH"图标,并在弹出的对话框中按照如图13-131所示的步骤设置参数值。

10 设置精加工公差。双击"MILL_FINISH"图标,并在弹出的对话框中按照如图13-132所示的步骤设置参数值。

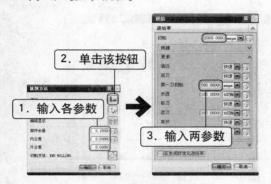

图13-131　指定半精加工参数

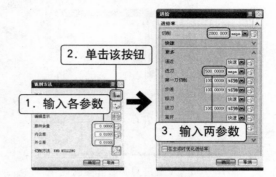

图13-132　指定精加工参数

13.7.2　模具成型表面粗加工

针对模型的结构特征,模型的粗加工就是制定单个或多个刀路快速去除大量的毛坯材料,以获得指定余量的刀轨效果。本例对型腔整体结构进行两次粗加工,从而切削大量的毛坯材料,另外针对型腔中间凹谷部位,可再次使用型腔铣削方式进行粗加工,这样便于进行后续的半精和精加工操作。

1. 成型部位粗加工

根据加工工艺分析,首先使用型腔铣削方式进行粗加工,即使用1号刀具"D50R6"的涂层硬质合金圆鼻铣刀进行成型部位(跟随周边走刀)粗加工。创建该刀路轨迹,可一次切削模型大部分的材料,极大地提高了加工的效率。

1 在"插入"工具栏中单击"创建操作"按钮 ,弹出"创建操作"对话框,然后按照如图13-133所示的步骤设置型腔铣削参数。

2 设置以上参数后,接着单击该对话框中的"指定修剪边界"按钮,弹出"修剪边界"对话框,此时选择"外部"单选按钮,并选取如图13-134所示的表面为修剪表面,单击"确定"按钮完成修剪边界的定义。

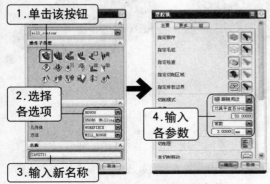

图13-133　设置型腔铣削参数

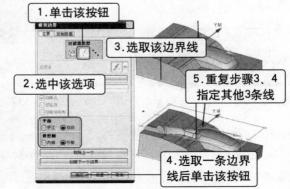

图13-134　定义修剪边界

(3) 单击"非切削移动"按钮，将弹出"非切削移动"对话框，此时按照如图13-135所示设置进刀参数，然后切换至"起点/钻点"选项卡，设置重叠距离为5mm。

(4) 在该对话框中切换至"转移/快速"选项卡，并按照如图13-136所示设置转移类型和其他参数值。

图13-135 设置进刀参数和重叠距离

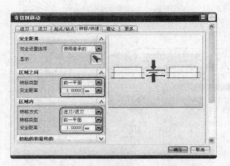

图13-136 设置"转移/快速"参数

(5) 单击"切削参数"按钮，在弹出的对话框中对"策略"选项卡中的参数进行如图13-137所示的设置。

(6) 完成上述切削参数设置后返回上一级对话框，此时单击"进给率和速度"按钮，将弹出"进给率和速度"对话框，在其中分别设置进给率和速度，如图13-138所示。

(7) 单击"操作"选项组中的"生成"按钮，并在弹出的对话框中取消选择"显示后暂停"和"显示前刷新"复选框，然后单击"确定"按钮，将生成铣削加工刀具路径，效果如图13-139所示。

图13-137 设置切削参数

(8) 单击该选项组中的"确认刀轨"按钮，然后对刀轨进行2D切削仿真操作，结果如图13-140所示。

图13-138 设置进给率参数

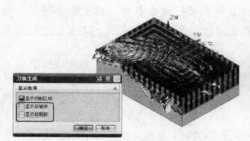

图13-139 生成刀轨

图13-140 仿真操作刀具路径

2. 成型部位二次粗加工

根据加工工艺分析，可在上一小节进行型腔铣削加工后进行二次粗加工，使用的铣削方式同样是型腔铣削，所不同的是使用D25R5的涂层硬质合金圆鼻铣刀进行成型部位（跟随部件走刀）粗加工。创建该刀路轨迹，可在前一个刀路的基础上切削模型少部分的材料，为后续加工做准备。

1 在操作导航器中选中上一小节创建的成型部位铣削加工刀轨，右击分别选择"复制"和"粘贴"选项，导航器中将增加一个相同的铣削刀轨。

2 双击新粘贴的刀轨，并在弹出的"型腔铣"对话框中切换至"组"选项卡，此时在"工具"下拉列表中选择"D25R5"刀具，即该刀轨使用该名称刀具，如图13-141所示。

3 切换刀具后切换至"主要"选项卡，然后按照如图13-142所示设置切削模式和刀具深度等参数。

图13-141　切换刀具

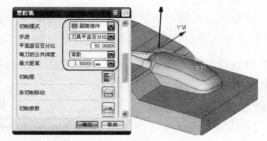

图13-142　设置操作参数

4 单击"切削参数"按钮，将弹出"切削参数"对话框，在"策略"选项卡中按照如图13-143所示设置切削参数。

5 完成上述设置后，切换至"空间范围"选项卡，在"处理中的工件"下拉列表中选择"使用3D"选项，如图13-144所示。

图13-143　设置"策略"选项卡

图13-144　设置"空间范围"选项卡

6 完成设置后，单击"操作"选项组中的"生成"按钮，并在弹出的对话框中取消选择"显示后暂停"和"显示前刷新"复选框，然后单击"确定"按钮，将生成铣削加工刀具路径，效果如图13-145所示。

7 单击该选项组中的"确认刀轨"按钮，然后按照上述方法进行2D动态切削仿真操作，结果如图13-146所示。

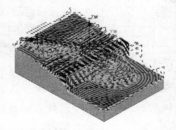

图13-145　生成刀轨

图13-146　仿真操作刀具路径

3. 手柄中间小型腔粗加工

根据加工工艺分析，在进行二次粗加工后，胶位区域中间凹谷处仍然保留大量材料，需要再次利用型腔铣削方式对该区域进行粗加工，可使用D6刀具进行加工，使其加工至0.5mm余量范围之内。创建该刀路轨迹，可在前一个刀路的基础上切削模型少部分的材料，为后续加工做准备。

① 在操作导航器中选中上节创建的成型部位铣削加工刀轨，右击分别选择"复制"和"粘贴"命令，导航器中将增加一个相同的铣削刀轨。

② 双击新粘贴的刀轨，并在弹出的"型腔铣"对话框中切换至"组"选项卡，此时在"工具"下拉列表中选择"D6"刀具，即该刀轨使用该名称刀具，如图13-147所示。

③ 切换刀具后切换至"主要"选项卡，然后按照如图13-148所示的步骤设置切削模式和刀具深度等参数。

图13-147　切换刀具

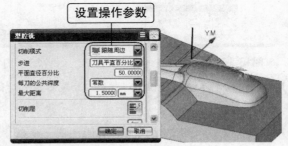

图13-148　设置操作参数

④ 单击"指定切削区域"按钮，弹出"切削区域"对话框，分别选取如图13-149所示的斜曲面为切削区域。

⑤ 打开图层5中的线条，并将该图层设置为当前层。单击"指定修剪边界"按钮，并在弹出的对话框中选择"曲线边界"，然后单击"外部"单选按钮，并单击"手工"单选按钮，在弹出的"平面"对话框的"类型"下拉列表中选择"XC-YC平面"选项，单击"确定"按钮，返回"修剪边界"对话框后分别选取图层5中的8条线，每选择一条边界都单击"创建下一个边界"按钮，将显示如图13-150所示的修剪边界。

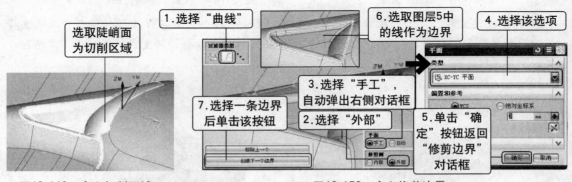

图13-149　定义切削区域　　　　　　　　　图13-150　定义修剪边界

⑥ 单击"操作"选项组中的"生成"按钮，并在弹出的对话框中取消选择"显示后暂停"和"显示前刷新"复选框，然后单击"确定"按钮，将生成铣削加工刀具路径，效果如图13-151所示。

⑦ 单击该选项组中的"确认刀轨"按钮，然后按照上述方法进行2D动态切削仿真操作，

结果如图13-152所示。

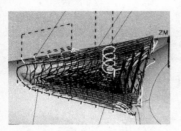

图13-151 生成刀轨

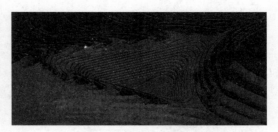

图13-152 仿真操作刀具路径

13.7.3 模具成型表面半精加工

在完成模型粗加工刀轨后，后续的工作就是使用等高轮廓铣削方式，分别对胶位区域各曲面以及型腔陡峭曲面进行半精加工，并且针对胶位区域中间凹谷部位进行半精加工。这两种加工方式都将余量控制在0.15mm范围之内。

1. 成型部位半精加工

根据模具型腔的结构特点，要达到预定的加工精度，需要对整个零件分别进行半精和精加工。在制定半精加工方案时，使用D16R0.8mm的圆球铣刀对整个零件进行等高轮廓铣半精加工，设置余量为0.15mm。创建该刀路轨迹，可在前一个刀路的基础上切削模型少部分的材料，为后续这些加工部位的精加工做准备。

(1) 单击"创建操作"按钮，弹出"创建操作"对话框，然后按照如图13-153所示的步骤设置等高轮廓铣加工各参数。

(2) 设置以上参数后，接着单击该对话框中的"指定修剪边界"按钮，弹出"修剪边界"对话框，此时选择"外部"单选按钮，并选取如图13-154所示的表面为修剪表面。

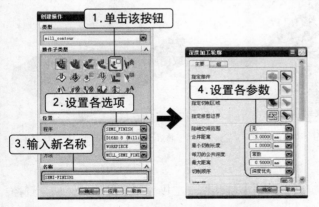

图13-153 设置等高轮廓铣削加工参数

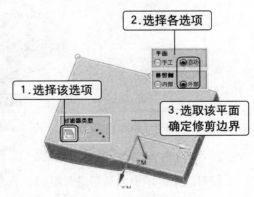

图13-154 指定修剪边界

(3) 单击"非切削移动"按钮，将弹出"非切削移动"对话框，此时按照如图13-155所示设置进刀参数，然后切换至"起点/钻点"选项卡，设置重叠距离为5mm。

(4) 在该对话框中切换至"转移/快速"选项卡，并按照如图13-156所示设置传递类型和其他参数值。

图13-155　设置进刀参数和重叠距离

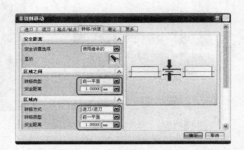

图13-156　设置"转移/快速"选项卡

（5）单击"切削参数"按钮，将弹出"切削参数"对话框，在"策略"选项卡中按照如图13-157所示设置切削参数。完成"策略"选项卡的设置后，再切换至"连接"选项卡，同样按照如图13-157所示设置层与层进刀方式。

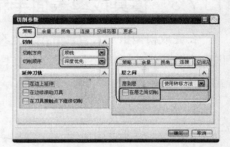

图13-157　设置切削参数

（6）完成切削参数设置后返回"深度轮廓加工"对话框，单击"进给率和速度"按钮，将弹出"进给率和速度"对话框，此时按照如图13-158所示的步骤设置进给率和速度参数。

（7）单击"操作"选项组中的"生成"按钮，并在弹出的对话框中取消选择"显示后暂停"和"显示前刷新"复选框，然后单击"确定"按钮，将生成铣削加工刀具路径，效果如图13-159所示。

（8）单击该选项组中的"确认刀轨"按钮，然后按照上述方法进行2D动态切削仿真操作，结果如图13-160所示。

图13-158　设置进给率和速度参数

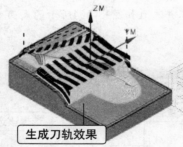

生成刀轨效果

图13-159　生成刀轨

图13-160　仿真操作刀具路径

2. 手柄中间小型腔半精加工

在对胶位区域中间凹谷进行粗加工后，可分别进行半精和精加工操作，从而使该区域余量控制在0.15mm范围之内，可使用D6mm的圆球铣刀对该部位进行等高轮廓铣半精加工。创建该刀路轨迹，可在前一个刀路的基础上切削模型少部分的材料，为后续该部位的精加工做准备。

（1）单击"创建操作"按钮，弹出"创建操作"对话框，然后按照如图13-161所示的步骤设置等高轮廓铣加工各参数。

（2）单击"编辑切削区域"按钮，将弹出"切削区域"对话框，选取如图13-162所示的面为切削区域。

③ 设置以上参数后，接着单击该对话框中的"指定修剪边界"按钮，弹出"修剪边界"对话框，按照粗加工定义修剪边界的方法定义相同的封闭边界，如图13-163所示。

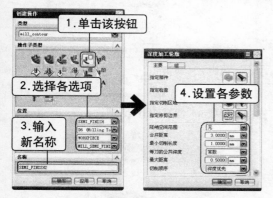

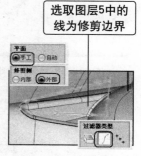

图13-161　设置等高轮廓铣削加工参数　　　图13-162　定义切削区域　　图13-163　定义修剪边界

④ 单击"非切削移动"按钮，将弹出"非切削移动"对话框，此时按照如图13-164所示设置进刀参数，然后切换至"起点/钻点"选项卡，设置重叠距离为5mm。

⑤ 在该对话框中切换至"转移/快速"选项卡，并按照如图13-165所示设置转移类型和其他参数值。

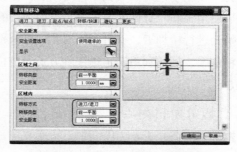

图13-164　设置进刀参数和重叠距离　　　图13-165　设置"转移/快速"选项卡

⑥ 单击"切削参数"按钮，将弹出"切削参数"对话框，在"策略"选项卡中按照如图13-166所示设置切削参数。

⑦ 完成"策略"选项卡的参数设置后，切换至"连接"选项卡，并按照如图13-167所示设置层与层进刀方式。

⑧ 完成切削参数设置后返回上一级对话框，此时单击"进给率和速度"按钮，将弹出"进给率和速度"对话框，按照如图13-168所示的步骤设置进给率和速度参数。

⑨ 返回上一级对话框后，单击"操作"选项组中的"生成"按钮，并在弹出的对话框中取消选择"显示后暂停"和"显示前刷新"复选框，然后单击"确定"按钮，将生成铣削加工刀具路径，效果如图13-169所示。

⑩ 单击该选项组中的"确认刀轨"按钮，然后按照上述方法进行2D动态切削仿真操作，

结果如图13-170所示。

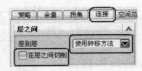

图13-166　设置切削参数　　　图13-167　设置"连接"选项卡　图13-168　设置进给率和速度参数

图13-169　生成刀轨

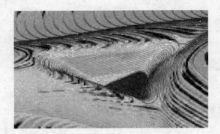

图13-170　仿真操作刀具路径

13.7.4　模具成型表面精加工

在完成模型半精加工刀轨后，后续的工作就是使用表面铣削方式，分别对型腔平面进行精加工，然后使用等高轮廓铣削方式对与平面连接的斜坡表面进行精加工，并使用固定轴铣削方式对其他陡峭面进行精加工。针对中间凹谷，可分别利用等高轮廓铣削和固定铣削方式进行曲面和平面铣削精加工。最后利用固定轴铣削方式对胶位区域周围进行清根处理，从而保证这些主要部位0mm的加工精度。

1. 手柄平面精加工

根据加工工艺分析，为保证加工精度效果，可使用D12R0.4mm的刀具对各个平面进行表面精加工，并结合选用的刀具、工件材料和刀具类型确定编程基本参数。本次创建刀具轨迹是依据该部位粗加工表面铣削保留的0.5mm余量进行加工，使其获得加工余量为0mm的加工精度效果。

(1) 单击"创建操作"按钮，弹出"创建操作"对话框，然后按照如图13-171所示的步骤设置平面铣削加工参数。

(2) 单击"几何体"选项组中的"指定面边界"按钮，并在弹出的对话框中分别选取如图13-172所示的面作为面边界。

(3) 单击"非切削移动"按钮，将弹出"非切削移动"对话框，此时按照如图13-173所示设置进刀参数，然后切换至"起点/钻点"选项卡，设置重叠距离为3mm。

(4) 单击"切削参数"按钮，将弹出"切削参数"对话框，在该对话框的"策略"选项卡中按照如图13-174所示设置切削参数，然后切换至"拐角"选项卡，并在"凸角"下拉列表中选择"延伸并修剪"选项。

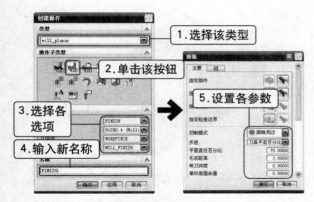

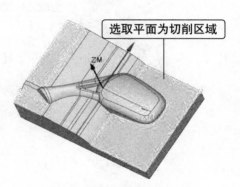

图13-171 设置加工参数

图13-172 指定面边界

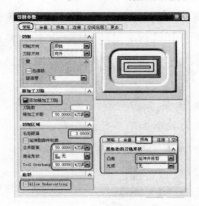

图13-173 设置进刀参数

图13-174 设置切削参数

⑤ 完成上述设置后，切换至"连接"选项卡，并按照13-175所示分别设置切削顺序和跨空区域类型。

⑥ 完成切削参数设置后返回上一级对话框，此时单击"进给率和速度"按钮，将弹出"进给率和速度"对话框，按照如图13-176所示设置进给率和速度参数。

图13-175 设置"连接"选项卡

图13-176 设置进给率和速度参数

⑦ 返回上一级对话框后单击"操作"选项组中的"生成"按钮，并在弹出的对话框中取消选择"显示后暂停"和"显示前刷新"复选框，然后单击"确定"按钮，将生成精加工刀具路径，效果如图13-177所示。

⑧ 单击该选项组中的"确认刀轨"按钮，然后按照上述方法进行2D动态切削仿真操作，结果如图13-178所示。

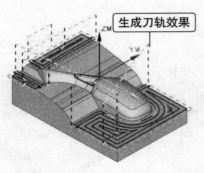

图13-177　生成刀轨　　　　　　　　　图13-178　仿真操作刀具路径

2. 型腔斜坡精加工

根据加工工艺分析，为保证加工精度效果，可使用相同刀具对虚拟光驱斜坡进行等高轮廓铣削精加工，并结合选用的刀具、工件材料和刀具类型确定编程基本参数。本次创建刀具轨迹是依据上一小节半精加工型腔铣削保留的0.15mm余量进行加工，使其获得加工余量为0mm的加工精度效果。

① 单击"创建操作"按钮，弹出"创建操作"对话框，然后按照如图13-179所示的步骤设置等高轮廓铣削加工参数。

② 单击"指定切削区域"按钮，将弹出"切削区域"对话框，分别选取如图13-180所示的斜曲面作为切削区域。

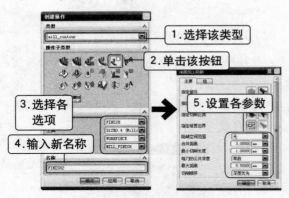

图13-179　设置加工参数

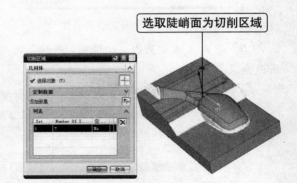

图13-180　定义切削区域

③ 单击"非切削移动"按钮，将弹出"非切削移动"对话框，此时按照如图13-181所示设置进刀参数，然后切换至"起点/钻点"选项卡，设置重叠距离为5mm。

④ 在该对话框中切换至"转移/快速"选项卡，并按照如图13-182所示设置转移类型和其他参数值。

⑤ 单击"切削参数"按钮，将弹出"切削参数"对话框，在该对话框的"策略"选项卡中按照如图13-183所示设置切削参数。然后切换至"连接"选项卡，设置

图13-181　设置进刀参数

层到层连接方式为"使用转移方法"。

6️⃣ 完成切削参数设置后返回上一级对话框，此时单击"进给率和速度"按钮，将弹出"进给率和速度"对话框，按照如图13-184所示设置进给率和速度参数。

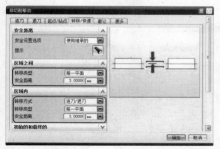

图13-182 设置"转移/快速"选项卡

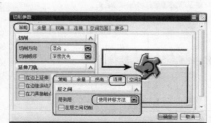

图13-183 设置切削参数

图13-184 设置进给率和速度参数

7️⃣ 返回上一级对话框后单击"操作"选项组中的"生成"按钮，并在弹出的对话框中取消选择"显示后暂停"和"显示前刷新"复选框，然后单击"确定"按钮，将生成精加工刀具路径，效果如图13-185所示。

8️⃣ 单击该选项组中的"确认刀轨"按钮，然后按照上述方法进行2D动态切削仿真操作，结果如图13-186所示。

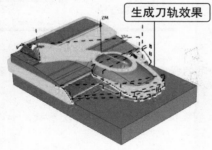

图13-185 生成刀轨

图13-186 仿真操作刀具路径

3. 成型部位精加工

根据加工工艺分析，为保证加工精度效果，可使用B12刀具对型腔其他陡峭区域进行固定轴铣削精加工，并结合选用的刀具、工件材料和刀具类型确定编程基本参数。本次创建刀具轨迹仍然是依据半精加工型腔铣削保留的0.15mm余量进行加工，使其获得加工余量为0mm的加工精度效果。

1️⃣ 单击"创建操作"按钮，弹出"创建操作"对话框，然后按照如图13-187所示的步骤设置固定轴铣削加工参数。

2️⃣ 在"驱动方法"选项组中选择"区域铣削"选项，在弹出的"区域铣削驱动方法"对话框中设置相关参数，如图13-188所示。

3️⃣ 单击"指定切削区域"按钮，将弹出"切削区域"对话框，分别选取如图13-189所示的斜曲面作为切削区域。

④ 单击"切削参数"按钮，将弹出"切削参数"对话框，在该对话框的"策略"选项卡中按照如图13-190所示设置切削参数。

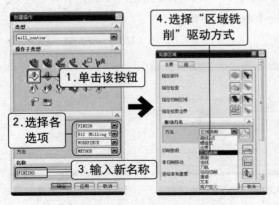

图13-187　设置加工参数

图13-188　定义驱动方法

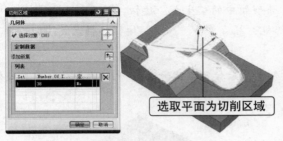

图13-189　定义切削区域

图13-190　设置切削参数

⑤ 切换至"安全设置"选项卡，分别设置过切时的提示方式，以及检查和部件安全距离，如图13-191所示。

⑥ 切换至"更多"选项卡，分别设置最大步长参数值以及倾斜上下角度参数，如图13-192所示。

图13-191　安全设置

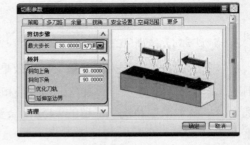

图13-192　设置步长和倾斜参数

⑦ 单击"非切削移动"按钮，将弹出"非切削移动"对话框，此时按照如图13-193所示设置进刀参数。

⑧ 在该对话框中切换至"转移/快速"选项卡，并按照如图13-194所示设置区域距离参数。

⑨ 完成以上参数设置后返回上一级对话框，此时单击"进给率和速度"按钮，将弹出"进给率和速度"对话框，按照如图13-195所示的步骤设置速度参数。

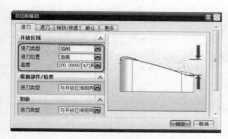

图13-193　设置进刀参数

图13-194　设置区域距离参数

图13-195　设置速度参数

⑩ 返回上一级对话框后单击"操作"选项组中的"生成"按钮，并在弹出的对话框中取消选择"显示后暂停"和"显示前刷新"复选框，然后单击"确定"按钮，将生成精加工刀具路径，效果如图13-196所示。

⑪ 单击该选项组中的"确认刀轨"按钮，然后按照上述方法进行2D动态切削仿真操作，结果如图13-197所示。

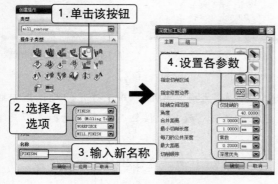

图13-196　生成刀轨

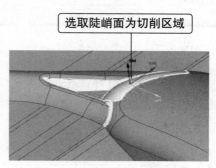

图13-197　仿真操作刀具路径

4. 胶位区域凹谷侧壁精加工

在精加工胶位区域中间凹谷时，首先使用等高轮廓铣削方式对胶位区域凹谷侧壁精加工，刀具为D6，设置余量为0mm。本次创建刀具轨迹是依据半精加工等高轮廓铣削保留的0.15mm余量进行加工，使其获得加工余量为0mm的加工精度效果。

① 单击"创建操作"按钮，弹出"创建操作"对话框，然后按照如图13-198所示的步骤设置固定轴铣削加工参数。

② 单击"指定切削区域"按钮，将弹出"切削区域"对话框，分别选取如图13-199所示的斜曲面作为切削区域。

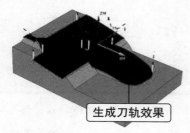

图13-198　设置加工参数

图13-199　定义切削区域

③ 设置以上参数后，接着单击该对话框中的"指定修剪边界"按钮，弹出"修剪边界"对话框。按照上述创建粗、半精加工设置修剪边界的方法指定修剪边界，效果如图13-200所示。

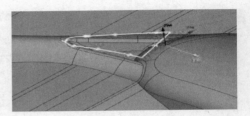

图13-200 定义修剪边界

④ 单击"非切削移动"按钮，将弹出"非切削移动"对话框，此时按照如图13-201所示设置进刀参数，然后切换至"起点/钻点"选项卡，设置重叠距离为5mm。

⑤ 在该对话框中切换至"转移/快速"选项卡，并按照如图13-202所示设置转移类型和其他参数值。

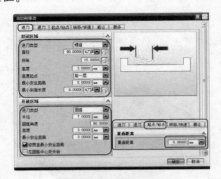

图13-201 设置进刀参数

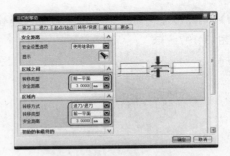

图13-202 设置"转移/快速"选项卡

⑥ 单击"切削参数"按钮，将弹出"切削参数"对话框，在该对话框的"策略"选项卡中按照如图13-203所示设置切削参数。

⑦ 完成上述设置后，切换至"连接"选项卡，并按照如图13-204所示设置层与层进刀方式。

⑧ 完成以上参数设置后返回上一级对话框，此时单击"进给率和速度"按钮，将弹出"进给率和速度"对话框，按照如图13-205所示的步骤设置进给率和速度参数。

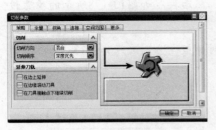

图13-203 设置切削参数

图13-204 设置"连接"选项卡

图13-205 设置进给率
和速度参数

⑨ 返回上一级对话框后单击"操作"选项组中的"生成"按钮，并在打开的对话框中取消选择"显示后暂停"和"显示前刷新"复选框，然后单击"确定"按钮，将生成精加工刀具路径，效果如图13-206所示。

⑩ 单击该选项组中的"确认刀轨"按钮，然后按照上述方法进行2D动态切削仿真操作，结果如图13-207所示。

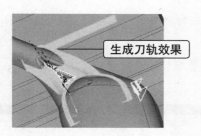

图13-206 生成刀轨

图13-207 仿真操作刀具路径

5. 胶位区域凹谷底面精加工

在进行胶位区域凹谷侧壁精加工后，即可进行该凹谷底面精加工，刀具为D3，设置余量为0mm，并结合选用的刀具、工件材料和刀具类型确定编程基本参数。本次创建刀具轨迹同样是依据9.4.2节半精加工等高轮廓铣削保留的0.15mm余量进行加工，使其获得加工余量为0mm的加工精度效果。

① 单击"创建操作"按钮，弹出"创建操作"对话框，然后按照如图13-208所示的步骤设置固定轴铣削加工参数。

② 在"驱动方法"选项组中选择"区域铣削"选项，在弹出的"区域铣削驱动方法"对话框中设置相关参数，如图13-209所示。

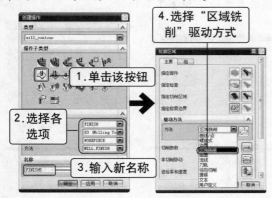

图13-208 设置加工参数

图13-209 定义驱动方法

③ 单击"指定切削区域"按钮，将弹出"切削区域"对话框，分别选取如图13-210所示的斜曲面作为切削区域。

④ 单击"切削参数"按钮，将弹出"切削参数"对话框，在该对话框的"策略"选项卡中按照如图13-211所示设置切削参数。

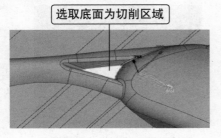

图13-210 定义切削区域

图13-211 设置切削参数

⑤ 切换至"安全设置"选项卡，分别设置过切时的提示方式，以及检查和部件安全距离，如图13-212所示。

⑥ 切换至"更多"选项卡，分别设置最大步长参数值以及倾斜上下角度参数，如图13-213所示。

图13-212 安全设置　　　　　图13-213 设置步长和倾斜参数

⑦ 单击"非切削移动"按钮，将弹出"非切削移动"对话框，此时按照如图13-214所示设置进刀参数。

⑧ 在该对话框中切换至"转移/快速"选项卡，并按照如图13-215所示设置区域距离参数。

⑨ 完成以上参数设置后返回上一级对话框，此时单击"进给率和速度"按钮，将弹出"进给率和速度"对话框，按照如图13-216所示的步骤设置进给率和速度参数。

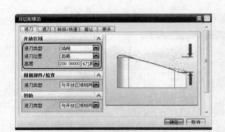

图13-214 设置进刀参数　　　图13-215 设置区域距离参数　　　图13-216 设置进给率
和速度参数

⑩ 返回上一级对话框后单击"操作"选项组中的"生成"按钮，并在弹出的对话框中取消选择"显示后暂停"和"显示前刷新"复选框，然后单击"确定"按钮，将生成精加工刀具路径，效果如图13-217所示。

⑪ 单击该选项组中的"确认刀轨"按钮，然后按照上述方法进行2D动态切削仿真操作，结果如图13-218所示。

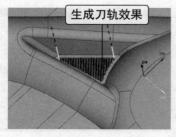

图13-217 生成刀轨　　　　　图13-218 仿真操作刀具路径

6.胶位区域边界精加工

根据加工工艺分析，可在最后使用B2mm刀具对胶位区域边界进行清根精加工，并结合选用的刀具、工件材料和刀具类型确定编程基本参数。本次创建刀具轨迹仍然是依据半精加工型腔铣削保留的0.15mm余量进行加工，使其获得加工余量为0mm的加工精度效果。

① 单击"创建操作"按钮，弹出"创建操作"对话框，然后按照如图13-219所示的步骤设置固定轴铣削加工参数。

② 在"驱动方法"选项组中选择"清根"选项，在弹出的"清根驱动方法"对话框中设置相关参数，如图13-220所示。

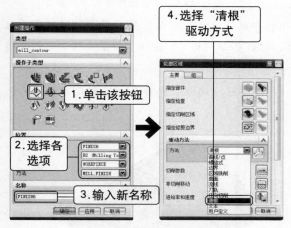

图13-219　设置加工参数

图13-220　定义驱动方法

③ 单击"切削参数"按钮，将弹出"切削参数"对话框，在该对话框的"安全设置"选项卡中按照如图13-221所示设置切削参数，然后切换至"更多"选项卡，设置"最大步长"参数为30。

④ 单击"非切削移动"按钮，将弹出"非切削移动"对话框，此时按照如图13-222所示设置进刀参数。

图13-221　设置切削参数

图13-222　设置进刀参数

⑤ 在该对话框中切换至"转移/快速"选项卡，并按照如图13-223所示设置区域距离参数。

⑥ 完成以上参数设置后返回上一级对话框，此时单击"进给率和速度"按钮，将弹出"进给率和速度"对话框，按照如图13-224所示设置进给率和速度参数。

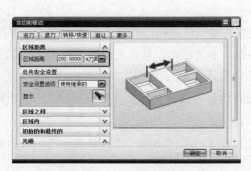

图13-223　设置区域距离参数　　　　　图13-224　设置进给率和速度参数

7 返回上一级对话框后单击"操作"选项组中的"生成"按钮,并在弹出的对话框中取消选择"显示后暂停"和"显示前刷新"复选框,然后单击"确定"按钮,将生成精加工刀具路径,效果如图13-225所示。

8 单击该选项组中的"确认刀轨"按钮,然后按照上述方法进行2D动态切削仿真操作,结果如图13-226所示。

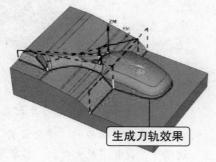

图13-225　生成刀轨　　　　　　　图13-226　仿真操作刀具路径

钢金（Sheet Metal）零件广泛应用于航空、汽车、电气器件和轻工产品的设计中，其主要特点是各部分厚度相同，通常加工方法采用冷冲模具进行冲压加工，包括折弯、冲压、成形等。

由于钢金件具有广泛的用途，UG NX 8.0设置了钢金设计模块，专用于钢金的设计工作，可使钢金零件的设计非常快捷，制造装配效率得以显著提高。

14.1 钢金特征

NX钢金应用提供了一个直接操作钢金零件设计的集中环境。NX钢金建立于工业领先的Solid Edge方法，目的是设计machinery、enclosures、brake-press manufactured prts和其他具有线性折弯线的零件。

打开UG NX 8.0后，在"标准"工具栏中单击"起始"按钮，在弹出的菜单中选择"NX钢金"命令，随即进入钢金设计模块。在钢金设计模块中，主要使用"NX钢金"工具栏中提供的命令来完成设计工作，如图14-1所示。

由于钢金件也属于特征的范围，所以在钢金模块中，建模模块中的"成型特征"、"特征操作"和"编辑特征"工具栏中的部分命令可以使用，如圆台、腔体、实例特征等命令，如图14-2所示为"NX钢金"工具栏。实际上钢金模块属于建模模块的扩展。

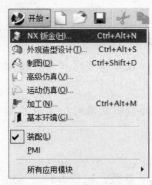

图14-1 "NX钢金"命令

图14-2 "NX钢金"工具栏

1. NX钢金预设置

钢金首选项设置可以在设计零件之前定义某些参数，用于提高设计效率，减少重复的参数设置。如果设置了首选项参数后，在设计过程中或完成后再更改参数设置，可能会导致参数错误。

在菜单栏中选择"首选项"｜"NX钣金"命令后，将弹出"NX钣金首选项"对话框，其中包含下面几个主要的选项，分别进行介绍。

图14-3 "部件属性"选项卡

（1）部件属性

该选项卡用于设置钣金件的全程参数和折弯许可半径公式，如图14-3所示。"折弯半径"表示钣金件在折弯时的弯曲半径。"让位槽深度/宽度"表示钣金件在折弯时所添加的让位槽的深度/宽度。"折弯许用半径公式"用于设置钣金件折弯时采用的公式，主要使用中性层因子来定义折弯。

● 材料厚度：钣金零件默认厚度。

● 折弯半径：折弯默认半径（基于折弯时发生断裂的最小极限定义），可以根据所选材料的类型来更改折弯半径设置。

● 让位槽深度和宽度：从折弯边开始计算折弯缺口延伸的距离称为折弯深度（D），跨度称为宽度（W）。

（2）展平图样处理

该选项卡用于设置钣金件的拐角处理和简化平面展开图的方式，如图14-4所示。"拐角处理选项"用于设置钣金件拐角处理的方式，包括"无"、"倒斜角"和"半径"。"展平图样显示"选项用于设置钣金件展开图进行简化方式。"移除系统生成的折弯止裂口"用于控制在创建折弯特征时是否移除工艺缺口。

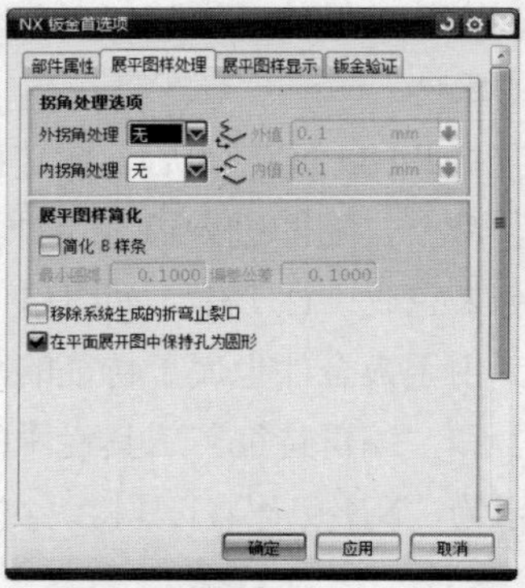

● 拐角处理选项：对平面展开图处理的对内拐角和外拐角进行倒角和倒圆。在后面的文本框中输入倒角的边长或倒圆半径。

图14-4 "展平图样处理"选项卡

● 平面展开图简化：对圆柱表面或折弯线上具有裁剪特征的钣金零件进行平面展开时，生成日样条曲线，该选项可以将日样条曲线转化为简单直线和圆弧，包括"最小圆弧"和"偏差的公差"。

● 移除系统生成的折弯止裂口：当创建没有止裂口的封闭拐角时，系统在模型上生成一个非常小的折弯止裂口。

（3）展平图样显示

打开"展平图样显示"选项卡，可设置平面展开图显示参数，包括各种曲线的显示颜色、线性、线宽和标注，如图14-5所示。

在菜单栏中选择"插入"｜"钣金特征"｜"突出块"命令，弹出如图14-6所示的"突出块"对话框，这个类似于CAD中的"拉伸"命令，这是以后钣金后续特征的基础，预览如图14-7所示。

图14-5 "展平图样显示"选项卡

图14-6 "突出块"对话框

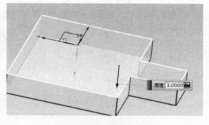

图14-7 效果图

2. 弯边特征

在菜单栏中选择"插入"｜"钣金特征"｜"弯边"命令，或单击"NX钣金"工具栏中的按钮 ，弹出如图14-8所示的"弯边"对话框。

图14-8 "弯边"对话框

（1）宽度选项

设置定义弯边宽度的测量方式。宽度选项包括"完整"、"在中心"、"在终点"、"从两端"和"从端点"共5种方式。

- 完整：沿着所选择折弯边的边长来创建弯边特征，当选择该选项创建弯边特征时，弯边的主要参数有长度、偏置和角度，如图14-9所示。
- 在中心：在所选择的折弯边中部创建弯边特征，可以编辑弯边宽度值和使弯边居中，默认宽度是所选择折弯边长的三分之一，当选择该选项创建弯边特征时，弯边的主要参数有长度、偏置、角度和宽度（两宽度相等），如图14-10所示。
- 在终点：从所选择的端点开始创建弯边特征，当选择该选项创建弯边特征时，弯边的主要参数有长度，如图14-11所示。

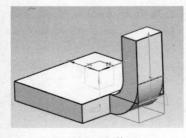

图14-9 完整图

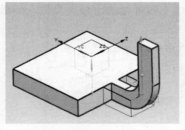

图14-10 在中心

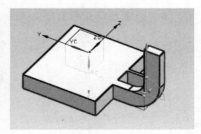

图14-11 在终点

● 从两端：从所选择折弯边的两端定义距离来创建弯边特征。默认宽度是所选择折弯边长的三分之一，当选择该选项创建弯边特征时，宽边的主要参数有长度，如图14-12所示。

● 从端点：从所选折弯边的端点定义距离来创建弯边特征，当选择该选项创建弯边特征时，弯边的主要参数有长度、偏置、角度、从端点（从端点到弯边的距离）和宽度，如图14-13所示。

（2）角度

创建有边特征的折弯角度，在视图区动态更改角度值，如图14-14所示的12°折弯。

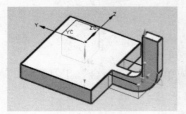
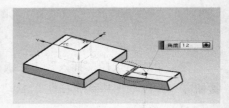

图14-12　从两端　　　　　图14-13　从端点　　　　　图14-14　12°折弯

（3）参考长度

设置定义弯边长度的度量方式，包括内部和外部两种方式。

● 内部：从已有材料的内侧测量弯边长度，如图14-15所示。

● 外部：从已有材料的外侧测量弯边长度，如图14-16所示。

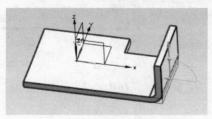
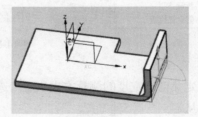

图14-15　内部　　　　　　　　图14-16　外部

（4）内嵌

表示有边嵌入基础零件的距离。嵌入类型包括材料内侧、材料外侧和折弯外侧三种。

● 材料内侧：弯边嵌入基本材料的里面，这样web区域的外侧表面与所选的折弯边平齐，如图14-17所示。

● 材料外侧：弯边嵌入基本材料的里面，这样web区域的内侧表面与所选的折弯边平齐，如图14-18所示。

● 折弯外侧：材料添加到所选中的折弯边上形成弯边，如图14-19所示。

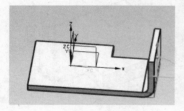

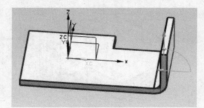
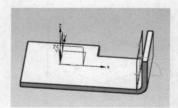

图14-17　材料内侧　　　　　图14-18　材料外侧　　　　　图14-19　折弯外侧

（5）折弯止裂口

定义是否延伸折弯缺口到零件的边，包括正方形和图形两种止裂口，分别如图14-20和图14-21所示。

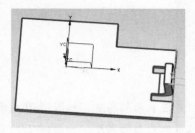 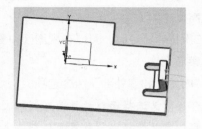

图14-20 方形裂口   图14-21 圆形裂口

（6）拐角止裂口

定义要创建的弯边特征所邻接的特征是否采用拐角缺口。

● 仅折弯：仅对邻接特征的折弯部分应用拐角缺口。

● 折弯/面：对邻接特征的折弯部分和平板部分应用拐角止裂口。

● 折弯/面链：对邻接特征的所有折弯部分和平板部分应用拐角止裂口。

3. 轮廓弯边特征

轮廓弯边特征是将不封闭的多段轮廓同时进行拉伸形成的弯边特征，例如图14-22所示的轮廓拉伸后得到轮廓弯边特征。在菜单栏中选择"插入"｜"钣金特征"｜"轮廓弯边"命令，弹出"轮廓弯边"对话框。

图14-22 轮廓弯边

● 有限：创建有限宽度的轮廓弯边的方法，如图14-23所示。

● 对称：指用二分之一的轮廓弯边宽度值来定义轮廓距离，如图14-24所示。

● 到端点：设置轮廓弯边开始端和完成端的斜接角度。

● 链：定义封闭内部角。

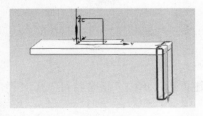 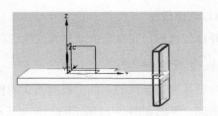

图14-23 有限范围   图14-24 对称范围

4. 钣金二次折弯特征

二次折弯就是在钣金件上指定面创建两个90°折弯，单击"钣金特征"工具栏中的"二次折弯"按钮，弹出如图14-25所示的"二次折弯"对话框。

（1）高度

创建二次折弯特征时，可以在视图区中更改高度值。

（2）参考高度

包括"内部"和"外部"两个选项。

● 内部：定义选择面（放置面）到二次折弯特征最近表面的高度，如图14-26所示。

● 外部：定义选择面（放置面）到二次折弯特征最远表面的高度，如图14-27所示。

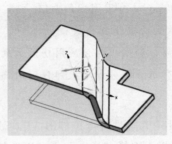
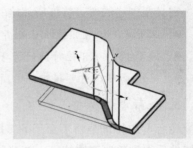

图14-25 "二次折弯"对话框　　图14-26 内部　　　　　图14-27 外部

（3）内嵌

包括"材料内侧"、"材料外侧"和"折弯外侧"3个选项。

● 材料内侧：凸凹特征垂直于放置面的部分在轮廓面内侧，如图14-28所示。

● 材料外侧：凸凹特征垂直于放置面的部分在轮廓面外侧，如图14-29所示。

● 折弯外侧：凸凹特征垂直于放置面的部分和折弯部分都在轮廓面外侧，如图14-30所示。

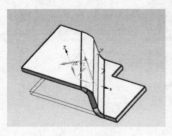
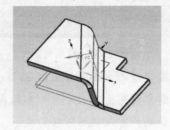
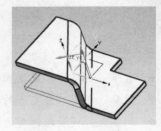

图14-28 材料内侧　　　　　图14-29 材料外侧　　　　　图14-30 折弯外侧

（4）延伸截面

选择该复选框，定义是否延伸直线轮廓到零件的边。

5. 钣金折弯特征

折弯就是在钣金件的平面上根据指定的折弯线创建折弯。单击"钣金特征"工具栏中的"折弯"按钮，弹出如图14-31所示的"折弯"对话框。

在"内嵌"下拉列表中包括如下5个选项。

- 外模具线轮廓：轮廓线表示在展开状态时平面静止区域和圆柱折弯区域之间连接的直线，如图14-32所示。
- 折弯中心线轮廓：轮廓线表示折弯区域之间连接的直线，如图14-33所示。
- 内模具线轮廓：轮廓线表示在展开状态时的平面web区域和圆柱折弯区域之间连接的直线，如图14-34所示。
- 材料内侧：在成形状态下轮廓线在web区域内外侧平面内，选择"材料内侧"选项创建折弯特征，如图14-35所示。
- 材料外侧：在成形状态下轮廓线在web区域内内侧平面内，选择"材料外侧"选项创建折弯特征，如图14-36所示。

图14-31 "折弯"对话框

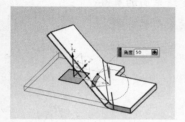

图14-32 外模具线轮廓线

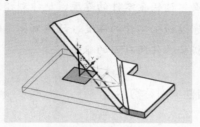

图14-33 折弯中心线轮廓线

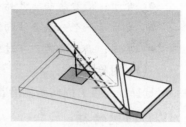

图14-34 内模具线轮廓线

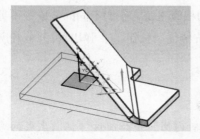

图14-35 材料内侧

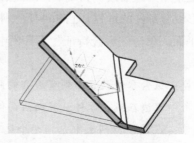

图14-36 材料外侧

6. 法向除料特征

法向除料就是切割材料，将草图投影到模型上，然后在垂直与投影相交的面的方向上进行切割。单击"钣金特征"工具栏中的"法向除料"按钮，弹出如图14-37所示的"法向除料"对话框。

（1）切削方法

主要包括"厚度"和"中位平

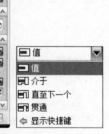

图14-37 "法向除料"对话框

面"两种方法。

- 厚度：在钣金零件体放置面，沿着厚度方向进行剪裁，如图14-38所示。
- 中位面：在钣金零件体的放置面的中间面向钣金零件体的两侧进行裁剪，如图14-39所示。

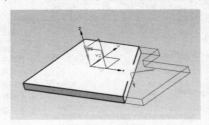

图14-38　法向除料

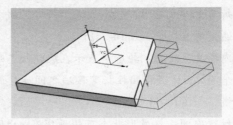

图14-39　中位面

（2）限制

包括"值"、"介于"、"直至下一个"和"贯通"共4种类型。

- 值：沿着法向，穿过至少指定一个厚度的深度尺寸的剪裁。
- 介于：沿着法向从开始面穿过钣金零件的厚度，延伸到指定结束面的剪裁。
- 直至下一个：沿着法向穿过钣金零件的厚度，延伸到指定结束面的剪裁。
- 贯通：沿着法向，穿过钣金零件所有面的剪裁。

（3）对称深度

选择在深度方向向两侧沿着法向对称剪裁。

7. 凹坑特征

凹坑是指用一组曲线作为成形面的轮廓线，沿着钣金零件体表面的法向成形，同时在轮廓线上建立成形钣金部件的过程，它和冲压除料有一定的相似之处，主要不同的是成型不剪裁由轮廓线生成的平面。单击"钣金特征"工具栏中的"凹坑特征"按钮 ◎，弹出如图14-40所示的"凹坑"对话框。

- 深度：钣金零件放置面到弯边部的距离。
- 侧角：弯边在钣金零件放置面法向倾斜的角度。
- 壁厚：在该下拉列表中包括两个选项，"材料内侧"是指凹坑特征所生成的弯边位于轮廓线内部，如图14-41所示。"材料外侧"是指凹坑特征所生成的弯边位于轮廓线外部，如图14-42所示。

图14-40　"凹坑"对话框

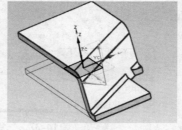

图14-41　材料内侧

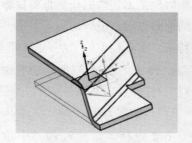

图14-42　材料外侧

● 冲模半径：钣金零件放置面转向折弯部分内侧圆柱面的半径大小。

● 拐角半径：折弯部分内侧圆柱面的半径大小。

8. 封闭拐角特征

封闭拐角是指在两个弯边接触处修改两个弯边进行封闭。单击"钣金特征"工具栏中的"封闭拐角"按钮 ，弹出如图14-43所示的"封闭拐角"对话框。

（1）处理

包括"开放的"、"封闭的"、"圆形除料"、"U型除料"、"V型除料"、"矩形除料"共6种类型。

（2）重叠

有"封闭的"和"重叠"两种方式。

● 封闭的：对应弯边的内侧边重合。

● 重叠：一条弯边叠加在另一条弯边的上面。

（3）缝隙

两条弯边封闭或者重叠时铰链之间的最小距离。

9. 转换到钣金件特征

转换到钣金件特征是将在建模模块中创建的普通实体模型转换为NX钣金模型。单击"钣金特征"工具栏中的"转换为钣金"按钮 ，弹出如图14-44所示的"转换为钣金"对话框。

（1）基本面

选择面：指定钣金零件平面作为固定位置来创建转换为钣金特征。

（2）边缘至止口

● 选择边：创建止裂口所要选择的边缘。

● 选择截面：选择零件平面作为参考平面绘制直线草图作为转换，为钣金特征的边缘创建转换为钣金特征。

10. 平板实体特征

平板实体特征就是从成型的钣金部件创建展平实体特征。单击"钣金特征"工具栏中的"展平实体"按钮 ，弹出如图14-45所示的"展平实体"对话框。

图14-43 "封闭拐角"对话框

图14-44 "转换为钣金"对话框

图14-45 "展平实体"对话框

（1）固定面

选择面：选择钣金零件的平面表面作为平板实体的参考面，在选定参考面后系统将以该平面为基准将钣金零件展开。

（2）方位

选择边：选择钣金零件边作为平板实体的参考轴（*x*轴）方向及原点，并在视图区中显示参考轴方向，在选定参考轴后系统以该参考轴和选择的参考面为基准，将钣金件展开创建钣金实体。

14.2 制作合页

合页是一种用于连接或转动的装置，使门、盖或其他摆动部件可借以转动，通常由销钉连接的一对金属叶片组成。常组成两折式，是连接家具两个部分并能使之活动的金属件。

下面预先设置钣金参数，再通过创建突出体、折弯、埋头孔等特征创建NX钣金文件，然后通过抑制折弯特征等编辑操作绘制和设计门合页。

①打开UG NX 8.0，在模型中选择"NX钣金"，新建文件名为"门合页"，单击"确定"按钮，进入钣金建模模块，如图14-46所示。

②选择菜单栏中的"首选项"｜"NX钣金"命令，如图14-47所示，弹出如图14-48所示的"NX钣金首选项"对话框，设置"全局参数"中的"材料厚度"为1mm，"折弯半径"为1.5mm，选择"折弯许用半径公式"单选按钮，最后单击"确定"按钮，完成NX钣金预设置。

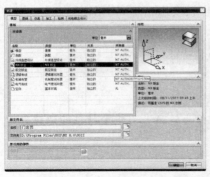
图14-46 新建钣金模块

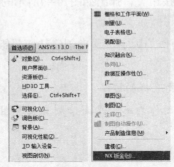
图14-47 "NX钣金"命令

图14-48 "NX钣金首选项"对话框

③创建突出块特征。单击"钣金特征"工具栏中的"突出块"按钮，弹出如图14-49所示的"突出块"对话框，在"类型"下拉列表中选择"基本"选项，单击"截面"选项中的"绘制截面"按钮，弹出图14-50所示的"创建草图"对话框，选择X-Y平面，单击"确定"按钮。

④在进入的平面内绘制如图14-51所示的门合页草绘，绘制完成后单击"完成草图"按钮，

图14-49 "突出块"对话框

图14-50 "创建草图"对话框

弹出如图14-52所示的"突出块"对话框，单击"确定"按钮，形成的最终效果图14-53所示。

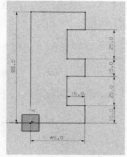

图14-51 草绘

图14-52 "突出块"对话框

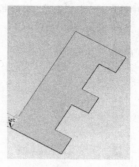

图14-53 效果图

⑤ 开始创建折弯。在菜单栏中选择"插入"｜"折弯"命令，弹出如图14-54所示的"折弯"对话框，单击"折弯线"选项组中的"绘制截面"按钮🖾，弹出如图14-55所示的"创建草图"对话框，选择门合页上的平面，即选中如图14-56中的面，单击"确定"按钮。

图14-54 "折弯"对话框

图14-55 "创建草图"对话框

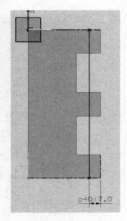

图14-56 选中面

⑥ 在这个平面上画出如图14-57所示的草图，绘制完成后单击"完成草图"按钮🔲 完成草图，弹出如图14-58所示的"折弯"对话框，"角度"设置为280°，"内嵌"选择"折弯中心线轮廓"，在折弯参数中，"折弯半径"设置为2mm，"中性因子"选择全局值，单击"确定"按钮，效果如图14-59所示。

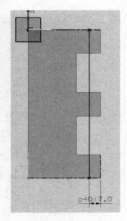

图14-57 草绘

图14-58 "折弯"对话框

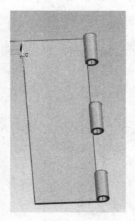

图14-59 效果图

⑦ 创建埋头孔特征。选择"插入"｜"设计特征"｜"孔"命令，如图14-60所示。弹出如图14-61所示的"孔"对话框，选择"常规孔"中的埋头孔，在尺寸中，设置"埋头直径"为5mm、"埋头角度"为90°、"直径"为4mm，指定点为图14-62的设置面。

图14-60 "孔"命令

图14-61 "孔"对话框

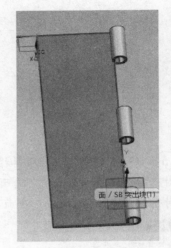

图14-62 设置面

⑧ 开始定位中心点的位置。将点设置与上下两边的距离分别为10，如图14-63所示的点位置所示，单击"完成草图"按钮，最终效果如图14-64所示。

⑨ 按照上面的设置，绘制如图14-65所示的草绘，设置两边的位置分别为35mm和8mm，单击"完成草图"按钮，最终效果如图14-66所示。同理，绘制如图14-67所示的草绘，设置两边的位置分别为30mm和10mm，单击"完成草图"按钮，最终效果如图14-68所示。同理，绘制如图14-69所示的草绘，设置两边的位置分别为8mm和10mm，单击"完成草图"按钮，最终效果如图14-70所示。

⑩ 另存为NX钣金文件。在菜单栏中选择"文件"｜"另存为"命令，弹出"另存为"对话框，在"文件名"文本框中输入"右合页"，如图14-71所示，单击"确定"按钮，进入UG NX钣金设计环境。

⑪ 抑制折弯特征。单击左侧视图区的"部件导航器"图标，弹出如图14-72所示的"部件导航器"面板，取消勾选"SB折弯"，最终显示如图14-73所示的钣金零件体。

图14-63 点位置

图14-64 效果图

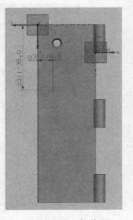

图14-65 点位置

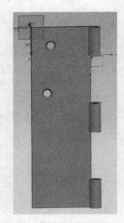

图14-66 效果图

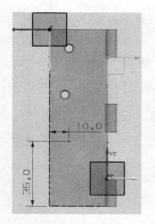

图14-67 点位置

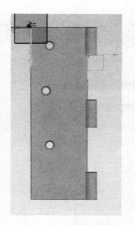

图14-68 效果图

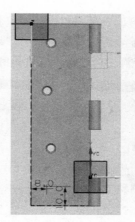

图14-69 点位置

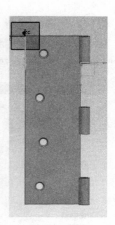

图14-70 效果图

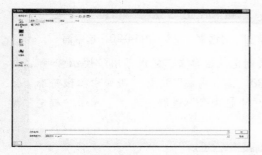

图14-71 "另存为"对话框

图14-72 部件导航器

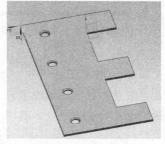

图14-73 钣金零件体

⑫ 编辑突出块特征。单击左侧视图区的"部件导航器"图标 ，弹出如图14-74所示的"部件导航器"面板，用鼠标双击"SB突出块"特征，弹出如图14-75所示的突出块预览。

⑬ 单击对话框"截面"选项中的"绘制截面"按钮 ，在这里将草图改成如图14-76所示的草绘模式，单击"完成草图"按钮，最终效果如图14-77所示。

图14-74 部件导航器

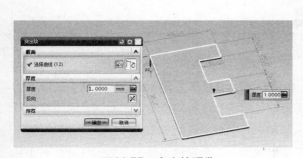

图14-75 突出块预览

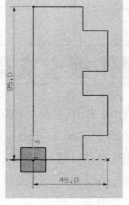

图14-76 草绘

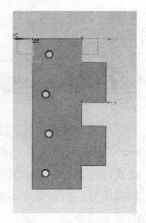

图14-77 效果图

⑭ 开始创建折弯。在菜单栏中选择"插入"｜"折弯"命令，弹出如图14-78所示的"折弯"对话框，单击"折弯线"选项组中的"绘制截面"按钮▦，弹出如图14-79所示的"创建草图"对话框，选择门合页上的平面，选中如图14-80所示的面，单击"确定"按钮。

图14-78　"折弯"对话框

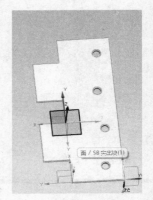

图14-79　"创建草图"对话框

图14-80　选中面

⑮ 在这个平面上画出如图14-81所示的草图，绘制完成后单击"完成草图"按钮 ✎完成草图，弹出如图14-82所示的"折弯"对话框，"角度"输入280°，"内嵌"选择"折弯中心线轮廓"，在"折弯参数"选项组中，"折弯半径"输入2mm，"中性因子"选择全局值，单击"确定"按钮，形成的最终效果如图14-83所示。

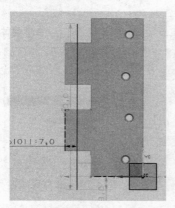

图14-81　草绘

图14-82　"折弯"对话框

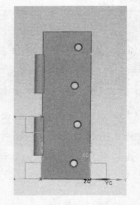

图14-83　最终效果图

14.3　制作板卡支架

本实例介绍如何制作板卡中的显卡支架，显卡全称显示接口卡（Video card，Graphics card），又称为显示适配器（Video adapter），显示器配置卡简称为显卡，是个人电脑最基本的组成部分之一。显卡的用途是将计算机系统所需要的显示信息进行转换驱动，并向显示器提供行扫描信号，控制显示器的正确显示，是连接显示器和个人电脑主板的重要元件，是"人机对话"的重要设备之一。显卡作为电脑主机里的一个重要组成部分，承担输出显示图形的任务，对于从事专业图形设计的人来说显卡非常重要。本例将在电脑主机箱中，设计一款放置显卡的支架。

首先绘制草图，再通过拉伸、弯边、裁剪直立旁边等特征操作，绘制出显卡支架。

① 打开UG NX 8.0，在模型中选择"NX钣金"，新建文件名为"显卡支架"，单击"确定"按钮，进入钣金建模模块，如图14-84所示。

② 选择菜单栏中的"首选项"｜"NX钣金"命令，如图14-85所示，弹出如图14-86所示的"NX钣金首选项"对话框，设置"全局参数"中的"材料厚度"为1mm，"折弯半径"为2mm，选择"折弯许用半径公式"单选按钮，最后单击"确定"按钮，完成NX钣金预设置。

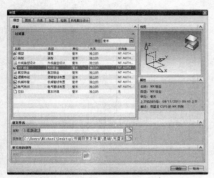

图14-84 "新建"对话框　　　图14-85 "NX钣金"命令　　图14-86 "NX钣金首选项"对话框

③ 创建突出块特征。单击"钣金特征"工具栏中的"突出块"按钮，弹出如图14-87所示的"突出块"对话框，在"类型"下拉列表中选择"基本"选项，单击"截面"选项中的"绘制截面"按钮，弹出如图14-88所示的"创建草图"对话框，选择X-Y平面，单击"确定"按钮。

④ 在进入的平面内绘制如图14-89所示的显卡草绘，绘制完成后单击"完成草图"按钮，弹出如图14-90所示的"突出块"对话框，单击"确定"按钮，形成的最终效果如图14-91所示。

图14-87 "突出块"对话框　　图14-88 "创建草图"对话框

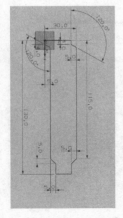

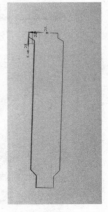

图14-89 草绘　　　　图14-90 "突出块"对话框　　　图14-91 效果图

⑤ 开始创建折弯。在菜单栏中选择"插入"｜"弯边"命令，弹出如图14-92所示的"弯边"对话框，"长度"设置为16mm，选择门合页上的平面上沿，如图14-93所示，单击"确定"按钮，效果如图14-94所示。

图14-92 "弯边"对话框

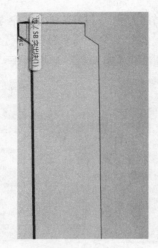

图14-93 选择边

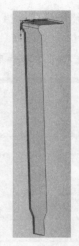

图14-94 选中面

⑥ 法向除料。单击"钣金特征"工具栏中的"法向除料"按钮，弹出如图14-95所示的"法向除料"对话框，单击"截面"选项中的"绘制截面"按钮，弹出如图14-96所示的"创建草图"对话框，选择如图14-97所示的所选平面，单击"确定"按钮，然后绘制如图14-98所示的草绘，绘制完成后单击"完成草图"按钮，最终效果如图14-99所示。

图14-95 "法向除料"对话框

图14-96 "创建草图"对话框

图14-97 所选面

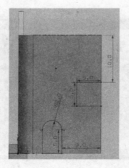

图14-98 草绘

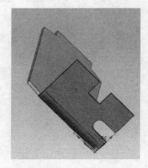

图14-99 效果图

7 继续法向除料。单击"钣金特征"工具栏中的"法向除料"按钮，弹出如图14-100所示的"法向除料"对话框，单击"截面"选项中的"绘制截面"按钮，弹出如图14-101所示的"创建草图"对话框，选择如图14-102所示的所选平面，单击"确定"按钮，然后绘制如图14-103所示的草绘，绘制完成后单击"完成草图"按钮，最终效果如图14-104所示。

图14-100 "法向除料"对话框

图14-101 "创建草图"对话框

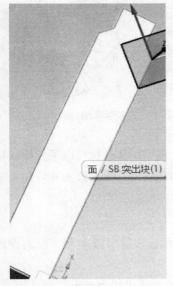

图14-102 所选面

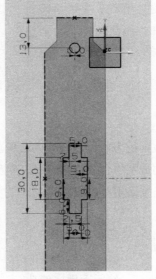

图14-103 草绘

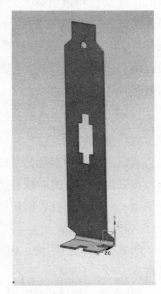

图14-104 效果图

第15章

UG在机械零件设计中的应用

UG除了在数控加工和模具设计等主要应用领域外，在机械设计中也有着广泛的应用。本章将通过具体的实例来详细介绍UG在机械零件设计中的实际应用。

15.1 汽车活塞的设计

活塞是汽车发动机的"心脏"，承受交变的机械负荷和热负荷，是发动机中工作条件最恶劣的关键零部件之一。活塞的功用是承受气体压力，并通过活塞销传给连杆驱使曲轴旋转，活塞顶部还是燃烧室的组成部分。汽车活塞如图15-1所示。

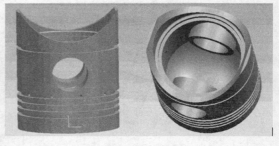

图15-1 汽车活塞图

1. 设计分析

（1）特征分析

可以混合采用参数化草图和拉伸的方法构建活塞的实体模型，模型主体结构可以采用旋转特征；再采用绘制草图和拉伸特征的方法来创建实体特征；对于各种孔特征，采用添加孔特征来进行创建；对于圆角或者倒角可以直接采用对应的圆角或倒角特征进行创建。

（2）设计思路

活塞多为空间结构，因此采用旋转特征构建模型主体，具体创建步骤可以参考下面的设计思路。

1）在草图模块绘制零件草图特征，然后运用拉伸功能，将草图旋转成活塞主体。

2）在建模模块中利用创建基准命令创建基准坐标系和基准平面特征。

3）在新建的基准平面绘制草图曲线，该草图曲线与固定主体结构有一定的空间尺寸关系。

4）将实体添加颜色属性，以完善模型。

2. 设计过程

具体操作步骤如下。

1 打开UG NX 8.0，选择"新建"命令，更改名称为"huo_sai.prt"，选择"mm"制，然后单击"确定"按钮，打开如图15-2所示的"新建"对话框。

2 进入UG NX 8.0工作界面，弹出如图15-3所示的工作界面。

③ 单击工具栏中的"回转"按钮，弹出如图15-4所示的"截面"对话框，然后单击"绘制截面"按钮，选择"X-Z"平面，单击"在草图任务环境中"按钮，然后选择如图15-5所示的截面。

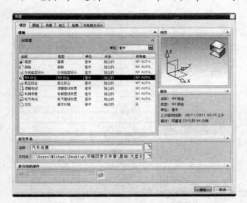

图15-2　"新建"对话框　　　图15-3　工作界面　　图15-4　选择截面　　图15-5　选择截面

④ 建立草图，绘制如图15-6所示的草图。绘制完草图后，单击工具栏中的"完成草图"按钮，旋转后的效果如图15-7所示。

⑤ 单击"确定"按钮，退出草图界面后单击"拉伸"按钮，单击"绘制截面"按钮，选择X-Z平面，如图15-8所示。

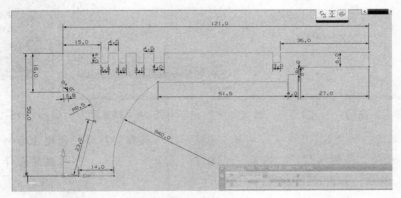

图15-6

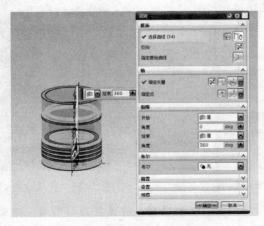

图15-7　旋转后的效果图

图15-8　选择新平面

6 绘制草图，如图15-9所示。绘制完草图后，单击"完成草图"按钮，"开始"值输入47，"结束"值输入40，布尔运算选择"求差"，然后单击"确定"按钮，效果如图15-10所示。

7 单击"特征操作"按钮，选择"特征形成图样"，如图15-11至图15-14所示，选择"圆形阵列"。

8 选择绕x轴为基准轴，完成对孔的阵列后，选择"草图"，选择"X-Y"平面，如图15-15所示的X-Y截面。

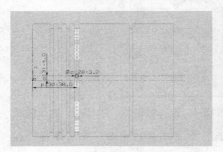

图15-9 草图

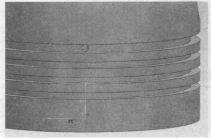

图15-10 完成效果图

图15-11 圆形阵列

图15-12 "过滤器"选项

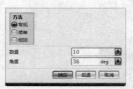

图15-13 阵列角度

图15-14 基准轴

图15-15 X-Y截面

9 绘制草图，如图15-16所示。单击"完成草图"按钮，然后拉伸刚才绘制的草图，拉伸方向为z轴，"开始"值输入22，"结束"值选择"直至下一个"，布尔运算选择"求和"，然后单击"确定"按钮，如图15-17和图15-18所示。

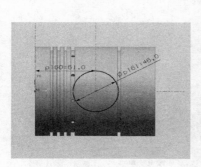

图15-16 草图

图15-17 设置选项

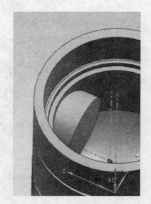

图15-18 完成效果图

10 单击"拉伸"按钮，选择如图15-19所示的面，绘制草图，即直径为35的圆，单击"完成草图"按钮，然后按照如图15-19所示进行操作，"开始"值为0，"结束"值为"贯通"，布尔运算为"求差",单击"确定"按钮。

⑪ 单击"特征操作"中的"实例特征",如图15-20至图15-22所示,选择刚才绘制的两个特征进行"圆形阵列",最终效果如图15-23所示。

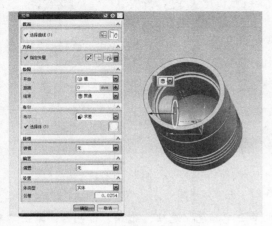

图15-19　选择面　　　　　　　　　　　　　　图15-20　阵列

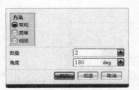

图15-21　"过滤器"选项　　　图15-22　数量和角度　　　图15-23　完成效果图

⑫ 单击"拉伸"按钮,选择"绘制截面",选择"X-Y"平面,如图15-24所示。

⑬ 绘制草图,如图15-25所示。绘制完成后,单击"完成草图"按钮,效果如图15-26所示,"结束"值选择"对称值","距离"设置为50,布尔运算选择"求差"。

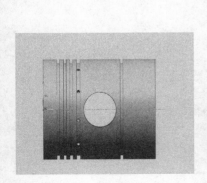

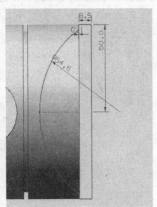

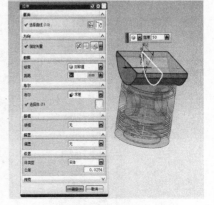

图15-24　X-Y平面　　　　　图15-25　绘制草图　　　　图15-26　拉伸求差

⑭ 单击"确定"按钮,完成效果如图15-27所示。

图15-27 完成效果图

⑮ 选择整个实体，然后按Ctrl+J键，单击"颜色"选项，选择"白色"，单击"确定"按钮，编辑对话框和颜色面板如图15-28和图15-29所示。

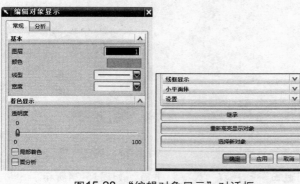

图15-28 "编辑对象显示"对话框

图15-29 选择颜色

最终效果如图15-30所示。

图15-30 最终效果图

15.2 轴类零件设计

轴类零件是组成部件和机器的重要零件，主要用于支撑传动零件（齿轮、带轮等），承受载荷、传递转矩以及保证装在轴上零件的回转精度。

根据轴的形状可以分为光轴、空心轴、半轴、阶梯轴、花键轴、曲轴、凸轮轴等，从根本上来说轴类零件根据其形状的不同，可以分为直轴和曲轴，如图15-31和图15-32所示。

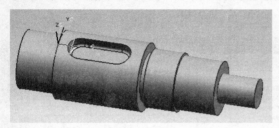
图15-31　直轴示意图

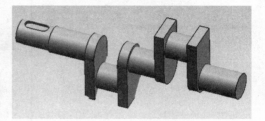
图15-32　曲轴示意图

1．设计分析

（1）特征分析

从图15-31和图15-32可以看出，轴类零件不论怎样分类，其结构基本相似，都由圆柱或空心圆柱构成的主体，以及键槽、退刀槽、螺纹以及圆角等特征结构组成。因此，可以混合采用参数化草图和回转的方法构建轴的实体模型，模型主体结构可以采用回转特征；对于键槽要首先添加基准平面，再采用键槽特征；对于退刀槽可以采用沟槽特征；对于圆角或者倒角可以直接采用对应的圆角或倒角特征进行创建。

（2）设计思路

轴类零件多为中心对称结构，因此采用回转特征构建模型主体，具体创建步骤可以参考下面的设计思路。

1）在草图模块绘制零件草图特征，然后运用回转功能，将草图回转成轴类零件的框架主体。

2）在建模模块中利用沟槽命令创建退刀槽特征。

3）在需要添加键槽的位置创建基准平面，然后利用键槽命令创建键槽。

4）运用边倒圆、面倒圆和倒斜角命令进行必要的倒角操作，以完善模型。

2．阶梯轴的造型设计

阶梯轴在轴类零件中最为常见，其造型设计方法也非常典型，因此通过一个实例来具体说明利用UG NX 8.0软件设计阶梯轴的方法与过程。本例中阶梯轴的结构与尺寸如图15-33所示，其中未注圆角为R2，未注倒角为$1 \times 45°$。

具体操作步骤如下。

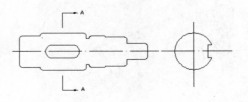
图15-33　阶梯轴平面图

① 启动UG程序后，新建一个名称为"JIETIZHOU.prt"的部件文件，并设置单位为毫米，如图15-34所示。

② 在"标准"工具栏中单击"开始"按钮，选择"建模"命令，进入建模模块，如图15-35所示。

③ 在建模模块的"特征"工具栏中单击"草图"按钮🔳，系统进入草图界面，以坐标平面ZC-XC作为草图平面，绘制如图15-36所示的草图。

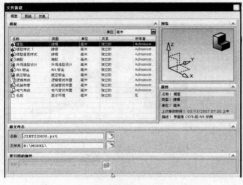

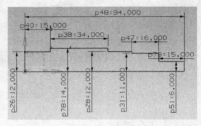

图15-34　新建文件　　　　　　图15-35　"建模"命令　　　　　图15-36　创建草图

④ 草图创建完成后，单击"完成草图"按钮 🔳完成草图，系统进入建模模块，在"特征"工具栏中单击"回转"按钮🔳，系统弹出如图15-37所示的"回转"对话框。根据系统命令提示，依次选取截面曲线为草图曲线，回转矢量轴为XC轴，并在文本框内输入回转角度为360°，系统生成如图15-38所示的预览效果，单击"确定"按钮，则生成如图15-39所示的回转体特征。

图15-37　"回转"对话框

⑤ 在"特征"工具栏中单击"开槽"按钮🔳，系统弹出如图15-40所示的"槽"对话框，单击"矩形"按钮，然后在如图15-39所示的实体选择圆柱侧面作为沟槽的放置面，并在如图15-41所示的"矩形槽"对话框中输入相应槽参数，其预览效果如图15-42所示，并在定位槽命令提示下依次选择图中两个表面作为定位参考表面，然后在如图15-43所示的"创建表达式"对话框中输入表达式值为0，单击"确定"按钮，系统生成如图15-44所示的槽。

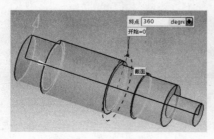

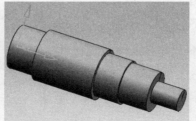

图15-38　预览图　　　　　　　图15-39　完成创建　　　　　　图15-40　"槽"对话框

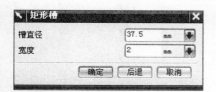

图15-41 "矩形槽"对话框

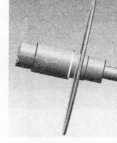

图15-42 预览效果

图15-43 输入参数

6 将工作坐标系移动到如图15-45所示的圆形边缘的象限点上。

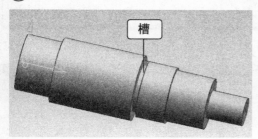

图15-44 创建的槽

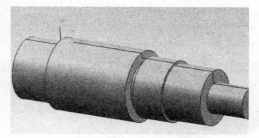

图15-45 移动工作坐标系

7 在菜单栏中选择"插入"｜"基准/点"｜"基准平面"命令，系统弹出如图15-46所示的"基准平面"对话框，选取XC-YC平面作为基准平面，创建后的基准平面如图15-47所示。

图15-46 "基准平面"对话框

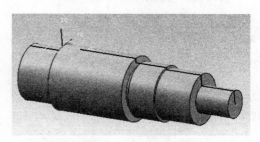

图15-47 基准平面效果图

8 隐藏草图曲线，然后在"特征"工具栏中单击"键槽"按钮，系统弹出如图15-48所示的"键槽"对话框，在其中选取"U形键槽"命令，系统弹出如图15-49所示的"U型键槽"对话框，在绘图工作区选择前面步骤7中建立的基准平面作为键槽的放置平面。

图15-48 "键槽"对话框

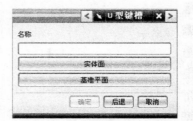

图15-49 "U型键槽"对话框

9 放置平面选择完成后，在如图15-50所示的生成方向对话框中，单击"接受默认边"按钮，系统随后弹出如图15-51所示的"水平参考"对话框，在其中单击"实体面"按钮，系统弹出如图15-52所示的"选择对象"对话框，然后在绘图工作区选择如图15-53所示的水平参考平面。

10 水平参考平面选择完成后系统弹出"U型键槽"对话框，在该对话框中输入如图15-54所示的参数值，单击"确定"按钮，系统弹出如图15-55所示的"定位"对话框。

图15-50　生成方向对话框　　　　图15-51　"水平参考"对话框　　　　图15-52　"选择对象"对话框

图15-53　水平参考平面　　　　　　图15-54　U型键槽参数　　　　　图15-55　"定位"对话框

11 在"定位"对话框中选择"水平"按钮，并在模型中选择如图15-56所示的参考曲线的圆弧中心位置为参考点，并在随后弹出的"创建表达式"对话框中输入表达式值为10，单击"确定"按钮，系统生成如图15-57所示的键槽特征。

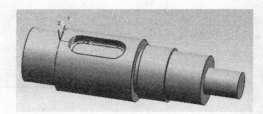

图15-56　选择参考点　　　　　　　　　　图15-57　生成键槽

12 进行相应的倒角操作，在"特征操作"工具栏中单击"边倒圆"按钮，对实体模型的轮廓边缘进行倒角操作，圆角半径均为2。完成后的实体特征如图15-58所示。

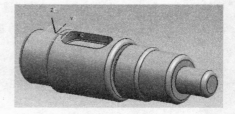

3. 曲轴的造型设计

曲轴可以通过连杆将旋转运动转化为往复直线

图15-58　最终效果

运动，也可以将往复直线运动转化为旋转运动，在发动机等机械设备中广泛使用，由于曲轴的结构比较特殊，因此其造型过程也相对复杂。下面通过一个实例来简要介绍利用UG NX 8.0软件设计曲轴的一般过程。

① 启动UG NX 8.0后，新建"QUZHOU.prt"文件，并进入建模模块。

② 在"特征"工具栏中单击"圆柱体"按钮，绘制直径为50、高为70的圆柱体，如图15-59所示。

③ 在"特征"工具栏中单击"凸台"按钮，系统弹出"凸台"对话框，设置凸台的直径为55、高度为400、拔模角为0。选择凸台的放置平面如图15-60所示，单击"确定"按钮，系统弹出"定位"对话框，设置凸台中心与圆柱体中心重合，创建的凸台特征如图15-61所示。

图15-59　圆柱体　　　　图15-60　放置平面　　　　　　图15-61　放置效果

④ 以坐标平面XC-YC为草图平面，绘制如图15-62所示的草图曲线。

⑤ 在"特征"工具栏中单击"拉伸"按钮，系统弹出"拉伸"对话框，设置参数如图15-63所示，单击"确定"按钮，系统生成相应的拉伸体，如图15-64所示。

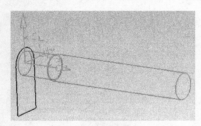

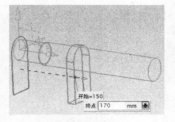
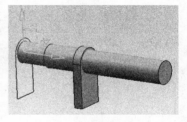

图15-62　草图曲线　　　　图15-63　设置参数　　　　图15-64　生成拉伸实体

⑥ 采用同样的步骤，绘制如图15-65所示的凸台，凸台的直径为45、高度为50、拔模角为0。

⑦ 选择刚刚绘制的草图，设置参数如图15-66所示，单击"确定"按钮，生成相应的拉伸体。

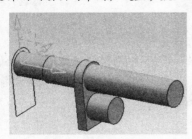
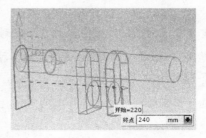

图15-65　凸台效果　　　　　　图15-66　设置参数

⑧ 将已生成的实体进行布尔运算求合操作，其预览效果如图15-67所示。合并完成后，在菜单栏中选择"插入"｜"来自体的曲线"｜"抽取"命令，如图15-68所示，单击"边缘曲线"按钮，选择轮廓边缘生成如图15-69所示的曲线特征。

⑨ 选择抽取曲线进行拉伸操作，拉伸参数如图15-70所示，拉伸完成后，选择布尔运算中的"求差"操作，其预览效果如图15-71所示，单击"确定"按钮，系统生成如图15-72所示的特征。

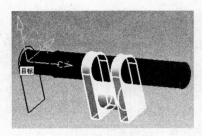

图15-67　预览效果

图15-68　"抽取曲线"对话框

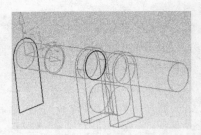

图15-69　生成特征

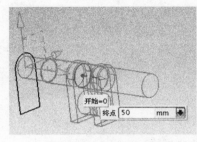

图15-70　输入拉伸参数

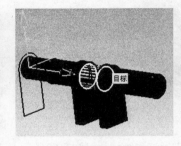

图15-71　预览效果

图15-72　完成拉伸

⑩ 以坐标平面XC-YC作为草图平面，绘制如图15-73所示的草图特征，绘制完成后对刚绘制的草图进行拉伸操作，其拉伸参数如图15-74所示，创建相应拉伸体。

⑪ 创建凸台特征如图15-75所示，凸台直径为45、高度为50、拔模角为0。

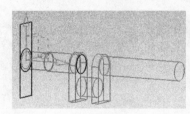

图15-73　绘制草图

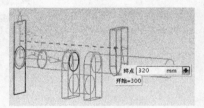

图15-74　输入参数

图15-75　添加凸台

⑫ 对步骤10中创建的草图特征进行拉伸操作，拉伸平面为XC-YC，拉伸特征参数如图15-76所示。

⑬ 重复步骤8和9，进行实体裁减，得到如图15-77所示的实体特征。

⑭ 单击"特征"工具栏中的"键槽"按钮，根据实例1中介绍的键槽绘制方法，绘制尺寸参数如图15-78所示的键槽，最后单击"确定"按钮，系统生成如图15-79所示的键槽特征。

⑮ 进行相应的倒角操作，得到的实体特征如图15-80所示。

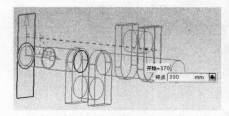

图15-76　输入参数

图15-77　生成实体特征

图15-78　输入参数

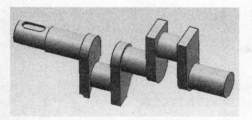

图15-79　生成键槽特征

图15-80　最终效果

15.3 支架类零件设计

本节将详细介绍支架类零件的具体设计流程和设计方法，制作的支架零件效果如图15-81所示。

1.设计分析

（1）特征分析

从图15-81中可以看出，支架类零件由空间固定表面构成的主体、光孔、螺纹孔，以及加强筋等特征结构组成。因此，可以混合采用参数化草图和拉伸的方法构建支架的实体模型，模型主体结构可以采用拉伸特征；对于空间结构要首先添加基准坐标系，再采用绘制草图和拉伸特征的方法来创

图15-81　支架零件图

建实体特征；对于各种孔特征，需采用添加孔特征来进行创建；对于圆角或者倒角可以直接采用对应的圆角或倒角特征进行创建。

（2）设计思路

支架类零件多为空间结构，因此采用拉伸特征构建模型主体，具体创建步骤可以参考下面的设计思路。

1）在草图模块绘制零件草图特征，然后运用拉伸功能，将草图拉伸成支架类零件的固定主体结构。

2）在建模模块中利用创建基准命令创建基准坐标系和基准平面特征。

3）在新建的基准平面绘制草图曲线，该草图曲线与固定主体结构有一定的空间尺寸关系。

4）运用边倒圆、面倒圆和倒斜角命令进行必要的倒角操作，以完善模型。

2.设计过程

具体操作步骤如下。

①启动UG NX 8.0，新建一个名称为"ZHIJIA.prt"的部件文件，并设置单位为毫米，如图15-82所示。

②在"标准"工具栏中单击"开始"按钮，在弹出的菜单中选择"建模"命令，进入建模模块，如图15-83所示。

③在建模模块的"特征"工具栏中单击"草图"按钮，系统进入草图界面，以坐标平

面XC-YC作为草图平面，绘制如图15-84所示的草图。

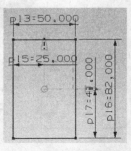

图15-82 "文件新建"对话框 　图15-83 选择"建模"命令 　图15-84 草绘图形

④ 完成草图操作后，对刚绘制的草图曲线进行拉伸操作，在"特征"工具栏中单击"拉伸"按钮，拉伸参数及拉伸方向如图15-85所示。

⑤ 完成拉伸特征后，在"特征"工具栏中单击"孔"按钮，绘制沉头孔，其特征参数如图15-86所示。单击"确定"按钮，在"定位"对话框中对孔进行准确定位，完成两个沉头孔的创建后，模型如图15-87所示。

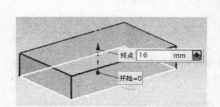

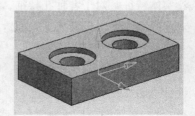

图15-85 预览 　　图15-86 设置孔参数 　　图15-87 完成孔创建

⑥ 仍以XC-YC平面为草图平面创建如图15-88所示的草图特征。

⑦ 草图特征创建完成后，进行拉伸操作，拉伸参数及拉伸方向如图15-89所示。

⑧ 拉伸特征完成后，将已绘制的两个实体特征进行布尔加运算，其预览效果如图15-90所示。将草图曲线隐藏，选中草图曲线后按Ctrl+B键即可。

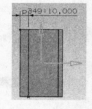
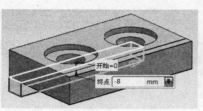

图15-88 草绘图形 　　图15-89 拉伸预览 　　图15-90 完成拉伸

⑨ 以XC-ZC平面为草图平面，创建如图15-91所示的草图曲线。

⑩ 草图曲线创建完成后，对刚绘制的曲线进行拉伸操作，拉伸参数及矢量方向如图15-92所示。

⑪ 在菜单栏中选择"插入"｜"基准/点"｜"基准CSYS"命令，以"动态"方式选择圆弧圆心点位置，创建如图15-93所示的基准CSYS。创建完成后的基准坐标系如图15-94所示。

⑫ 在新创建的基准坐标系中选择ZC-YC平面作为草图平面创建草图，其尺寸参数如图15-95所示。

⑬ 对刚绘制的草图曲线进行拉伸操作，拉伸参数特征如图15-96所示。

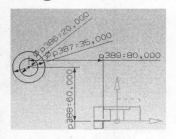

图15-91　草图

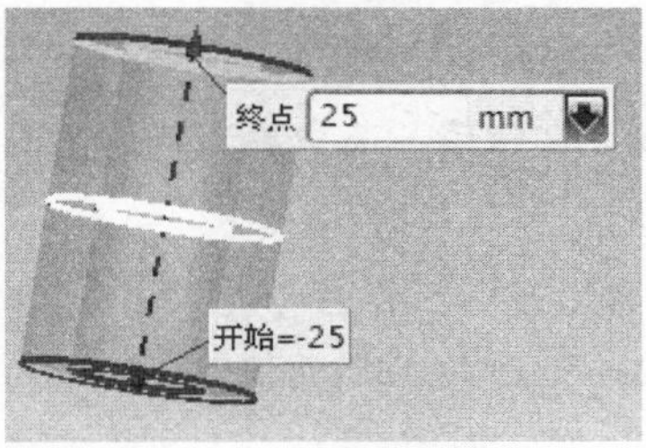

图15-92　拉伸预览

图15-93　基准点

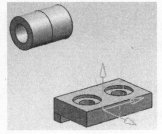

图15-94　创建新坐标系

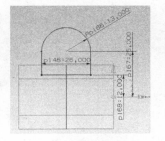

图15-95　草图

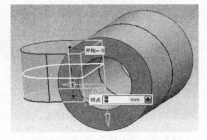

图15-96　模型预览

⑭ 拉伸完成后绘制凸台，在"特征"工具栏中单击"凸台"按钮，创建凸台，参数如图15-97所示，创建完成后的凸台特征如图15-98所示。

⑮ 进行布尔运算操作，将所创建的实体特征进行布尔加运算，其预览效果如图15-99所示。

图15-97　设置凸台参数

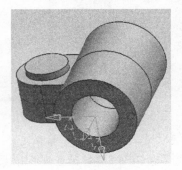

图15-98　完成创建

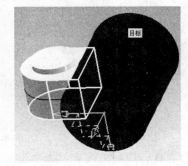

图15-99　预览效果

⑯ 布尔运算完成后，进行创建草图操作，仍以步骤10中创建的基准坐标系为参考，以ZC-XC为草图平面，创建如图15-100所示的草图特征。

⑰ 对刚创建的草图特征进行拉伸操作，拉伸参数如图15-101所示。

⑱ 拉伸完成后进行布尔减运算，其预览效果如图15-102所示。

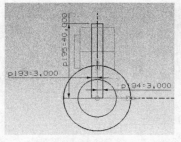
图15-100　草图

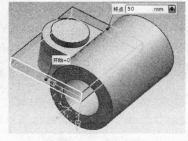
图15-101　设置拉伸参数

图15-102　预览效果

⑲ 将绘图工作区中的草图曲线全部隐藏，选中要隐藏的曲线，然后按Ctrl+B键即可完成隐藏操作，隐藏完成后得到如图15-103所示的实体特征。

⑳ 在"特征"工具栏中单击"孔"按钮，在凸台表面创建直径为11的光孔特征，如图15-104所示。

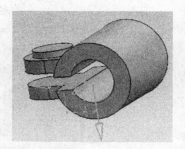
图15-103　效果图

图15-104　孔的创建

㉑ 在"特征"工具栏中单击"孔"按钮，创建如图15-105所示的直径为10的光孔特征。创建完成后在"特征操作"对话框中单击"螺纹"按钮，选择刚创建的光孔特征创建螺纹特征，系统自动生成螺纹参数特征，如图15-106所示。单击"确定"按钮，系统生成如图15-107所示的螺纹特征。

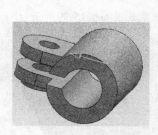
图15-105　创建光孔

图15-106　设置螺纹孔参数

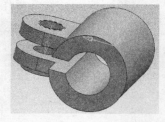
图15-107　创建螺纹孔

㉒ 在"曲线"工具栏中单击"直线"按钮，绘制如图15-108所示的任意长度，且沿XC向的直线。绘制完成后，选中该直线，按Ctrl+T键对该直线进行变换操作，在"变换"对话框中选择"平移"命令，然后单击"增量"按钮，在弹出的如图15-109所示的对话框中输入相应参数，单击"确定"按钮后，在弹出的"变换"对话框中单击"复制"按钮，系统生成如图15-110所示的复制曲线。

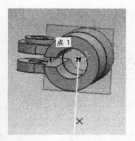

图15-108　直线

图15-109　参数设置

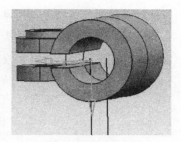

图15-110　曲线生成

23 在"曲线"工具栏中单击"直线"按钮，绘制如图15-111所示的任意长度，且沿ZC向的直线。绘制完成后，选中该直线，按Ctrl+T键对该直线进行变换操作，在"变换"对话框中选择"平移"命令，然后单击"增量"按钮，在弹出的如图15-112所示的对话框中输入相应参数，单击"确定"按钮后，在弹出的"变换"对话框中单击"复制"按钮，系统生成如图15-113所示的复制曲线。

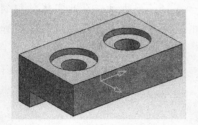

图15-111　绘制直线

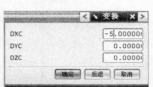

图15-112　参数设置

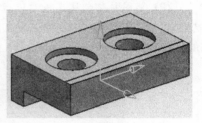

图15-113　生成曲线

24 在"曲线"工具栏中单击"直线"按钮，绘制如图15-114所示的任意长度、过曲线中点且沿XC向的直线。

25 步骤20～22中的曲线绘制完成后，通过如图15-115和15-116中所示的两个交点绘制直线，如图15-116所示，然后通过15-116中所示的交点创建任意长度，且沿ZC向的直线。

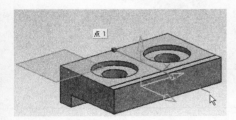

图15-114　绘制直线

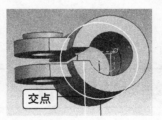

图15-115　选择点1

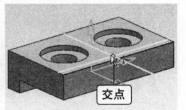

图15-116　选择点2

26 通过如图15-117和图15-118所示的两条直线，创建如图15-119所示的基准平面。

图15-117　创建直线1

图15-118　创建直线2

图15-119　创建基准平面

(27) 以刚绘制的基准平面为草图平面，创建如图15-120所示的草图特征，草图特征创建完成后进行拉伸操作，拉伸参数及方向如图15-121所示。

(28) 仍以步骤26中创建的基准平面为草图平面，创建如图15-122所示的草图特征。

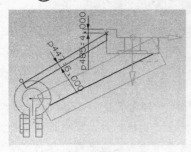

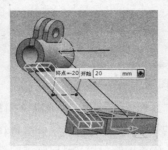

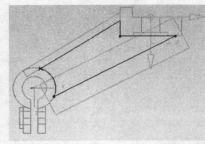

图15-120　草图　　　　　　　　　图15-121　效果预览　　　　　　　图15-122　创建草图

(29) 草图特征创建完成后进行拉伸操作，拉伸参数及方向如图15-123所示，至此实体特征创建完成。隐藏所有的基准特征及曲线，将所有实体特征进行布尔加操作，最终得到的实体模型如图15-124所示。

(30) 按照零件图中的要求进行倒角操作，在此不再赘述。

图15-123　输入参数　　　　　　　　　　　　　　图15-124　效果图

15.4 齿轮类零件设计

齿轮的种类很多，按照轮齿曲线相对于齿轮轴心线方向可以将齿轮分为直齿、斜齿、人字齿和曲线齿4种。按照齿轮轮廓曲线可以将齿轮分为渐开线齿、摆线齿和圆弧齿3种。在生产实践中，渐开线齿轮应用最为广泛。因此，本节将着重介绍渐开线齿轮的造型设计。

齿轮一般由轮体、轮齿、辅板和轮毂等组成。在齿轮的造型设计中，轮齿的创建最为关键，理论性也最强，有时还需要复杂的数学推导，甚至编程。

齿轮的具体设计过程如下。

(1) 启动UG NX 8.0，新建一个名称为"CHILUN.prt"的文件，设置单位为毫米，进入建模模块，设置好适合个人操作的工作环境。

(2) 建立参数表达式，选择菜单栏中的"工具"｜"表达式"命令，弹出"表达式"对话

框，如图15-125所示。在"名称"和"公式"文本
框中分别输入m和2，单击"应用"按钮，采用相同
的方法再次输入。

z，20；

a，20；

da，(z+2)*m；

db，m*z*cos(a)；

df,,(z-2.5)*m；

t，0；

qita,,90*t；

s，3.1415926*db*t/4；

xt，db*cos(qita)/2+s*sin(qita)；

yt，db*sin(qita)/2-s*cos(qita)；

zt；0；

图15-125 "表达式"对话框

输入参数后，在上述表达式中，m表示齿轮的模数，z表示齿轮的齿数，t是系统内部变量，
在0和1之间自动变化，da是齿轮齿顶圆直径，db是齿轮基圆直径，df是齿根圆直径，a为压力角。
注意：da、db和df的类型定义为"长度"，其他表达式类型定义为"恒定"。

③ 绘制渐开线，单击"曲线"工具栏中的"规律曲线"按钮，弹出"规律函数"对话框，
单击其中的"根据方程"按钮，如图15-126所示，弹出如图15-127和图15-128所示的对话框，由
此定义X。

图15-126 "规律函数"对话框

图15-127 参数设置1

图15-128 参数设置2

④ 保持系统默认参数，单击"确定"按钮，返回"规律曲线"对话框，同上定义Y和Z，
连续单击"确定"按钮，进入如图15-129所示的对话框，进入"点"对话框，输入坐标原点为渐
开线基点，连续单击"确定"按钮，生成渐开线，如图15-130所示。

⑤ 绘制轮胚。单击"特征操作"工具栏中的"圆柱体"按钮，系统弹出"圆柱"对话框，
如图15-131所示，在"属性"选项组中输入圆柱体的尺寸：直径为44（齿顶圆直径），高度为20
（轮齿厚度）。

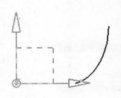

图15-129 "规律曲线"对话框 图15-130 曲线绘制 图15-131 "圆柱"对话框

⑥ 单击"特征操作"工具栏中的"凸台"按钮，系统弹出"凸台"对话框，选取圆柱体的

一个底面作为放置面，并在对话框中设置凸台参数，如图15-132所示。凸台的圆心应与圆柱体截面圆的圆心重合，生成凸台。使用同样的操作，在圆柱体的对应侧生成相同的凸台，如图15-133所示。

⑦ 单击"草图生成器"工具栏中的"草图"按钮，系统弹出"草图创建"对话框，在凸台截面上创建如图15-134所示的草图。

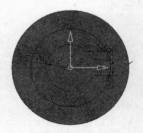

图15-132 "凸台"对话框　　　图15-133 完成凸台创建　　　图15-134 草图

⑧ 完成草图创建后，单击"特征操作"工具栏中的"拉伸"按钮，系统弹出创建"拉伸"对话框，设置拉伸长度为24，生成如图15-135所示的拉伸体。

⑨ 对圆柱体进行倒角操作，如图15-136所示。

⑩ 绘制齿槽轮廓，隐藏工作界面中除了渐开线以外的其他特征。单击"曲线"工具栏中的"圆弧/圆"按钮，绘制分度圆，设置直径为40，单击"直线"按钮，绘制一条直线，该直线第一点位于渐开线与分度圆的交点，第二点位于坐标原点，如图15-137所示。

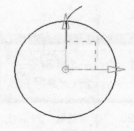

图15-135 完成拉伸　　　图15-136 倒角　　　图15-137 草图

⑪ 选择"编辑"│"变换"命令，弹出"变换"对话框，如图15-138所示。单击"绕直线旋转"按钮，弹出如图15-139所示的对话框，单击"点和矢量"按钮，选择z轴为旋转矢量，如图15-140所示。将上一步绘制的直线绕z轴旋转4.5°，如图15-141所示，效果如图15-142所示。

图15-138 "变换"对话框1　　　图15-139 "变换"对话框2　　　图15-140 矢量选择

图15-141 输入参数

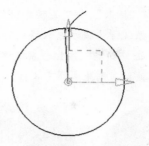

图15-142 草图

12 选择"编辑"|"变换"命令，弹出"变换"对话框，单击"用直线做镜像"按钮，如图15-143所示，在工作区中选择渐开线，并单击对话框中的"现有的直线"按钮，如图15-144所示，再在工作区中选择上一步旋转后的直线，镜像结果如图15-145所示。

图15-143 "变换"对话框1

图15-144 "变换"对话框2

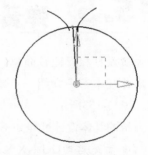

图15-145 完成创建

13 单击"曲线"工具栏中的"圆弧/圆"按钮，采用中心画圆方式，绘制齿顶圆和齿根圆，其直径分别为4和35，其结果如图15-146所示。单击"曲线"工具栏中的"圆弧/圆"按钮，采用三点画圆的方式绘制如图15-147所示的圆弧，第一点和第二点分别为两条渐开线的端点，第三点是旋转后生成的直线与齿根圆的交点。

14 选择"编辑"|"曲线"|"修整"命令，对图形进行修剪，并隐藏辅助曲线，生成齿槽轮廓，结果如图15-148所示。

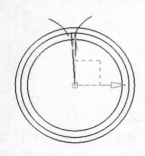

图15-146 绘制圆

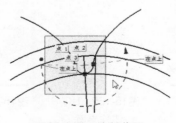

图15-147 绘制草图

图15-148 完成草图

15 生成的轮齿显示先前隐藏的齿轮胚体，如图15-149所示。对齿槽轮廓进行拉伸，结果如图15-150所示。

16 选择"插入"｜"关联复制"｜"引用"命令，系统弹出"引用"对话框，单击"环形阵列"按钮，系统弹出提示选取阵列对象的对话框，选取刚才创建的齿槽，并按照如图15-151所示设置参数，单击"确定"按钮，系统弹出要求选择环形阵列中心线的对话框，选择z轴为中心线，单击"确定"按钮，则生成所有齿槽，如图15-152所示。相应地也就生成轮齿，完成齿轮的创建。

图15-149 完成草图　　图15-150 拉伸效果图　　图15-151 参数设置　　图15-152 齿轮效果图

15.5 弹簧设计

弹簧设计相对比较简单，但在机械中的应用比较广泛，因此在本节中介绍一下弹簧的建模。完成后的弹簧建模如图15-153所示。

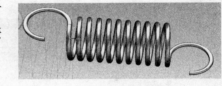

图15-153 弹簧示意图

弹簧的具体设计过程如下。

1 首先启动UG NX 8.0，单击"新建"按钮，在弹出的"新建"对话框中更改名称为"tan huang.prt"，选择单位为毫米，然后单击"确定"按钮，如图15-154所示。

2 进入UG NX 8.0的工作界面，如图15-155所示。

3 单击"插入"工具栏中的"螺旋线"按钮，在弹出的对话框中定义参数，如图15-156所示，单击"确定"按钮，生成如图15-157所示的螺旋线。

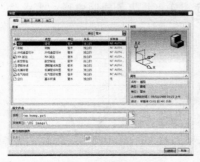   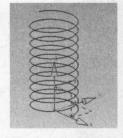

图15-154 "新建"对话框　　图15-155 UG　　图15-156 "螺旋线"　　图15-157 螺旋线
　　　　　　　　　　　　　工作界面　　　　　　对话框　　　　　　　效果图

4 单击"草图"按钮，在弹出的对话框中设置类型为"在轨迹上"，如图15-158所示。选择该段螺旋线，如图15-159所示，单击图15-156中的"确定"按钮，生成如图15-160所示的界面，在该草图中绘制一个直径为2的圆形，如图15-161所示。

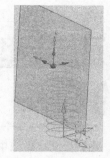

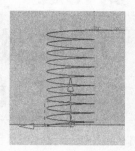

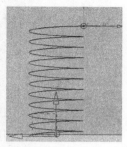

图15-158 "创建草图"对话框　　图15-159 草图预览　　图15-160 轨迹选择　　图15-161 草图绘制

⑤ 单击"沿引导线扫掠"按钮，弹出如图15-162所示的对话框，选择界面和引导线，生成如图15-163所示的弹簧。

⑥ 单击"回转"按钮，弹出"回转"对话框，选择刚才草绘的直径为2的圆，指定矢量为-X轴，指定点为（0,0,51），角度为270°，单击如图15-164所示的对话框中的"确定"按钮，生成如图15-165所示的吊钩。

⑦ 单击"回转"按钮，选择弹簧的另一截面，指定矢量为+X轴，指定点定义为（0,0,-9），生成如图15-166所示的弹簧，对该弹簧进行求和运算，在视图可视化中进行编辑，生成起始时的图形，最终效果如图15-167所示。

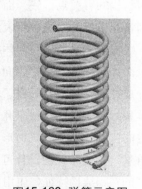

图15-162 "沿引导线扫掠"对话框　　图15-163 弹簧示意图　　图15-164 "回转"对话框

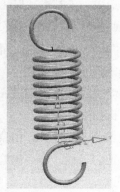

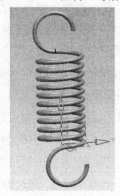

图15-165 回转结果　　　　　图15-166 弹簧效果图　　　　　图15-167 最终效果图

第16章
UG在曲面造型设计中的应用

曲面造型即利用曲面功能进行造型设计，是工业设计领域中的一个分支，灵活运用曲面造型功能，可以完成像飞机和汽车的气动曲线或者曲面，以及船壳等外形较为复杂的曲面。对于一些用一般的基础特征和高级实体特征设计较为麻烦的实体造型设计，使用曲面造型甚至可以收到事半功倍的效果。前面主要学习了UG曲线和曲面等功能，本章将进一步掌握和实践UG在曲面造型设计中的应用方法。

16.1 UG造型的特点

　　三维CAD系统的核心是产品的三维模型。三维模型是在计算机中将产品的实际形状表示成为三维的模型，模型中包括了产品几何结构的有关点、线、面、体的各种信息。计算机三维模型的描述经历了从线框模型、表面模型到实体模型的发展，所表达的几何体信息越来越完整和准确，能解决"设计"的范围越广。其中，线框模型只是用几何体的棱线表示几何体的外形，就如同用线架搭出的形状一样，模型中没有表面、体积等信息。表面模型是利用几何形状的外表面构造模型，就如同在线框模型上蒙了一层外皮，使几何形状具有了一定的轮廓，可以产生诸如阴影、消隐等效果，但模型中缺乏几何形状体积的概念，如同一个几何体的空壳。几何模型发展到实体模型阶段，封闭的几何表面构成了一定的体积，形成了几何形状的体的概念，如同在几何体的中间填充了一定的物质，使之具有了如重量、密度等特性，且可以检查两个几何体的碰撞和干涉等。由于三维CAD系统的模型包含了更多的实际结构特征，使用户在采用三维CAD造型工具进行产品结构设计时，更能反映实际产品的构造或加工制造过程。

　　利用CAD软件进行三维造型是现代产品设计的重要手段，而曲面造型则是三维造型中的难点。尽管现在有的CAD/CAM软件提供了十分强大的曲面造型功能，但初学者面对众多的造型功能普遍感到无所适从，往往是软件功能似乎已经学会了，但面对实际产品时又感到无从下手。即使是一些有经验的造型人员，由于其学习过程中的问题，也常常在造型思路或者功能上存在一些误区，使产品的正确性和可靠性打了折扣。

　　曲面造型有三种应用类型：一是原创产品设计，由草图建立曲面模型；二是根据二维图纸进行曲面造型，即所谓图纸造型；三是逆向工程，即点测绘造型。这里介绍第二种类型的一般实现步骤。图纸造型过程可分为两个阶段。

　　第一阶段是造型分析，确定正确的造型思路和方法，包括如下内容。

1）在正确识图的基础上将产品分解成单个曲面或面组。

2）确定每个曲面的类型和生成方法，如直纹面、拔模面或扫略面等。

3）确定各曲面之间的联接关系（如倒角、裁剪等）和联接次序。

第二阶段是造型的实现，包括如下内容。

1）根据图纸在CAD/CAM软件中画出必要的二维视图轮廓线，并将各视图变换到空间的实际位置。

2）针对各曲面的类型，利用各视图中的轮廓线完成各曲面的造型。

3）根据曲面之间的联接关系完成倒角、裁剪等工作。

4）完成产品中结构部分（实体）的造型。

显然，第一阶段是整个造型工作的核心，它决定了第二个阶段的操作方法。可以说，在CAD/CAM软件上绘制第一条线之前，已经在其头脑中完成了整个产品的造型，做到"胸有成竹"。第二阶段的工作只不过是第一阶段的工作在某一类CAD/CAM软件上的反映而已。在一般情况下，曲面造型只要遵守以上步骤，再结合一些具体的实现技术和方法，不需要特别的技巧即可解决大多数产品的造型问题。

16.2 吸尘器设计

手持式吸尘器外壳造型如图16-1所示，从图中可以看出吸尘器外壳主要由壳体、手持把手和通风孔等结构组成。因此，可以混合采用参数化草图、回转、拉伸、布尔运算，以及扫掠的方法构建吸尘器外壳的实体模型。模型壳体结构可以采用回转特征及抽壳操作来完成。对于把手的空间结构要首先添加基准坐标系，再采用绘制草图和特征扫掠的方法来创建实体特征。对于通风孔特征，采用创建草图、拉伸，以及布尔运算操作来完成。

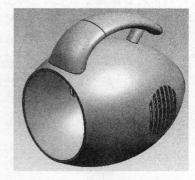

图16-1 吸尘器外壳示意图

吸尘器外壳为回转体结构，具体创建步骤可以参考下面的设计思路。

1）在草图模块绘制回转曲线的草图特征，然后运用回转特征操作，将草图曲线回转成吸尘器的主体结构。

2）在建模模块中利用创建基准命令创建基准坐标系和基准平面特征。

3）在新建的基准平面绘制草图曲线，该草图曲线与固定主体结构有一定的空间尺寸关系。

4）运用扫掠、布尔运算和特征变换等操作完成模型创建。

具体操作步骤如下。

①　启动UG NX 8.0，新建一个名称为"吸尘器.prt"的部件文件，并设置单位为毫米。

②　在"标准"工具栏中单击"开始"按钮，选择"建模"命令，进入建模模块。

③ 在建模模块的"特征"工具栏中单击"草图"按钮，系统进入草图界面，以坐标平面XC-YC作为草图平面，绘制如图16-2所示的草图。

④ 完成草图操作后，对刚绘制的草图曲线进行回转操作，在"特征"工具栏中单击"回转"按钮，选择刚绘制的草图曲线，其预览效果如图16-3所示。

⑤ 在"特征"工具栏中单击"草图"按钮，系统进入草图界面，以坐标平面ZC-YC作为草图平面，绘制如图16-4所示的草图。

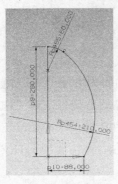

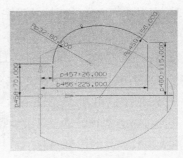

图16-2 绘制草图　　　　图16-3 旋转预览效果　　　　　图16-4 绘制草图

⑥ 在菜单栏中选择"插入"｜"基准/点"｜"基准CSYS"命令，在新建草图曲线的端点位置创建基准坐标系，如图16-5所示。

⑦ 基准坐标系创建完成后，在"特征"工具栏中单击"草图"按钮，选择新坐标系下的XC-YC平面作为草图平面创建草图曲线。在菜单栏中选择"插入"｜"椭圆"命令，选择曲线端点为椭圆中心，创建参数如图16-6所示的椭圆曲线。

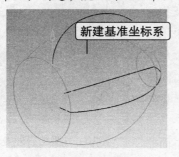

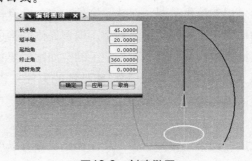

图16-5 新建基准坐标系　　　　　　　图16-6 创建椭圆

⑧ 重复步骤5，在草图曲线的另一端点位置创建基准坐标系，如图16-7所示。基准坐标系创建完成后进行变换操作，选择刚创建的基准坐标系，在菜单栏中选择"编辑"｜"变换"命令或者使用Ctrl+T键，系统弹出"变换"对话框，如图16-8所示。

⑨ 在"变换"对话框中单击"绕直线旋转"按钮，系统弹出如图16-9所示的"变换"对话框，在对话框中单击"点和矢量"按钮，根据系统提示依次选择坐标原点和+X矢量方向。

图16-7 新建基准坐标系

10 选择完成后，在如图16-10所示的对话框中输入旋转角度为-30°，单击"确定"按钮，系统弹出如图16-11所示的"变换"对话框，并单击"复制"按钮，完成坐标系旋转，如图16-12所示，完成变换后单击"取消"按钮，退出"变换"对话框。

11 在"特征"工具栏中单击"草图"按钮，以旋转后的坐标系中的ZC-XC平面为草图平面，创建参数特征如图16-13所示的椭圆曲线。

图16-8　"变换"对话框1

图16-9　"变换"对话框2

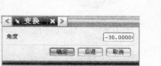
图16-10　输入角度

图16-11　"变换"对话框

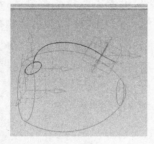
图16-12　旋转坐标系

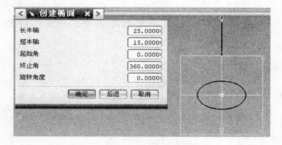
图16-13　创建椭圆

12 在菜单栏中选择"插入"｜"扫掠"｜"扫掠"命令，系统弹出如图16-14所示的"扫掠"对话框，根据系统提示依次选取截面的曲线，分别为步骤6和步骤10中创建的椭圆曲线，其预览效果如图16-15所示。

图16-14　"扫掠"对话框

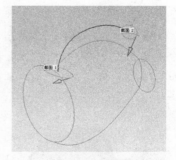
图16-15　预览效果

13 界面曲线选择完成后，选取引导线为步骤5中绘制的曲线，其预览效果如图16-16所示，选择完成后单击"确定"按钮，系统生成如图16-17所示的扫掠特征。

14 在"特征"工具栏中单击"草图"按钮，选择XC-ZC平面为草图平面，绘制如图16-18所示的草图曲线，其参数特征如图16-18所示。草图曲线绘制结束后，绘制一条曲线与该曲线垂直的参考曲线，如图16-19所示。最后单击"完成草图"按钮，完成草图曲线的绘制。

15 在菜单栏中选择"插入"｜"基准/点"｜"基准平面"命令，系统弹出"基准平面"对话框，在该对话框中设置类型为"两直线"，然后依次选择上一步绘制的曲线和参考曲线来创建基准平面，如图16-19所示。

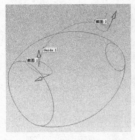

图16-16 预览效果

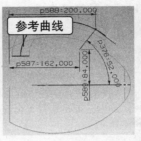

图16-17 完成创建

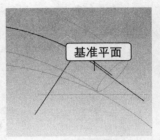

图16-18 绘制曲线

图16-19 创建基准平面

16 在"特征"工具栏中单击"草图"按钮，以新创建的基准平面为草图平面，绘制如图16-20所示的椭圆曲线。

17 在菜单栏中选择"插入"｜"扫掠"命令，根据命令提示依次选择截面曲线和引导线，其预览效果如图16-21所示，选择完成后单击"确定"按钮，系统生成如图16-22所示的扫掠特征。

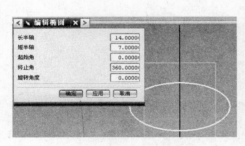

图16-20 编辑椭圆

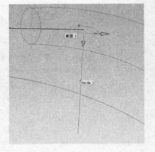

图16-21 预览效果

图16-22 生成特征

18 在"特征操作"工具栏中单击"求和"按钮，根据命令提示依次选择目标体和工具体，其预览效果如图16-23所示，选择完成后单击"确定"按钮，完成合并操作。

19 在"特征操作"工具栏中单击"抽壳"按钮，系统弹出如图16-24所示的"抽壳"对话框，设置类型为"移除面，然后抽壳"，然后选择要冲裁的面，并输入壳体厚度为5，其预览效果如图16-25所示。设置完成后单击"确定"按钮，完成抽壳操作。

图16-23 预览效果

图16-24 "抽壳"对话框

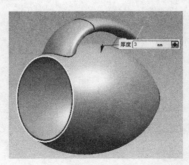

图16-25 抽壳效果

⑳　在"特征"工具栏中单击"草图"按钮，并以图16-26中所示的ZC-XC平面为草图平面创建草图曲线，绘制如图16-27所示的草图曲线。

㉑　在菜单栏中选择"编辑"｜"变换"命令，在系统弹出的"变换"对话框中根据命令提示选择要进行变换的对象，选择完成后单击"确定"按钮，在系统弹出的"变换"对话框中单击"矩形阵列"按钮，如图16-28所示。

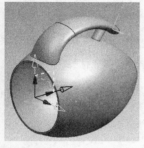

图16-26　旋转草绘平面

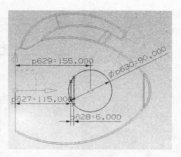

图16-27　创建草图

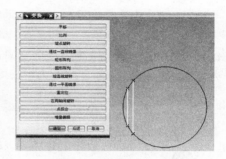

图16-28　"变换"对话框

㉒　单击"矩形阵列"按钮后，系统弹出如图16-29所示的"点"对话框。在图形区选择圆心点作为参考点，单击"确定"按钮，系统弹出如图16-30所示的"变换"对话框，并在该对话框内输入如图16-31所示的数据，输入完成后单击"确定"按钮，系统弹出如图16-31所示的"变换"对话框，单击"复制"按钮生成如图16-32所示的阵列特征，然后单击"取消"按钮退出变换操作。

㉓　在"草图曲线"工具栏中单击"快速延伸"按钮，将阵列曲线分别延伸到圆周边界，然后单击"草图曲线"工具栏中的"剪切"按钮，剪切曲线，得到如图16-33所示的草图曲线，此时单击"完成草图"按钮，退出草图界面。

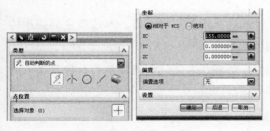

图16-29　"点"对话框

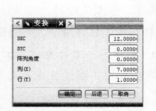

图16-30　"变换"对话框1　图16-31　"变换"对话框2

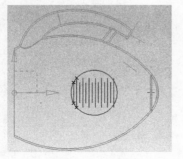

图16-32　阵列特征

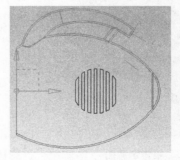

图16-33　完成曲线创建

㉔ 在"特征"工具栏中单击"拉伸"按钮，选择刚绘制的草图曲线作为拉伸曲线，如图16-34所示，在该对话框内输入拉伸参数后单击"确定"按钮，生成如图16-35所示的拉伸特征。

㉕ 拉伸特征生成后，在"特征操作"工具栏中单击"求差"按钮，依次选择目标体和工具体，其预览效果如图16-36所示。选择完成后单击"确定"按钮，系统生成如图16-37所示的求差特征，至此手持式吸尘器外壳建模完成。

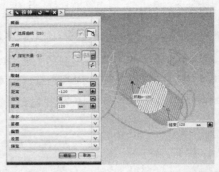

图16-34 "拉伸"对话框及效果

图16-35 完成拉伸创建

图16-36 预览效果

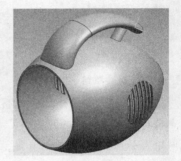

图16-37 最终效果图

㉖ 在"标准"工具栏中单击"保存"按钮，保存创建的特征即可。

16.3 箱体设计

箱体模型如图16-38所示，主要由拉伸体组成，通过建立拉伸草图即可。本模型主要应用拉伸、打孔、倒圆角、镜像和布尔运算等命令，完成箱体的制作。

① 启动UG NX 8.0，新建一个名称为"箱体.prt"的部件文件，创建底座的拉伸草图，如图16-39所示，设置拉伸高度为12。继续在底座的基础上创建拉伸草图，如图16-40所示，设置拉伸高度为133。

图16-38 箱体示意图

图16-39 草图1

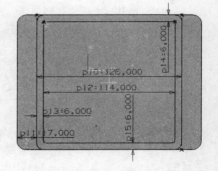

图16-40 草图2

② 生成的拉伸特征如图16-41所示，并在如图16-42所示的位置创建草图。

③ 生成草图的特征尺寸如图16-43所示，单击"完成草图"按钮，完成草图的绘制。继续在如图16-44所示的位置创建草图。

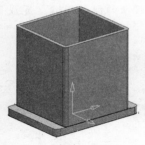 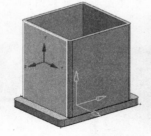  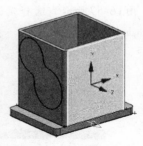

图16-41 完成拉伸　　　图16-42 选择草图平面　　　图16-43 草图　　　图16-44 选择草图平面

④ 生成草图的特征尺寸如图16-45所示，单击"完成草图"按钮，完成草图的绘制。继续在如图16-46所示的位置创建草图。

⑤ 创建一个直径为60的圆，选择草图约束为同心圆约束，如图16-47所示。单击"完成草图"按钮，完成草图的绘制，继续在如图16-48所示的位置创建草图。

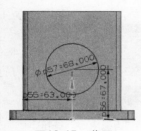 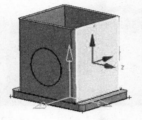  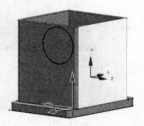

图16-45 草图　　　图16-46 草图平面选择　　　图16-47 约束操作　　　图16-48 选择草图平面

⑥ 创建一个直径为70的圆，选择草图约束为同心圆约束，如图16-49所示。单击"完成草图"按钮，完成草图的绘制。

⑦ 单击"特征"工具栏中的"凸台"按钮，弹出如图16-50所示的"凸台"对话框，设置凸台直径为50、高度为19，并选择面，如图16-51所示。单击"确定"按钮，弹出如图16-52所示的"定位"对话框，选择定位方式为"点到点"。

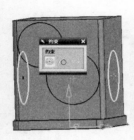   

图16-49 约束　　　图16-50 "凸台"对话框　　　图16-51 选择面　　　图16-52 "定位"对话框

⑧ 弹出如图16-53所示的"点到点"对话框，提示选择参考边，选择参考边为如图16-54所示的圆弧，并设置为圆弧中心，完成凸台的创建。

⑨ 继续单击"凸台"按钮，在弹出的对话框中设置凸台直径为45、高度为10，位置如图16-55

所示。选择定位方式为"点到点",并设置凸台与如图16-56所示的圆弧同心,完成凸台的创建。

10 继续单击"凸台"按钮,在弹出的对话框中设置凸台直径为58、高度为19,位置如图16-57所示。选择定位方式为"点到点",并设置凸台与如图16-58所示的圆弧同心,完成凸台的创建。

图16-53 "点到点"对话框

图16-54 选择参考边

图16-55 设置凸台参数

图16-56 凸台位置

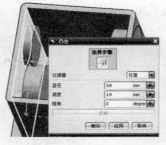

图16-57 设置凸台参数

图16-58 "圆弧中心"按钮

11 拉伸侧面各个草图。单击"特征"工具栏中的"拉伸"按钮 ,选择草图,如图16-59所示,设置拉伸高度为2。继续拉伸,选择草图,如图16-60所示,设置拉伸高度为2。

12 继续拉伸,选择草图,如图16-61所示,设置拉伸高度为5。继续拉伸,选择草图,如图16-62所示,设置拉伸高度为5。

13 对各个特征进行布尔求和命令。单击"特征操作"工具栏中的"求和"按钮,弹出如图16-63所示的"求和"对话框。选择目标体和工具体,如图16-64所示,单击"确定"按钮,完成求和操作。

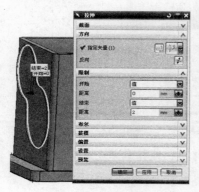

图16-59 "拉伸"对话框

图16-60 设置拉伸参数

图16-61 "拉伸"对话框

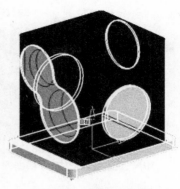

图16-62　设置拉伸参数　　　　　图16-63　"求和"对话框　　　　　图16-64　求和效果预览

(14) 在如图16-65所示的位置创建草图，创建一个圆，使其与圆角同心，并设置其直径为15。完成草图的创建，生成的草图如图16-66所示。

(15) 对草图进行拉伸，设置拉伸高度为20，生成的预览如图16-67所示。

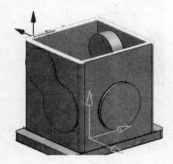
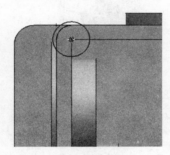
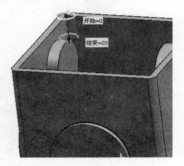

图16-65　草图平面　　　　　　图16-66　绘制草图　　　　　　图16-67　预览效果

(16) 单击"特征"工具栏中的"球"按钮，弹出如图16-68所示的"球"对话框，选择"选择圆弧"按钮，单击"确定"按钮。选择圆柱的下表面，如图16-69所示，弹出如图16-70所示的"球"对话框，提示对圆弧进行选择。

图16-68　"球"对话框　　　　　图16-69　选择面　　　　　　图16-70　"球"对话框

(17) 单击"确定"按钮，对两个特征进行布尔求和运算，在弹出的如图16-71所示的"布尔运算"对话框中选择"求和"选项，单击"确定"按钮后，生成的特征如图16-72所示。

(18) 对生成的特征进行修剪。单击"特征操作"工具栏中的"修剪体"按钮，弹出"修剪体"对话框，如图16-73所示，选择目标体，如图16-74所示。

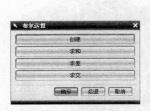

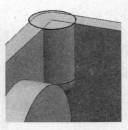

图16-71 "布尔运算"对话框　　图16-72 完成创建　　图16-73 "修剪体"对话框　　图16-74 选择目标体

⑲ 设置工具选项为"新平面"，指定平面，如图16-75所示。设置距离为-1，生成如图16-76所示的预览。

⑳ 继续单击"修剪体"按钮，选择目标体，如图16-77所示。设置修剪平面，设置距离为-1。

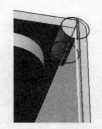

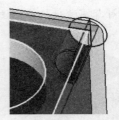

图16-75 选择平面　　　　　图16-76 选择目标体　　　　　图16-77 修剪平面

㉑ 创建基准平面，对特征进行镜像操作。单击"特征操作"工具栏中的"基准平面"按钮，弹出如图16-78所示的对话框，在"类型"中选择"平分"，选择两个平面，如图16-79所示，单击"应用"按钮。继续选择平面，如图16-80所示，单击"确定"按钮，完成操作。

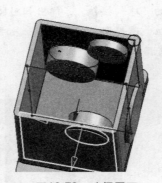

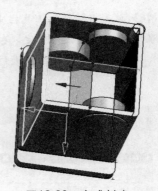

图16-78 "基准平面"对话框　　　　图16-79 选择平面　　　　图16-80 完成创建

㉒ 对特征进行镜像操作。单击"特征操作"工具栏中的"镜像"按钮，弹出"镜像特征"对话框，如图16-81所示。选择"球"特征，选择镜像平面，如图16-82所示。

㉓ 继续选择特征，如图16-83所示，选择平面，如图16-84所示。

㉔ 生成的镜像特征如图16-85所示。对各个特征进行求和运算，生成如图16-86所示的特征。

㉕ 单击"特征"工具栏中的"孔"按钮，弹出如图16-87所示的"孔"对话框。在"尺寸"选项中，将"直径"设置为35，打孔位置如图16-88所示。

图16-81　"镜像特征"对话框　　　图16-82　选择平面　　　图16-83　效果预览　　　图16-84　选择平面

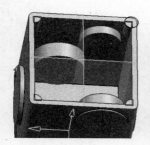

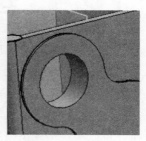

图16-85　完成镜像　　　图16-86　效果图　　　图16-87　"孔"对话框　　　图16-88　完成创建

㉖ 继续在如图16-89所示的位置打直径为48的孔，在如图16-90所示的位置创建直径为40的孔。

㉗ 继续在如图16-91所示的位置上打孔，设置其直径为36，在如图16-92所示的位置上打孔，并设置其直径为40。

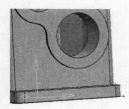

图16-89　创建孔1　　　图16-90　创建孔2　　　图16-91　创建孔3　　　图16-92　创建孔4

㉘ 在如图16-93所示的位置分别打螺纹孔与沉头孔，并设置螺纹孔直径为6、深度为8，沉头孔沉头直径为10、深度为2、直径为4。在同样的位置继续进行打孔操作，生成的特征如图16-94所示。

㉙ 对特征进行圆角命令操作。单击"特征操作"工具栏中的"边倒圆"按钮，在如图16-95所示的位置倒圆角，设置圆角半径为5，其余部分设置圆角半径为2，生成的特征如图16-96所示。至此完成箱体特征的创建。

图16-93　螺纹孔与沉头孔

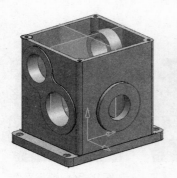

图16-94　效果图

图16-95　倒圆角

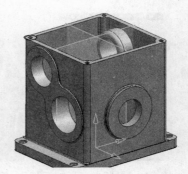

图16-96　效果图

16.4 丝杠设计

　　丝杠零件是组成机床和加工中心的重要零件，主要用于将回转运动转化为直线运动或者将直线运动转化为回转运动，而且能保证足够的精度和准确性。

　　滚珠丝杠是最常见的丝杠，通过螺母等元件的连接，可以实现运动类型的转变，并具有传动效率高、定位准确等特点，如图16-97所示。

　　丝杠类零件不论怎样分类，其结构基本相似，都是一个回转体，通过在一个标准的回转体上进行扫掠等动作，实现大体形状的操作，最后通过渲染等附加命令的操作完成最终的设计。

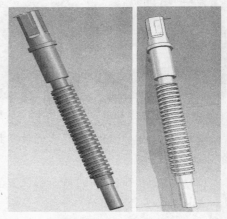

图16-97　丝杠示意图

　　丝杠零件是中心对称结构，因此采用回转特征构建模型主体，具体创建步骤可以参考下面的设计思路。

　　1）在草图模块绘制丝杠零件草图特征，然后运用回转功能，将草图回转成轴类零件的框架主体。

　　2）利用拉伸及求差布尔运算切除一段连接部分。

　　3）利用扫掠命令完成丝杠的螺纹部分。

　　4）进行渲染等命令完善设计，以达到最终完成模型设计的目的。

　　制作丝杠零件的具体操作步骤如下。

　　① 启动UG NX 8.0后，新建一个名称为"丝杠.prt"的部件文件，名称为默认的部件文件名，并设置单位为毫米，单击"确定"按钮进入建模界面。

　　② 在"标准"工具栏中单击"开始"按钮，选择"建模"命令，进入建模模块。

　　③ 在建模模块的"特征"工具栏中单击"草图"按钮，系统进入草图界面，选择"类型"为"在平面上"，以坐标平面XC-YC作为草图平面，"草图方向"等选项都选择默认，如图16-98所示。

④ 选定草绘平面后进行草绘，利用"轮廓"或"直线"命令进行草图的绘制，最后再利用"自动判断的尺寸"进行尺寸的标注，具体尺寸及草绘示意图如图16-99所示，单击"完成草图"按钮，完成草图的绘制。

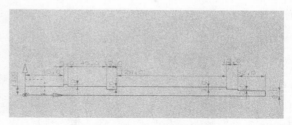

图16-98　选择草绘平面　　　　　　　　　　图16-99　草绘曲线

⑤ 单击"回转"按钮，在弹出的对话框中，"截面"选择刚才绘制的草图，"轴"选择+X轴，布尔运算等命令选择默认即可，回转角度输入360°，单击"确定"按钮，完成丝杠主体结构的创建，如图16-100所示。

⑥ 继续单击"草绘"按钮，选择XC-YC平面为草绘平面，类似于步骤4进行草图的绘制，绘制出如图16-101所示的草图，并单击"确定"按钮完成拉伸截面的绘制。

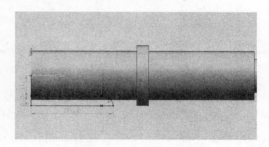

图16-100　丝杠主体　　　　　　　　　　图16-101　拉伸截面的绘制

⑦ 单击"拉伸"按钮，并选择步骤6绘制的草绘截面为拉伸截面，参数设置如图16-102所示。应用"对称值"并输入拉伸长度为20，布尔运算选择"求差"，其余选择默认，设置参数如图16-102所示，单击"确定"按钮完成拉伸操作，形成如图16-103所示的拉伸图形。

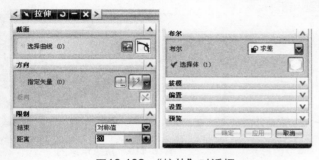

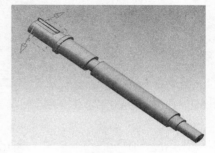

图16-102　"拉伸"对话框　　　　　　　　　图16-103　拉伸效果

⑧ 单击"实例特征"按钮，在弹出的"实例"对话框中选择"圆形阵列"选项，然后选择刚才的拉伸特征进行阵列，在"方法"选项组中选择"常规"方法，并输入数量为4，角度

为90°，单击"确定"按钮，在弹出的对话框中选择"基准轴"选项，并选择x轴为阵列基准轴，单击"确定"按钮，完成阵列操作，效果如图16-104所示。

⑨ 单击"旋转WCS命令"按钮，选择+YC轴，并输入角度为90°，单击"确定"按钮完成坐标系的旋转。

⑩ 选择"插入"｜"曲线"｜"螺旋线"命令，系统弹出"螺旋线"对话框，设置"圈数"为

图16-104　阵列效果图

23、"螺距"为6，输入半径为10，旋向默认为右旋，如图16-105所示，单击"点构造器"按钮，在弹出的对话框中按照如图16-106所示进行参数设置，设置ZC为101，连续单击"确定"按钮完成螺旋线的插入，并单击"静态线框"按钮，插入的螺旋线如图16-107所示。

图16-105　"螺旋线"对话框

图16-106　"点"对话框

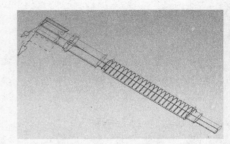

图16-107　插入螺旋线示意图

⑪ 单击"草图"按钮，在"类型"下拉列表中设置草图类型为"在轨迹上"，选择如图16-108所示的螺旋线最上端的端点为轨迹点，绘制出如图16-109所示的草绘曲线。

⑫ 单击"扫掠"按钮，选择如图16-109所示的草绘线为截面线，选择插入的螺旋线为"引导线"，选择脊线矢量方向为+X轴方向，单击"确定"按钮，并单击"带边着色"按钮，完成如图16-110所示的扫掠示意图。

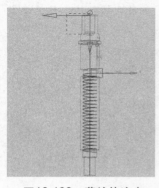

图16-108　草绘轨迹点

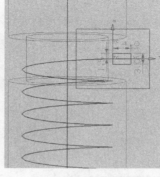

图16-109　草绘图形

图16-110　扫掠示意图

⑬ 单击"求差"按钮，选择最初的拉伸体为目标体，选择步骤操作形成的扫掠体为刀具体，然后单击"确定"按钮，隐藏坐标系及草绘线，最终完成如图16-111所示的布尔体。

14 选择"视图"｜"可视化"｜"真实着色编辑器"命令，将实体颜色设置为黄色，最终效果如图16-112所示。至此完成丝杠的设计。

图16-111　布尔体

图16-112　丝杠图

16.5　沐浴露瓶设计

沐浴露瓶建模会大量应用到"曲线"功能，所以通过该练习，可以更加熟悉曲线功能，通过这些曲线，可以应用命令生成曲面，进而对曲面进行编辑，也可以通过曲面生成体。生成的沐浴露瓶如图16-113所示。

具体操作步骤如下。

1 打开UG NX 8.0，单击"新建"按钮，在弹出的"新建"对话框中更改名称为"沐浴露.prt"，选择单位为毫米，然后单击"确定"按钮，如图16-114所示。

2 进入UG NX 8.0的工作界面，如图16-115所示。

图16-113　沐浴露瓶效果图

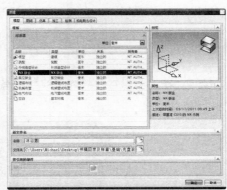

图16-114　"新建"对话框

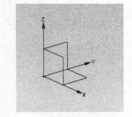

图16-115　工作界面

3 选择"插入"菜单，依次插入椭圆。参数为：长短轴（50,30）、长短轴（60,33）、长短轴（65,35）、长短轴（45,25）、长短轴（25,15）。这些椭圆平行于X-Y平面，椭圆的中心分别为（0,0,0）、（0,0,40）、（0,0,70）、（0,0,180）、（0,0,190），然后再插入一个圆，圆心坐标为（0,0,202），半径为15，生成的曲线组如图16-116所示。

④ 单击"通过曲线组"按钮，弹出如图16-117所示的对话框，顺次单击曲线，生成如图16-118所示的瓶主体。

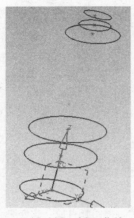

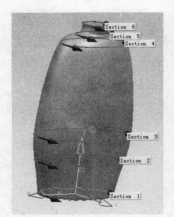

图16-116 插入曲线　　　图16-117 "通过曲线组"对话框　　　图16-118 生成瓶体

⑤ 单击"凸台"按钮，弹出如图16-119所示的对话框，以最上面的面为定位面，设置凸台直径为48，高度为23，选取点对点的定位方式，如图16-120和图16-121所示。

图16-119 "凸台"对话框　　　图16-120 "定位"对话框　　　图16-121 设置圆弧位置

⑥ 单击"凸台"按钮，依次在最上方的面制作凸台，定位方式采取圆心定位，参数分别为：（34,7）、（12,18）、（18,13）和（38,13），生成如图16-122所示的实体。

⑦ 单击"草图"按钮，选择X-Z平面作为草绘平面，绘制如图16-123所示的草绘截面，然后单击"完成"按钮。

⑧ 草绘。单击"管道"按钮，弹出如图16-124所示的对话框，设置管道外径为8，内径为0，选择轨迹，生成如图16-125所示的模型。

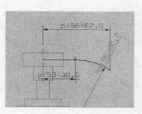

图16-122 完成凸台创建　　　图16-123 草图　　　图16-124 "管道"对话框　　　图16-125 完成管道创建

⑨ 单击"草图"按钮，选取X-Z平面作为草绘平面，绘制如图16-126所示的图形。单击"草图"按钮，选取Y-Z平面作为草绘平面，绘制如图16-127所示的图形。

⑩ 单击"扫掠"按钮，选择刚才草绘的两条曲线，生成一个平面，如图16-128所示。

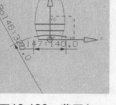

图16-126　草图1　　　　　　　　图16-127　草图2

图16-128　生成面

⑪ 单击"修剪体"按钮，弹出如图16-129所示的对话框，选择修剪体为整个实体，选择刚才生成的平面，单击"确定"按钮，生成如图16-130所示的修剪体。

⑫ 单击"草图"按钮，选取X-Z平面为草绘面，绘制椭圆，椭圆的长半轴和短半轴分别为16和30，如图16-131所示。单击"基准平面"按钮，选择"按某一距离"选项，选择X-Z平面，输入值为50，重复该操作，输入值为-50，创建两个平面。在两个平面上各创建一个椭圆，椭圆的大小径分别为23和45，如图16-132和图16-133所示。

⑬ 单击"通过曲线组"按钮，弹出如图16-134所示的对话框，依次选择刚草绘的3个椭圆，生成如图16-135所示的实体。

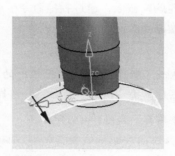
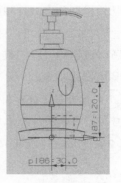

图16-129　"修剪体"对话框　　　　图16-130　完成修剪　　　　图16-131　草图

图16-132　椭圆1　　图16-133　椭圆2　　图16-134　"通过曲线组"对话框　　图16-135　完成创建

⑭ 单击"求差"按钮，得到的结果如图16-136所示。

⑮ 将图形中的草绘截面和基准面隐藏，生成实体，如图16-137所示。

⑯ 单击"边倒圆"按钮，设置倒圆半径分别为10、5和3，倒圆部位如图16-138所示。

图16-136　求差效果图

图16-137　隐藏线

图16-138　最终效果图

16.6　叶轮设计

叶轮模型如图16-139所示，叶轮建模的难点主要是叶片曲面，本节先利用样条曲线功能制作出叶轮的扫掠轨迹，再草绘叶轮的横截面，通过扫掠命令生成叶轮叶片，再通过阵列命令生成叶片，所以该建模过程的重点是掌握样条曲线的画法。

具体操作步骤如下。

① 打开UG NX 8.0，单击"新建"按钮，在弹出的"新建"对话框中更改名称为"叶轮.prt"，选择单位为毫米，然后单击"确定"按钮，如图16-140所示。

② 进入UG NX 8.0的工作界面，如图16-141所示。

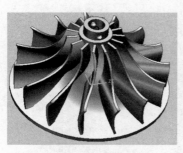
图16-139　叶轮效果图

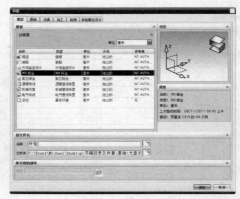
图16-140　"新建"对话框

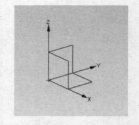
图16-141　建模工作界面

③ 单击"草图"按钮，选取X-Y平面为草绘面，绘制如图16-142所示的草绘截面，单击

"回转"按钮，弹出如图16-143所示的对话框，选择刚才创建的草绘图形，生成如图16-144所示的实体。

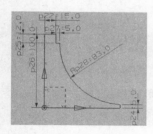

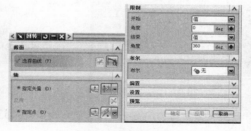

图16-142　草图　　　　　　　图16-143　"回转"对话框　　　　　　图16-144　回转效果图

④　单击"孔"按钮，弹出如图16-145所示的对话框，输入孔的直径为20、深度为120，生成的实体如图16-146所示。

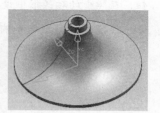

图16-145　"孔"对话框　　　　　　　　　　图16-146　孔创建完成

⑤　单击"草图"按钮，选取Y-Z平面为草绘面，草绘图形如图16-147所示，单击"拉伸"按钮，选取"对称值"选项，输入值为20，生成如图16-148所示的实体。

⑥　单击"草图"按钮，选取Y-Y平面为草绘面，选择"艺术样条"命令，草绘如图16-149所示的草图截面。

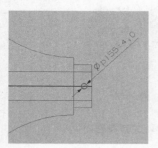

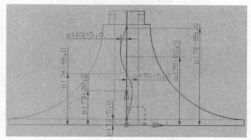

图16-147　草图　　　　　　图16-148　完成孔创建　　　　　　图16-149　草图绘制

注意

此处的曲线一定要按图示拟合。

⑦　单击"草图"按钮，选取如图16-150所示的平面作为草绘平面，绘制如图16-151所示的草绘截面。

⑧　单击"扫掠"按钮，选择刚才草绘的截面作为截面，引导线选择刚才草绘的艺术样条曲线，扫掠后的叶片如图16-152所示。

图16-150 草图平面

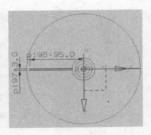
图16-151 草图绘制

图16-152 完成叶拉伸

⑨ 单击"草图"按钮，选取Y-Z平面为草绘平面，绘制如图16-153所示的截面图形。

⑩ 单击"拉伸"按钮，选择"对称值"选项，将数值定义为20，生成如图16-154所示的图形，再进行布尔求差。

⑪ 单击"实例特征"按钮，弹出"实例"对话框，如图16-155所示，单击"圆形阵列"按钮，在弹出的对话框中设置个数为15个，度数为24°，阵列后的图形如图16-156所示。

⑫ 将草绘截面和辅助平面隐藏，得到如图16-157所示的图形，再对图形进行布尔求和。

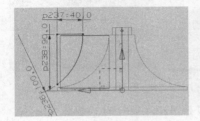
图16-153 草图

图16-154 修剪叶

图16-155 "实例"对话框

图16-156 阵列完成

图16-157 叶轮效果图

16.7 摇把的设计

摇把是车床等机器上的重要零件，主要用于调节机床的运动、实现进给等命令。图16-158所示为摇把的示意图。从图中可以看出，摇把主要分为三部分，即把手部分、轮部分和连接部分，单一地看，摇把的这几个部分都是比较规则的圆周对称图形，所以相对来说摇把的设计方法也比较简单。

基于摇把的圆周特征设计起来可以分具体的步骤操作，具体创建步骤可以参考下面的设计思路。

1）在草图模块绘制摇把连接部分的草图特征，然后运用拉伸功能，将草图拉伸为摇把的连接部分，并进一步利用拉伸及布尔运算完成孔的创建。

2）利用草绘及管命令完成大圆环的设计，并利用样条曲线、沿导线扫掠和圆形阵列等命令完成轮部分的设计。

3）利用草绘和回转命令完成摇把把手部分的设计。

4）利用渲染等命令完善设计，以达到最终完成模型设计的目的。

图16-158　摇把示意图

设计摇把零件的具体操作步骤如下。

① 启动UG NX 8.0，新建一个名称为"摇把.prt"的部件文件，名称为默认的部件文件名，并设置单位为毫米，单击"确定"按钮进入建模界面。

② 在"标准"工具栏中单击"开始"按钮，选择"建模"命令，进入建模模块。

③ 在建模模块的"特征"工具栏中单击"草图"按钮 🔛，系统进入草图界面，选择"类型"为"在平面上"，以坐标平面XC-YC作为草图平面，"草图方向"等选项都选择默认，如图16-159所示。

④ 进入草绘界面，利用圆命令绘制如图16-160所示的直径为52的圆，单击"完成草图"按钮完成草图的绘制。

图16-159　草图设置

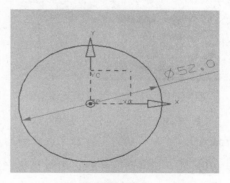

图16-160　草图

⑤ 单击"拉伸"按钮 🔳，选择拉伸曲线为步骤4绘制的圆，设置拉伸参数，如图16-161所示，设置拉伸长度为60，单击"确定"按钮完成拉伸操作，拉伸的圆柱体示意图如图16-162所示。

⑥ 单击"草图"按钮 🔛，系统进入草图界面，选择"类型"为"在平面上"，以坐标平面XC-YC作为草图平面，"草图方向"等选项都选择默认，绘制如图16-163所示的草图。

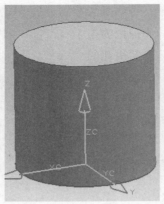
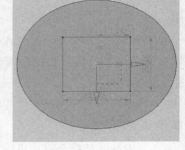

图16-161　拉伸参数设置　　　　图16-162　拉伸圆柱体　　　　　图16-163　草图

⑦　单击"完成草图"按钮退出草绘界面，单击"拉伸"按钮，选择刚才步骤6绘制的草图为拉伸曲线，设置拉伸长度为39，布尔运算选择"求差"，注意利用"方向变换"按钮✗进行拉伸方向的变换，其余设置如图16-164所示，单击"确定"按钮，完成孔的拉伸操作。

⑧　单击"基准平面"按钮□，设置"类型"为"按某一距离"，输入距离为80，选择XC-YC平面为基准，注意利用方向变换命令变换方向，单击"确定"按钮，创建完成的基准平面如图16-165所示。

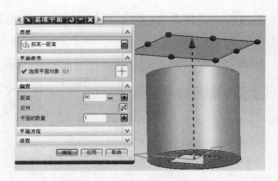

图16-164　拉伸参数设置及模型预览　　　　图16-165　基准平面参数设置

⑨　选择"插入"｜"基准\点"｜"点"命令，在弹出的对话框中设置Z值为+80，设置X和Y值为0，单击"确定"按钮完成点的插入。

⑩　单击"草图"按钮，选择步骤8创建的基准平面为草绘平面，以步骤9创建的基准点为圆心，绘制一个直径为260的圆，如图16-166所示，单击"完成草图"按钮退出草绘界面。

⑪　单击"管道"按钮，在弹出的对话框中设置"外径"为16，"内径"为0，要做管道的曲线选择步骤10创建的草图，单击"确定"按钮，完成圆环的创建，效果如图16-167所示。

⑫　单击"样条"按钮～，在弹出的对话框中选择"通过点"选项，"曲线类型"选择"多段"，"曲线阶次"选择3次，单击"确定"按钮，并在弹出的对话框中单击"点构造器"按钮，设置X值为-21，Y值为0，设置Z值为60，其余选择默认，参数如图16-168所示。

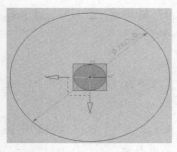
图16-166　草绘平面

图16-167　圆环的创建

图16-168　"点"对话框

⑬ 单击"确定"按钮并继续设置X值为-57、Y值为0、Z值为60，并单击"确定"按钮，继续设置下一个点，X值设置为-76，Y值设置为0，Z值设置为65，单击"确定"按钮，继续设计下一点，设置X值为-86，Y值为0，Z值为70，设置下一点参数，X值设置为-131，Y值设置为0，Z值设置为80，连续单击4次"确定"按钮关闭对话框，完成样条曲线的设置，效果如图16-169所示。

⑭ 单击"草图"按钮，设置类型为"在轨迹上"，选择样条曲线的内侧端点为轨迹点，单击"确定"按钮，以样条曲线内侧端点为圆心绘制直径为8的圆，效果如图16-170所示。

图16-169　样条曲线的插入

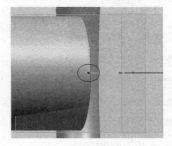
图16-170　圆形绘制

⑮ 单击"沿导线扫掠"按钮🔲，选择步骤14绘制的圆为截面线，选择样条曲线为引导线，其余选择默认，完成的第一个支架的设计如图16-171所示。

⑯ 选择"格式"｜"特征分组"命令，系统弹出如图16-172所示的对话框，选择之前创建的直径为8的圆及上一步的扫掠，设置特征集名称为1，单击"确定"按钮，完成特征集的创建。

图16-171　支架创建

图16-172　"特征集"对话框

⑰ 单击"实例特征"按钮，在弹出的对话框中选择"圆形阵列"选项，选择特征集1为阵

列对象，并分别输入个数及角度分别为8和45°，单击"确定"按钮后选择"基准轴"为z轴，完成的阵列效果如图16-173所示，单击"取消"按钮退出"阵列"对话框。

（18）单击"球"按钮◎，选择"类型"为"圆弧"，设置"布尔"运算为"求和"，求和体选择下端的圆柱体，单击"确定"按钮完成球的创建，效果如图16-174所示。

（19）单击"求和"按钮，将图中所有的体求和为一个整体。

（20）单击"基准平面"按钮，在"类型"中选择YC-ZC平面为基准平面，单击"确定"按钮完成基准平面的创建。

（21）单击"草图"按钮，在弹出的对话框中设置"类型"为"在平面上"，选择步骤20中创建的基准平面为草绘平面，选择y轴为参考，单击"确定"按钮进入草图界面。

（22）单击"静态线框"按钮◪，使用直线、圆弧等命令绘制如图16-175所示的草图，单击"完成草图"按钮退出草图界面。

图16-173　阵列效果

图16-174　创建球

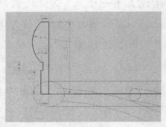
图16-175　草图

（23）单击"回转"按钮，系统弹出"回转"对话框，选择的截面曲线为步骤22中所创建的曲线，回转轴选择步骤22中长度为45的那条直线，"布尔"运算选择"求和"，单击"确定"按钮完成摇把把手的创建，单击"带边着色"按钮，隐藏基准平面、草图线和坐标系，最终效果如图16-176所示。

（24）选择"视图"｜"可视化"｜"真实着色编辑器"命令，将摇把的颜色设置为黄色，选择黄色后单击"确定"按钮，最终经过渲染后的摇把如图16-177所示。

图16-176　摇把把手的创建

图16-177　摇把示意图

16.8 管类连接件零件设计

管类连接件零件，顾名思义是用来连接管道的，其用途非常广泛，在例如水泵等机器上都可

以见到。管类连接件有很多种，此例创建的管类连接件
如图16-178所示。从图中可以看出，管类连接件拥有一个
非常对称的结构，利用简单的拉伸等命令即可完成设计。

　　管类连接件的具体创建步骤可以参考下面的设计
思路。

　　1）在草图模块绘制管类连接件的一个零件草图特
征，然后运用回转功能，将草图回转成管类连接件零件的
框架主体。

图16-178　管类连接件意图

　　2）利用草绘及拉伸命令完成另一部分主体的创建。

　　3）利用孔命令完成螺纹孔的创建。

　　4）进行渲染等命令完善设计，以达到最终完成模型设计的目的。

制作管类连接件零件的具体操作步骤如下。

① 启动UG NX 8.0，新建一个名称为"管类连接件.prt"的部件文件，名称为默认的部件文
件名，并设置单位为毫米，单击"确定"按钮进入建模界面。

② 在"标准"工具栏中单击"开始"按钮，选择"建模"命令，进入建模模块。

③ 在建模模块的"特征"工具栏中单击"草图"按钮，系统进入草图界面，选择"类
型"为"在平面上"，以坐标平面XC-YC作为草图平面，"草图方向"等选项都选择默认，如
图16-179所示。

④ 进入草图平面后利用直线及镜像等命令，绘制如图16-180所示的草图，并利用自动判断
尺寸进行尺寸标注，最后单击"完成草图"按钮退出草图绘制。

图16-179　草图平面

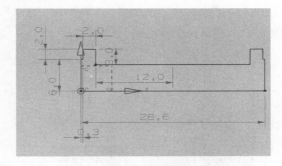

图16-180　草图曲线

⑤ 在"特征"工具栏中单击"回转"按钮，系统弹出如图16-181所示的对话框，进行参
数设置，并生成预览效果，单击"确定"按钮完成回转操作。

⑥ 单击"基准平面"按钮，在"类型"中选择XC-YC平面为基准平面并单击"确定"按
钮，参数设置及预览效果如图16-182所示。

⑦ 单击"草图"按钮，选择上一步创建的基准平面为草图平面，参考方向选择默认，在
图16-183所示的中心位置为圆心绘制草图曲线圆，设置直径为12。

⑧ 单击"拉伸"按钮，选择上一步绘制的圆为拉伸截面线，拉伸方向选择默认，拉伸值
应用对称值，并输入值为9，其余设置如图16-184所示，生成预览效果。

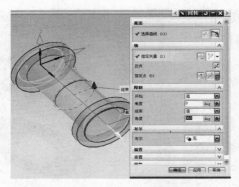

图16-181 "回转"对话框及预览

图16-182 创建基准平面

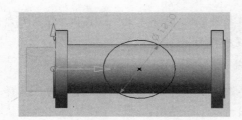

图16-183 草图曲线

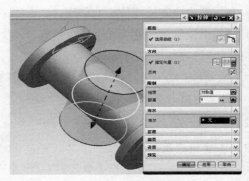

图16-184 拉伸设置及预览

⑨ 单击"凸台"按钮 ，在弹出的"凸台"对话框中设置"直径"为16、"高度"为2、"锥角"为0，在如图16-185所示圆柱的顶端位置放置凸台，单击"确定"按钮后弹出"定位"对话框，单击"点对点"按钮 ，选择"圆弧中心"选项并选择圆柱顶面的圆弧中心，完成凸台的创建，效果如图16-186所示。

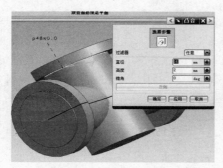

图16-185 "凸台"对话框

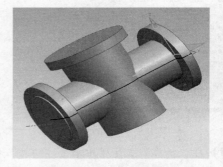

图16-186 凸台效果图

⑩ 单击"求和"按钮 ，将图中的所有组件求和为一个整体，单击"确定"按钮退出求和界面，效果如图16-187所示。

⑪ 单击"孔"按钮 ，在"类型"下拉列表中选择"常规孔"选项，在"形状和尺寸"选项组的"成形"下拉列表中选择"沉头孔"选项，设置"沉头孔直径"为12，"沉头孔深度"为1、"直径"为9、"深度"为30，选择如图16-188左侧所示的圆柱凸台顶端圆的圆心为孔放置位置，选中后单击"确定"按钮完成孔的创建。

图16-187 "求和"对话框及预览效果

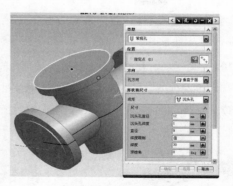

图16-188 沉头孔创建

⑫ 再次单击"孔"按钮■，在"类型"下拉列表中选择"常规孔"选项，在"形状和尺寸"选项组的"成形"下拉列表中选择"简单"选项，输入直径为9、深度为60、锥角为0，布尔为"求差"，具体设置如图16-189所示，选择如图16-189左侧所示的圆柱顶端圆的圆心为孔放置位置，单击"确定"按钮完成孔的创建。

⑬ 单击"孔"按钮■，系统弹出如图16-190所示的对话框，继续创建"简单"孔，设置直径为1、深度为5，选择左侧所示的发亮平面为孔放置平面，进入草图平面后，在如图16-191所示的距离中心7处创建孔创建点，最终完成的孔创建效果如图16-192所示。

图16-189 创建简单孔

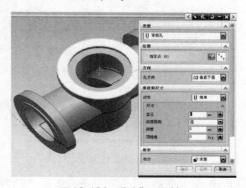

图16-190 "孔"对话框

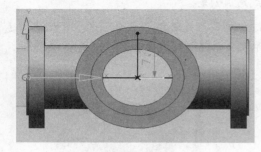

图16-191 插入点

图16-192 孔创建效果

⑭ 单击"基准轴"按钮↑，系统弹出"基准轴"对话框，在"类型"下拉列表中选择"自动判断"选项，选择左侧所示的发亮圆孔内面为捕捉面，并单击"确定"按钮退出基准轴的创建，效果如图16-193所示。

⑮ 单击"实例特征"按钮■，在弹出的对话框中选择"圆周阵列"选项，设置"方法"

为"常规",输入个数为8,角度为45°,选择阵列轴为上一步创建的基准轴,单击"确定"按钮完成圆周阵列操作,阵列效果如图16-194所示。

16 单击"孔"按钮 ,选择另一接口处的外圆周顶平面为孔放置面,距离中心为7的点为孔放置点,如图16-195所示,创建简单孔,设置直径为1、深度为5,具体参数设置及预览如图16-196所示。

17 单击"边倒圆"按钮 ,设置半径为1,选择中间十字处的两条曲线倒圆操作,单击"确定"按钮,完成倒圆创建,效果图如16-197所示。

图16-193 创建基准轴

图16-194 阵列效果图

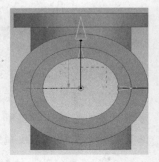

图16-195 孔放置点

图16-196 孔参数设置及预览

图16-197 倒圆效果图

18 单击"边倒圆"按钮 ,设置半径为0.5,选择3个顶端凸台低端处的3个圆为倒圆对象,效果如图16-198所示,单击"确定"按钮完成倒圆创建。

19 将草图线、基准平面及坐标系等无关信息隐藏,并选择"视图"|"可视化"|"真实着色编辑器"命令,选择系统默认的金属色即可,单击"确定"按钮完成创建并退出,效果如图16-199所示。至此管类连接件创建完成。

图16-198 边倒圆设置及预览效果

图16-199 管类连接件

第17章

UG在刀具中的应用

面铣刀是一种高效加工刀具，它采用的结果是在刀体上安装多把刀片来起到提高加工效率的作用，这样可以使刀片平均分配加工任务，同时可以使加工时间大大缩短。本章就详细介绍利用UG设计刀具的流程和方法。

17.1 面铣刀刀盘设计

从图17-1可以看出，该面铣刀由刀体上的六个刀片组成，而六个刀片的固定采用压紧式，六个刀槽可以看作是圆形刀体上的对称分布。因此，可以混合采用参数化草图和拉伸的方法构建此面铣刀的实体模型，刀体主结构可以采用回转特征，通过草图绘制，然后拉伸形成刀槽；完成刀体的创建以后，设计刀片、刀夹等零件；最后通过装配完成模型创建。对于各种孔特征，可以采用孔特征或者通过拉伸来完成；对于圆角或者倒角，可以直接采用对应的圆角或倒角特征进行创建。

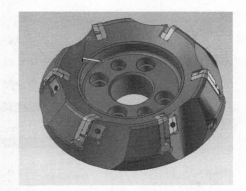

图17-1 面铣刀

面铣刀模型属于装配体，而刀体属于回转类零件，因此采用回转特征构建刀体，然后通过拉伸、倒角、装配等最终完成面铣刀的创建，具体创建步骤可以参考下面的设计思路。

1）在草图模块中绘制零件草图特征，然后运用回转功能，将草图回转成刀体大致结构。

2）建立某些基准平面，并通过草图绘制，最终拉伸并进行布尔运算完成刀槽的创建。

3）通过拉伸命令创建孔、键槽等。

4）运用边倒圆、面倒圆和倒斜角命令进行必要的倒角操作，以完善刀体模型。

5）通过装配命令装入刀片等模型零件，完成最终的面铣刀创建。

面铣刀刀盘是面铣刀的主体，主轴通过带动刀盘的转动而达到工件和刀具的相对运动，从而使得刀具可以切削工件，所以面铣刀刀盘是面铣刀的最主要的部分，通过对它的创建，可以使读者进一步学习UG知识及操作命令。

1. 刀盘整体的设计

首先进行刀盘整体设计，创建刀盘整体后再进行刀槽的创建。刀盘整体的创建操作具体步骤如下。

① 启动UG NX 8.0程序，如图17-2所示。

② 新建一个名称为"daopan01.prt"的部件文件，并设置单位为毫米，如图17-3所示。

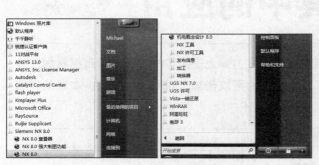

图17-2　启动UG NX 8.0　　　　　　　　　　　图17-3　新建文件

③ 在"标准"工具栏中单击"开始"按钮，选择"建模"命令，进入建模模块，如图17-4所示。

④ 在建模模块的"特征"工具栏中单击"草图"按钮，系统进入草图界面，以坐标平面XC-YC作为草图平面，如图17-5所示。

⑤ 通过直线、修剪、延伸等命令绘制如图17-6所示尺寸的图形。

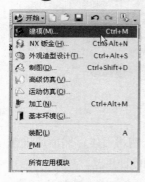

图17-4　"建模"命令　　　　图17-5　"创建草图"对话框　　　　图17-6　草图

⑥ 完成草图操作后，对刚绘制的草图曲线进行回转操作，在"特征"工具栏中单击"回转"按钮，回转参数如图17-7所示。

⑦ 选择刚才草图绘制的曲线，指定y轴作为回转轴，如图17-8所示。单击"确定"按钮，完成创建，如图17-9所示。

⑧ 在"特征"工具栏中单击"倒斜角"按钮，系统弹出如图17-10所示的对话框。"横截面"类型选择"对称"，"距离"设置为3mm，并选择如图17-11所示的边作为倒斜角对象，单击"确定"按钮即可。

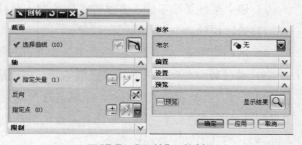

图17-7　"回转"对话框

⑨ 继续在"特征"工具栏中单击"倒斜角"按钮，在系统弹出的如图17-10所示的对话框中输入同样的参数及设置。选择的边为刚才倒斜角形成的两个棱边，最终倒斜角结果如图17-12所示。

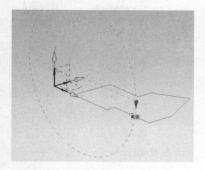

图17-8 回转曲线及回转轴选择

图17-9 生成实体

图17-10 倒斜角对话框

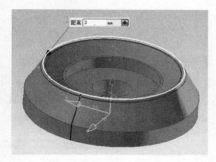

图17-11 预览

图17-12 完成倒斜角

2. 刀槽的创建

下面进行刀槽的设计，根据上一节的刀盘的创建，在此基础上进行刀槽的设计。

① 单击"基准平面"按钮，系统弹出如图17-13所示的对话框，"类型"选择"自动判断"，要创建的对象如图17-14所示。

② 单击"确定"按钮并完成基准平面的创建，如图17-15所示。

图17-13 "基准平面"对话框

图17-14 选择参考面

图17-15 完成基准平面创建

③ 单击"曲线"工具栏中的"直线"按钮，系统弹出如图17-16所示的对话框，"起点选项"和"终点选项"都选择"自动判断"，选择如图17-17所示的点为绘制的直线的起点。

④ 选定起点以后即选择终点，直线方向沿z轴负向，并输入长度为-130mm，如图17-18所示。单击"确定"按钮完成直线的创建。

图17-16 "直线"对话框　　　　图17-17 选择直线起点　　　　图17-18 输入参数

⑤ 单击"复合曲线"按钮，系统弹出如图17-19所示的对话框，选择如图17-20所示的曲线作为对象，其余选项选择默认即可，单击"确定"按钮完成复合曲线的创建。

⑥ 在"特征操作"工具栏中选择"点"按钮＋，系统弹出如图17-21所示的对话框，"类型"选择为"自动判断"，其余的设置如图17-21所示。

⑦ 选择如图17-22所示的点，并单击"确定"按钮，完成基准点的创建。

⑧ 单击"曲线"工具栏中的"直线"按钮，系统弹出如图17-23所示的对话框。"起点选项"和"终点选项"都选择"自动判断"，选择刚才创建的基准点为直线的起点，方向为x轴负向，并输入长度为80mm；以同一起点画直线，方向沿-Y方向，长度132mm，单击"确定"按钮完成两条直线的创建，如图17-24所示。

图17-19 "复合曲线"对话框　　　图17-20 选择曲线　　　　图17-21 "点"对话框

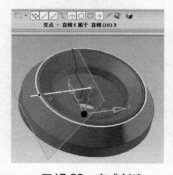

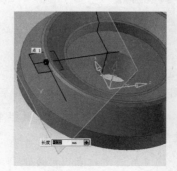

图17-22 完成创建　　　　图17-23 "直线"对话框　　　　图17-24 输入直线参数

9　单击"基准平面"按钮□，系统弹出"基准平面"对话框，"类型"选择"点和方向"，如图17-25所示。选择之前创建的基准点为"指定点"，指定方向分别选择X、Y、Z三个方向，共创建正交的3个基准平面，如图17-26所示。

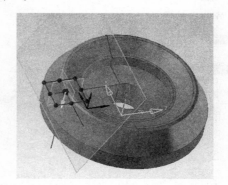

图17-25　"基准平面"对话框　　　　　　　　图17-26　完成创建

10　在"特征"工具栏中单击"草图"按钮，系统弹出如图17-27所示的对话框。"类型"选择"在平面上"，选择如图17-28所示的平面为草图平面。

11　在上述平面上绘制如图17-29所示尺寸的直线，单击"确定"按钮完成直线的创建。

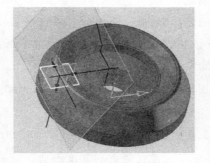

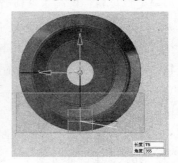

图17-27　"创建草图"对话框　　　　图17-28　选择草绘平面　　　　　图17-29　草绘曲线

12　在"特征"工具栏中单击"草图"按钮，系统弹出如图17-30所示的对话框，"类型"选择"在平面上"，选择如图17-31所示的平面为草图平面。

13　在上述平面上绘制如图17-32所示尺寸的直线，单击"确定"按钮完成直线的创建。

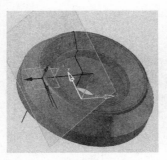

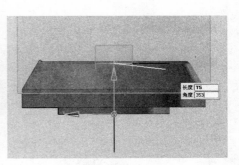

图17-30　"创建草图"对话框　　　　图17-31　选择草绘平面　　　　　图17-32　草绘曲线

（14）单击"基准平面"按钮▢，系统弹出"基准平面"对话框，如图17-33所示。"类型"选择"两直线"，选择如图17-34所示的两条直线生成基准平面（一条水平线与步骤21绘制的直线），单击"应用"按钮，选择如图17-35所示的两条直线（一条竖直线与步骤19创建的直线）为对象创建另一个基准平面。

图17-33 "基准平面"对话框　　　　图17-34 完成创建　　　　图17-35 创建基准平面

（15）在"特征操作"工具栏中单击"基准轴"按钮↑，系统弹出"基准轴"对话框，如图17-36所示。"类型"选择"自动判断"，分别选择如图17-37所示的两个基准平面，并单击"确定"按钮，完成基准轴的创建。

（16）在"特征"工具栏中单击"草图"按钮🔃，系统弹出如图17-38所示的对话框。"类型"选择"在平面上"，选择如图17-39所示的平面为草图平面，参考方向为刚才创建的基准轴，单击"确定"按钮完成草图平面的选择。

（17）在草图平面上绘制如图17-40所示尺寸的直线，长度为80、角度为270°，单击"确定"按钮完成直线创建。

（18）隐藏基准平面及一些直线等，仅保留如图17-41所示的一条直线和一条基准轴。

（19）单击"基准平面"按钮▢，系统弹出"基准平面"对话框，如图17-42所示。在"类型"中选择"两直线"选项，并选择如图17-41所示的直线及基准轴，从而生成基准平面，如图17-43所示。

（20）在"特征"工具栏中单击"草图"按钮🔃，系统弹出如图17-44所示的对话框，"类型"选择"在平面上"，选择如图17-45所示的平面为草图平面，参考选择之前创建的基准轴。

图17-36 "基准轴"对话框　　　　图17-37 完成基准轴创建　　　　图17-38 "创建草图"对话框

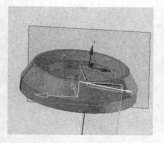

图17-39 选择草绘平面

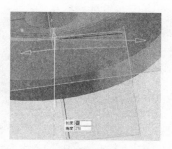

图17-40 草绘曲线

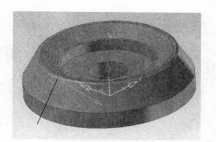

图17-41 隐藏后的效果图

图17-42 "基准平面"对话框

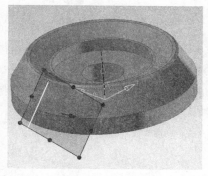

图17-43 完成创建

图17-44 "创建草图"对话框

21 在选择的草图平面上绘制如图17-46所示尺寸的草图（R=4.5mm），完成绘制后单击"确定"按钮，完成刀槽拉伸截面的创建。

22 在"特征"工具栏中单击"拉伸"按钮，系统弹出如图17-47所示的对话框。在"截面"选项组中选择刚才绘制的封闭曲线；"方向"选择默认即垂直于草绘平面即可，注意方向；在"限制"选项组中输入图中所示的参数；"布尔"运算选择"求差"，求差体选择之前创建的回转体；其余设置选择系统默认。设置完成后单击"确定"按钮，完成拉伸，如图17-48所示。

23 在"特征"工具栏中单击"草图"按钮，系统弹出如图17-49所示的对话框。"类型"选择"在平面上"，继续选择如图17-45所示的平面为草图平面，参考选择与之前的草绘平面的选择相同，绘制如图17-50所示尺寸的曲线。

图17-45 选择草绘平面

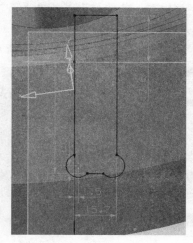

图17-46 草绘曲线

图17-47 "拉伸"对话框

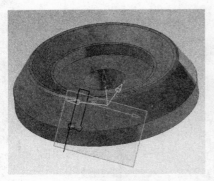

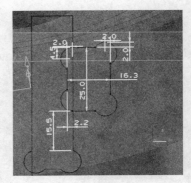

图17-48 完成拉伸　　　图17-49 "创建草图"对话框　　　图17-50 草绘曲线

24▶ 在"特征"工具栏中单击"拉伸"按钮，系统弹出如图17-51所示的对话框。在"截面"选项组中选择刚才绘制的图17-50所示的封闭曲线；"方向"选择默认即垂直于草绘平面即可，注意方向；在"限制"选项组中输入图中所示的参数；"布尔"运算选择"求差"，求差体选择之前创建的回转体；其余设置选择系统默认。设置完成后单击"确定"按钮，完成拉伸，如图17-52所示。

图17-51 "拉伸"对话框　　　　　　　　　　　图17-52 拉伸效果

3. 排屑槽的创建

排屑槽是面铣刀重要的组成部分，切屑的排出是通过排屑槽完成的，它是刀具的散热以及工件表面质量的保证基础。

1▶ 单击"基准平面"按钮，系统弹出"基准平面"对话框，如图17-53所示，在"类型"中选择"点和方向"，并选择如图17-54的棱线中点为创建基准平面所需的点，采用图示的平面的法向为基准平面的法向，创建的基准平面如图17-54所示。

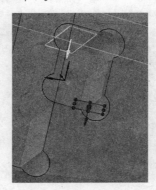

图17-53 "基准平面"对话框　　　　　　　图17-54 完成创建

② 在"特征"工具栏中单击"草图"按钮，系统弹出如图17-55所示的对话框。类型选择"在平面上"，选择上一步创建的基准平面作为草绘平面，参考选择棱线，如图17-56所示，绘制出如图17-57所示尺寸的直线。

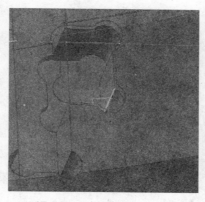

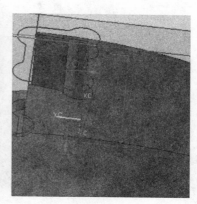

图17-55 "创建草图"对话框　　　图17-56 选择草绘平面及参考　　　图17-57 草绘曲线

③ 在"特征"工具栏中单击"拉伸"按钮，系统弹出如图17-58所示的对话框。在"截面"选项组中选择刚才绘制的如图17-57所示的封闭曲线；"方向"选择默认即垂直于草绘平面即可，注意方向；在"限制"选项组中输入图中所示的参数；"布尔"运算选择"求差"，求差体选择之前创建的回转体；其余设置选择系统默认。设置完成后单击"确定"按钮，完成拉伸，如图17-59所示。

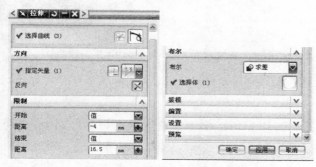

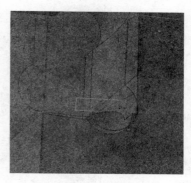

图17-58 "拉伸"对话框　　　　　　　　　图17-59 拉伸效果图

④ 在"特征操作"工具栏中单击"边倒圆"按钮，系统弹出如图17-60所示的对话框，选择如图17-61所示的边进行倒圆，半径选择10mm，其余设置均选择系统默认即可，单击"确定"按钮，完成创建。

⑤ 在"特征操作"工具栏中单击"倒斜角"按钮，系统弹出如图17-62所示的对话框，选择如图17-63所示的边进行倒斜角，"横截面"选择"非对称"，距离分别输入10mm、3mm，如图17-62所示，其余设置选择系统默认，单击"确定"按钮，完成倒斜角的创建，如图17-63所示。

⑥ 在"特征操作"工具栏中单击"边倒圆"按钮，系统弹出如图17-64所示的对话框。选择图17-65所示的边进行倒圆，半径选择5mm，其余设置均选择系统默认即可，单击"确定"按钮，完成创建。

图17-60 "边倒圆"对话框

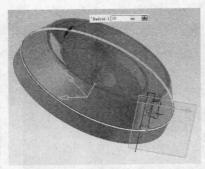

图17-61 边选择

图17-62 "倒斜角"对话框

图17-63 边选择

图17-64 "边倒圆"对话框

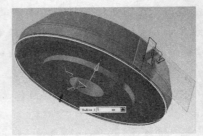

图17-65 选择边

⑦ 采用相同的方法，创建如图17-66至图17-68所示的圆角，它们的圆角半径分别为1mm、5mm和3mm。

⑧ 在"特征操作"工具栏中单击"倒斜角"按钮，系统弹出如图17-69所示的对话框，选择如图17-70所示的两条边进行倒斜角，"横截面"选择"对称"，"距离"输入3mm，如图17-69所示，其余设置选择系统默认，单击"确定"按钮，完成倒斜角的创建，如图17-70所示。

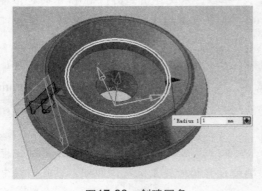

图17-66 创建圆角

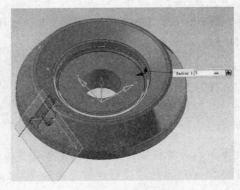

图17-67 圆角创建

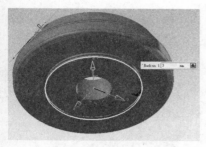

图17-68 创建圆角

图17-69 "倒斜角"对话框

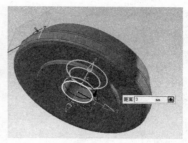

图17-70 选择边

⑨ 在"特征"工具栏中单击"草图"按钮，系统弹出如图17-71所示的对话框，"类型"选择"在平面上"，选择如图17-72所示的平面为草绘平面，参考选择棱线。

⑩ 单击"确定"按钮，然后绘制如图17-73所示的草图，单击"确定"按钮完成草图绘制。

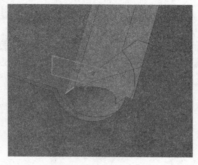

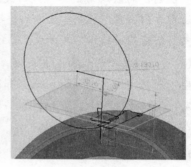

图17-71 "创建草图"对话框　　图17-72 选择草绘平面及参考　　图17-73 绘制草图

⑪ 在"特征"工具栏中单击"拉伸"按钮，系统弹出如图17-74所示的对话框。选择上一步创建的圆作为截面线，如图17-75所示，"方向"选择默认即垂直于草绘平面即可，注意方向；在"限制"选项组中输入图中所示的参数；"布尔"运算选择"求差"，求差体选择之前创建的回转体；其余设置选择系统默认。设置完成后单击"确定"按钮，完成拉伸。

图17-74 "拉伸"对话框　　　　　　图17-75 拉伸曲线及方向选择

⑫ 隐藏基准面、草绘的曲线、基准轴等，如图17-76所示。

⑬ 在"特征"工具栏中单击"草图"按钮，系统弹出如图17-77所示的对话框。"类型"选择"在平面上"，选择如图17-78所示的平面为草绘平面，单击"确定"按钮进行草绘，绘制如图17-79所示的草图，完成键槽截面的创建。

图17-76 隐藏后效果图

图17-77 "创建草图"对话框

图17-78 选择草绘平面

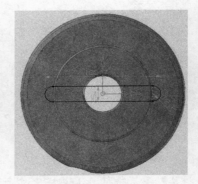

图17-79 草绘曲线

⑭ 在"特征"工具栏中单击"拉伸"按钮 ⬚，系统弹出如图17-80所示的对话框。选择上一步创建的封闭曲线作为截面线，如图17-81所示。"方向"选择默认即垂直于草绘平面即可，注意方向；在"限制"选项组中输入图中所示的参数；"布尔"运算选择"求差"，求差体选择之前创建的回转体；其余设置选择系统默认。设置完成后单击"确定"按钮，完成拉伸。

⑮ 在"特征"工具栏中单击"草图"按钮 ⬚，系统弹出如图17-82所示的对话框，"类型"选择"在平面上"，选择如图17-83所示的平面为草绘平面，"参考"选择默认，单击"确定"按钮进行草绘，绘制如图17-84所示的草图，单击"确定"按钮完成创建。

图17-80 "拉伸"对话框

图17-81 选择拉伸曲线及方向

图17-82 "创建草图"对话框

图17-83 选择草绘平面及参考

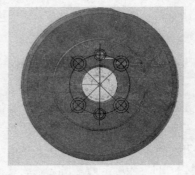

图17-84 草绘曲线

⑯ 在"特征"工具栏中单击"拉伸"按钮，系统弹出如图17-85所示的对话框，选择如图17-86所示的曲线作为拉伸曲线，注意一定要选择图17-87所示的"单条曲线"选项，"方向"选择默认即垂直于草绘平面即可，注意方向；在"限制"选项组中输入图中所示的参数；"布尔"运算选择"求差"，求差体选择之前创建的回转体；其余设置选择系统默认。设置完成后单击"确定"按钮，完成拉伸。

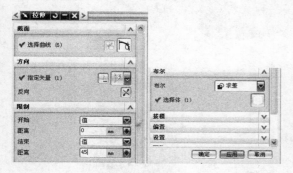

图17-85　"拉伸"对话框　　　　　图17-86　选择拉伸曲线　　图17-87　选择"单条曲线"选项

⑰ 同样对大圆进行拉伸操作，参数设置如图17-88所示，选择要拉伸的曲线如图17-89所示。

⑱ 完成拉伸后，将视图内所有的曲线隐藏，如图17-90所示。

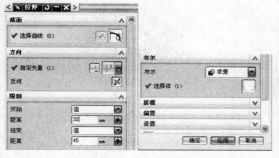

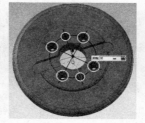

图17-88　"拉伸"对话框　　　　　图17-89　选择拉伸曲线　　图17-90　隐藏后的效果图

4. 槽的阵列及其他特征的创建

上两节完成了刀具槽以及排屑槽的创建，基于此面铣刀的特征，可以利用UG的阵列命令对这两个槽进行阵列，同时创建如键槽等的其余一些特征。

① 在"特征操作"工具栏中单击"实例特征"按钮，系统弹出如图17-91所示的对话框，单击"圆形阵列"按钮，再单击"确定"按钮，系统弹出如图17-92所示的对话框，选择图中所示的4个特征作为阵列对象，再单击"确定"按钮，会弹出如图17-93所示的对话框，并在"方法"选项中选择"常规"，"数量"和"角度"分别设置为6和60，再单击"确定"按钮，系统会弹出如图17-94所示的对话框，选择"基准轴"选项，然后选择y轴作为阵列的基准轴，系统会出现如图17-95所示的预览效果，单击"确定"按钮，完成阵列，如图17-96所示。

② 单击"基准平面"按钮，系统弹出"基准平面"对话框，如图17-97所示，在"类型"中选择"按某一距离"选项，并选择如图17-98所示的模型的底面为基准面，选择偏置距离为30mm，注意选择方向，如图17-98所示，单击"确定"按钮，完成基准平面的创建。

图17-91　阵列类型

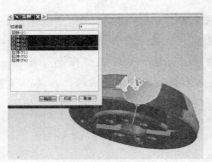

图17-92　选择特征

图17-93　阵列参数

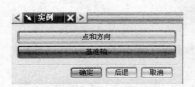

图17-94　选择阵列基准

图17-95　预览

图17-96　完成阵列

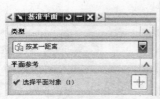

图17-97　"基准平面"对话框

图17-98　完成基准平面创建

③　在"特征"工具栏中单击"草图"按钮 ，系统弹出如图17-99所示的对话框，"类型"选择"在平面上"，选择如图17-100所示的平面为草绘平面，"参考"选择默认，单击"确定"按钮进行草绘，绘制如图17-101所示的草图，单击"确定"按钮完成创建。

图17-99　"创建草图"对话框

图17-100　选择草绘平面

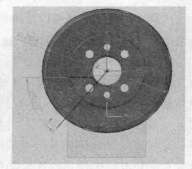

图17-101　草绘曲线

④　单击"基准平面"按钮 ，系统弹出"基准平面"对话框，如图17-102所示，在"类型"中选择"点和方向"，并选择如图17-103所示的直线与圆的交点为指定点，方向为默认即

可，即选择法向为矢量方向，单击"确定"按钮，完成基准平面的创建。

⑤ 在"特征"工具栏中单击"草图"按钮，系统弹出如图17-104所示的对话框，"类型"选择"在平面上"，选择上一步创建的基准平面作为草绘平面，方向如图17-105所示，"参考"选择默认，单击"确定"按钮进行草绘，绘制如图17-106所示的草图，单击"确定"按钮完成创建。

图17-102　"基准平面"对话框　　　图17-103　完成创建　　　图17-104　"创建草图"对话框

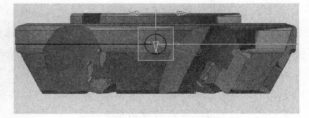

图17-105　选择草绘平面　　　　　　　图17-106　草绘曲线

⑥ 在"特征"工具栏中单击"拉伸"按钮，系统弹出如图17-107所示的对话框，选择如图17-108所示的圆作为拉伸曲线，"方向"选择默认状态，即垂直于草绘平面即可，注意方向；在"限制"选项组中输入图中所示的参数；"布尔"运算选择"求差"，求差体选择之前创建的回转体；其余设置选择系统默认。设置完成后单击"确定"按钮，完成拉伸。

图17-107　"拉伸"对话框　　　　　　图17-108　选择拉伸曲线

⑦ 在"特征"工具栏中单击"孔"按钮，系统弹出如图17-109所示的对话框，在"类型"中选择"螺纹孔"，选择如图17-110所示的平面作为孔的放置起始面，系统弹出草绘界面并显示如图17-111所示的点设置窗口，用于选择孔的起始面的圆心，捕捉圆平面的圆心，单击"完成草图"按钮，系统弹出预览图，并设置如图17-109所示的尺寸，"布尔"运算选择"求差"，未显示操作均选择默认，单击"确定"按钮，完成螺纹孔的创建。

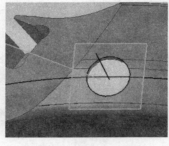

图17-109 "孔"对话框　　　图17-110 放置平面　　　图17-111 "点"对话框

⑧ 在"特征操作"工具栏中单击"实例特征"按钮，系统弹出如图17-112所示的对话框，选择"圆形阵列"，再单击"确定"按钮，系统弹出如图17-113所示的对话框，选择图中所示的两个特征作为阵列对象，再单击"确定"按钮，会弹出如图17-114所示的对话框，在"方法"选项组中选择"常规"，"数量"和"角度"分别输入2和180，再单击"确定"按钮，系统弹出如图17-115所示的对话框，选择"基准轴"选项，然后选择y轴作为阵列的基准轴，如图17-116所示，再在弹出的如图17-117所示的对话框中单击"是"按钮，然后单击"确定"按钮。

图17-112 选择阵列类型　　　图17-113 特征列表　　　图17-114 阵列参数

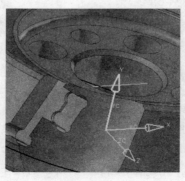

图17-115 阵列基准　　　图17-116 基准轴　　　图17-117 完成阵列创建

（9） 在"特征操作"工具栏中单击"倒斜角"按钮，系统弹出如图17-118所示的对话框，选择图17-119所示的6个孔的12个边进行倒斜角，"横截面"选择"对称"，"距离"输入1mm，其余设置选择系统默认，单击"确定"按钮，完成倒斜角的创建。

（10） 在"特征操作"工具栏中单击"螺纹"按钮，系统弹出如图17-120所示的对话框，选择图17-121所示的两个孔螺纹操作，具体设置如图17-120所示，单击"确定"按钮，完成螺纹的创建，并保存文件。

图17-118 "倒斜角"对话框

图17-119 选择边

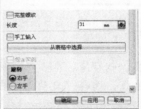

图17-120 "螺纹"对话框

图17-121 选择孔

5. 面铣刀的装配

至此面铣刀的设计基本完成，现在将刀片、刀垫、刀夹装入刀盘中，通过本节的学习，读者可以了解面铣刀的夹紧方式及刀片角度设计等信息，最重要的是通过本节的学习，读者可以进一步学习装配知识及基准平面创建、拉伸等命令，具体装配步骤如下。

（1） 这里对刀夹、刀垫、刀片等小部件的创建过程与刀盘的创建涉及的命令等大同小异，在此不再详述，这些文件在随书光盘中可以找到。

（2） 首先进行刀夹的单独装配。新建一个.prt文件，如图17-122所示，命名为"zhuangpei01.prt"。进入UG NX 8.0界面后单击"开始"按钮，选择"装配"命令，如图17-123所示。

（3） 单击"添加组件"按钮，系统弹出如图17-124所示的对话框，添加如图17-125所示的刀夹，单击"确定"按钮，系统弹出如图17-126所示的对话框，再次单击"确定"按钮，完成第一个部件的加载。同样方法加载双头螺柱，如图17-127所示。

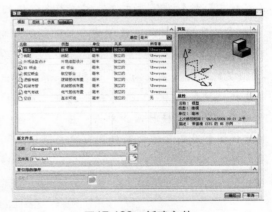

图17-122 新建文件

图17-123 装配命令

图17-124 "添加部件"
对话框

图17-125 刀夹预览

图17-126 "装配约束"
对话框

图17-127 添加双头螺柱

④ 单击"装配约束"按钮，系统弹出如图17-128所示的对话框，在"类型"下拉列表中选择"接触对齐"，"方位"选择"自动判断中心/轴"，其余设置选择默认，选择刀夹内孔面及螺柱外圆面，如图17-129所示，然后单击"确定"按钮。

⑤ 单击"移动组件"按钮，系统弹出如图17-130所示的对话框，在"类型"下拉列表中选择"动态"，选择螺柱为要移动的部件，单击"指定方位"，设置如图17-131所示的尺寸，单击"确定"按钮并保存文件，完成刀夹部件的装配。

⑥ 采用类似的方法创建刀垫的装配，新建名称为"zhuangpei02.prt"的文件。进入UG NX 8.0界面后选择"装配"命令，然后分别添加刀垫及螺钉，如图17-132所示。

⑦ 单击"装配约束"按钮，系统弹出如图17-133所示的对话框，并在"类型"下拉列表中选择"接触对齐"，"方位"选择"首选接触"，其余设置选择默认，如图17-134和图17-135所示的两个面为接触面，单击"应用"按钮，然后选择"方位"下的"自动判断中心/轴"，分别选择螺钉及刀垫螺钉孔轴线，单击"确定"按钮，完成刀垫装配，如图17-136所示。保存并关闭文件。

图17-128 "装配约束"对话框

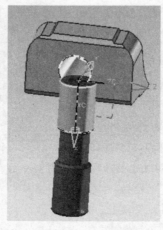

图17-129 对齐约束

图17-130 "移动组件"对话框

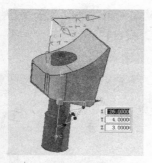

图17-131　移动尺寸

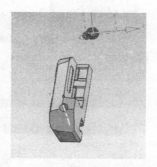

图17-132　添加刀垫及螺钉

图17-133　"装配约束"对话框

图17-134　选择对齐边1

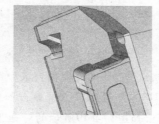

图17-135　选择对齐边2

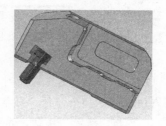

图17-136　完成装配

⑧ 下面进行整体装配。建立一个名称为"zhuangpei03.prt"的文件，与上刀垫及刀夹的装配步骤类似，首先加载模型，将刀盘、刀垫装配体及刀夹装配体都导入文件，如图17-137所示。

⑨ 单击"装配约束"按钮，系统弹出如图17-138所示的对话框，在"类型"下拉列表中选择"接触对齐"，"方位"选择"首选接触"，其余设置选择默认，选择如图17-138、图17-139和图17-140所示的3组平面作为接触面来将刀垫装入刀槽，单击"确定"按钮，完成刀垫装入。

⑩ 单击"装配约束"按钮，系统弹出如图17-141所示的对话框，在"类型"下拉列表中选择"距离"，分别设置刀夹两端与刀体槽两面的距离为1mm，刀夹下面与刀体的距离为3.5mm（注意正负及方向），右侧与刀体距离设置为0，如图17-142所示。单击"确定"按钮，完成刀夹的装入。

图17-137　加载整体部件

图17-138　对齐约束1

图17-139　对齐约束2

图17-140　对齐约束3

图17-141　"装配约束"对话框

图17-142　输入距离

⑪ 按照同样的方法，加载刀片，如图17-143所示。单击"装配约束"并设置如图17-144所示的选项，分别选择刀垫的3个面与对应刀片的3个面作为接触面，如图17-145所示。单击"确定"按钮，完成刀片的装入，如图17-146所示。

图17-143 加载刀片　　　　　图17-144 "装配约束"对话框　　　　图17-145 对齐约束

⑫ 单击"创建组件阵列"按钮，并点开左侧列表中的"装配导航器"按钮，选中如图17-147所示的3个部件，再单击"确定"按钮，系统弹出如图17-148所示的对话框，选择"圆形"，单击"确定"按钮，系统弹出如图17-149所示的对话框，选择"圆柱面"，并设置"总数"为6、"角度"为60，单击"确定"按钮，完成装配阵列的创建，如图17-150所示。

图17-146 完成刀片装配　　　　　图17-147 装配导航器　　　　　图17-148 装配阵列类型

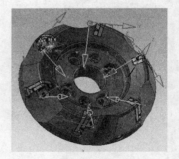

图17-149 轴定义类型　　　　　　　　　图17-150 完成阵列

⑬ 为了防止出现后续打开装配体时出现加载错误，同时为了方便创建刀槽螺纹孔，下面进行一下格式转换。选择"文件"｜"导出"｜"Parasolid"命令，选择所有部件，如图17-151所示。单击"确定"按钮，弹出如图17-152所示的界面，输入文件名"01"，并将其保存，单击"OK"按钮，关闭文件。

图17-151 选择导出实体

图17-152 创建.x_t名称

(14) 新建一个名为"zuizhong01.prt"的文件，选择"文件"｜"导入"｜"Parasolid"命令，弹出如图17-153所示的界面，导入刚才创建的"01.x_t"文件，单击"OK"按钮，出现如图17-154所示的文件。

图17-153 导入.x_t文件

图17-154 .prt效果图

(15) 隐藏某一刀槽内的刀垫及刀夹，然后选择"草图"命令，系统弹出如图17-155所示的对话框，选择如图17-156所示的草图平面及参考，绘制如图17-157所示的草图。

(16) 选择"拉伸"命令，弹出如图17-158所示的对话框，"布尔"选择"求差"，选择刀体为求差体，如图17-159所示，单击"确定"按钮。

(17) 选择"孔"命令，系统弹出如图17-160所示的对话框，在"类型"中选择"螺纹孔"，选择如图17-161所示平面的圆心为螺纹孔的起始指定点，尺寸设置如图17-160所示，单击"确定"按钮，完成螺纹孔创建，隐藏双头螺柱，如图17-162所示。

(18) 采用相同的方法，创建此刀槽的另一个螺纹孔。选择如图17-163所示的面为草图平面，绘制如图17-164所示尺寸的圆。

图17-155 "创建草图"
对话框

图17-156 选择草绘平面

图17-157 草绘曲线

图17-158 "拉伸"
对话框

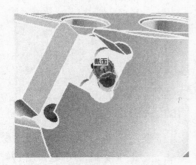
图17-159　选择求差实体

图17-160　"孔"对话框

图17-161　选择放置平面

图17-162　完成创建

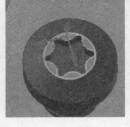
图17-163　选择草绘平面

图17-164　草绘曲线

19 选择"拉伸"命令，弹出如图17-165所示的对话框，"布尔"选择"求差"，选择刀体为求差体，单击"确定"按钮，隐藏此螺钉，如图17-166所示。

20 选择"孔"命令，系统弹出如图17-167所示的对话框，在"类型"中选择"螺纹孔"，选择如图17-168所示平面的圆心为螺纹孔的起始指定点。尺寸设置如图17-167所示，单击"确定"按钮，完成螺纹孔创建，隐藏双头螺柱，如图17-169所示。

图17-165　"拉伸"对话框

图17-166　完成拉伸操作

图17-167　"孔"对话框

图17-168　选择放置面

图17-169　完成螺纹孔创建

㉑ 在"特征操作"工具栏中单击"实例特征"按钮，系统弹出如图17-170所示的对话框。选择"圆形阵列"，再单击"确定"按钮，系统弹出如图17-171所示的对话框，选择图中所示的4个特征作为阵列对象，再单击"确定"按钮，会弹出如图17-172所示的对话框，并在"方法"选项组中选择"常规"，"数量"及"角度"分别输入6和60，再单击"确定"按钮，系统弹出如图17-173所示的对话框，选择"点和方向"选项，然后选择"自动判断矢量"，如图17-174所示，选择如图17-175所示的圆孔内面，再在弹出的如图17-176所示的对话框中单击"是"按钮，然后单击"确定"按钮。

图17-170　选择阵列类型

图17-171　特征列表

图17-172　阵列参数

图17-173　阵列轴类型

图17-174　"矢量"对话框

图17-175　选择圆柱面

图17-176　完成创建

㉒ 打开左侧列表处的"部件导航器"，如图17-177所示，将刚才隐藏的刀垫、刀片、螺柱等重新显示。

㉓ 最终的面铣刀模型如图17-178所示。

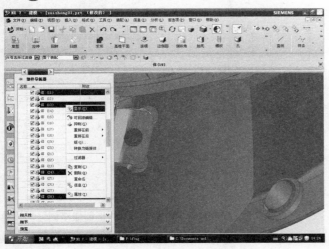
图17-177　显示隐藏对象

图17-178　面铣刀

17.2 插铣刀模型设计

本节将创建如图17-179所示的插铣刀。

通过前面的了解，现在开始设计和创建插铣刀的模型。我们要创建的这个插铣刀一共有三部分，第一部分是刀体，第二部分是刀片，最后一部分是固定刀片的螺钉，全部创建完成后进行装配。此插铣刀属于刚性夹紧结构的刀盘式插铣刀。刀体部分主要是回转体，重点在于草图的创建，还有刀槽部分一定要匹配刀片的安装，这是个难点。一些孔和凹槽主要是由拉伸命令完成，最后还要进行倒角。刀片主要是由拉伸命令完成，但注意拉伸的时候一定要拔模。螺钉主要是回转命令和螺纹命令，现在进入到设计的正式环节。

图17-179　插铣刀

插铣刀模型属于装配体，而刀体属于回转类零件，因此采用回转特征构建刀体，然后通过拉伸、倒角、装配等最终完成面铣刀的创建，具体创建步骤可以参考下面的设计思路。

1）在草图模块中绘制零件草图特征，然后运用回转功能，将草图回转成刀体大致结构。

2）建立某些基准平面，并通过草图绘制，最终拉伸并进行布尔运算完成刀槽的创建。

3）通过拉伸命令创建孔、键槽等。

4）运用边倒圆、面倒圆和倒斜角命令进行必要的倒角操作，以完善刀体模型。

5）通过装配命令装入刀片等模型零件，完成最终的插铣刀创建。

1.插铣刀的刀体设计

① 打开UG NX 8.0，新建文件模型，名称可以为"插铣刀"，选择文件夹，然后单击"确定"按钮，如图17-180所示。

② 在如图17-181所示的界面上创建草图，单击屏幕下方的"草图"按钮，创建草图如图17-182所示，选择Z-Y平面，单击"确定"按钮，再选择屏幕下方的"在草图任务环境中"按钮，单击"确定"按钮。

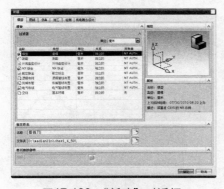

图17-180　"新建"对话框

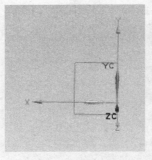

图17-181　坐标系

图17-182　"创建草图"对话框

③ 单击工具栏中的"轮廓"按钮，然后弹出如图17-183所示的"轮廓"对话框，绘制如图17-184所示的草绘，完成后单击"完成草图"按钮。

④ 单击"特征"工具栏中的"回转"按钮，弹出如图17-185所示的"回转"对话框，选择上一步骤的草绘曲线，矢量轴选择z轴，指定点选择原点，其余参照图17-185所示，预览后如图17-186所示，单击"确定"按钮，最终效果如图17-187所示。

⑤ 单击"草图"按钮，选择Z-Y平面，单击"确定"按钮后，单击在选择屏幕下方的"在草图任务环境中"按钮，单击"确定"按钮，单击工具栏上的"轮廓"按钮，然后绘制如图17-188所示的草绘，完成后单击"完成草图"按钮。

图17-183　"轮廓"对话框　　图17-184　草绘

图17-185　"回转"对话框

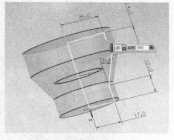

图17-186　预览图

图17-187　效果图

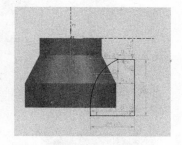

图17-188　草绘

⑥ 单击"特征"工具栏中的"基准平面"按钮，弹出如图17-189所示的"基准平面"对话框，选择平面为Y-Z平面，通过轴为z轴，角度为70°，效果如图17-190所示。

⑦ 选择菜单栏中的"插入"|"来自体的曲线"|"相交曲线"命令，弹出如图17-191所示的"相交曲线"对话框，第一组选择刀体的上表面，第二组面选择刚才建立的基准平面，单击"确定"按钮，形成如图17-192所示的形成曲线，即是下面要拉伸的轴矢量。

图17-189　"基准平面"对话框

图17-190　效果图

图17-191　"相交曲线"对话框

图17-192　形成相交曲线

⑧ 单击"特征"工具栏中的"拉伸"按钮，弹出如图17-194所示的"拉伸"对话框，

选择上一步骤的草绘曲线，矢量轴选择上一步形成的曲线轴，方法是单击 按钮，如图17-193所示，设置拉伸距离为25，布尔运算为求差，其余按照如图17-194所示进行设置，单击"确定"按钮，效果如图17-195所示。

⑨ 单击"特征"工具栏中的"对特征形成图样"按钮，弹出如图17-196所示的对话框，选择刚刚拉伸形成的凹槽为选择特征，布局选择"圆形"，指定矢量为z轴，指定点为原点或者捕捉任意一个圆心，间距选择数量和节距、数量为4、节距角为90°，单击"确定"按钮后，最终效果如图17-197所示。

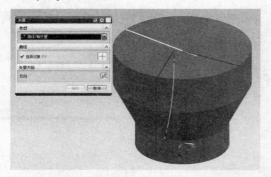

图17-193 曲线轴

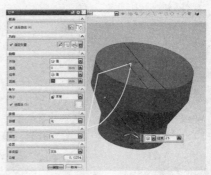

图17-194 "拉伸"对话框

图17-195 效果图

图17-196 "对特征形成图样"对话框

图17-197 效果图

⑩ 单击"特征"工具栏中的"边倒圆"按钮 ，如图17-198所示，选择形成的4条棱边，半径为0.4mm，单击"确定"按钮后，效果如图17-199所示。

⑪ 单击"草图"按钮 ，选择图17-199所示平面中的1平面，确定后单击屏幕下方的"在草图任务环境中"按钮 ，并单击"确定"按钮。单击工具栏中的"轮廓"按钮 ，然后绘制如图17-200的草绘画，完成后单击"完成草图"按钮 完成草图 。

图17-198 "边倒圆"对话框

图17-199 半径

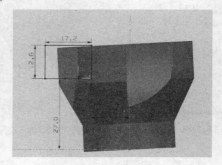

图17-200 草绘

(12) 单击"特征"工具栏中的"拉伸"按钮 ，弹出如图17-201所示的"拉伸"对话框，选择上一步骤的草绘曲线，拉伸距离为6.4，布尔运算为求差，拔模角度为从开始限制7°，其余按图17-201所示，单击"确定"按钮，效果如图17-202所示。

(13) 单击"草图"按钮 ，选择图17-202平面中的2平面，确定后选择屏幕下方的"在草图任务环境中"按钮 ，单击"确定"按钮，并单击工具栏上的"轮廓"按钮 ，然后绘制如图17-203所示的草绘画，单击"完成草图"按钮 。

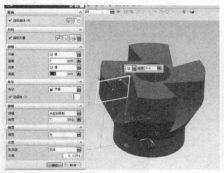
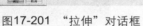

图17-201　"拉伸"对话框

图17-202　效果图

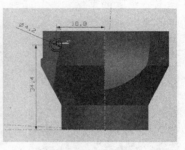

图17-203　草绘

(14) 单击"特征"工具栏中的"拉伸"按钮 ，弹出如图17-204所示的"拉伸"对话框，选择上一步骤的草绘曲线，拉伸距离为18，布尔运算为求差，其余按图17-204所示，单击"确定"按钮，效果如图17-205所示。

图17-204　"拉伸"对话框

图17-205　效果图

(15) 选择菜单栏中的"插入"|"设计特征"|"螺纹"命令，选择上一步骤的孔，然后"大径"输入5mm，"长度"设置为6mm，其余按图17-206所示进行设置，效果如图17-207所示。

图17-206　"编辑螺纹"对话框

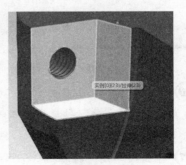

图17-207　效果图

注意

此处螺纹的长度不能太长，否则会穿透刀体，最佳值为6mm。

(16) 单击"草图"按钮，选择图17-208平面中的1平面，单击"确定"按钮后，再选择屏幕下方的"在草图任务环境中"按钮，单击"确定"按钮。单击工具栏上的"轮廓"按钮，然后绘制出如图17-208所示的草绘画，单击"完成草图"按钮。

(17) 单击"特征"工具栏中的"拉伸"按钮，弹出如图17-209所示的"拉伸"对话框，选择上一步骤的草绘曲线，沿轴线方向拉伸距离为11，布尔运算为求差，其余按照图17-209所示进行设置，单击"确定"按钮，最终效果如图17-210所示。

图17-208　草绘

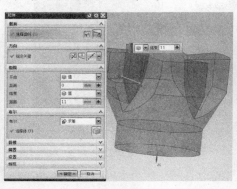

图17-209　预览图

图17-210　效果图

(18) 单击"特征"工具栏中的"基准平面"按钮，弹出如图17-211所示的"基准平面"对话框，类型按照某一距离，选择平面为X-Z平面，偏置距离为25mm。

(19) 单击"草图"按钮，选择上一步建立的基准平面，单击"确定"按钮后，单击屏幕下方的"在草图任务环境中"按钮，单击"确定"按钮。单击工具栏上的"轮廓"按钮，然后绘制如图17-212所示的草绘画，单击"完成草图"按钮。

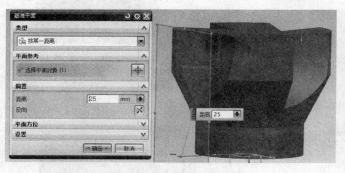

图17-211　基准平面

图17-212　草绘

(20) 单击"特征"工具栏中的"拉伸"按钮，弹出如图17-213所示的"拉伸"对话框，选择上一步骤的草绘曲线，轴线为楞方向，拉伸距离为11，布尔运算为求差，其余按照如图17-213所示进行设置，单击"确定"按钮，效果如图17-214所示。

(21) 单击"草图"按钮，在X-Y平面中单击确定后，单击屏幕下方的"在草图任务环境中"按钮，单击"确定"按钮。单击工具栏上的"轮廓"按钮，然后绘制如图17-215所示的草绘画后，单击"完成草图"按钮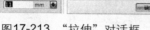。

图17-213 "拉伸"对话框

图17-214 效果图

图17-215 草绘

22 单击"特征"工具栏中的"拉伸"按钮，弹出如图17-216所示的"拉伸"对话框，选择上一步骤的草绘曲线，拉伸距离为从-40到-29，布尔运算为求差，其余按图17-216所示，单击"确定"按钮，效果如图17-217所示。

23 单击"特征"工具栏中的"基准平面"按钮，弹出如图17-218所示的"基准平面"对话框，类型按某一距离，选择平面为刀体底面X-Y平面，偏置距离为-25mm。

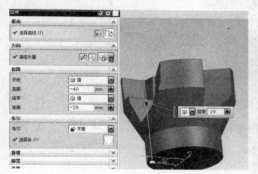

图17-216 "拉伸"对话框

图17-217 效果图

图17-218 "基准平面"对话框

24 单击"草图"按钮，在上一个新建平面单击确定后，单击屏幕下方的"在草图任务环境中"按钮，单击"确定"按钮。单击工具栏上的"轮廓"按钮，然后绘制如图17-219所示的草绘画，单击"完成草图"按钮。

25 单击"特征"工具栏中的"拉伸"按钮，弹出如图17-220所示的"拉伸"对话框，选择上一步骤的草绘曲线，指定矢量为草绘的圆心到原点的轴线方向，拉伸距离为18mm，布尔运算为求差，其预览图17-221所示，单击"确定"按钮，效果如图17-222所示。

26 单击"特征"工具栏中的"对特征形成图样"按钮，弹出如图17-223所示的对话框，选择前面步骤中建立的特征，布局选择"圆形"，指定矢量为z轴，指定点为原点或者捕捉任意一个圆心，间距选择数量和节距，数量为4、节距角为90°，单击"确定"按钮后，效果如图17-224所示。

27 单击"草图"按钮，在底面X-Y新建平面，单击

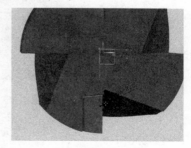

图17-219 草绘

确定后，单击屏幕下方的"在草图任务环境中"按钮🔛，单击"确定"按钮。单击工具栏中的
"轮廓"按钮⨆，然后绘制如图17-225所示的草绘，单击"完成草图"按钮🌼 完成草图。

图17-220 "拉伸"对话框

图17-221 预览效果

图17-222 效果图

图17-223 "对特征形成图样"对话框

图17-224 效果图

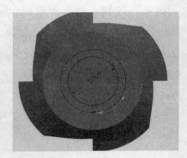

图17-225 草绘

㉘ 单击"特征"工具栏中的"拉伸"按钮🔲，弹出如图17-226所示的"拉伸"对话框，选择上一步骤的草绘曲线，拉伸距离为-40到-28mm，布尔运算为求差，其预览如图17-226所示，单击"确定"按钮，效果如图17-227所示。

㉙ 单击"草图"按钮🔲，选择图17-227中的平面3，单击"确定"按钮后，单击屏幕下方的"在草图任务环境中"按钮🔛，单击"确定"按钮。单击工具栏上的"轮廓"按钮⨆，然后绘制如图17-228所示的草绘图，单击"完成草图"按钮🌼 完成草图。

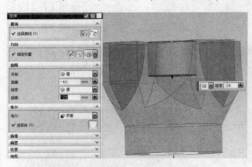

图17-226 "拉伸"对话框及预览图

图17-227 效果图

图17-228 草绘

㉚ 单击"特征"工具栏中的"拉伸"按钮🔲，弹出如图17-229所示的"拉伸"对话框，选择上一步骤的草绘曲线，拉伸距离为0到50mm，布尔运算为求差，单击"确定"按钮，效果如图17-230所示。

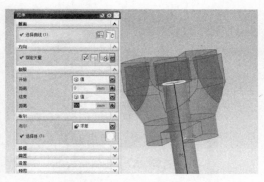

图17-229　拉伸预览　　　　　　　　　　　　图17-230　效果图

㉛ 单击"草图"按钮，选择Z-Y平面，单击"确定"按钮后，单击屏幕下方的"在草图任务环境中"按钮，单击"确定"按钮。单击工具栏上的"轮廓"按钮，然后完成如图17-231所示的草绘，单击"完成草图"按钮 。

㉜ 单击"特征"工具栏中的"拉伸"按钮，弹出如图17-232所示的"拉伸"对话框，选择上一步骤的草绘曲线，拉伸距离为-50到50mm，布尔运算为求差，其预览如图17-232所示，单击"确定"按钮，效果如图17-233所示。

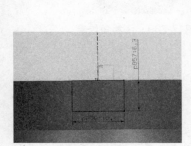

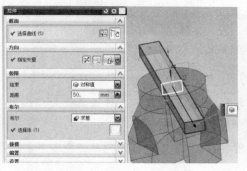

图17-231　草绘　　　　　　　图17-232　"拉伸"对话框　　　　　　图17-233　效果图

㉝ 单击"特征"工具栏中的"倒斜角"按钮，选择棱边，半径为0.5mm，如图17-234所示。单击"确定"按钮后，效果如图17-235所示。

图17-234　设置参数　　　　　　　　　　　图17-235　效果图

㉞ 单击"特征"工具栏中的"倒斜角"按钮，如图17-236所示，选择棱边，半径为0.5mm，单击"确定"按钮后，倒斜角效果如图17-237所示。

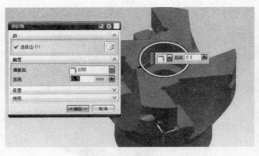
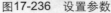
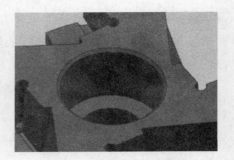

图17-236　设置参数　　　　　　　　　　　图17-237　倒斜角效果

㉟ 单击"特征"工具栏中的"倒斜角"按钮，如图17-238所示，选择棱边，半径为0.3mm，单击"确定"按钮后，倒斜角效果如图17-239所示。

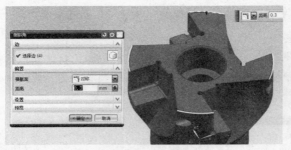

图17-238　设置参数　　　　　　　　　　　图17-239　倒斜角效果

2. 插铣刀刀片的设计

① 打开UG NX 8.0，新建文件模型，设置名称为"插铣刀片"，选择文件夹，然后单击"确定"按钮，如图17-240所示。

② 在如图17-241所示的界面上创建草图，单击屏幕下方的"草图"按钮，弹出如图17-242所示的"创建草图"对话框，选择X-Y平面，单击"确定"按钮，单击屏幕下方的"在草图任务环境中"按钮，单击"确定"按钮。

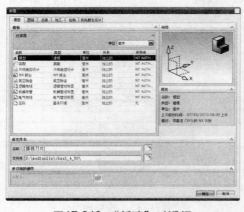
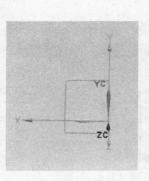

图17-240　"新建"对话框　　　　图17-241　坐标系　　　　图17-242　"创建草图"对话框

③ 单击工具栏中的"轮廓"按钮，弹出如图17-243所示的"轮廓"对话框，绘制如图17-244所示的草绘，完成后单击"完成草图"按钮。

(4) 单击"特征"工具栏中的"拉伸"按钮，弹出如图17-245所示的"拉伸"对话框，选择上一步骤的草绘曲线，如图17-246所示。拉伸距离为4.85，从起始限制拔模角度为7°，其余按图17-246所示，单击"确定"按钮，效果如图17-247所示。

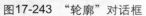

图17-243 "轮廓"对话框

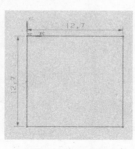

图17-244 草绘

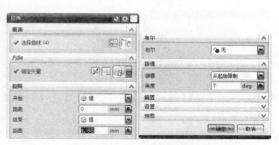

图17-245 "拉伸"对话框

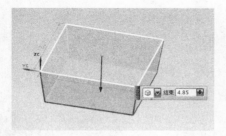

图17-246 拉伸预览图

图17-247 效果图

(5) 单击屏幕下方的"草图"按钮，在图17-248的下表面创建草图，单击"确定"按钮，再单击屏幕下方的"在草图任务环境中"按钮，单击"确定"按钮。

(6) 单击工具栏中的"轮廓"按钮，绘制如图17-248所示的草绘，完成后单击"完成草图"按钮。

(7) 单击"特征"工具栏中的"拉伸"按钮，弹出如图17-249所示的"拉伸"对话框，选择上一步骤的草绘曲线。拉伸距离为1.5，从起始限制拔模角度为7°，布尔运算为求和，其余按照图17-249所示进行设置，单击"确定"按钮，效果如图17-250所示。

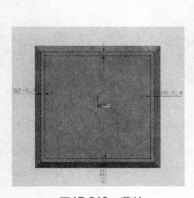

图17-248 草绘

图17-249 "拉伸"对话框

图17-250 效果图

⑧ 单击"特征"工具栏中的"拉伸"按钮📖，打开如图17-251所示的"拉伸"对话框，选择如图17-252所示模型上表面的4条棱边，方向是z轴向下，拉伸距离为0.5，从起始限制拔模角度为75°，布尔运算为求差，预览如图17-252所示，单击"确定"按钮，效果如图17-253所示。

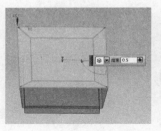

图17-251 "拉伸"对话框   图17-252 预览图   图17-253 效果图

注意 •

此处拉伸距离不能过大，否则会产生大变形，0.5mm为宜。

⑨ 单击"特征"工具栏中的"倒斜角"按钮🔧，如图17-254所示，选择棱边，半径为0.3mm，单击"确定"按钮后，预览如图17-255所示，效果如图17-256所示。

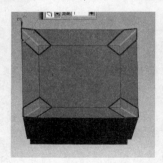

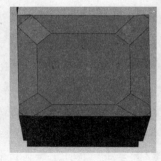

图17-254 "倒斜角"对话框   图17-255 预览图   图17-256 效果图

⑩ 选择菜单栏中的"插入"|"设计特征"|"圆锥"命令，弹出如图17-257所示的"圆锥"对话框，指定矢量为z轴，单击"确定"按钮后，指定如图17-258的下表面中心处，直径选择5.6mm，顶部直径为6.1mm，高度为5.85mm，布尔运算为求差，效果如图17-259所示。

图17-257 "圆锥"对话框   图17-258 预览图   图17-259 结果图

⑪ 单击"特征"工具栏中的"边倒圆"按钮🔧，如图17-260所示，选择刀片的8个上下棱边，半径为0.5mm，单击"确定"按钮后，预览如图17-261所示，效果如图17-262所示。

（12）单击"特征"工具栏中的"边倒圆"按钮，选择棱边，半径为0.2mm，单击"确定"按钮后，预览如图17-263所示，效果如图17-264所示。

图17-260　"边倒圆"对话框

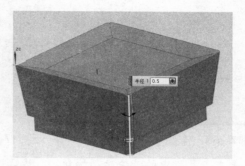

图17-261　预览图

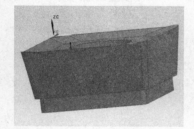

图17-262　效果图

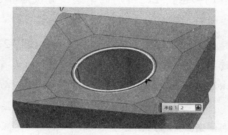

图17-263　预览图

图17-264　效果图

（13）单击"特征"工具栏中的"倒斜角"按钮，弹出如图17-265所示的对话框，选择棱边，半径为0.3mm，单击"确定"按钮后，预览如图17-266所示，效果如图17-267所示。

图17-265　"倒斜角"对话框

图17-266　预览图

图17-267　最终效果

3.插铣刀螺钉的设计

（1）打开UG NX 8.0，新建文件模型，设置名称为"螺钉"，选择文件夹，然后单击"确定"按钮，如图17-268所示。

（2）在如图17-269所示的界面上创建草图，单击屏幕下方的"草图"按钮，弹出如图17-270所示的"创建草图"对话框，选择X-Y平面，单击"确定"按钮，单击屏幕下方的"在草图任务环境中"按钮，单击"确定"按钮。

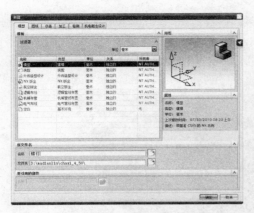

图17-268 "新建"对话框

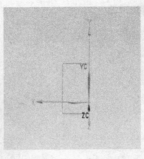

图17-269 坐标系

图17-270 "创建草图"对话框

③ 单击工具栏中的"轮廓"按钮⟲，然后弹出如图17-271所示的"轮廓"对话框，绘制如图17-272所示的草绘，完成后单击"完成草图"按钮❀完成草图。

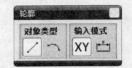

图17-271 "轮廓"对话框

④ 单击"特征"工具栏中的"回转"按钮🍶，弹出如图17-273所示的"回转"对话框，选择上一步骤的草绘曲线，矢量轴选择y轴，指定点选择原点，其余按图17-273所示，预览效果如图17-274所示，单击"确定"按钮，效果如图17-275所示。

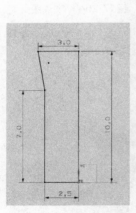

图17-272 草绘

图17-273 "回转"对话框

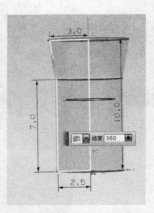

图17-274 预览图

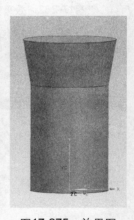

图17-275 效果图

⑤ 在如图17-275所示的界面上创建草图，单击屏幕下方的"草图"按钮🔲，选择如图17-275所示的平面1，单击"确定"按钮，单击屏幕下方的"在草图任务环境中"按钮🔲，单击"确定"按钮。

⑥ 单击工具栏中的"轮廓"按钮⟲，然后弹出"轮廓"对话框，绘制如图17-276所示的草绘，完成后单击"完成草图"按钮❀完成草图。

⑦ 单击"特征"工具栏中的"拉伸"按钮🔳，弹出如图17-277所示的"拉伸"对话框，选择上一步骤的草绘曲线，拉伸距离为0.8mm，布尔运算为求差，其余按图17-277所示，单击"确定"按钮，效果如图17-278所示。

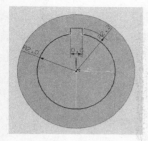

图17-276　草绘

图17-277　"拉伸"对话框

图17-278　效果图

（**8**）单击"特征"工具栏中的"对特征形成图样"按钮，弹出如图17-279所示的对话框，选择刚刚拉伸形成的凹槽为选择特征，布局选择"圆形"，指定矢量为z轴，指定点为原点或者捕捉任意一个圆心，间距选择数量和节距，设置"数量"为6、"节距角"为60，单击"确定"按钮后，效果如图17-280所示。

（**9**）单击屏幕下方的"草图"按钮，选择如图17-280所示的平面2，单击"确定"按钮，单击屏幕下方的"在草图任务环境中"按钮，单击"确定"按钮。

（**10**）单击工具栏中的"轮廓"按钮，绘制如图17-281所示的草绘，完成后单击"完成草图"按钮。

图17-279　"对特征形成图样"对话框

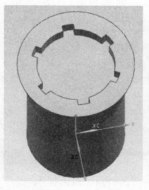

图17-280　效果图

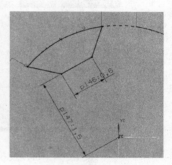

图17-281　草绘

（**11**）单击"特征"工具栏中的"拉伸"按钮，弹出如图17-282所示的"拉伸"对话框，选择上一步骤的草绘曲线拉伸距离为0.8mm，布尔运算为求和，其余按图17-282所示，单击"确定"按钮后，效果如图17-283所示。

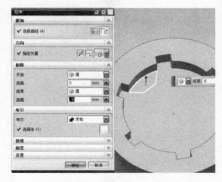

图17-282　"拉伸"对话框

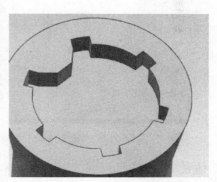

图17-283　效果图

⑫ 单击"特征"工具栏中的"对特征形成图样"按钮，弹出如图17-284所示的对话框，选择刚刚拉伸形成的凹槽为选择特征，布局选择"圆形"，指定矢量为z轴，指定点为原点或者捕捉任意一个圆心，间距选择数量和节距，设置"数量"为6、"节距角"为60，单击"确定"按钮后，效果如图17-285所示。

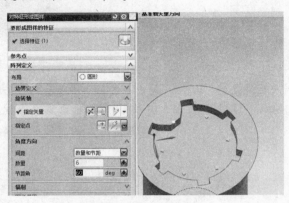

图17-284 设置参数

图17-285 效果图

⑬ 单击"特征"工具栏中的"倒斜角"按钮 ⟨图标⟩，如图17-286所示，选择棱边，半径为0.3mm，单击"确定"按钮后，效果如图17-287所示。

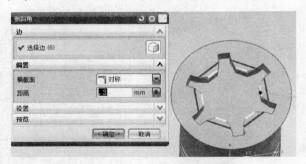

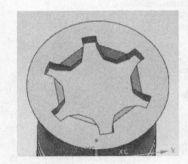

图17-286 "倒斜角"对话框

图17-287 效果图

⑭ 选择菜单栏中的"插入"|"设计特征"|"螺纹"命令，选择螺钉的外径骤的孔，长度设置为5mm，其余按图17-288所示，效果如图17-289所示。

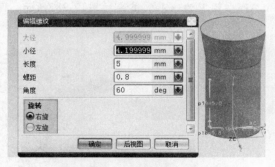

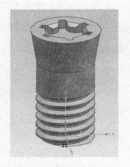

图17-288 "编辑螺纹"对话框

图17-289 效果图

4. 插铣刀的装配

① 使用UG NX 8.0打开"插铣刀.prt"文件，如图17-290所示，在UG工具栏上单击右键，

如图17-291所示，选择"装配"命令，屏幕下方会出现工具栏，效果如图17-292所示。

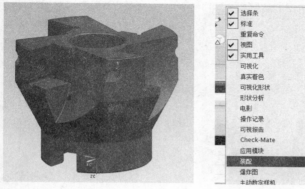

图17-290 插铣刀刀体　　　　图17-291 "装配"命令　　　　图17-292 调出工具栏

②　单击"装配"工具栏中的"添加组件"按钮，弹出如图17-293所示的对话框，打开文件，选择已经建好的刀片文件，弹出组件预览如图17-294所示。定位选择通过约束，通过约束如图17-295所示，最后单击"确定"按钮。

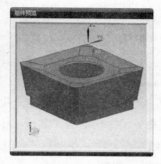

图17-293 "添加组件"对话框　　　　图17-294 预览　　　图17-295 通过约束

③　弹出如图17-296所示的"装配约束"对话框，这里选择默认接触对齐。方位选择首选接触，对象分别选择刀体的螺纹孔的中心线，如图17-297所示的螺纹中心线，另一个对象选择刀片孔的中心线，如图17-298所示的刀片孔中心线，单击"确定"按钮，效果如图17-299所示。

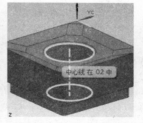

图17-296 "装配约束"对话框　图17-297 螺纹中心线　图17-298 刀片孔中心线　图17-299 效果图

④　再次单击"装配"工具栏中的"装配"按钮，弹出"装配约束"对话框，选择如图17-300所示的距离约束，然后选择刀体的表面，如图17-301所示，再选择刀片的后面，后表面如图17-302所示，距离选择为0，如图17-303所示的对话框，单击"确定"按钮，效果如图17-304所示。

⑤ 其余4个都按照上面的步骤重复操作，效果如图17-305所示。

图17-300 距离约束

图17-301 表面

图17-302 后表面

图17-303 "装配约束"对话框

图17-304 效果图

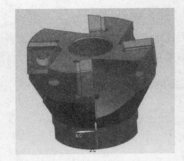

图17-305 效果

⑥ 单击"装配"工具栏中的"添加组件"按钮，弹出如图17-306所示的对话框，打开文件，选择已经建好的刀片文件，弹出组件预览如图17-307所示。定位选择通过约束，通过约束如图17-308所示，最后单击"确定"按钮。

图17-306 "添加组件"对话框

图17-307 预览

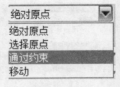

图17-308 通过约束

⑦ 弹出如图17-309所示的"装配约束"对话框，这里选择默认接触对齐。方位选择首选接触，对象分别选择刀体的螺纹孔的中心线，如图17-310所示，另一个对象选择螺钉中心线，如图17-311所示的螺钉中心线，单击"确定"按钮，效果如图17-312所示。

⑧ 单击"装配"工具栏中的"添加组件"按钮，弹出如图17-313所示的"移动组件"对话框，然后选择螺钉这个模型，并单击z轴，移动到刀体的上方，然后选择XY坐标中心点再进行旋转，如图17-314和图17-315所示，效果如图17-316所示。

图17-309　"装配约束"对话框

图17-310　螺纹中心线1

图17-311　螺钉中心线2

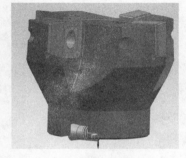

图17-312　效果图

图17-313　"移动组件"对话框

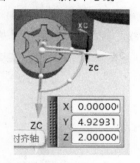

图17-314　移动参数

图17-315　-180位置

图17-316　效果图

⑨ 再次单击"装配"工具栏中的"装配"按钮，弹出"装配约束"对话框，选择如图17-317所示的距离约束，然后选择刀片的上表面，如图17-318所示，再选择螺钉上表面，如图17-319所示，距离选择为0.5，如图17-320所示，单击"确定"按钮，效果如图17-321所示。

图17-317　"装配约束"对话框

图17-318　表面

图17-319　表面

图17-320 "装配约束"对话框

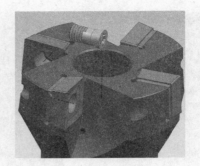

图17-321 效果图

10 弹出如图17-322所示的"装配约束"对话框，这里选择默认接触对齐。"方位"选择"首选接触"，对象分别选择刀体的螺纹孔的中心线，如图17-323所示，另一个对象选择螺钉中心线，如图17-324所示，单击"确定"按钮，效果如图17-325所示。

图17-322 "装配约束"对话框

图17-323 螺纹中心线1

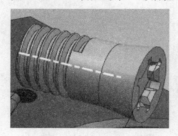

图17-324 螺钉中心线2

图17-325 效果图

11 进行修正，单击上一步骤的0.5这个约束，如图17-326所示，弹出如图17-327所示的"装配约束"对话框，在此将0.5改成-0.2，如图17-328所示，效果如图17-329所示。

图17-326 约束

图17-327 "装配约束"对话框

图17-328　设置参数

图17-329　效果图

⑫ 其余4个都按照上面的步骤重复操作，最终效果如图17-330所示。

⑬ 剩下的可以将多余的基准面、草图、曲线隐藏掉，按Ctrl+W键，如图17-331所示，-号可以隐藏，+号可以显示。

图17-330　最终效果图

图17-331　显示和隐藏

第18章
UG在CAM中的应用

UG CAM就是UG的计算机辅助制造模块,与UG的CAD模块紧密地集成在一起。在当今世界,UG是最好的数控编程工具之一。一方面,UG CAM功能强大,可以实现对极其复杂零件和特别零件的加工;另一方面,对使用者而言,UG CAM又是一个易于使用的编程工具。因此,UG CAM应当是相关企业和工程师的首选,特别是已经把UG CAD当作设计工具的企业,更应当以UG CAM作为编程工具。

18.1 数控加工的特点

数控技术(Numerical Control,NC)是指用数字、文字和符号组成的数字指令来实现一台或多台机械设备动作控制的技术。国标GB8129-87对其标准定义是:用数字化信号对机床运动及其加工过程进行控制的一种方法。数控技术一般采用通用或专用计算机实现数字程序控制,也被称为计算机数控(Computerized Numerical Control,CNC)。数控技术所控制的量通常是位置、角度、速度等机械量和机械能量流向有关的开关量。

传统的机械加工都是用手工操作普通机床进行作业,加工时用手摇动机械刀具切削金属,靠眼睛及卡尺等工具测量产品的精度,而现代工业将数字化控制技术应用于传统加工技术之中。随着数控技术的逐渐发展,数控加工覆盖了几乎所有的加工领域,包括车、铣、刨、镗、钻、拉、电加工、板材成型、管料成型、模具加工等方面。与传统的加工手段相比,数控加工的优点主要表现在以下几个方面。

● 自动化程度高。操作者只需进行工件的装夹、刀具定位和更换等操作,在机旁观察、监督机床的运行情况,并根据加工状态进行一些必要调整即可。

● 加工质量稳定,加工精度高,重复精度高。由于数控加工自动化程度高,人工干预少,因此基本消除了操作人员的技术水平、情绪、体力等因素的波动对加工结果的影响,可以获得稳定的加工质量、较高的加工精度和重复精度。

● 工装数量减少,新产品加工效率高。由于数控加工的装夹和准备较简单,同时加工是由程序控制的,因此对不同形状和尺寸的产品往往只需要编制新的零件加工程序即可,不需要设计新的工装,对形状复杂零件的加工也不再需要复杂的工装,大大缩短了新产品研制和改型的周期。

● 多品种、小批量生产情况下生产效率较高。在这种生产要求下能减少生产准备、机床调整和工序检验的时间,并且通过使用最佳切削量也能减少切削的时间。

● 复杂产品加工能力强。数控加工的刀位计算是由CAD/CAM软件完成的，不需要人工计算，因此能够高效率高质量地处理加工常规方法难于加工的复杂型面，甚至能加工一些无法观测的加工部位。

综上所述，生产对象的形状越复杂、加工精度越高、设计更改越频繁、生产批量越小，数控加工与传统加工相比所发挥的优越性就越明显。

数控技术的主要任务是计算加工走刀中的刀位点（CL Point），包含了数控加工与编程、金属加工工艺、CAD/CAM软件等多方面的知识与操作经验。根据数控加工的类型可分为数控铣加工、数控车加工、数控电加工等。

18.2　手机外壳模具编程加工

本例将讲解一款手机外壳模具型芯的加工过程。加工该模具型芯，首先使用表面铣削和型腔铣削切削大量残料对整个模型进行开粗加工。然后使用平面铣、等高轮廓铣削和固定轴铣对成型部位的各个区域和基座进行半精和精加工。在指定该编程加工方案时，模型的弧形曲面和型腔侧壁是加工的重点，同时由于该模型上有许多小的凹槽，因此，对其应采用小的刀具进行多次精加工，以便能够快速、准确、有效地获得所要的加工精度。

18.2.1　制定加工方案

该手机外壳模具型芯的工件尺寸为$80 \times 60 \times 22$。该模具型芯结构如图18-1所示，从图中即可看出，该型芯结构较为复杂，周身为圆形曲面，并且在型芯内有斜顶槽和圆形凹槽。在对这些槽类部位进行加工时，注意分区域进行多刀路的精加工，以确保光滑的加工效果。

分析模型的结构特征，对于该类大工件应尽量使用大直径的刀具进行模型开粗加工，以提高刀具的加工效率和刚性。然后使用小直径的刀具对模型进行二次开粗，以清除上一步开粗的残余量。接着以模型的侧壁、顶部曲面和拐角处的最小半径值选择刀具进行这些区域的光刀和清角半精加工。最后对模型主曲面采用固定轴区域铣削进行精加工。

1. 型芯整体粗加工

首先应用3D挖槽刀路进行型腔铣削加工，通过该刀路可快速去除大量的毛坯，从而极大地提高生产效率，即使用D10的平底刀进行3D挖槽粗加工，余量为0.2mm。

由于型腔铣削刀具的限制，无法进行型芯的腔体中凹槽部位的铣削加工，这就需要使用D3的平底刀进行该部位的挖槽粗加工，并快速清除上一步加工后残留的余量，余量为0.15mm。最后使用D10的平底刀通过表面铣削对基座平面进行粗加工，余量为0.3mm，如图18-2所示。

2. 型芯主要部位半精加工

根据模具型芯的结构特点，要达到预定的加工精度，需要分别对型芯的主要成型部位和显示槽进行半精和精加工。在制定半精加工方案时，可首先进行成型部位的半精加工，即使用D10的平底刀进行型腔铣削半精加工，设置余量为0.1mm；在对显示槽底部半精加工时，则使用D3的平底刀进行表面铣削半精加工，设置余量为0.1mm。然后使用D1.08的平底刀分别对其他小的凹槽进行等高轮廓铣削半精加工，设置余量为0.1 mm，刀轨效果如图18-3所示。

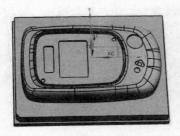

图18-1 手机外壳模具型芯

图18-2 型芯粗加工

图18-3 型芯半精加工

3. 型芯主要部位精加工

在制定精加工方案时，同样可以应用平面铣削刀路进行型芯腔体曲面的精加工，通过该刀路可有效地清除曲面的余量，并达到模型的指定精度。

可首先进行成型部位的精加工，即使用D3R1.5的圆鼻刀进行成型部位的平面铣削精加工，设置余量为-0.2mm，并重复使用该刀具对成型部位的陡峭区域进行二次精加工。

由于型芯上的各种凹槽前面使用的各种加工刀路均未加工到位，因此接下来使用D1.08的平底刀对这些凹槽进行等高轮廓铣削精加工，余量为0.1mm。最后使用D1R0.5的圆鼻刀对成型部位的顶部曲面进行清根精加工，并使用D10的平底刀对基座顶面和基座凸台进行光底精加工，刀轨效果如图18-4所示。

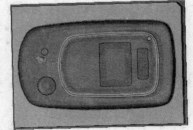

图18-4 型芯精加工

> **提示·**
>
> 在型腔铣加工过程中，对于复杂曲面结构进行多段面最佳化设置，可防止撞刀，即下刀动作可侦测凸模由外向内，凹模由内向外及采用多种方式自动下刀，也可以通过用户自定义下刀及下刀方式进行下刀。

18.2.2 设置父节点组

在进行数控加工编程之前首先需要设置父节点组，其中包括程序、加工方法、刀具和几何体的指定或创建，可首先创建程序，即可在该程序中创建刀具和设置几何体。本例模型模具复杂，因此在指定各粗、半精和精加工时精度各不相同，因此不设置加工方法，而是针对各加工指定加工精度。

① 启动UG NX 8.0，单击"打开文件"按钮，然后在打开的对话框中选择随书光盘中的文件"18.1.prt"，单击"OK"按钮打开该文件。

② 在"导航器"工具栏中单击"几何视图"按钮 ，切换视图模式为"几何视图"模式，然后双击导航器中的 按钮，将打开如图18-5所示的对话框。此时输入安全距离参数，并单击

"指定"按钮，接着在打开的对话框中选择坐标系参考方式为WCS。

图18-5 坐标系设置

③ 双击"WORKPIECE"图标，在铣削几何体对话框中单击"指定部件"按钮⬛，并在新打开的对话框中选取如图18-6所示的模型为几何体。

图18-6 指定部件几何体

④ 选取部件几何体后返回"铣削几何体"对话框，此时单击"指定毛坯"按钮⬛，并在打开的对话框中选中"Bounding Block"选项，自动创建如图18-7所示的毛坯模型。

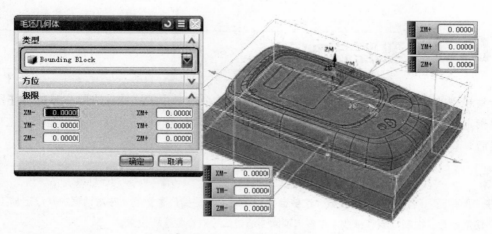

图18-7 指定毛坯几何体

⑤ 在"导航器"工具栏中单击"机床视图"按钮⬛，切换导航器中的视图模式，然后在"创建"工具栏中单击"创建刀具"按钮⬛，打开"创建刀具"对话框，按照如图18-8所示的步骤新建名称为D10的刀具，并设置刀具参数。按照同样的方法创建刀具D3、D3R1.5、D1.08、D1R0.5和D0.6R0.3，参数设置如图18-9所示。

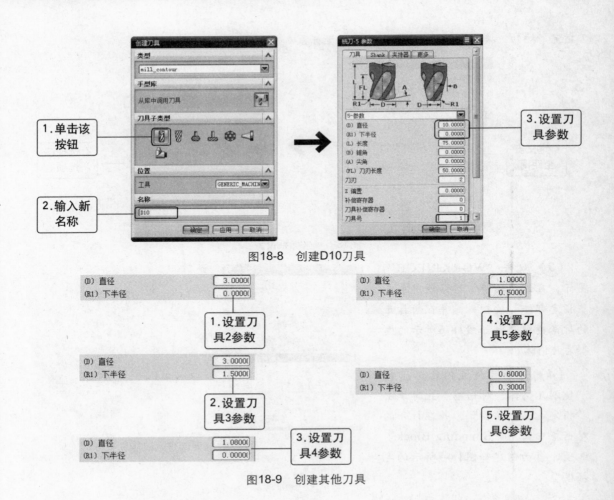

图18-8　创建D10刀具

图18-9　创建其他刀具

18.3 型腔粗加工

　　针对模型的结构特征，模型的粗加工就是制定单个或多个刀路快速去除大量的毛坯残料，以获得指定余量的刀轨效果。本例采用两种型腔铣削加工方式，首先对大部分成型部位进行粗加工，然后对基座进行粗加工，从而获得粗加工效果。

提示

　　在"型腔铣"对话框中指定参数，这些参数都将对刀具路径产生影响。在对话框中需设定加工几何对象、切削参数、控制选项等参数，很多选项需要通过二级对话框进行设置。

18.3.1　型腔铣削加工——整个模型粗加工 ....□

　　根据加工工艺分析，首先使用D10的涂层硬质合金平底刀进行挖槽（轮廓走刀）粗加工，结合选用的刀具、工件材料和刀具类型确定编程基本参数。创建该刀路轨迹，可一次切削模型大部分的残料，可极大地提高加工效率和速度。

① 在"插入"工具栏中单击"创建操作"按钮 ，打开"创建操作"对话框，然后按照如图18-10所示的步骤设置加工参数。

② 在该对话框的"刀轨设置"选项组中单击"切削参数"按钮 ，在打开的"切削参数"对话框中分别设置"策略"选项卡及"余量"选项卡的参数，如图18-11所示。

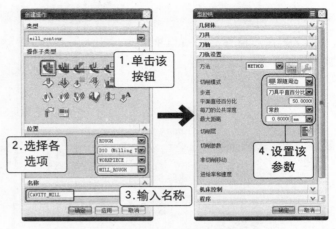

图18-10　设置加工参数

③ 切换至"空间范围"选项卡，并按照如图18-12所示的参数值分别设置各种切削参数。

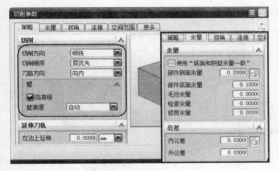

图18-11　设置切削参数（策略、余量）

图18-12　设置切削参数（空间范围）

④ 单击"非切削移动"按钮 ，在打开的对话框中分别对"进刀"选项卡和"退刀"选项卡中的参数进行设置，效果如图18-13所示。

⑤ 切换至"起点/钻点"选项卡和"转移/快速"选项卡，按照如图18-14所示分别设置相关参数。

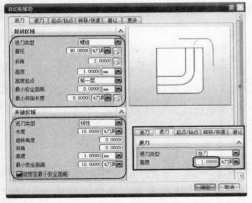

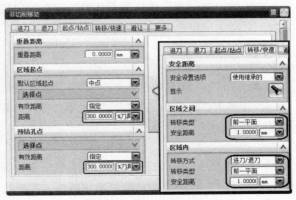

图18-13　设置非切削移动参数（进刀、退刀）　图18-14　设置非切削移动参数（起点/钻点、转移/快速）

⑥ 单击"进给率和速度"按钮 ，打开"进给率和速度"对话框，按照如图18-15所示设

置进给率和速度参数。

⑦ 在"操作"选项组中单击"生成"按钮 🖫,系统将自动生成加工刀具路径,效果如图18-16所示。

图18-15 设置进给率和速度参数

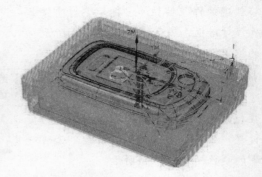

图18-16 生成刀轨

⑧ 单击该选项组中的"确认刀轨"按钮 🖾,在打开的"刀轨可视化"对话框中展开"2D动态"选项卡,并单击"选项"按钮。然后在打开的"IPW碰撞检查"对话框中取消选择各复选框,并单击"确定"按钮确认操作。接着单击"播放"按钮 ▶,系统将以实体的方式进行切削仿真,效果如图18-17所示。

图18-17 仿真操作切削效果

18.3.2 型腔铣削加工——成型部位二次粗加工

根据加工工艺分析,首先使用D3的涂层硬质合金平底刀对型芯上的凹槽进行挖槽粗加工,结合选用的刀具、工件材料和刀具类型确定编程基本参数。创建该刀路轨迹,可快速对凹槽进行开粗,可极大地提高加工的效率和速度。

提示：

　　在"型腔铣"对话框中定义的几何体只用于当前操作,其他操作不能使用。如果在创建操作时指定了父节点组,父节点组中的几何不能用操作对话框中的图标进行编辑或重新选择,图标都为灰色不可用状态。

① 将刀路"CAVITY_MILL"复制一份,并粘贴重命名为"CAVITY_MILL_1",然后编辑该新刀路,在打开的对话框中选择新的刀具并设置加工参数,接着单击"进给率和速度"按钮 🖫,在打开的对话框中按照如图18-18所示的步骤设置加工参数。

② 在该对话框的"刀轨设置"选项组中单击"切削参数"按钮 🖾,打开"切削参数"对话

框，分别设置"策略"选项卡及"余量"选项卡的参数，如图18-19所示。

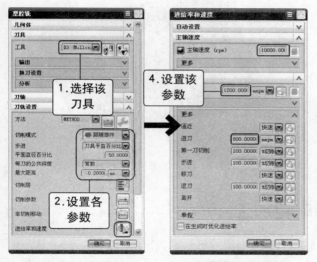
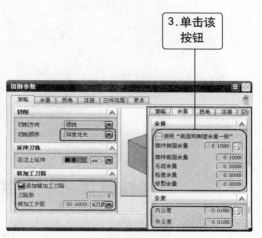

图18-18　设置加工参数、进给率和速度参数　　　　图18-19　设置切削参数（策略、余量）

(3) 切换至"连接"和"空间范围"选项卡，设置各种切削参数，然后切换至"更多"选项卡，对安全距离进行设置，如图18-20所示。

(4) 单击"非切削移动"按钮，在打开的对话框中分别对"进刀"选项卡、"起点/钻点"选项卡和"转移/快速"选项卡中的参数进行设置，效果如图18-21所示。

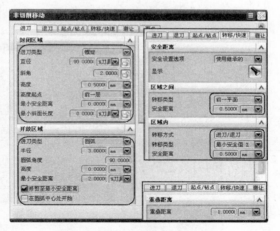

图18-20　设置切削参数　　　　　　　　　　图18-21　设置非切削移动参数
（连接、空间范围、更多）　　　　　　　　　（进刀、起点/钻点、转移/快速）

(5) 在"操作"选项组中单击"生成"按钮，系统将自动生成加工刀具路径，效果如图18-22所示。

(6) 单击该选项组中的"确认刀轨"按钮，在打开的"刀轨可视化"对话框中展开"2D动态"选项卡，并单击"选项"按钮，然后在打开的"IPW碰撞检查"对话框中取消选择各复选框，并单击"确定"按钮确认操作，接着单击"播放"按钮，系统将以实体的方式进行切削仿真，效果如图18-23所示。

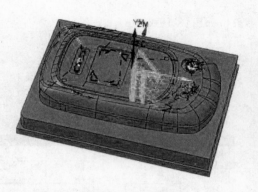

图18-22　生成刀轨　　　　　　　　　　图18-23　仿真操作切削效果

18.3.3　表面铣削加工——基座粗加工

根据加工工艺分析，首先使用D10的涂层硬质合金平底刀进行表面铣削粗加工，结合选用的刀具、工件材料和刀具类型确定编程基本参数。创建该刀路轨迹，可一次切削模型大部分残料，可极大地提高加工的效率和速度。

① 在"插入"工具栏中单击"创建操作"按钮，打开"创建操作"对话框，然后按照如图18-24所示的步骤设置加工参数。

② 在该对话框中单击"指定面边界"按钮，打开"指定面几何体"对话框，然后选取如图18-25所示的面。

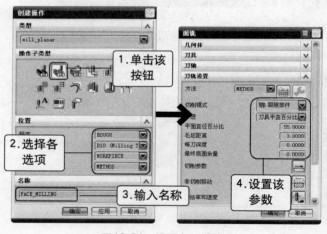

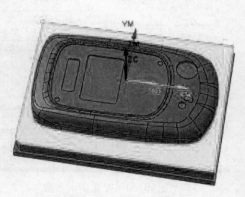

图18-24　设置加工参数　　　　　　　　图18-25　指定面边界

③ 在该对话框的"刀轨设置"选项组中单击"切削参数"按钮，在打开的"切削参数"对话框中分别设置"策略"选项卡及"余量"选项卡中的参数，如图18-26所示。

④ 切换至"拐角"选项卡、"连接"选项卡，并按照如图18-27所示的参数值分别设置各种切削参数，然后切换"更多"选项卡，设置安全距离为1mm。

⑤ 单击"非切削移动"按钮，在打开的对话框中分别对"进刀"选项卡和"起点/钻点"选项卡中的参数进行设置，如图18-28所示。

⑥ 单击"进给率和速度"按钮，打开"进给率和速度"对话框，按照如图18-29所示设置进给率和速度参数。

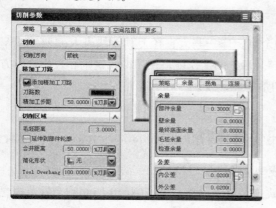

图18-26　设置切削参数（策略、余量）

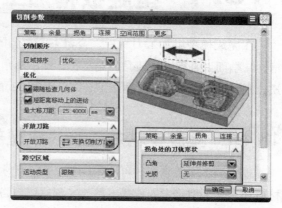

图18-27　设置切削参数（拐角、连接）

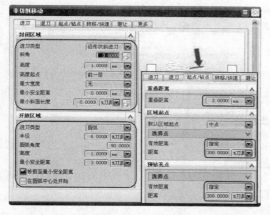

图18-28　设置非切削移动参数（进刀、起点/钻点）

图18-29　设置进给率和速度参数

⑦ 在"操作"选项组中单击"生成"按钮，系统将自动生成加工刀具路径，效果如图18-30所示。

⑧ 单击该选项组中的"确认刀轨"按钮，在打开的"刀轨可视化"对话框中展开"2D动态"选项卡，并单击"选项"按钮，接着单击"播放"按钮，系统将以实体的方式进行切削仿真，效果如图18-31所示。

图18-30　生成刀轨

图18-31　仿真操作切削效果

18.4 型腔板精加工

在完成模型粗加工刀轨后，会留下不均匀的余量，像一些大直径刀具无法进入的凹槽或窄槽，陡峭面大直径无法清角的角落和一些小圆角等。后续的工作就是使用型腔铣削和表面铣削方式分别对这些部位进行半精加工，以获得0.1mm的加工余量效果。

18.4.1 型腔半精加工——成型部位半精加工

根据加工工艺分析，可使用D10的平底刀对成型部位进行半精加工，结合选用的刀具、工件材料和刀具类型确定编程基本参数。创建该刀路轨迹，可将成型部位铣削至0.1mm的余量范围之内，便于后续进行该部位的精加工。

① 将刀路"CAVITY_MILL_1"复制一份，并粘贴重命名为"CAVITY_MILL_2"，然后编辑该新刀路，在打开的对话框中设置新的加工参数并选择新的程序父节点，接着单击"进给率和速度"按钮，在打开的对话框中按照如图18-32所示的步骤设置加工参数。

② 在该对话框的"刀轨设置"选项组中单击"切削参数"按钮，在打开的"切削参数"对话框中分别设置"余量"和"连接"选项卡的参数，如图18-33所示。

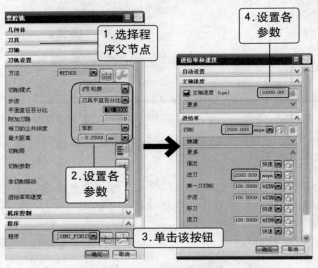

图18-32　设置加工参数、进给率和速度参数

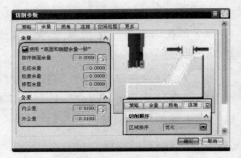

图18-33　设置切削参数（余量、连接）

③ 切换至"空间范围"选项卡，按照如图18-34所示分别设置参数。

④ 单击"非切削移动"按钮，在打开的对话框中分别对"进刀"选项卡和"转移/快速"选项卡中的参数进行设置，效果如图18-35所示。

⑤ 在"操作"选项组中单击"生成"按钮，系统将自动生成加工刀具路径，效果如图18-36所示。

⑥ 单击该选项组中的"确认刀轨"按钮，在打开的"刀轨可视化"对话框中展开"2D

动态"选项卡，并单击"选项"按钮。然后在打开的"IPW碰撞检查"对话框中取消选择各复选框，并单击"确定"按钮确认操作。接着单击"播放"按钮▶，系统将以实体的方式进行切削仿真，效果如图18-37所示。

图18-34　设置切削参数（空间范围）

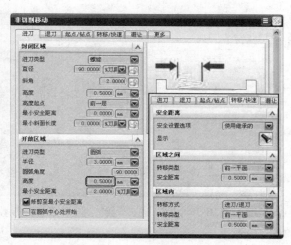

图18-35　设置非切削移动参数（进刀、转移/快速）

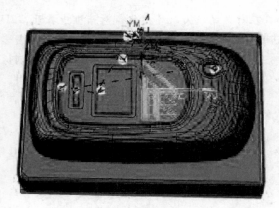

图18-36　生成刀轨

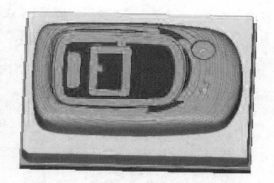

图18-37　仿真操作切削效果

18.4.2　表面铣削加工——显示槽底面半精加工

根据加工工艺分析，可使用D3的平底刀进行显示槽底面的半精加工，结合选用的刀具、工件材料和刀具类型确定编程基本参数。创建该刀路轨迹，可将成型部位铣削至0.1mm的余量范围之内，便于后续进行该部位的精加工。

（1）将刀路"FACE_MILLING"复制一份，并粘贴重命名为"FACE_MILLING_1"。然后编辑该新刀路，在打开的对话框中选择新的刀具。接着单击"进给率和速度"按钮，在打开的对话框中按照如图18-38所示的步骤设置加工参数。

（2）在该对话框的"刀轨设置"选项组中单击"切削参数"按钮，在打开的"切削参数"对话框中分别设置"策略"及"余量"选项卡的参数，如图18-39所示。

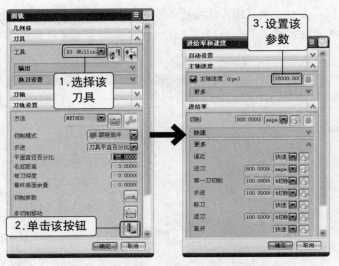

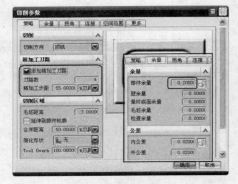

图18-38 设置加工参数、进给率和速度参数 　　图18-39 设置切削参数（策略、余量）

③ 在"操作"选项组中单击"生成"按钮 🔣，系统将自动生成加工刀具路径，效果如图18-40所示。

④ 单击该选项组中的"确认刀轨"按钮 🔄，在打开的"刀轨可视化"对话框中展开"2D动态"选项卡，并单击"选项"按钮。然后在打开的"IPW碰撞检查"对话框中取消选择各复选框，并单击"确定"按钮确认操作。接着单击"播放"按钮 ▶，系统将以实体的方式进行切削仿真，效果如图18-41所示。

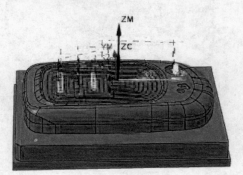

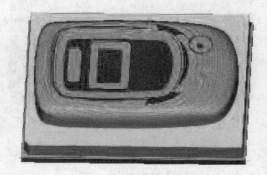

图18-40 生成刀轨 　　　　　　　　　　　图18-41 仿真操作切削效果

18.4.3 等高轮廓铣削加工——按钮槽半精加工

根据加工工艺分析，为了保证模具的加工精度，可使用D1.08的平底刀进行按钮槽部位的等高轮廓精加工，并结合选用的刀具、工件材料和刀具类型确定编程基本参数。本次创建该刀路轨迹是根据成型部位型腔铣削保留的0.3mm余量进行加工，使其获得加工余量为0.1mm的加工精度效果。

① 在"插入"工具栏中单击"创建操作"按钮 🔩，打开"创建操作"对话框，然后按照如图18-42所示的步骤设置加工参数。

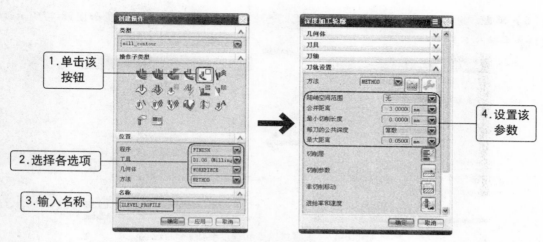

图18-42 设置加工参数

② 在该对话框中单击"指定切削区域"按钮🔲,打开"切削区域"对话框,然后选取如图18-43所示的面。

③ 在该对话框的"刀轨设置"选项组中单击"切削参数"按钮🔳,并在打开的"切削参数"对话框中分别设置"余量"选项卡及"更多"选项卡的参数,如图18-44所示。

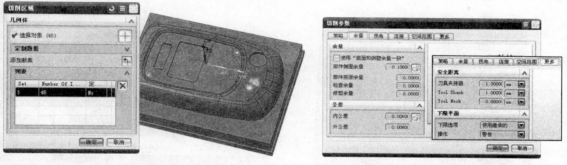

图18-43 指定切削区域   图18-44 设置切削参数(余量、更多)

④ 单击"非切削移动"按钮🔲,在打开的对话框中分别对"进刀"选项卡中的参数进行设置,效果如图18-45所示。

⑤ 切换到"起点/钻点"选项卡和"转移/快速"选项卡,按照如图18-46所示分别设置参数。

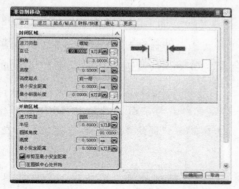
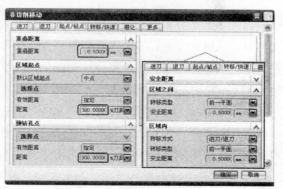

图18-45 设置非切削移动参数(进刀)   图18-46 设置非切削移动参数(起点/钻点、转移/快速)

6 单击"进给率和速度"按钮，打开"进给率和速度"对话框，按照如图18-47所示设置进给率和速度参数。

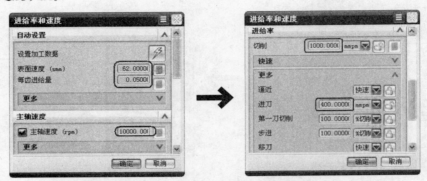

图18-47　设置进给率和速度参数

7 在"操作"选项组中单击"生成"按钮，系统将自动生成加工刀具路径，效果如图18-48所示。

8 单击该选项组中的"确认刀轨"按钮，在打开的"刀轨可视化"对话框中展开"2D动态"选项卡，并单击"选项"按钮，接着单击"播放"按钮，系统将以实体的方式进行切削仿真，效果如图18-49所示。

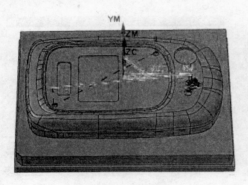

图18-48　生成刀轨

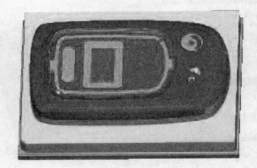

图18-49　仿真操作切削效果

18.4.4　等高轮廓铣削加工——显示槽半精加工

根据加工工艺分析，为保证模具加工精度，且由于槽类部位加工区域较小，可使用D1.08的平底刀对显示槽部位进行等高轮廓精加工，结合选用的刀具、工件材料和刀具类型确定编程基本参数。本次创建该刀路轨迹是根据成型部位型腔铣削保留的0.3mm余量进行加工，使其获得加工余量为0.1mm的加工精度效果。

1 将刀路"ZLEVEL_PROFILE"复制一份，并粘贴重命名为"ZLEVEL_PROFILE_1"，然后编辑该新刀路，在打开的对话框中设置加工参数。接着单击"进给率和速度"按钮，在打开的对话框中按照如图18-50所示的步骤设置加工参数。

2 在该对话框中单击"指定切削区域"按钮，打开"切削区域"对话框，然后选取如图18-51所示的面。

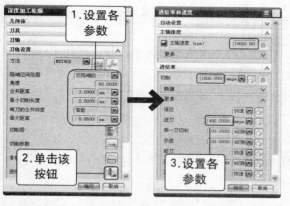
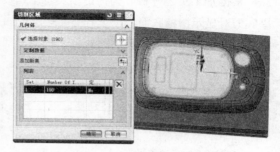

图18-50 设置加工参数、进给率和速度参数　　　　图18-51 指定切削区域

③ 在该对话框的"刀轨设置"选项组中单击"切削参数"按钮，在打开的"切削参数"对话框中分别设置"余量"选项卡中的参数，如图18-52所示。

④ 单击"非切削移动"按钮，在打开的对话框中对"进刀"选项卡中的参数进行设置，效果如图18-53所示。

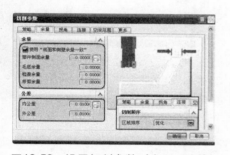
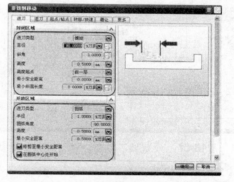

图18-52 设置切削参数（余量、连接）　　　图18-53 设置非切削移动参数（进刀、转移/快速）

⑤ 在"操作"选项组中单击"生成"按钮，系统将自动生成加工刀具路径，效果如图18-54所示。

⑥ 单击该选项组中的"确认刀轨"按钮，在打开的"刀轨可视化"对话框中展开"2D动态"选项卡，并单击"选项"按钮。然后在打开的"IPW碰撞检查"对话框中取消选择各复选框，并单击"确定"按钮确认操作。接着单击"播放"按钮，系统将以实体的方式进行切削仿真，效果如图18-55所示。

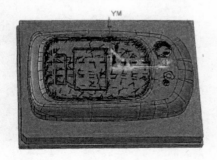
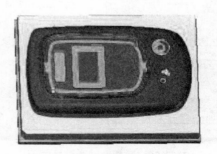

图18-54 生成刀轨　　　　　　　　图18-55 仿真操作切削效果

18.4.5　等高轮廓铣削加工——按钮槽底面半精加工

　　根据加工工艺分析，为保证模具加工精度，且由于槽类部位加工区域较小，可使用D1.08的平底刀对显示槽槽底面部位进行等高轮廓精加工，结合选用的刀具、工件材料和刀具类型确定编程基本参数。本次创建该刀路轨迹是根据成型部位型腔铣削保留的0.3mm余量进行加工，使其获得加工余量为0.1mm的加工精度效果。

　　① 将刀路"ZLEVEL_PROFILE_1"复制一份，并粘贴重命名为"ZLEVEL_PROFILE_2"，然后编辑该新刀路，在打开的对话框中设置加工参数。接着单击"进给率和速度"按钮，在打开的对话框中按照如图18-56所示的步骤设置加工参数。

　　② 在该对话框中单击"指定切削区域"按钮，打开"切削区域"对话框，然后选取如图18-57所示的面。

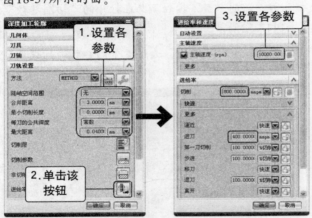
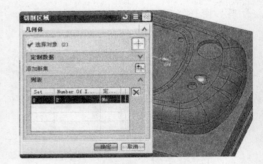

图18-56　设置加工参数、进给率和速度参数　　　　图18-57　指定切削区域

　　③ 单击"非切削移动"按钮，在打开的对话框中对"进刀"选项卡中的参数进行设置，效果如图18-58所示。

　　④ 在"操作"选项组中单击"生成"按钮，系统将自动生成加工刀具路径，效果如图18-59所示。

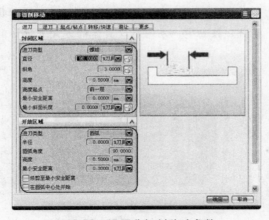
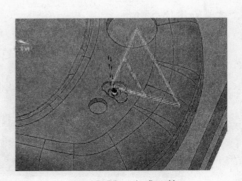

图18-58　设置非切削移动参数　　　　　　　　　图18-59　生成刀轨

(5) 单击该选项组中的"确认刀轨"按钮，在打开的"刀轨可视化"对话框中展开"2D动态"选项卡，并单击"选项"按钮。然后在打开的"IPW碰撞检查"对话框中取消选择各复选框，并单击"确定"按钮确认操作。接着单击"播放"按钮，系统将以实体的方式进行切削仿真，效果如图18-60所示。

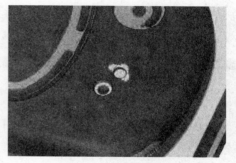

图18-60 仿真操作切削效果

18.5 固定轴铣削加工

在完成模型半精加工刀轨之后，后续的工作就是使用固定轴铣削、等高轮廓铣削和表面铣削的方式，分别对成型部位曲面和一些侧壁的陡峭面，以及非陡峭面上切削层与层之间进行精加工，以保证这些部位0mm的加工精度。

18.5.1 固定轴铣削加工——成型部位精加工

根据加工工艺分析，可使用D3R1.5的圆鼻刀进行成型部位曲面的平面铣削精加工，并结合选用的刀具、工件材料和刀具类型确定编程基本参数。创建该刀路轨迹，可将成型部位铣削至0mm余量范围之内，从而保证该部位的加工精度。

(1) 在"插入"工具栏中单击"创建操作"按钮，打开"创建操作"对话框，然后按照如图18-61所示的步骤设置加工参数。

(2) 在该对话框中单击"指定切削区域"按钮，打开"切削区域"对话框，然后选取如图18-62所示的面。

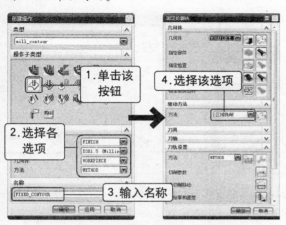

图18-61 设置加工参数

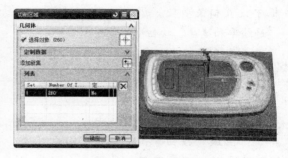

图18-62 指定切削区域

(3) 在该对话框的"刀轨设置"选项组中单击"切削参数"按钮，在打开的"切削参数"

对话框中分别设置"策略"和"余量"选项卡的参数，如图18-63所示。

④ 切换到"安全设置"选项卡和"更多"选项卡，按照如图18-64所示设置各参数。

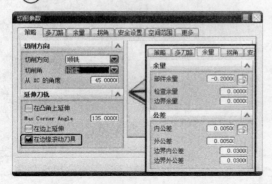

图18-63 设置切削参数（策略、余量）　　图18-64 设置切削参数（安全设置、更多）

⑤ 单击"非切削移动"按钮▣，在打开的对话框中分别对"进刀"选项卡和"退刀"选项卡中的参数进行设置，效果如图18-65所示。

⑥ 切换到"转移/快速"选项卡，按照如图18-66所示设置参数。

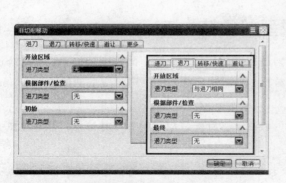

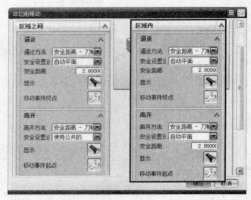

图18-65 设置非切削移动参数（进刀、退刀）　　图18-66 设置非切削移动参数（传递/快速）

⑦ 在"驱动设置"选项组中单击"编辑"按钮▣，在打开的"区域铣削驱动方法"对话框中设置相关参数，然后单击"进给率和速度"按钮▣，打开"进给率和速度"对话框，按照如图18-67所示设置进给率和速度参数。

⑧ 在"操作"选项组中单击"生成"按钮▣，系统将自动生成加工刀具路径，效果如图18-68所示。

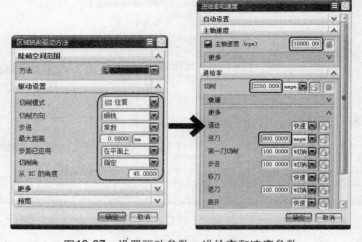

图18-67 设置驱动参数、进给率和速度参数

⑨ 单击该选项组中的"确认刀轨"按钮，在打开的"刀轨可视化"对话框中展开"2D动态"选项卡，并单击"选项"按钮，接着单击"播放"按钮，系统将以实体的方式进行切削仿真，效果如图18-69所示。

图18-68　生成刀轨

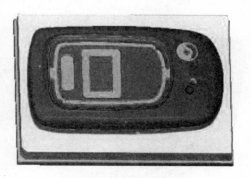

图18-69　仿真操作切削效果

18.5.2　固定轴铣削加工——成型部位陡峭区域精加工

根据加工工艺分析，为保证模具加工精度，可使用D3R1.5的圆鼻刀进行该陡峭部位（轮廓走刀方式）固定轴轮廓铣削精加工，并结合选用的刀具、工件材料和刀具类型确定编程基本参数，可采用区域铣削驱动方式设置驱动参数，以获得往复铣削方式的加工刀路。

① 将刀路"FIXED_CONTOUR"复制一份，并粘贴重命名为"FIXED_CONTOUR_1"，然后编辑该新刀路，在"驱动设置"选项组中单击"编辑"按钮，在打开的"区域铣削驱动方法"对话框中设置相关参数，然后单击"进给率和速度"按钮，打开"进给率和速度"对话框，按照如图18-70所示设置进给率和速度参数。

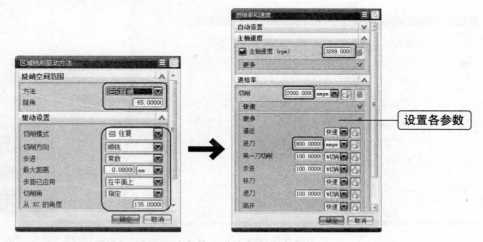

图18-70　设置驱动参数、进给率和速度参数

② 在"操作"选项组中单击"生成"按钮，系统将自动生成加工刀具路径，效果如图18-71所示。

③ 单击该选项组中的"确认刀轨"按钮，在打开的"刀轨可视化"对话框中展开"2D

动态"选项卡,并单击"选项"按钮。然后在打开的"IPW碰撞检查"对话框中取消选择各复选框,并单击"确定"按钮确认操作。接着单击"播放"按钮▶,系统将以实体的方式进行切削仿真,效果如图18-72所示。

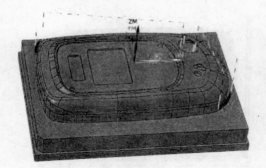

图18-71　生成刀轨

图18-72　仿真操作切削效果

18.5.3　固定轴铣削加工——成型平面光底精加工

　　根据加工工艺分析,可使用D1R0.5的圆鼻刀进行成型部位顶部曲面的清根铣削(往复走刀)精加工,并结合选用的刀具、工件材料和刀具类型确定编程基本参数。创建该刀路轨迹,可将成型部位铣削至0mm余量范围之内,从而保证该部位的加工精度。

　　①　将刀路"FIXED_CONTOUR_1"复制一份,并粘贴重命名为"FIXED_CONTOUR_2",然后编辑该新刀路,在打开的对话框中选择刀具D1R0.5,并选择新的驱动方法,在打开的"清根驱动方法"对话框中按照如图18-73所示设置参数。

　　②　在该对话框中单击"指定切削区域"按钮▣,打开"切削区域"对话框,然后选取如图18-74所示的面。

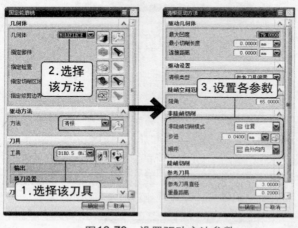

图18-73　设置驱动方法参数

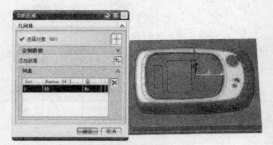

图18-74　指定切削区域

　　③　在该对话框的"刀轨设置"选项组中单击"切削参数"按钮▦,在打开的"切削参数"对话框中设置"策略"选项卡的参数,如图18-75所示。

　　④　单击"进给率和速度"按钮▦,打开"进给率和速度"对话框,按照如图18-76所示设

置进给率和速度参数。

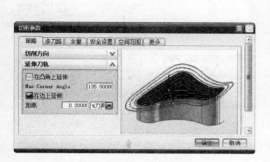

图18-75　设置切削参数（策略）

图18-76　设置进给率和速度参数

⑤ 在"操作"选项组中单击"生成"按钮，系统将自动生成加工刀具路径，效果如图18-77所示。

⑥ 单击该选项组中的"确认刀轨"按钮，在打开的"刀轨可视化"对话框中展开"2D动态"选项卡，并单击"选项"按钮，接着单击"播放"按钮，系统将以实体的方式进行切削仿真，效果如图18-78所示。

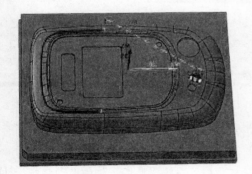

图18-77　生成刀轨

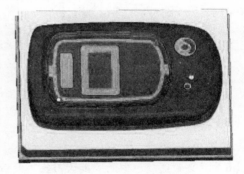

图18-78　仿真操作切削效果

18.5.4　固定轴铣削加工——成型部位内侧壁精加工

根据加工工艺分析，对于陡峭面侧壁大刀具无法清刀的角落，可使用D1R0.5的圆鼻刀进行成型部位内侧壁区域铣削精加工，并结合选用的刀具、工件材料和刀具类型确定编程基本参数。创建该刀路轨迹，可将成型部位铣削至0mm余量范围之内，从而保证该部位的加工精度。

① 将刀路"FIXED_CONTOUR_2"复制一份，并粘贴重命名为"FIXED_CONTOUR_3"，然后编辑该新刀路，在打开的对话框中选择新的驱动方法，在打开的"区域铣削驱动方法"对话框中按照如图18-79所示设置参数。

② 在该对话框中单击"指定切削区域"按钮，打开"切削区域"对话框，然后选取如

图18-80所示的面。

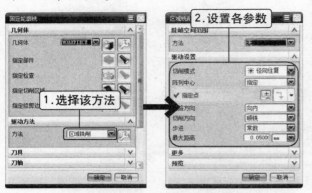

图18-79 设置驱动方法参数   图18-80 指定切削区域

3 在该对话框的"刀轨设置"选项组中单击"切削参数"按钮，在打开的"切削参数"对话框中设置"策略"选项卡的参数，如图18-81所示。

4 单击"进给率和速度"按钮，打开"进给率和速度"对话框，按照如图18-82所示设置进给率和速度参数。

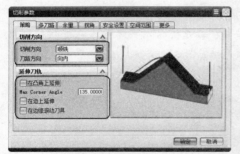

图18-81 设置切削参数（策略）   图18-82 设置进给率和速度参数

5 在"操作"选项组中单击"生成"按钮，系统将自动生成加工刀具路径，效果如图18-83所示。

6 单击该选项组中的"确认刀轨"按钮，在打开的"刀轨可视化"对话框中展开"2D动态"选项卡，并单击"选项"按钮，接着单击"播放"按钮，系统将以实体的方式进行切削仿真，效果如图18-84所示。

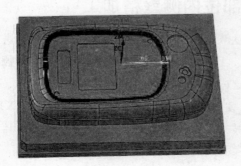 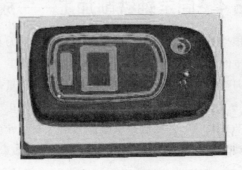

图18-83 生成刀轨   图18-84 仿真操作切削效果

18.5.5 固定轴铣削加工——花形槽精加工

根据加工工艺分析，可使用D1R0.5的圆鼻刀进行花形槽的区域铣削精加工，并结合选用的刀具、工件材料和刀具类型确定编程基本参数。创建该刀路轨迹，可将成型部位铣削至0mm余量范围之内，从而保证该部位的加工精度。

1 将刀路"FIXED_CONTOUR_3"复制一份，并粘贴重命名为"FIXED_CONTOUR_4"，然后编辑该新刀路，在"驱动方法"选项组中单击"编辑"按钮，在打开的"区域铣削驱动方法"对话框中设置相关参数，如图18-85所示。

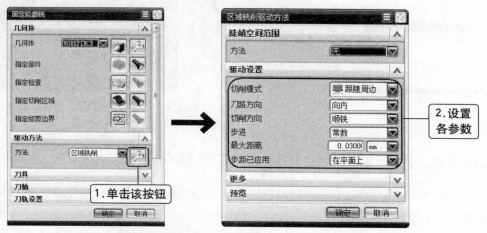

图18-85 设置驱动方法参数

2 在该对话框中单击"指定切削区域"按钮，打开"切削区域"对话框，然后选取如图18-86所示的面。

3 单击"进给率和速度"按钮，打开"进给率和速度"对话框，按照如图18-87所示设置进给率和速度参数。

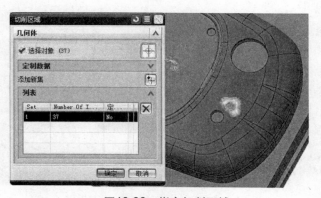

图18-86 指定切削区域

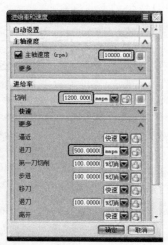

图18-87 设置进给率和速度参数

4 在"操作"选项组中单击"生成"按钮，系统将自动生成加工刀具路径，效果如图18-88所示。

⑤ 单击该选项组中的"确认刀轨"按钮🔲，在打开的"刀轨可视化"对话框中展开"2D动态"选项卡，并单击"选项"按钮，接着单击"播放"按钮▶，系统将以实体的方式进行切削仿真，效果如图18-89所示。

图18-88　生成刀轨

图18-89　仿真操作切削效果

18.5.6　固定轴铣削加工——花形槽侧壁精加工 ⋯⋯⋯⋯⋯□

根据加工工艺分析，该花形槽部位提供的切削区域较小，可使用D0.6R0.3的圆鼻刀进行花形槽侧壁的区域铣削精加工，并结合选用的刀具、工件材料和刀具类型确定编程基本参数。创建该刀路轨迹，可将成型部位铣削至0mm余量范围之内，从而保证该部位的加工精度。

① 将刀路"FIXED_CONTOUR_4"复制一份，并粘贴重命名为"FIXED_CONTOUR_5"，然后编辑该新刀路，在打开的对话框中选择新的刀具，接着单击"切削参数"按钮🔲，在打开的"切削参数"对话框中设置"策略"选项卡的参数，如图18-90所示。

② 在该对话框中单击"指定切削区域"按钮🔲，打开"切削区域"对话框，然后选取如图18-91所示的面。

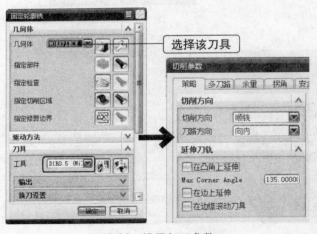

图18-90　设置加工参数

图18-91　指定切削区域

③ 在"操作"选项组中单击"生成"按钮🔲，系统将自动生成加工刀具路径，效果

如图18-92所示。

④ 单击该选项组中的"确认刀轨"按钮，在打开的"刀轨可视化"对话框中展开"2D动态"选项卡，并单击"选项"按钮，接着单击"播放"按钮，系统将以实体的方式进行切削仿真，效果如图18-93所示。

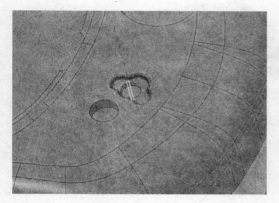

图18-92　生成刀轨

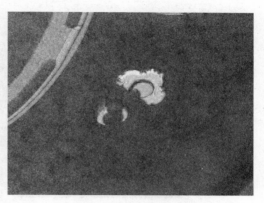

图18-93　仿真操作切削效果

18.5.7　平面铣削加工——外侧壁精加工

在基座顶面粗加工后，即可铣削0.3mm的加工余量，接下来使用D10mm的平底刀进行基座顶面的光底铣削精加工，并结合选用的刀具、工件材料和刀具类型确定编程基本参数，以保证创建准确、有效的加工刀路。

① 在"插入"工具栏中单击"创建操作"按钮，打开"创建操作"对话框，然后按照如图18-94所示的步骤设置加工参数。

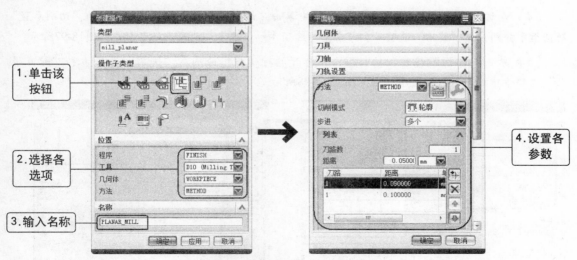

图18-94　创建操作并设置加工参数

② 在该对话框中单击"指定部件边界"按钮，打开"创建边界"对话框，然后选取如图18-95所示的曲线为边界几何体。

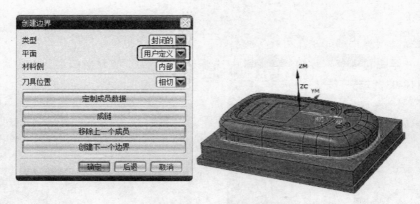

图18-95 指定部件边界

③ 在该对话框中单击"指定底面"按钮▣，打开"平面"对话框，然后选取如图18-96所示的面为底面。

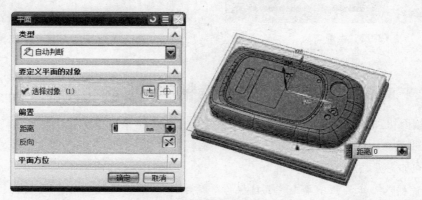

图18-96 指定切削区域

④ 在该对话框的"刀轨设置"选项组中单击"切削参数"按钮▣，在打开的"切削参数"对话框中分别设置"策略"选项卡、"余量"选项卡和"更多"选项卡的参数，如图18-97所示。

⑤ 单击"非切削移动"按钮▣，在打开的对话框中分别对"进刀"选项卡和"起点/钻点"选项卡中的参数进行设置，效果如图18-98所示。

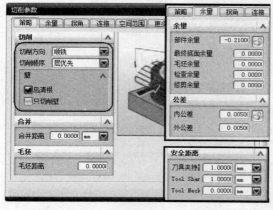

图18-97 设置切削参数（策略、余量、更多）

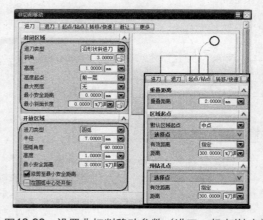

图18-98 设置非切削移动参数（进刀、起点/钻点）

⑥ 单击"切削层"按钮▣，打开"切削深度参数"对话框，然后单击"进给率和速度"按钮▣，打开"进给率和速度"对话框，设置各项参数，效果如图18-99所示。

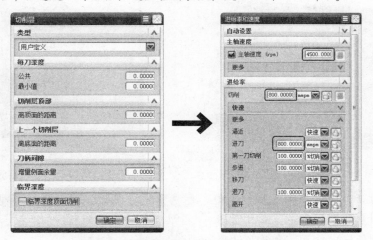

图18-99　设置切削层参数、进给率和速度参数

⑦ 在"操作"选项组中单击"生成"按钮▣，系统将自动生成加工刀具路径，效果如图18-100所示。

⑧ 单击该选项组中的"确认刀轨"按钮▣，在打开的"刀轨可视化"对话框中展开"2D动态"选项卡，并单击"选项"按钮，接着单击"播放"按钮▣，系统将以实体的方式进行切削仿真，效果如图18-101所示。

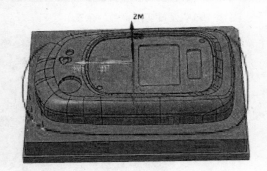

图18-100　生成刀轨

图18-101　仿真操作切削效果

18.5.8　平面铣削加工——基座精加工

对基座凸台面进行光底铣削精加工，可使用D10mm的平底刀进行加工，并结合选用的刀具、工件材料和刀具类型确定编程基本参数，以保证创建准确、有效的加工刀路。

① 将刀路"PLANAR_MILL"复制一份，并粘贴重命名为"PLANAR_MILL _1"，然后编辑该新刀路，并在打开的对话框中单击"指定部件边界"按钮▣，将原来的边界删除，并选取如图18-102所示基座凸台的边为部件边界。

② 继续在该对话框中单击"指定底面"按钮▣，将原来指定的面删除，并选取如图18-103

所示的基座凸台的顶面。

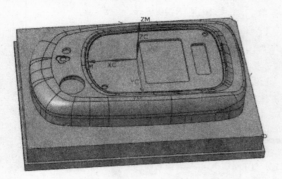

图18-102 指定部件边界

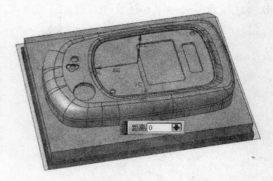

图18-103 指定底面

③ 在该对话框的"刀轨设置"选项组中单击"切削参数"按钮▣，在打开的"切削参数"对话框中设置"余量"选项卡的参数，如图18-104所示。

④ 在"操作"选项组中单击"生成"按钮▣，系统将自动生成加工刀具路径，效果如图18-105所示。

⑤ 单击该选项组中的"确认刀轨"按钮▣，在打开的"刀轨可视化"对话框中展开"2D动态"选项卡，并单击"选

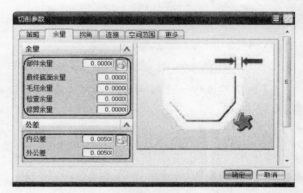

图18-104 设置切削参数（余量）

项"按钮，然后在打开的"IPW碰撞检查"对话框中取消选择各复选框，并单击"确定"按钮确认操作。接着单击"播放"按钮▣，系统将以实体的方式进行切削仿真，效果如图18-106所示。

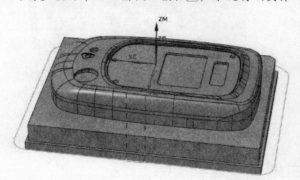

图18-105 生成刀轨

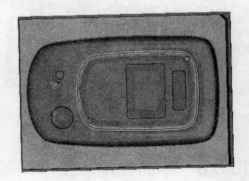

图18-106 仿真操作切削效果